中 国 国 家 标 准 汇 编

2013 年修订-9

中国标准出版社　编

中国标准出版社

北　京

图书在版编目(CIP)数据

中国国家标准汇编:2013 年修订.9/中国标准出版社编.—北京:中国标准出版社,2014.9

ISBN 978-7-5066-7628-1

Ⅰ.①中… Ⅱ.①中… Ⅲ.①国家标准-汇编-中国-2013 Ⅳ.①T-652.1

中国版本图书馆 CIP 数据核字(2014)第 186705 号

中国标准出版社出版发行
北京市朝阳区和平里西街甲 2 号(100029)
北京市西城区三里河北街 16 号(100045)

网址 www.spc.net.cn
总编室:(010)64275323 发行中心:(010)51780235
读者服务部:(010)68523946
中国标准出版社秦皇岛印刷厂印刷
各地新华书店经销

*

开本 880×1230 1/16 印张 37.25 字数 1 153 千字
2014 年 9 月第一版 2014 年 9 月第一次印刷

*

定价 220.00 元

出 版 说 明

1.《中国国家标准汇编》是一部大型综合性国家标准全集。自1983年起，按国家标准顺序号以精装本、平装本两种装帧形式陆续分册汇编出版。它在一定程度上反映了我国建国以来标准化事业发展的基本情况和主要成就，是各级标准化管理机构，工矿企事业单位，农林牧副渔系统，科研、设计、教学等部门必不可少的工具书。

2.《中国国家标准汇编》收入我国每年正式发布的全部国家标准，分为"制定"卷和"修订"卷两种编辑版本。

"制定"卷收入上一年度我国发布的、新制定的国家标准，顺延前年度标准编号分成若干分册，封面和书脊上注明"20××年制定"字样及分册号，分册号一直连续。各分册中的标准是按照标准编号顺序连续排列的，如有标准顺序号缺号的，除特殊情况注明外，暂为空号。

"修订"卷收入上一年度我国发布的、被修订的国家标准，视篇幅分设若干分册，但与"制定"卷分册号无关联，仅在封面和书脊上注明"20××年修订-1,-2,-3,……"字样。"修订"卷各分册中的标准，仍按标准编号顺序排列(但不连续)；如有遗漏的，均在当年最后一分册中补齐。需提请读者注意的是，个别非顺延前年度标准编号的新制定的国家标准没有收入在"制定"卷中，而是收入在"修订"卷中。

读者配套购买《中国国家标准汇编》"制定"卷和"修订"卷则可收齐由我社出版的上一年度我国制定和修订的全部国家标准。

3. 由于读者需求的变化，自1996年起，《中国国家标准汇编》仅出版精装本。

4. 2013年我国制修订国家标准共1 979项。本分册为"2013年修订-9"，收入新制修订的国家标准47项。

中国标准出版社

2014年8月

目　　录

ICS 85.010
Y 30

中华人民共和国国家标准

GB/T 8941—2013
代替 GB/T 8941—2007

纸和纸板　镜面光泽度的测定

Paper and board—Measurement of specular gloss

(ISO 8254-1:2009 Paper and board—Measurement of specular gloss—Part 1: 75°gloss with a converging beam, TAPPI method, ISO 8254-3:2004 Paper and board—Measurement of specular gloss—Part 3: 20°gloss with a converging beam, TAPPI method, MOD)

2013-12-17 发布　　　　2014-12-01 实施

中华人民共和国国家质量监督检验检疫总局
中国国家标准化管理委员会　发布

前　言

本标准按照 GB/T 1.1—2009 给出的规则起草。

本标准代替 GB/T 8941—2007《纸和纸板　镜面光泽度的测定(20°、45°、75°)》。本标准与 GB/T 8941—2007 相比,主要技术差异如下:

——修改了光泽度基准,采用折光指数为 1.567 的黑玻璃作为光泽度基准,符合我国光泽度量值传递系统。

——删除了菲涅尔(Fresnel)公式。

——试验步骤中由每张试样测 2 个方向修改为测定 4 个方向,共计 20 个测定值,与 ISO 标准一致。

——附录 B 中增加了几何条件图和定义光源视场光阑角度图。

——删除了精密度。

本标准使用重新起草法修改采用 ISO 8254-1:2009《纸和纸板镜　面光泽度的测定　第 1 部分:75°会聚光束光泽度,TAPPI 法》和 ISO 8254-3:2004《纸和纸板　镜面光泽度的测定　第 3 部分:20°会聚光束光泽度,TAPPI 法》。

本标准与 ISO 8254-1:2009 和 ISO 8254-3:2004 相比在结构上有较多调整,附录 A 列出了本标准与 ISO 8254-1:2009 和 ISO 8254-3:2004 的章条编号对照一览表。

本标准与 ISO 8254-1:2009 和 ISO 8254-3:2004 相比主要技术差异如下:

——关于规范性引用文件,本标准做了具有技术性差异的调整,以适应我国的技术条件,调整的情况集中反映在第 2 章“规范性引用文件”中,具体调整如下:

用修改采用国际标准的 GB/T 450 代替 ISO 186;

用等效采用国际标准的 GB/T 10739 代替 ISO 187。

本标准中 20°角测定方法与 ISO 8254-3:2004 的主要技术差异如下:

——修改了光泽度基准,以折光指数为 1.567 的黑玻璃作为光泽度基准,假设其平面在得到理想抛光的状态下,由该平面对自然光束进行镜向反射,定义此时的光泽度值为 100 光泽度单位。

——删除了 ISO 标准中的前言、引言。

——增加了镜面反射角、镜面光泽度值的术语和定义。

——删除了菲涅尔(Fresnel)公式。

——修改附录 B 中的光谱条件,与 ISO 8254-1:2009(E)中的光谱条件一致。

——删除了精密度。

本标准中 75°角测定方法与 ISO 8254-1:2009 的主要技术差异如下:

——修改了光泽度基准,以折光指数为 1.567 的黑玻璃作为光泽度基准,假设其平面在得到理想抛光的状态下,由该平面对自然光束进行镜向反射,定义此时的光泽度值为 100 光泽度单位。

——删除了 ISO 8254-1:2009(E)中 3.6 特征曲线和 3.7 反射计测定值两个术语,合并了 ISO 8254-1:2009(E)中 3.8 与 3.9 两个术语。

——删除了菲涅尔(Fresnel)公式。

——删除了精密度。

请注意本文件的某些内容可能涉及专利。本文件的发布机构不承担识别这些专利的责任。

本标准由中国轻工业联合会提出。

本标准由全国造纸工业标准化技术委员会(SAC/TC 141)归口。

本标准负责起草单位:浙江惠同纸业有限公司、杭州纸邦自动化技术有限公司、中国制浆造纸研究院、国家纸张质量监督检验中心。

本标准主要起草人：王振、张清文、尹巧、张青、梅庆君、陆文荣、朱春树、李大方、张文海、吕俊来。

本标准所代替标准的历次版本发布情况：

——GB/T 8941.1—1988、GB/T 8941.2—1988、GB/T 8941.3—1988；

——GB/T 8941—2007。

纸和纸板　镜面光泽度的测定

1　范围

本标准规定了以20°、45°、75°光泽度仪测定纸和纸板镜面光泽度的方法。

本标准适用于铸涂纸、蜡光纸、铝箔纸、真空镀铝纸、涂布纸及纸板等。20°光泽度测定法主要适用于铸涂纸、蜡光纸等高光泽度的纸和纸板，也适用于高印刷光泽度的纸和纸板印样。不适用于光泽度较低的涂布或未涂布的纸和纸板。45°光泽度测定法主要适用于测定铝箔纸、真空镀铝纸等金属复合纸和纸板。75°光泽度测定法主要适用于涂布纸及纸板，也可用于未涂布纸及纸板或低印刷光泽度的纸及纸板印样。试样的颜色和漫反射比的差别对测定光泽度的影响不大。

2　规范性引用文件

下列文件对于本文件的应用是必不可少的。凡是注日期的引用文件，仅注日期的版本适用于本文件。凡是不注日期的引用文件，其最新版本(包括所有的修改单)适用于本文件。

GB/T 450　纸和纸板试样的采取及试样纵横向、正反面的测定(GB/T 450—2008，ISO 186:2002，MOD)

GB/T 10739　纸、纸板和纸浆试样处理和试验的标准大气条件(GB/T 10739—2002，ISO 187:1990，EQV)

3　术语和定义

下列术语和定义适用于本文件。

3.1

光泽度　gloss

物体表面方向性选择反射的性质，这一性质决定了呈现在物体表面所能见到的强反射光或物体镜像的程度。

3.2

定向反射　regular reflection

遵循几何光学定律，没有漫射的反射。

3.3

漫反射　diffuse reflection

宏观范围内，没有定向反射的反射。

3.4

镜面反射角　specular angle

与入射光在同一平面上，角度相等、方向相反，与平面法线之间的夹角。

3.5

镜面光泽度　specular gloss

在一定反射角度观察或测定的光泽度。

3.6

镜面光泽度值　specular gloss value

使用符合附录B、附录C、附录D中规定的几何特性且使用依据5.2规定确定量值的光泽度基准进行校准的光泽度计所测量的值。

注1：镜面光泽度值是试样表面反射进入镜面反射角方向上规定的光阑的光通量与在同样照明条件下标准镜面反射表面反射的光通量之比的100倍。

注2：镜面光泽度值是无量纲的值，而不是百分数。

4　原理

用光电检测器测定与法线成一定角度(20°、45°、75°)入射到试样表面，并从试样表面与法线成相应角度(20°、45°、75°)反射到规定孔径内的光，其结果显示在仪器上。

5　仪器

5.1　光学系统

5.1.1　20°光泽度测定仪光学系统的技术要求见附录B，光学系统由光源、透镜、试样压板和光电器件组成，主要器件的位置和相对尺寸见图B.1、图B.2和图B.3。

5.1.2　45°光泽度测定仪光学系统的技术要求见附录C，光学系统由光源、透镜、试样压板和光电器件组成，主要器件的位置和相对尺寸见图C.1。

5.1.3　75°光泽度测定仪光学系统的技术要求见附录D，光学系统由光源、透镜、试样压板和光电器件组成，主要器件的位置和相对尺寸见图D.1。

5.2　光泽度板

5.2.1　光泽度基准

以折光指数为1.567的黑玻璃作为光泽度基准，假设其平面在得到理想抛光的状态下，由该平面对自然光束进行镜向反射，定义此时的光泽度值为100光泽度单位。

5.2.2　光泽度标准

5.2.2.1　20°和75°光泽度标准

5.2.2.1.1　20°和75°高光泽度标准

洁净的抛光黑玻璃板，由光泽度基准(5.2.1)直接测量给出。

5.2.2.1.2　20°和75°中光泽度标准

具有平整的表面与所测试的纸张有相近的反射通量分布、中心区域光泽度均匀且可稳定地放在测量位置的陶瓷板。由光泽度基准(5.2.1)直接测量给出。

5.2.3　工作标准

5.2.3.1　20°和75°高光泽度工作标准

用于校准仪器，工作标准量值溯源于光泽度基准。

5.2.3.2 20°和75°中光泽度工作标准

用于校准仪器,工作标准量值溯源于光泽度基准。

注1:光泽度工作标准板不用时放在密闭的盒内,保持清洁,防止其表面受到污染或损伤。切勿将标准板的工作面朝下放置,以免脏污或磨损。手持标准板时,握在标准板边缘,以免手上的油汗沾污标准板的工作表面。标准板可浸在热水和淡洗涤液(不能用肥皂水)中,用软毛刷轻轻刷洗。然后用近65 ℃的热水冲洗,漂清洗涤液,最后用蒸馏水漂洗干净,放在约70 ℃烘箱中烘干。高光泽度标准板可用不掉毛的脱脂擦镜纸或其他吸收性材料轻轻擦净,但中光泽度标准板不宜擦拭。

注2:几年之后,高光泽度标准板表面的折光指数会逐渐降低,光泽度值也会随之发生变化。因此建议每隔一年由上级计量部门校准一次,最好重新抛光表面,以恢复其原状。

5.2.3.3 45°光泽度工作标准

光泽度工作标准表面是一个全部内反射的45°直角三棱镜的斜边面,该表面衬在阳极氧化铝板上。三棱镜的尺寸是25 mm×25 mm×35.3 mm,用硬冕玻璃制成;折光指数为1.50～1.52。在25 mm距离内,能吸收可见光1.5%～2.0%,且其镜面反射率应在80%～90%。光泽度标准应定期由上级计量部门标定。

5.3 零光泽度标准

由黑色天鹅绒衬里的空阱或其他适宜的黑阱构成。

6 试样制备

6.1 按GB/T 450规定取样,并按GB/T 10739进行试样的处理和测定。

6.2 避开水印、斑点及可见纸病,在抽取的样品上沿纸页横幅均匀切取100 mm×100 mm试样5张。如需要两面测定,则应切取10张试样。试样应标明正反面或测试面,并保持清洁,不应用手接触测试面。

7 仪器校准

7.1 预热

接通电源,选择测试角度,按规定时间预热。

7.2 调零

放上零光泽度标准(5.3),调节读数至零。

7.3 标准值校准

7.3.1 20°和75°测试时,取下零光泽度标准(5.3),用高光泽度工作标准(5.2.3.1)校准仪器,把读数调节到高光泽度工作标准的标定值。然后换上中光泽度工作标准(5.2.3.2)测定其光泽度,该读数应与中光泽度工作标准的标定值接近。如果相差超过1光泽度单位,应检查仪器的几何特性、光谱特性和光度计特性,并检查标准板。

7.3.2 45°测试时,取下零光泽度标准(5.3),用光泽度标准(5.2.3.3)将仪器读数校准至光泽工作标准的标定值。

8 试验步骤

8.1 仪器校准后，将试样的测试面对准测试孔，纵向、横向及相对的纵向和横向各测定一次，然后换一张试样测定同一面，直至测完5张试样；如需测定两面的光泽度，则另取5张试样按上述相同的步骤测定另一面的值。

8.2 试样每面光泽度值为5张试样纵向、横向及相对的纵向和横向测定值(20个测定值)的平均值，以光泽度单位表示，结果精确至1光泽度单位。

注：在测定过程中，可用工作标准和黑筒多次校准仪器。当测定结束后，再校准一次，以确保仪器始终校准无误。

9 试验报告

试验报告应包括以下项目：

a) 本标准编号并注明所采用的角度；

b) 试样的标志和说明；

c) 报告光泽度测定结果的平均值，或分别报告正面和反面的光泽度平均值；

d) 根据需要，报告测定结果的标准偏差和变异系数；

e) 偏离本标准的任何试验条件。

附　录　A
（资料性附录）
本标准与 ISO 8254-1:2009 和 ISO 8254-3:2004 相比的结构变化情况

本标准与 ISO 8254-1:2009 和 ISO 8254-3:2004 相比在结构上有较多调整，具体章条编号对照情况见表 A.1。

表 A.1　本标准与 ISO 8254-1:2009 和 ISO 8254-3:2004 的章条编号对照情况

本标准章条编号	对应 ISO 8254-1 章条编号	对应 ISO 8254-3 章条编号
1	1	1
2	2	2
3.1	3.1	3.1
3.2	3.2	3.2
3.3	3.3	3.3
3.4	3.4	—
3.5	3.5	3.4
—	3.6、3.7	—
3.6	3.8、3.9	—
4	4	4
5.1.1	—	5.1
5.1.2	—	—
5.1.3	5.1	—
5.2	5.2	5.2
5.2.1	5.2.1	5.2.1
5.2.2.1.1	5.2.2	5.2.2
5.2.2.1.2	5.2.3	5.2.3
5.2.3	5.2.4	5.2.4
5.3	5.3	5.3
6.1	6	6
6.2	7	7
7	8	8
8	9	9
9	11	11
附录 A	—	—
附录 B	—	附录 A
附录 C	—	—
附录 D	附录 A	—

附 录 B
（规范性附录）
纸和纸板镜面光泽度(20°)仪光学系统技术要求

B.1 20°光泽度光学系统

由光源、透镜、光源视场光阑、接收孔组成，见图 B.1。

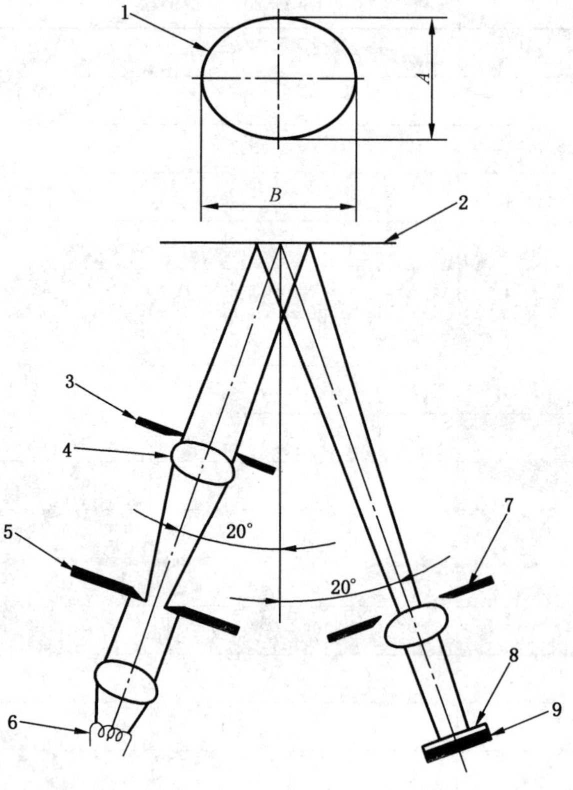

说明：

1——试样上的椭圆照明面积；

2——试样压板；

3——孔径光阑；

4——光源物镜；

5——光源视场光阑；

6——灯；

7——圆形接收孔；

8——滤光片；

9——光电器件。

A——试样上椭圆照明区域短轴；

B——试样上椭圆照明区域长轴。

图 B.1 20°光泽度仪光学系统

B.2 几何条件

入射光束的轴线对试样法线的角度为(20.0°±0.1°),接收器的轴线应与入射光束轴线的镜面图像相符,偏差为±0.1°。当在试样位置放上抛光玻璃或其他前平面镜时,在接收孔的中心便形成光源视场光阑的像。

接收孔呈圆形,其直径对于试样照明面积中心的张角为(5.00°±0.04°)。接收孔直径 W 可按式(B.1)计算:

$$W = 2D\tan(2.5 \pm 0.20)^{\circ} \qquad \text{(B.1)}$$

式中:

D——从试样表面到接收孔表面的距离。

光源视场光阑和光源物镜的组合可以确保孔径光阑充满光线并且在接收孔的中心形成光源视场光阑的像,使得光源图像的孔径对于试样(见图 B.2)照明区域中心的张角为(4.0°±0.4°)。图像的直径 I 可按(B.2)式计算:

$$I = 2D\tan(2.0 \pm 0.20)^{\circ} \qquad \text{(B.2)}$$

试样照明区域将是一个短轴为 A、轮廓不明显的椭圆形,短轴 A 可按式(B.3)计算:

$$A = 4D\tan(2.0 \pm 0.20)^{\circ} \qquad \text{(B.3)}$$

且长轴 B 可按式(B.4)计算:

$$B = \frac{4D\tan(2.0 \pm 0.20)^{\circ}}{\cos 20^{\circ}} \qquad \text{(B.4)}$$

注 1:为了全面描述这些等式的推导,需要试样中心光学系统详细的反射光线图。然而,这是建立在具体角度和距离基础上的简单光学的计算问题,因此这里不包括反射光图表。

注 2:例如:如果 $D=126$ mm,那么 $A=17.6$ mm 和 $B=18.7$ mm,且试样的照明区域$(\pi AB)/4=258.5\text{mm}^2$。$A$ 比表面任何部位尺寸要大,如 $A \geqslant 10$ mm 这意味着 $D \geqslant 72$ mm。如果 D 长度较这一距离短,为了确保试样足够面积得以测定,那么试样数量需相应的增加。

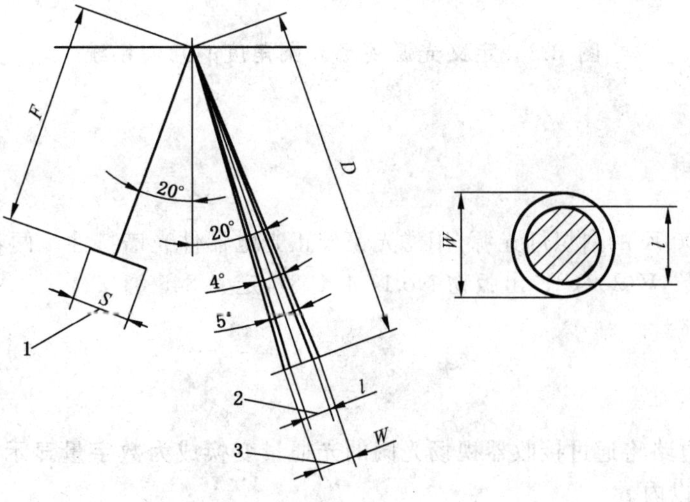

说明:

1——孔径光阑;

2——成像直径;

3——接收孔直径;

F——孔径光阑距试样表面距离;

S——孔径光阑直径;

D——试样表面到接收孔表面距离;

l——成像直径;

W——接收孔直径。

图 B.2 几何图表

注 3:该图并不代表光线的实际路径。它仅是作为几何技术说明的参考。

孔径光阑的直径 S 可按式(B.5)计算：

$$S=2(2D+F)\tan(2.0\pm0.2)^\circ \qquad \text{(B.5)}$$

式中：

F——孔径光阑距试样表面的距离。

注4：尽管 F 不固定，但是测试已经显示。如果 $F=(0.7\pm0.1)D$ 时可以取得最理想的结果，并且建议遵循这一关系。

光源视场光阑的直径和其距孔径光阑的距离是由所选光源物镜决定的。光源视场光阑的角直径 G 与其接收孔处自身像的尺寸(见图B.3)有关，可按式(B.6)计算：

$$G=(4.0\pm0.4)^\circ\cdot\frac{D}{(F+D)} \qquad \text{(B.6)}$$

注5：如果 $F=0.7D$，$G=2.35^\circ$，将不会有光线落在规定的视场角度内。

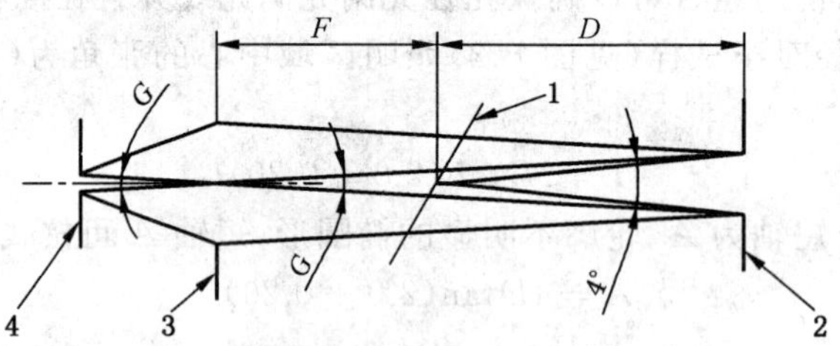

说明：

1——试样；

2——图像；

3——孔径光阑；

4——光源视场光阑。

D——试样表面到接收孔表面距离；

F——孔径光阑距试样表面距离；

G——光源视场光阑的角直径。

图 B.3 定义光源视场光阑角度的几何系统

B.3 光谱条件

色温 2 850 K±100 K 的白炽灯光源，用滤光镜校正光电器件光谱特性。两者组合的光谱响应应符合 CIE 光谱光效率函数，$V(\lambda)$(CIE 出版物 No.17.4:1987，定义 845-01-22)。

B.4 光电器件

光电器件和显示电路将通过接收器视场光阑的光通量变换成为数字量显示，在整个范围内转换精度应在量程的±0.2%以内。

B.5 试样压板或真空压板

压板表面应无明显条纹，呈无光黑色，平整度在 0.025 mm 以内。压板在压紧纸板的同时可以打开吸气开关，使压板和试样之间形成负压，将试样吸附在压板上保持平整。

附 录 C
（规范性附录）
纸和纸板镜面光泽度(45°)仪光学系统技术要求

C.1 45°光泽仪光学系统(见图 C.1)

C.1.1 由稳定电源供电的 3 W 磨砂灯泡发出的光，照在一个孔径为 1.5 mm 的光阑上，光阑处于透镜的焦点位置。所产生的平行光束投射在试样表面上并发生反射，入射角和反射角都为 45°±0.5°。反射光通过第二透镜聚焦，在接收光阑孔上形成入射光阑孔的影像。

C.1.2 透镜采用消色差双合粘合透镜，其相对孔径应不超过 f/3。

C.1.3 光电池与接收光阑距离应足够远，因为光照点的直径约为 19 mm。

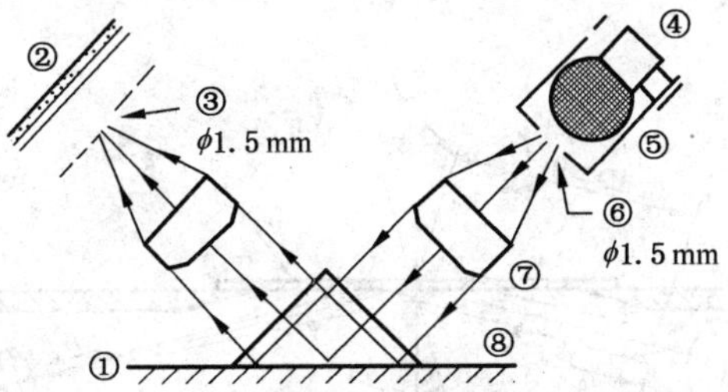

说明：
①——反射表面；
②——光电池；
③——接受光阑孔；直径 1.5 mm；
④——磨砂灯泡；
⑤——黄铜灯罩；
⑥——入射光阑，直径 1.5 mm；
⑦——透镜；
⑧——全反射三棱镜。

图 C.1 45°角光泽度仪光学系统示意图

C.2 试样压板或真空压板

将试样压紧在测试孔上，需要时可以打开吸气开关使压板和试样之间形成负压，将试样吸附在压板上保持平整。试样压板用于真空吸附试样时，当吸板将一片厚薄均匀的塑料膜(如 0.08 mm 的光学级聚酯膜)定位后，在受光窗口形成的影像与标准板形成的影像在位置和尺寸上不应有差异。

附　录　D
（规范性附录）
纸和纸板镜面光泽度(75°)仪光学系统技术要求

D.1　75°光学系统(见图 D.1)

光线从光源出发,经过聚光镜和矩形孔径(矩形光源视场光阑)的几何中心,光阑用来限制灯丝使之成为有效光源;光线通过光源物镜和矩形孔径光阑的几何中心,到达试样。轴向光线与试样平面的交点称为测试面中心(不必与测试孔的几何中心重合)。将一块前平面镜放到试样位置,轴向光线被平面镜反射并且通过接收孔的中心,光源物镜将光源孔径成像在接收孔上,将测试面中心到接收孔距离 D 作为确定其他尺寸的基数。关键尺寸是入射角度和接收孔的位置和直径。

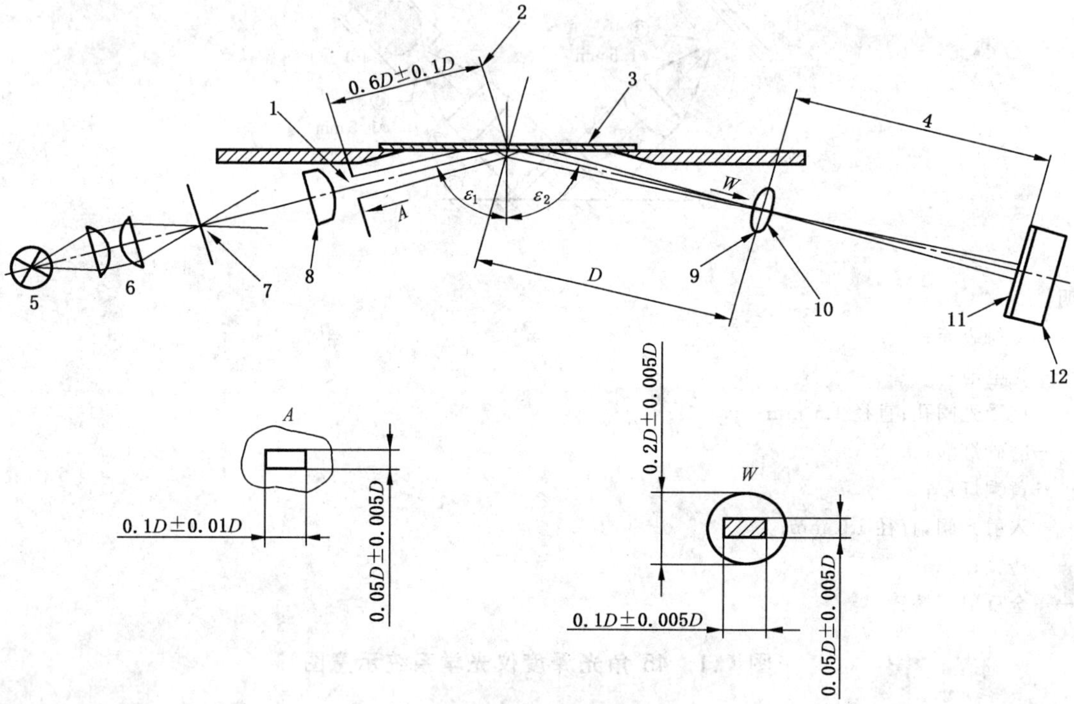

说明：

1——矩形孔径光阑；
2——测试面中心；
3——试样；
4——光轴；
5——灯；
6——聚光镜；
7——矩形视场光阑；
8——照明物镜；
9——接收孔；
10——透镜；
11——滤光片；
12——光电器件。

图 D.1　75°角光泽度仪示意图

D.2 光混合器

紧靠接收孔的正透镜将试样表面成像在光电器件上，为了使经过不同路径进入接收孔的光线得到均匀接收，光电器件前面可以装一块毛玻璃，使试样成像在毛玻璃上，光电器件接收毛玻璃散射光，使进入接收孔的杂散光都被内壁吸收消除。

D.3 入射角

光束轴对试样的入射角通常为 $\varepsilon_1=(75.0\pm0.1)^\circ$。

D.4 反射角

镜面反射光束轴与试样平面法线的夹角应为：$\varepsilon_2=\varepsilon_1+0.1^\circ$ 即：$|\varepsilon_1-\varepsilon_2|\leqslant0.1^\circ$

D.5 接收孔

接收孔直径为 $0.2D\pm0.005D$，边缘厚度小于等于 $0.005D$。当轴向光线从试样位置的前平面镜反射时，反射光线应垂直于接收孔的平面，并通过接收孔的中心，允差 $0.004D$。

D.6 光源孔径的位置和尺寸

光源孔径成像在接收孔平面上，(沿光轴方向)位置误差允许在 $\pm0.04D$ 以内，矩形像的尺寸为 $(0.1D\pm0.005D)\times(0.05D\pm0.005D)$ 短边平行于入射平面。

D.7 光源孔径内光的均匀性

光源孔径内的光应均匀分布。

D.8 矩形孔径光阑的位置和尺寸

矩形孔径光阑垂直于光束轴，离测试面中心 $0.6D\pm0.1D$。光阑尺寸为 $(0.1D\pm0.01D)\times(0.05D\pm0.005D)$，短边平行于入射平面。入射光束不受其他光阑限制。

D.9 矩形孔径光阑内光的均匀性

允许误差与光源孔径相同(见 D.6)

D.10 光谱条件

色温 2 850 K±100 K 的白炽灯光源，用滤光镜校正光电器件光谱特性。两者组合的光谱响应应符合 CIE 光谱光效率函数，$V(\lambda)$(CIE 出版物 No.17.4:1987，定义 845-01-22)。

D.11 光电器件

光电器件和显示电路将接收的光通量转换成数字量显示，在整个范围内转换精度应在全量程的±0.2%，即0.2光泽度单位以内。

D.12 试样压板或真空压板

试样压板将试样压紧在测试孔上，需要时可以打开吸气开关使压板和试样之间形成负压，将试样吸附在压板上保持平整。当试样是一片厚度均匀的软塑料薄膜(如厚度0.08 mm的光学级聚酯薄膜)时，打开吸气开关，在接收孔上可以看到灯丝的像。与前面提到的黑玻璃标准板产生的灯丝像比较，两者位置和尺寸视觉上不应有差别。

ICS 83.140.99
Y 28

中华人民共和国国家标准

GB/T 8946—2013
代替 GB/T 8946—1998,GB/T 8947—1998

塑料编织袋通用技术要求

General technical requirements of plastic woven sack

2013-10-10 发布 2014-06-01 实施

中华人民共和国国家质量监督检验检疫总局
中国国家标准化管理委员会
发布

前　言

本标准按照 GB/T 1.1—2009 给出的规则起草。

本标准代替 GB/T 8946—1998《塑料编织袋》和 GB/T 8947—1998《复合塑料编织袋》。

本标准整合了 GB/T 8946—1998 和 GB/T 8947—1998，除编辑性修改外，主要变化如下：

——修改了适用范围（见第 1 章）；

——增加了术语和定义（见第 3 章）；

——修改了袋的分类，增加了多层袋和方底阀口袋（见 4.1.2 和 4.1.3）；

——增加了装载质量 10 kg 及以下的 LA 袋和物理性能指标（见 4.2 和表 4）；

——删除了袋的允许装载质量下限限定（见 GB/T 8946—1998 和 GB/T 8947—1998 的表 1）；

——修改了袋的规格，增加了袋宽系列（见 4.3.1）；

——修改了经密度和纬密度系列（见 4.3.3）；

——增加了袋的命名（见 4.4）；

——增加了袋的标识（见 4.5）；

——删除了缝边底袋及技术要求（见 GB/T 8946—1998 和 GB/T 8947—1998 的 3.1.2 和表 4）；

——删除了袋型的组织结构（见 GB/T 8946—1998 的表 1）；

——删除了袋型的线密度规定（见 GB/T 8946—1998 的表 1）；

——删除了涂膜袋和复膜袋的单位面积质量限定（见 GB/T 8947—1998 的表 4）；

——增加了材料和半成品一章（见第 5 章）；

——修改了扁丝的技术指标及测试（见附录 A）；

——修改了袋的外观质量指标和检测方法（见表 2 和 7.1）；

——修改了袋的有效宽度、长度允许偏差和试验方法（见表 3 和 7.2）；

——修改了袋的袋单位面积质量偏差测试与计算（见附录 B）；

——修改了袋的物理性能指标（见表 4）；

——增加了袋的阀口向拉伸负荷指标（见表 4）；

——修改了跌落性试验破包的判定原则（见 6.5）；

——增加了抗紫外线袋的技术要求和试验方法（见 6.6 和 7.6）；

——修改了卫生性能和试验方法（见 6.7 和 7.7）；

——修改了物理性能试验的取样位置和试样尺寸以及缝底向试样形状（见附录 C）；

——增加了方底阀口袋取样位置和试样尺寸、试样形状（见附录 C ）；

——修改了物理性能试验的夹具间距和拉伸速度（见 7.3.3）；

——修改了耐热性能的试验方法（见 7.4）；

——修改了跌落性能的装载物料和质量（见 7.5.2）；

——增加了跌落性能的填充系数测定方法（见 7.5.3.2）；

——修改了复膜袋的跌落性能试验高度（见 7.5.4.2）；

——增加了跌落性能的跌落面方向规定（见 7.5.5.2）；

——修改了检验规则的组批条数（见 8.1）；

——修改了检验规则的抽样规则和判定规则（见 8.2 和 8.5）；

——修改了标志、包装、运输和贮存(见第9章)。

本标准由中国轻工业联合会提出。

本标准由全国塑料制品标准化技术委员会(SAC/TC 48)归口。

本标准起草单位:南塑集团有限公司、华正塑料集团有限公司、浙江华庆集团有限公司、广庆集团有限公司、温州晨光集团有限公司、山东健元春有限公司、唐山三友塑料制品有限公司、天脊集团塑料有限公司、沈阳鑫正发包装有限公司、广天集团有限公司。

本标准主要起草人:王永仁、林增标、赵 伟、宋云鹤、姜集康、傅广星、黄日德、刘忠民、郑瑞辉、史连民、陈宗宝、吴美秋、曾焕润。

本标准代替了GB/T 8946和GB/T 8947的历次版本发布情况为:

——GB/T 8946—1988,GB/T 8946—1998;

——GB/T 8947—1988,GB/T 8947—1998。

塑料编织袋通用技术要求

1 范围

本标准规定了塑料编织袋的术语和定义、分类、型号、规格、命名、标识、材料和半成品、要求、试验方法、检验规则、标志、包装、运输和贮存。

本标准适用于以聚丙烯、聚乙烯和聚酯等树脂为主要原料，经挤出、拉伸成扁丝，编织、制袋而成的塑料编织袋。

2 规范性引用文件

下列文件对于本文件的应用是必不可少的。凡是注日期的引用文件，仅注日期的版本适用于本文件。凡是不注日期的引用文件，其最新版本(包括所有的修改单)适用于本文件。

GB/T 1040.1—2006 塑料 拉伸性能的测定 第1部分：总则

GB/T 1040.3—2006 塑料 拉伸性能的测定 第3部分：薄膜和薄片的试验条件

GB/T 2918—1998 塑料试样状态调节和试验的标准环境

GB/T 5009.60 食品包装用聚乙烯、聚苯乙烯、聚丙烯成型品卫生标准的分析方法

GB 9685 食品容器、包装材料用添加剂使用卫生标准

GB 9687 食品包装用聚乙烯成型品卫生标准

GB 9688 食品包装用聚丙烯成型品卫生标准

GB 13113 食品容器及包装材料用聚对苯二甲酸乙二醇酯成型品卫生标准

GB/T 16288—2008 塑料制品的标志

GB/T 16422.1 塑料试验室光源暴露试验方法 第1部分：总则

GB/T 16422.3 塑料试验室光源暴露试验方法 第3部分：荧光紫外灯

GB/T 25162.2—2010 包装袋 跌落试验 第2部分：热塑性软质薄膜袋

3 术语和定义

下列术语和定义适用于本文件。

3.1

塑料扁丝 plastic flat thread

由聚丙烯、聚乙烯、聚酯等树脂为主要原料，经挤出成膜、分割后拉伸成型制成(简称扁丝)。

3.2

塑料编织布 plastic woven cloth

由扁丝经纬交错编织制成(简称编织布)。

3.3

经密度 warp density

编织布经向100 mm长度内扁丝的根数。

3.4

纬密度 weft density

编织布纬向100 mm长度内扁丝的根数。

3.5

塑料编织袋　plastic woven sack

由编织布或编织布与塑料薄膜或纸张等经印刷、裁切、缝制或粘合制成(简称袋)。

3.6

单层袋　sack of single layer

由一层编织布制成。

3.7

多层袋　sack of multi layer

由编织布和塑料薄膜或纸张等内衬、内粘膜或外层共同制成。这种方法生产的是二层或二层以上袋。

3.8

涂膜袋　sack of painted film

由编织布与流延到其上的热熔树脂等复合制成。这种方法生产的是二复合袋。

3.9

复膜袋　sack of lamination film

由编织布与塑料薄膜、纸张等复合制成。复合方法可采用挤出复合、干法复合、湿法复合等。这些方法生产的是三复合袋或多复合袋。

注1：挤出复合(extrusion lamination)是指编织布与塑料薄膜、纸张等基材间用挤出的热熔树脂粘接后层压成型。

注2：干法复合(dry lamination)是指编织布与塑料薄膜、纸张等基材间用粘合剂粘接前烘干除去其中水分或溶剂后层压成型。

注3：湿法复合(wet lamination)是指编织布与纸张等基材间用粘合剂粘接层压成型后烘干除去其中水分或溶剂。

4　分类、型号、规格、命名和标识

4.1　分类

4.1.1　按袋的扁丝主要树脂分为聚丙烯袋、聚乙烯袋和聚酯袋等。

4.1.2　按袋的层间结构分为单层袋、多层袋、涂膜袋、复膜袋。

4.1.3　按袋的封口方法分为敞口袋、插口袋、方底阀口袋，见图1。

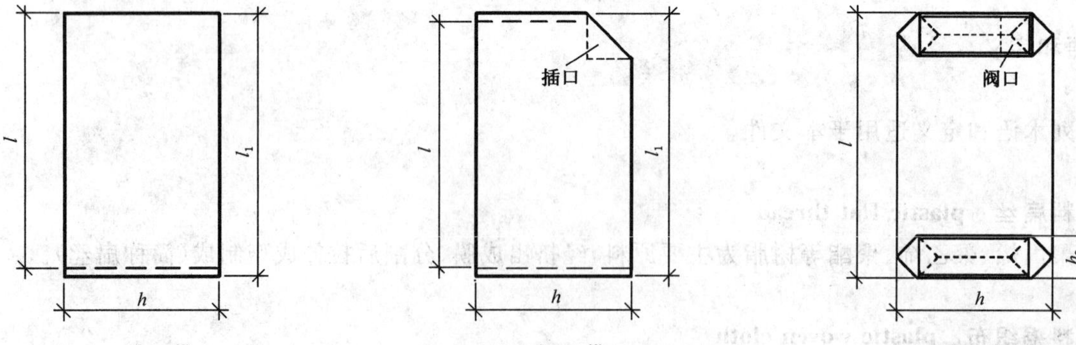

a)　敞口袋　　　b)　插口袋　　　c)　方底阀口袋

说明：

l ——有效长度；

h ——有效宽度；

l_1 ——总长度；

h_0——方底阀口袋袋底宽度。

图1　袋的封口方法

4.1.4 按袋体编织布的圆周结构分为圆筒袋和中缝袋，见图 2。

a) 圆筒袋　　　　b) 中缝袋

说明：

h ——有效宽度；

l_1 ——总长度。

图 2 袋体编织布的圆周结构

4.1.5 按袋特殊使用功能分为抗紫外线袋、食品袋等。

4.2 型号

按最大允许装载质量分为 LA 型、TA 型、A 型、B 型和 C 型，见表 1。

表 1 型号与允许装载质量

项 目	型 号				
	LA 型	TA 型	A 型	B 型	C 型
最大允许装载质量/kg	10	20	30	50	60

4.3 规格

4.3.1 袋的有效宽度从 200 mm～1 050 mm，每增加 50 mm 为一个规格。折叠成“M”边的袋的有效宽度包括折叠宽度。

4.3.2 袋的有效长度由供需双方协商决定。

4.3.3 袋的经密度和纬密度分别可分为 20 根/100 mm、26 根/100 mm、32 根/100 mm、36 根/100 mm、40 根/100 mm、48 根/100 mm。经密度和纬密度允许不等。

4.4 命名

4.4.1 袋的命名由分类、型号和规格三个单元构成。彼此间用“-”连接。

4.4.2 分类单元按 4.1 依次写出袋的主要材料、层间结构、封口方式、圆周结构和使用功能，其后用“袋”字表示。圆筒袋不宜写出；无特殊使用功能不应写出；多层袋或复膜袋应在“袋”字后增设的括弧内写明层间关系、层数和材质。

4.4.3 型号单元按 4.2 规定，用一个或二个英文大写字母表示。

4.4.4 规格单元按 4.3 规定，用阿拉伯数字表示有效长度×有效宽度/经密度×纬密度。

示例 1：主要材料为聚丙烯、层间结构为复膜、封口方式为敞口、圆周结构为中缝，使用功能为抗紫外线，B 型，长度为 1 050 mm，宽度为 650 mm，经密度为 40 根/100 mm，纬密度为 36 根/100 mm，命名为：

聚丙烯复膜敞口中缝抗紫外线袋(外复一层纸袋纸)-B-1 050×650/40×36

示例 2：主要材料为聚乙烯、层间结构为单层、封口方式为敞口、圆周结构为圆筒，无特殊使用功能，TA 型，长度为 600 mm，宽度为 450 mm，经密度为 48 根/100 mm，纬密度为 48 根/100 mm，命名为：

聚乙烯单层敞口袋-TA-600×450/48×48

4.5 标识

袋的标识应符合 GB/T 16288—2008 规定。应注明袋的材质或含有再生料的材质及其比例。含有碳酸钙等母料时应注明其比例。含有特殊使用功能的袋，应另注明其功能，如抗紫外线、食品包装、抗静电、导电、阻燃、透明和防霉等。

示例 1：全部新料高密度聚乙烯袋，标识为：

＞PE-HD＜

示例 2：含有 10％质量分数再生料聚丙烯和 8％质量分数碳酸钙母料的聚丙烯抗紫外线袋，标识为：

抗紫外线

＞PP-PP(R)10-(MD8)＜

5 材料和半成品

5.1 材料

制袋材料应符合相应材料标准的要求。

5.2 半成品

扁丝的技术指标及测试方法参见附录 A。

6 要求

6.1 外观质量

应符合表 2 的规定。

表 2 外观质量

项 目	技 术 要 求
断 丝	经、纬扁丝交错处不应同时断丝
清 洁	油或其他明显污点，每平方米内 $50\ mm^2$ 以下的不应多于 3 处，$50\ mm^2$ 以上的不应有
涂 膜	不应渗水
粘 合	不应渗水
褶 皱	不应有使涂膜层或复膜层破裂的褶皱
切 断	应无散边
缝 合	应无缝线脱针、断线、未缝住卷折边现象； 袋缝线两端至少留 30 mm 线套或回针 20 mm 以上

6.2 允许偏差

应符合表3的规定。

表3 允许偏差

项目		允许偏差
袋的有效宽度/mm	≤700	+15～−10
	>700	+20～−10
袋的有效长度/mm	≤1 000	+15～−10
	>1 000	+20～−10
经密度/(根/100 mm)		−1
纬密度/(根/100 mm)		−1
袋的单位面积质量偏差/%		±7

6.3 物理性能

应符合表4规定。

表4 物理性能指标

项目		型号				
		LA型	TA型	A型	B型	C型
拉伸负荷/(N/50 mm)	经向	≥360	≥460	≥565	≥665	≥820
	纬向	≥340	≥440	≥535	≥635	≥780
	缝底向	≥175	≥225	≥275	≥325	≥375
	粘合向	≥250	≥300	≥350	≥400	≥400
	阀口向	≥300	≥350	≥400	≥450	≥500
涂膜袋和复膜袋的剥离力/(N/30 mm)		≥3.0				

6.4 耐热性能

袋应无粘着、溶痕等异常现象。

6.5 跌落性能

袋应不破裂，包装物不漏失。因跌落时从封口经、纬扁丝间或缝线孔冲击出来的物料，袋从地上抬起后不再泄漏，为合格。

6.6 抗紫外线性能

抗紫外线袋的经向、纬向、缝底向、粘合向和阀口向试样紫外老化后的拉伸负荷不应小于原始拉伸负荷的50%。

6.7 卫生性能

直接接触食品的袋应符合 GB 9685、GB 9687、GB 9688 和 GB 13113 等的规定。

直接接触食品的袋应在符合国家食品安全法律、法规要求的条件下使用。

7 试验方法

7.1 外观质量

在自然光线下目测和用精确至 1 mm 的直尺测量。涂膜和粘合的渗水试验，将袋折成凹型倒水试验不滴漏为合格。涂膜或复膜的褶皱试验，拉开褶皱后涂膜层或复膜层不破裂为合格。

7.2 允许偏差

7.2.1 有效长度和有效宽度偏差

将袋摊平，用精确至 1 mm 的直尺，在中间和中间离两边一半的三处测量有效长度和有效宽度，以最大偏差作为检测偏差。

7.2.2 经密度和纬密度偏差

将袋摊平，在袋上任意位置划出一个 100 mm×100 mm，与袋边线相平行的方块编织布，目测方块编织布内的经、纬扁丝根数。观测时当终点最后不足 1 根时，按 1 根计。经丝重叠按一根计算。

7.2.3 单位面积质量偏差

按附录 B 规定。

7.3 物理性能

7.3.1 状态调节

按 GB/T 2918—1998 规定，样袋在 18 ℃～28 ℃的室温状态下调节 4 h，并在此条件下进行试验。

7.3.2 取样方法

按附录 C 规定。试样制备应符合 GB/T 1040.3—2006 中 6.2 的规定。

7.3.3 试验设备及条件

试验设备应符合 GB/T 1040.1—2006 中 5.1 的规定。

夹具间距 100 mm(阀口向 200 mm)，以 200 mm/min±10 mm/min 的速度拉伸，直到试样断裂为止，测出最大拉伸负荷。

7.3.4 拉伸负荷

7.3.4.1 试验结果以两个试样的算数平均值表示，精确到 1 N。
7.3.4.2 试验中如遇到试样在夹具中破裂、滑脱等影响准确性的情况时，应另换试样重做。

7.3.5 剥离力

7.3.5.1 试验结果以两个试样的算数平均值表示，精确到 0.1 N。
7.3.5.2 试样的一端用手或胶粘带将编织布和膜、纸等分开 50 mm，分别夹在试验机夹具上。如果试样无法分开,则以合格判定。

7.4 耐热性能

7.4.1 将袋摊平,分别取经向、纬向试样各两块,长度大于 320 mm,宽度大于 40 mm。取样位置为附录 C 中图 C.1 的空余位置。

7.4.2 试验的上压块长 300 mm±0.5 mm,宽 20 mm±0.5 mm,质量 1 kg±5 g;下压块长和宽大于上压块;对压面磨平。

7.4.3 将两块经向试样或纬向试样的编织布层相对重叠并置于上、下压块居中位置,放入 80℃(复膜袋放入 85 ℃)的烘箱内 1 h,取出后立即将两块重叠试样分开,检查表面有无粘着、熔痕等情况。

7.5 跌落性能

7.5.1 跌落条件

7.5.1.1 装载物料的样袋在 18 ℃～28 ℃室温下调节 4 h,并在此条件下进行试验。

7.5.1.2 试验设备和试验程序应符合 GB/T 25162.2—2010 规定。

7.5.2 装载物料和质量

7.5.2.1 试验选用的装载物料为聚丙烯、聚乙烯树脂或其他安全型物料。

7.5.2.2 试验装载质量为:LA 型 10 kg、TA 型 20 kg、A 型 25 kg、B 型 40 kg、C 型 55 kg。

7.5.3 填充系数

7.5.3.1 试验的填充系数为:0.80～0.85。

7.5.3.2 封上样袋上口并留有袋的一角不封口,称量样袋的质量。从样袋的不封口处(插口袋的插口或方底阀口袋的阀口)灌装满 7.5.2.1 规定的选用物料后称量其总质量,精确至 0.1kg。

填充系数按式(1)计算。

$$k = \frac{m_G}{m_Z - m_D} \qquad \cdots\cdots(1)$$

式中:

k ——填充系数;

m_G——袋型规定的试验装载质量,单位为千克(kg);

m_Z——袋灌装满后的总质量,单位为千克(kg);

m_D——样袋的质量,单位为千克(kg)。

计算得到的填充系数不在 0.80～0.85,应改变选用物料的填充密度重新测定。

7.5.4 跌落高度

7.5.4.1 单层袋、多层袋和涂膜袋为 1.2 m。

7.5.4.2 复膜袋为 1.0 m。

7.5.5 跌落方式

7.5.5.1 取三条样袋,每条自由跌落三次。三条样袋的三次跌落次序分别为:

第一条:底面→平面→侧面;

第二条:平面→侧面→底面;

第三条:侧面→底面→平面。

7.5.5.2 底面跌落时敞口袋的下封口、插口袋的插口和方底阀口袋的阀口在下;平面跌落时的中缝袋的粘合缝在下；侧面跌落时插口袋的插口和方底阀口袋的阀口在上。

7.6 抗紫外线性能

7.6.1 试样制备和处理按 GB/T 16422.1 规定。试样原始拉伸负荷和试验后拉伸负荷测定按 7.3 规定。

7.6.2 经向、纬向、缝底向、粘合向和阀口向取样位置和数量按附录 C 规定。

7.6.3 试验方法按 GB/T 16422.3 规定，用Ⅱ型荧光紫外灯进行，试验周期应为 60 ℃辐照暴露 8 h 与 50 ℃无辐照冷凝暴露 4 h 相交替，辐照度 0.63 W/m^2，试验持续时间应为 144 h。

7.7 卫生性能

聚乙烯或聚丙烯袋按 GB/T 5009.60 规定，聚酯袋按 GB 13113 规定，其他袋按相应食品安全相关标准分析方法规定。

8 检验规则

8.1 组批

同一型号、规格、配方的产品为一批，每批不超过 15 万条。

8.2 抽样

8.2.1 袋的外观质量和允许偏差每批随机抽样 30 条。

8.2.2 物理性能每批随机抽样 3 条。

8.2.3 耐热性能每批随机抽样 2 条。

8.2.4 跌落性能每批随机抽样 6 条。

8.2.5 抗紫外线性能每批随机抽样数量按 GB/T 16422.1 规定。

8.2.6 卫生性能每批随机抽样数量按 GB/T 5009.60 或 GB 13113 规定。

8.3 出厂检验

出厂检验项目为 6.1、6.2 及 6.3。

8.4 型式检验

型式检验项目为第 6 章全部项目。

有下列情况之一时，应进行型式检验：

a) 新产品或老产品转厂生产的试制定型鉴定；
b) 正式生产后，如结构、材料、工艺有较大改变，可能影响产品性能时；
c) 正常生产时，每年进行一次检验；
d) 产品停产半年后，恢复生产时；
e) 出厂检验结果与上次型式检验有较大差异时；
f) 国家质量监督机构提出进行型式检验的要求时。

8.5 判定规则

8.5.1 袋的外观质量和允许偏差每批随机抽取 30 条样袋中有 26 条及其以上符合 6.1 和 6.2 要求，即判定检验合格，否则为不合格。

8.5.2 物理性能试验有不合格项目，应重新在原批中加倍取样对不合格项目进行复验，若复验结果全部合格,则判定为合格。

8.5.3 耐热性能试验不合格,则该型式检验为不合格。

8.5.4 跌落性能试验不合格,则该型式检验为不合格。

8.5.5 抗紫外线性能试验不合格,则该型式检验为不合格。

8.5.6 卫生性能试验不合格,则该型式检验为不合格。

9 标志、包装、运输和贮存

9.1 标志

每件产品包装上应有按4.4规定的命名、按4.5规定的标识、制造厂名、厂址、电话、数量、批号、本标准号、商标、出厂日期以及防晒、防热标志等内容。

9.2 包装

9.2.1 袋包装应牢固,适应于运输。

9.2.2 每件中包装条数由供需双方协商决定。

9.2.3 每件中应有产品合格证。

9.3 运输

袋在运输过程中要轻装轻卸、避免日晒雨淋,保持包装完整。

9.4 贮存

袋应置于阴凉、洁净、无阳光直接照射的室内贮存,远离火源、热源。从出厂日期起,聚丙烯袋贮存期限不宜超过12个月,聚乙烯袋贮存期限不宜超过18个月,聚酯袋贮存期限不宜超过24个月。

附 录 A
（资料性附录）
扁丝的技术指标及测试

A.1 技术指标

A.1.1 断裂伸长率：15%～30%。
A.1.2 线密度偏差：±10%。

A.2 测试方法

A.2.1 试验条件

参见 GB/T 2918—1998 规定。扁丝在 18 ℃～28 ℃的室温状态下调节 10 min，并在此条件下进行试验。

A.2.2 相对拉伸负荷的测定及计算

A.2.2.1 试验设备参见 GB/T 1040.1—2006 第 5 章的规定。
A.2.2.2 测试方法：剪取长 800 mm 的扁丝，夹具间距 500 mm，拉伸下降速度 200(mm/min)±10(mm/min)，直至断裂为止，记录最大拉伸负荷。
A.2.2.3 取两个试样的最大拉伸负荷算术平均值为计算值。
A.2.2.4 相对拉伸负荷按式(A.1)计算：

$$\sigma_1 = \frac{F}{\rho_1} \qquad \cdots\cdots\cdots\cdots(A.1)$$

式中：
σ_1——相对拉伸负荷，单位为牛顿每特克斯(N/tex)；
F——最大拉伸负荷计算值，单位为牛顿(N)；
ρ_1——线密度，单位为特克斯(tex)。

A.2.3 断裂伸长率的测定及计算

A.2.3.1 按 A.2.2 规定，在测定相对拉伸负荷的同时测定断裂伸长率。
A.2.3.2 测定的试样断裂时，试样有效部分标线间距的增加量与初始标距之比的百分率为断裂伸长率，按式(A.2)计算：

$$\varepsilon = \frac{L - L_0}{L_0} \times 100\% \qquad \cdots\cdots\cdots\cdots(A.2)$$

式中：
ε——断裂伸长率，用比值的百分数表示(%)；
L_0——初始标距，单位为毫米(mm)；
L——试样断裂时标距，单位为毫米(mm)。

A.2.4 线密度的测定及计算

A.2.4.1 绕取 100 m 扁丝，绕取时不宜拉紧伸长。

A.2.4.2 称取其质量，精确至0.1 g。

A.2.4.3 按式(A.3)计算线密度：

$$\rho_1 = \frac{1\ 000 \times m}{100} \quad \cdots\cdots\cdots\cdots (\text{A.3})$$

式中：

ρ_1——线密度，单位为特克斯(tex)；

m——试样质量，单位为克(g)。

A.2.5 线密度偏差的计算

线密度偏差按式(A.4)计算：

$$\delta = \frac{\rho_B - \rho_A}{\rho_A} \times 100\% \quad \cdots\cdots\cdots\cdots (\text{A.4})$$

式中：

δ ——线密度偏差值，用比值的百分数表示(%)；

ρ_A ——标准线密度，单位为特克斯(tex)；

ρ_B ——实测平均线密度，单位为特克斯(tex)。

附　录　B
（规范性附录）
袋单位面积质量偏差

B.1　单位面积质量测定

B.1.1　袋单位面积质量以整条袋的质量和有效表面积比值表示。整条袋的质量包括其附属物缝纫线、油墨、折边或卷边、包边、插口或阀口的舌头、中缝或阀口的重叠部分以及粘合物等。
B.1.2　用感量为 0.1 g 的天平称取 1 整条样袋的质量。
B.1.3　按图 1 将袋摊平，用精确至 1 mm 的直尺，在袋中间和中间离两边一半的三处测量袋的有效长度、有效宽度（包括折 M 边宽度）和方底阀口袋的袋底宽度，取其算术平均值。

B.2　单位面积质量计算

按式（B.1）计算敞口袋或插口袋的单位面积质量。

$$M_d = \frac{m_d}{2lh} \qquad \cdots\cdots\cdots\cdots\cdots\cdots\cdots\cdots\cdots\cdots(\text{B.1})$$

按式（B.2）计算方底阀口袋的单位面积质量。

$$M_d = \frac{m_d}{2(lh + hh_0 - h_0{}^2)} \qquad \cdots\cdots\cdots\cdots\cdots\cdots\cdots\cdots\cdots\cdots(\text{B.2})$$

式中：
M_d ——样袋的单位面积质量，单位为克每平方米（g/m^2）；
m_d ——整袋的称量质量，单位为克（g）；
l ——样袋的平均有效长度，单位为米（m）；
h ——样袋的平均有效宽度，单位为米（m）；
h_0 ——方底阀口袋的袋底平均宽度，单位为米（m）。

B.3　单位面积质量偏差

按式（B.3）计算袋单位面积质量偏差。

$$T_d = \frac{M_d - M}{M} \times 100\% \qquad \cdots\cdots\cdots\cdots\cdots\cdots\cdots\cdots\cdots\cdots(\text{B.3})$$

式中：
T_d ——袋单位面积质量偏差，用比值的百分数表示（%）；
M_d ——样袋的单位面积质量，单位为克每平方米（g/m^2）；
M ——袋标称单位面积质量，单位为克每平方米（g/m^2）。

附 录 C
（规范性附录）
试样取样位置和尺寸

C.1　取样位置

C.1.1　经向

以袋中心线为基准，按图C.1尺寸位置取长方形经向试样两块。袋宽不足330 mm时，从袋背面中心纵向剖开展平后取样。试样如遇到袋边折叠线处允许横向移动出折叠线位置。

单位为毫米

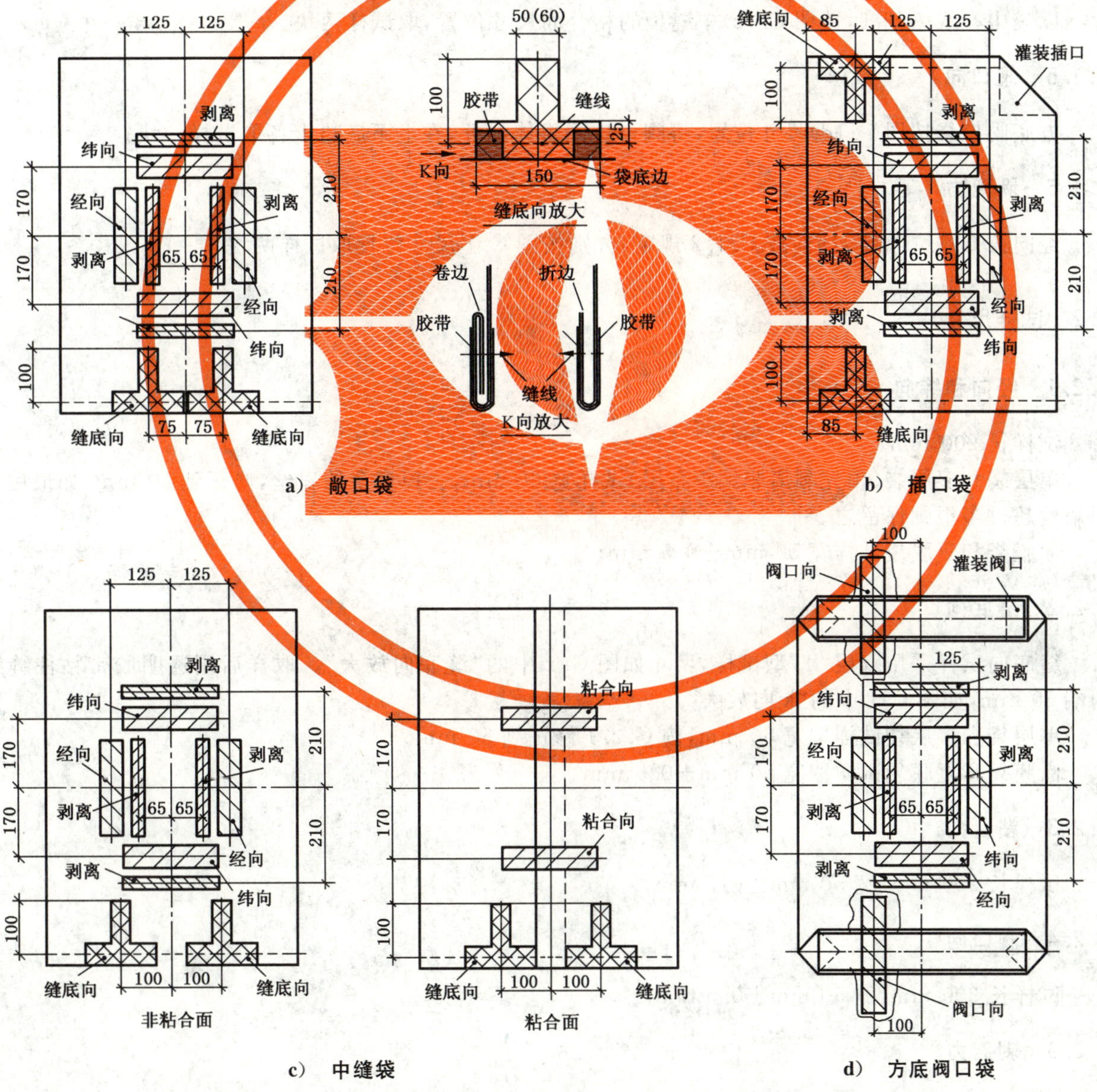

图 C.1　取样位置图

C.1.2 纬向

以袋中心线为基准，按图C.1尺寸位置，应顺着纬丝的倾斜方向取长方形试样两块。不应顺着纬丝出弧走向取长条扇形试样。

C.1.3 缝底向

C.1.3.1 敞口袋按图C.1a)尺寸位置在下底边上取双层试样两块。袋宽不足300 mm时，应另增加一条样袋。

C.1.3.2 插口袋按图C.1b)尺寸位置在上下底边上取双层试样各一块。

C.1.3.3 中缝袋按图C.1c)尺寸位置在下底边上取双层试样两块。袋宽不足350 mm时，试样位置应横向移动，其试样被拉伸的宽度不应在中缝内。

C.1.4 粘合向

以袋中心线为基准，按图C.1c)中缝袋的粘合面尺寸位置，取试样两块。

C.1.5 阀口向

方底阀口袋按图C.1d)尺寸位置，将阀口连同袋体剖开，在上下底边上各取试样一块。

C.1.6 剥离力

经向按C.1.1规定，纬向按C.1.2规定，分别按图C.1尺寸位置取试样两块。

C.2 试样尺寸

C.2.1 经向和纬向

试样长200 mm。

单层袋和多层袋(预先剥离非编织布层)试样宽60 mm，去掉多余的扁丝，修正到50 mm，如最后一根扁丝超过半根则保留之。

涂膜袋和复膜袋试样宽50 mm±0.5 mm。

C.2.2 缝底向

缝底向试样采用双层"T"型试样，尺寸如图C.1中的"缝底向放大"。取样后用透明胶带粘住缝线两端30 mm，如图C.1中的"k向放大"。

单层袋和多层袋试样取宽60 mm，按C.2.1修正到50 mm。

涂膜袋和复膜袋试样取宽50 mm±0.5 mm。

C.2.3 粘合向

试样长200 mm、宽50 mm±0.5 mm。

C.2.4 阀口向

试样长300 mm、宽50 mm±0.5 mm。

C.2.5 剥离力

试样长200 mm、宽30 mm±0.5 mm。

ICS 75.060
E 24

中华人民共和国国家标准

GB 9053—2013
代替 GB 9053—1998

稳定轻烃

Natural gasoline

2013-11-27 发布 2014-04-01 实施

中华人民共和国国家质量监督检验检疫总局
中国国家标准化管理委员会 发布

前言

本标准的第5章(试验方法除外)、第7章、第8章为强制性的,其余为推荐性的。

本标准按照GB/T 1.1—2009给出的规则起草。

本标准代替GB 9053—1998《稳定轻烃》,与GB 9053—1998相比,主要技术变化如下:

——增加了正文首页的“警告”;

——在规范性引用文件中删除了标准的版本年代号(见第2章,1998年版的第2章);

——在规范性引用文件中增加了“GB/T 17040”、“SH/T 0689”、“SH 0164”和“GB 12268”(见第2章);

——将表1中的“[1)]冬季指在9月1日至第二年2月29日间”修改为“[a]夏季从5月1日至10月31日”及“[b]冬季从11月1日至4月30日”(见第5章);

——在表1中增加“[c]硫含量允许采用GB/T 17040和SH/T 0253进行测定,但仲裁试验应采用SH/T 0689”(见第5章);

——删除有关检验规则的内容(见第6章,1998年版的第6章);

——将“本产品的储运及标志按附录A(规范性附录)规定执行”修改为“本标准产品的标志、包装、运输和贮存及交货验收按SH 0164执行”(见第7章,1998年版的第7章);

——删除了有关供需双方协议及合同的内容(见1998年版的第8章);

——增加了有关安全的内容(见第8章);

——删除了附录A(见1998年版的附录A)。

本标准由全国石油天然气标准化技术委员会(SAC/TC 355)提出并归口。

本标准起草单位:大庆油田工程有限公司、中国石化中原石油勘探局勘探设计研究院、中国石油塔里木油田分公司质量检测中心。

本标准主要起草人:李楠、熊良富、龚金海、王小强、李飞雪、李邵勇。

本标准所代替标准的历次版本发布情况为:

——GB 9053—1988、GB 9053—1998。

稳 定 轻 烃

警告——如果不遵守适当的防范措施，本标准所属产品在生产、贮存和使用等过程中可能存在危险。本标准无意对与本产品有关的所有安全问题提出建议。用户在使用本标准之前，有责任建立适当的安全和防范措施，并确定相关规章限制的适用性。

1 范围

本标准规定了稳定轻烃的术语和定义、产品分类、技术要求、试验方法、取样、标志、包装、运输和贮存、安全。

本标准适用于油气田稳定轻烃产品。

2 规范性引用文件

下列文件对于本文件的应用是必不可少的。凡是注日期的引用文件，仅注日期的版本适用于本文件。凡是不注日期的引用文件，其最新版本(包括所有的修改单)适用于本文件。

GB/T 3555 石油产品赛波特颜色测定法(赛波特比色计法)(GB/T 3555—1992，ASTM D156—1987，eqv)

GB/T 5096 石油产品铜片腐蚀试验法(GB/T 5096—1985(1991)，ASTM D130—1983，eqv)

GB/T 6536 石油产品常压蒸馏特性测定法(GB/T 6536—2010，ASTM D86—2007a，MOD)

GB/T 8017 石油产品蒸气压的测定 雷德法

GB 12268 危险货物品名表

GB/T 17040 石油和石油产品硫含量的测定 能量色散X射线荧光光谱法(GB/T 17040—2008，ASTM D4294—2003，MOD)

SH 0164 石油产品包装、贮运及交货验收规则

SH/T 0253 轻质石油产品中总硫含量测定法(电量法)(SH/T 0253—1992，ASTM D3120—1982，NEQ)

SH/T 0689 轻质烃及发动机燃料和其他油品的总硫含量测定法(紫外荧光法)(SH/T 0689—2000，ASTM D5453—1993，eqv)

SY/T 0543 稳定轻烃取样方法

3 术语和定义

下列术语和定义适用于本文件。

3.1

稳定轻烃 natural gasoline

从天然气凝析液或原油中提取的，以戊烷和更重的烃类为主要成分的液态石油产品，也称天然汽油。其终馏点不高于190 ℃，在规定的蒸气压下，允许含少量丁烷。

4 产品分类

稳定轻烃按蒸气压范围分为两种牌号，其代号分别为1号和2号。

1号产品作为石油化工原料，2号产品可作石油化工原料也可作生产车用汽油调和原料。

5 技术要求及试验方法

稳定轻烃技术要求和试验方法见表1。

表1 稳定轻烃技术要求和试验方法

项目		质量指标		试验方法
		1号	2号	
饱和蒸气压/kPa		74～200	夏[a]＜74 冬[b]＜88	GB/T 8017
馏程				GB/T 6536
10%蒸发温度/℃	不低于	—	35	
90%蒸发温度/℃	不高于	135	150	
终馏点/℃	不高于	190	190	
60 ℃蒸发率(体积分数)/%		实测	—	
硫含量[c]/%	不大于	0.05	0.10	SH/T 0689
机械杂质及水分		无	无	目测[d]
铜片腐蚀/级	不大于	1	1	GB/T 5096
赛波特颜色号	不低于	+25	—	GB/T 3555

[a] 夏季从5月1日至10月31日。

[b] 冬季从11月1日至4月30日。

[c] 硫含量允许采用GB/T 17040和SH/T 0253进行测定，但仲裁试验应采用SH/T 0689。

[d] 将试样注入100 mL的玻璃量筒中观察，应当透明，没有悬浮与沉降的机械杂质及水分。

6 取样

取样按SY/T 0543执行。

7 标志、包装、运输和贮存

产品的标志、包装、运输和贮存及交货验收按SH 0164执行。

8 安全

根据GB 12268，稳定轻烃属于易燃液体，其涉及的安全问题应符合相关法律、法规和标准的规定。

ICS 71.080.40
Y 44

中华人民共和国国家标准

GB/T 9103—2013
代替 GB/T 9103—1988

工 业 硬 脂 酸

Industrial stearic acids

2013-12-31 发布　　2014-12-01 实施

中华人民共和国国家质量监督检验检疫总局
中国国家标准化管理委员会　发布

前　言

本标准按照 GB/T 1.1—2009 给出的规则起草。

本标准代替 GB/T 9103—1988《工业硬脂酸》。本标准与 GB/T 9103—1988 相比主要变化如下：

——修改了产品的分类，硬脂酸由原来的 200 型、400 型、800 型修改为 1840 型、1850 型、1865 型和橡塑级四种类型(见第 3 章，1988 年版第 2 章)；

——修改了皂化值、酸值、碘值、凝固点、水分、色泽技术指标(见 4.2，1988 年版 3.2)；

——增加了十八烷酸含量指标(见 4.2)；

——取消了无机酸指标(1988 年版 3.2)；

——修改了检验规则(见第 6 章，1988 年版第 5 章)；

——修改了标志、包装、运输、贮存(见第 7 章，1988 年版第 6 章)。

本标准由中国轻工业联合会提出。

本标准由全国表面活性剂和洗涤用品标准化技术委员会(SAC/TC 272)归口。

本标准起草单位：中国日用化学工业研究院、博兴华润油脂化学有限公司、邹平福海集团(有限)公司、浙江嘉化能源化工股份有限公司、表面活性剂和洗涤剂行业生产力促进中心。

本标准主要起草人：柳建学、李晓辉、叶建泉、徐文凯、毛锦生、童年、齐玉焕、程宁。

本标准所代替标准的历次版本发布情况为：

——GB/T 9103—1988。

工业硬脂酸

1 范围

本标准规定了工业硬脂酸的产品分类、技术要求、试验方法、检验规则和标志、包装、运输、贮存和保质期。

本标准适用于由动植物油脂经水解后加工精制而得到的工业硬脂酸(主要成分为十八烷酸和十六烷酸)。工业硬脂酸广泛应用于橡胶、塑料、纺织印染、日用化工和精密铸造等行业。

2 规范性引用文件

下列文件对于本文件的应用是必不可少的。凡是注日期的引用文件,仅注日期的版本适用于本文件。凡是不注日期的引用文件,其最新版本(包括所有的修改单)适用于本文件。

GB/T 8170 数值修约规则与极限数值的表示和判定

GB/T 9104—2008 工业硬脂酸试验方法

3 产品分类

工业硬脂酸按产品中十八烷酸的含量分为:1840 型、1850 型、1865 型及橡塑级。

4 要求

4.1 外观

产品根据成型方式可呈块状、片状、粉状或粒状。

4.2 理化指标

工业硬脂酸的理化指标应符合表 1 的规定。

表 1 工业硬脂酸的理化指标

项目	指标						
	1840 型		1850 型		1865 型		橡塑级
	一等品	合格品	一等品	合格品	一等品	合格品	
C_{18}含量[a]/%	38～42	35～45	48～55	46～58	62～68	60～70	—
皂化值(以 KOH 计)/(mg/g)	206～212	203～215	206～211	203～212	202～210	200～210	190～225
酸值(以 KOH 计)/(mg/g)	205～211	202～214	205～210	202～211	201～209	200～209	190～224
碘值(以 I_2 计)/(g/100 g) ≤	1.0	2.0	1.0	2.0	1.0	2.0	8.0
色泽/Hazen ≤	100	400	100	400	100	400	400[b]

表 1 （续）

项目	指标						
	1840 型		1850 型		1865 型		橡塑级
	一等品	合格品	一等品	合格品	一等品	合格品	
凝固点/℃	53.0～57.0		54.0～58.0		57.0～62.0		≥52.0
水分/% ≤	0.1						0.2

[a] C_{18}含量是指十八烷酸的含量。

[b] 样品配制成15%的无水乙醇溶液。

5 试验方法

除非另有说明,在分析中仅使用确认为分析纯的试剂和蒸馏水或去离子水或纯度相当的水。

5.1 C_{18}含量

按 GB/T 9104—2008 中第 12 章规定进行。

5.2 皂化值

按 GB/T 9104—2008 中第 5 章规定进行。

5.3 酸值

按 GB/T 9104—2008 中第 6 章规定进行。

5.4 碘值

按 GB/T 9104—2008 中第 4 章规定进行。

5.5 色泽

按 GB/T 9104—2008 中第 7 章规定进行。

5.6 凝固点

按 GB/T 9104—2008 中第 8 章规定进行。

5.7 水分

按 GB/T 9104—2008 中第 9 章规定进行。

6 检验规则

6.1 出厂检验

出厂检验项目为第 4 章中规定的外观、C_{18}含量、皂化值、酸值、碘值、色泽、凝固点、水分。

6.2 产品组批与抽样规则

6.2.1 组批

产品按批交付及抽样验收，一次交付的同一规格、同一批号的产品为一交付批。

生产单位交付的产品，应先经生产单位质量检验部门按本标准的规定检验合格，并签发产品质量检验合格证书方可出厂。产品质量检验合格证书应包括：生产者名称、产品名称、商标、采用标准编号、类型、级别、批号、批量、质量指标、生产日期等。

收货方凭产品质量检验合格证书验收，必要时可按6.2.2规定在一个月内抽样验收或仲裁。

6.2.2 抽样

根据批量大小，按表2确定样本大小，从批中随机抽取单位样本。

表2 产品批量和样本大小

单位为件

批量	≤30	31～50	51～100	>100
样本大小	3	5	6	7

从每个单位样本的任意部位等量采取300 g～750 g，使总量约2 kg。充分混匀，分装于3个洁净干燥的密闭容器中，贴上标签，注明产品名称、类型、级别、批号、生产单位、取样日期、取样人。交收双方各持一份进行检验，第三份由交货方保管，备仲裁检验用，保管期为一个月。

6.3 判定规则

检验结果按GB/T 8170修约值比较法判定合格与否。如理化指标有一项不合格，可重新取两倍样本，对不合格项进行复检，复检结果仍不合格，则判该批产品不合格。

6.4 仲裁

交收双方因检验结果不同，如不能协商一致时，可商请仲裁检验，以仲裁结果为最终依据。

7 标志、包装、运输、贮存和保质期

7.1 标志

产品包装印刷的标志(图案及文字)应清晰、不脱色，并标明：

a) 产品名称、商标、类型、级别、采用标准编号；

b) 生产日期或产品批号；

c) 毛重和净含量；

d) 防水防潮等文字或标识；

e) 可燃标志；

f) 生产企业名称、地址和联系电话等。

7.2 包装

产品可使用聚丙烯编制袋(内衬塑料袋)或纸箱(内衬一层洁净的牛皮纸)或根据客户要求进行包装，所有包装方式应扎牢紧固，包装口处紧密缝合。

包装净含量可选择25 kg、50 kg或根据客户需求，包装净含量应符合标称质量。

7.3 运输

运输时应轻装轻卸,不得倒置;防止日晒、雨淋、受潮,避免包装破损;勿与碱性及其他腐蚀性物品混放。

7.4 贮存

工业硬脂酸属可燃化学品,应贮存于通风良好的库房中,避免暴晒,远离火源。

7.5 保质期

在本标准规定的包装、运输、贮存条件下,自生产之日起产品保质期为1年。

ICS 29.120.50
K 31

中华人民共和国国家标准

GB/T 9364.10—2013

小型熔断器 第10部分:用户指南

Miniature fuses—
Part 10: User guide for miniature fuses

(IEC 60127-10:2001, MOD)

2013-12-17 发布　　2014-05-10 实施

中华人民共和国国家质量监督检验检疫总局
中国国家标准化管理委员会　发布

前　言

GB 9364《小型熔断器》分为以下部分：

——第1部分：小型熔断器定义和小型熔断体通用要求

——第2部分：管状熔断体

——第3部分：超小型熔断体

——第4部分：通用模件熔断体

——第5部分：小型熔断体质量评定导则

——第6部分：小型管状熔断体的熔断器座

——第7部分：特殊应用的熔断体

……

——第10部分：用户指南

——第11部分：LED灯用熔断体

本部分为GB 9364的第10部分。

本部分按照GB/T 1.1—2009给出的规则起草。

本部分使用重新起草法修改采用IEC 60127-10:2001《小型熔断器　第10部分：用户指南》。

本部分与IEC 60127-10:2001的技术性差异及其原因如下：

——关于规范性引用文件，本部分做了具有技术性差异的调整，以适应我国的技术条件，调整的情况集中反映在第2章"规范性引用文件"中，具体调整如下：

- 用GB 9364.2　小型熔断器　第2部分：管状熔断体(GB 9364.2—1997,IEC 60127-2:1989,IDT)代替IEC 60127-2:1989；
- 用GB 9364.3　小型熔断器　第3部分：超小型熔断体(GB 9364.3—1997,IEC 60127-3:1988,IDT)代替IEC 60127-3:1988；
- 用GB 9364.4　小型熔断器　第4部分：通用模件熔断体(GB 9364.4—2006,IEC 60127-4:1996,IDT)代替IEC 60127-4:1996；
- 用GB 9364.6　小型熔断器　第6部分：小型管状熔断体的熔断器座(GB 9364.6—2001,IEC 60127-6:1994,IDT)代替IEC 60127-6:1994。

——4.3最后一句中"6.3 A到10 A的电压是60 V。"，根据GB 9364.2—1997标准规格单4，将"6.3 A"改为"5 A"。

——根据产品实际结构，4.3的注中删除了"(除了标准规格单4外)"。

本部分做了下列编辑性修改：

——根据GB/T 1.1有关规定，在第1章"范围"中第1行和第2行补充了"GB 9364的本部分规定了小型熔断器的性质、熔断体的不同类型、应用、I^2t限制保护和脉冲状态工作、直流应用、熔断器座、在特低电压时的性能、环境温度的影响的技术要求。"；

——根据GB/T 1.1有关规定，IEC 60127-10:2001引言中关于标准结构的说明，移至本部分的前言中；

——根据GB/T 1.1有关规定，将IEC 60127-10:2001正文中图形统一放置到正文的后面；

——根据GB/T 1.1有关规定，为避免悬置段，第4章中增加4.1，原4.1改为4.2，原4.2改为4.3，原4.3改为4.4，原4.4改为4.5，原4.5改为4.6。

本部分由中国电器工业协会提出。

本部分由全国熔断器标准化技术委员会(SAC/TC 340)归口。

本部分起草单位:中国电器科学研究院有限公司、南京萨特科技发展有限公司、好利来(中国)电子科技股份有限公司、旭程电子(深圳)有限公司、漳州雅宝电子有限公司、上海松山电子有限公司、东莞市万成保险丝有限公司、华德电子有限公司、威凯检测技术有限公司、深圳市良胜电子有限公司、库柏电子科技(上海)有限公司、厦门赛尔特电子有限公司、东莞市贝特电子科技股份有限公司、AEM科技(苏州)股份有限公司、力特保险丝有限公司。

本部分起草人:蔡军、赖文辉、南西荣、张序星、陈明勤、黄奇波、施明木、胡汝财、颜琼章、袁曲、罗新旭、朱天羽、许由生、严文华、林文渊、郑索平、张军衍、侯金宝。

引　言

小型熔断器的用户希望涉及小型熔断器的所有标准、建议和其他文件应有相同的标准顺序号，以便于在其他规范中引用熔断器，例如，设备规范。

另外，采用一个标准编号，并将其划分成几部分，有利于新标准的制定，因为包含通用要求的条款就不必一再重复。

小型熔断器
第10部分：用户指南

1 范围

本部分规定了小型熔断器的性质、熔断体的不同类型、应用、I^2t 限制保护和脉冲状态工作、直流应用、熔断器座、在特低电压时的性能、环境温度的影响的技术要求。

本部分适用于通常预定用于保护户内电气装置、电子设备及其中的元件的小型熔断体，即在 GB 9364.2、GB 9364.3 和 GB 9364.4 中规定的熔断体。

本部分适用于符合 GB 9364.6 的小型熔断器的熔断器座。本部分不适用于预定在特殊条件(例如：腐蚀或易爆环境)下使用的电气装置的熔断器。

本指南的目的是给用户介绍小型熔断体和小型熔断体的熔断器座的重要性质，并给出一些使用熔断体的指南。

注1：若证明 GB 9364 熔断器的性能不满足要求，则参考 GB 13539。

注2：由于设计上存在差异，相同类型和额定值的熔断体可能会有不同的电压降和不同的性能。因此，在实践中，当它们在低电压电路的设备中使用，尤其是与更低额定电流的熔断体结合使用，它们可能不能互换。

注3：联系制造商获得更多的信息。

2 规范性引用文件

下列文件对于本文件的应用是必不可少的。凡是注日期的引用文件，仅注日期的版本适用于本文件。凡是不注日期的引用文件，其最新版本(包括所有的修改单)适用于本文件。

GB 9364.2　小型熔断器　第2部分：管状熔断体(GB 9364.2—1997，IEC 60127-2：1989，IDT)

GB 9364.3　小型熔断器　第3部分：超小型熔断体(GB 9364.3—1997，IEC 60127-3：1988，IDT)

GB 9364.4　小型熔断器　第4部分：通用模件熔断体(GB 9364.4—2006，IEC 60127-4：1996，IDT)

GB 9364.6　小型熔断器　第6部分：小型管状熔断体的熔断器座(GB 9364.6—2001，IEC 60127-6：1994，IDT)

GB 13539(所有部分)　低压熔断器[IEC 60269 (all parts)]

3 小型熔断器的性质

小型熔断器提供了对短路和持续过载效应的保护，并保护了故障前端的元件和导体、隔离故障后端的分支故障电路。熔断体的断开还作为一个诊断的工具，帮助辨别出故障的位置。这些性质包括：

——多样的物理结构形式：小型熔断器在物理结构上有多样的选择。例如，有些熔断体能够被安装到夹子和熔断器座上，或者插入管座中，能够便于更换。也有些类型能通过穿孔式安装或表面贴装的方式安装，以波峰焊或回流焊焊接到印制线路板上。

——低成本和非常小的尺寸：适合于安装在小型设备上，小型熔断器提供了非常好的电路保护。

——宽广的特性范围：小型熔断器通常使用于预期短路电流低于 1 500 A 的电子设备中。小型熔断器具有非常宽广的特性范围，从(非常)快速动作类型到(长)延时类型。后一类型非常有用，因为它们能承受接通电路时浪涌电流，但在持续过载时也会断开。

——辨别力(选择性):通过已标准化的熔断器特性和允许通过能量的限制,确保了熔断器分断故障电路,同时不使前端的更高额定值的熔断器动作,避免断开供电,以保障后端电路的安全。

——可靠性:小型熔断器可持续地承载工作电流,且在特性上没有任何实质的改变或劣化,并且一个新的熔断器可以提供相等的保护。在熔断器的长生命期间内,它不需要维修。

——抗干扰的可再现的特性:小型熔断器专门为应用方提供了一套保护方案。在纠正故障之后,通过更换相同类型和额定值的熔断体,可以维持相同的保护水平。GB 9364 系列标准中广泛的试验项目计划、连同质量系统(例如在 GB/T 9364.5 中规定的)、以及国家认证机构的跟踪服务,都确保了有关熔断器工作的所有方面准确并安全地在全世界任何地方得以再现。

——电弧耗散:合适的熔断器能够快速地分断故障,保证在故障位置,没有时间产生电弧。

4 熔断体的不同类型

4.1 类别

GB 9364 涉及 3 个类别的熔断体:

——GB 9364.2 管状熔断体;

——GB 9364.3 超小型熔断体;

——GB 9364.4 通用模件熔断体(UMF)。

4.2 特性

以下这些的术语定义了熔断体在不同过载电流水平下,动作(断开)时间的长短。符合 GB 9364 不同部分的标准规格单的熔断体的特性如下:

FF 表示非常快速动作;

F 表示快速动作;

M 表示中等延时;

T 表示延时;

TT 表示长延时。

对每个过载电流水平,单个的标准规格单规定了多种额定电流的精确时限。在指定的时限内,熔断元件必须熔化。

应注意到符合其他标准(如 CSA-C22.2 No.248-14,UL 248-14[1][1])的熔断器的特性可能与 GB 9364 的差异很大。此外,这些其他标准可能没有给出同样的特性定义或精确时限。因此,被定义的用词,例如非常快速动作、快速动作、快动作、正常动作、中等动作、中等熔化、时间滞后、延时以及其他用词,留给每个熔断器制造商自行确定,并可能有较大的不同。

4.3 分断能力

熔断器的分断能力是在它的额定电压下,能够安全地分断电路的电流值。分断能力是熔断器制造商指定的数值,通常对于给定的电压,标准规格单中规定了分断能力,同时,规格单给出了其他规定的试验条件,如,电路的功率因数、合闸角等。实际上,若电路中潜在的故障(短路)电流大于熔断器的额定分断能力,则熔断器不应使用在这个电路中。确定电路或应用中的实际最大潜在故障电流通常是很难的。这电流经常是安全机构指定的假定理论值。在一些情况下,是通过在短路条件下,在最终产品上试验熔断器来确定熔断器的分断能力的适宜性。

---

1) 详见参考文献。

4.4 管状熔断体(GB 9364.2)

熔断体的两个尺寸分别是 5 mm×20 mm 和 6.3 mm×32 mm。熔断体的细节在 6 个标准规格单中规定。额定电压是 250 V a.c.,但标准规格单 4 中的熔断体除外,其 50 mA 到 2 A 熔断体的电压是 250 V,2.5 A 到 4 A 的电压是 150 V,5 A 到 10 A 的电压是 60 V。

表 1

标准规格单	尺寸 mm	特性	额定分断能力
1	5×20	F	高(1 500 A)
2	5×20	F	低(35 A 或 $10I_N$)[a]
3	5×20	T	低(35 A 或 $10I_N$)[a]
4	6.3×32	F	低(35 A 或 $10I_N$)[a]
5	5×20	T	高(1 500 A)
6	5×20	T	增强(150 A)
[a] 取较大值。			

注:这些熔断体可以带引线的形式直接连接到印制线路板上。

4.5 超小型熔断体(GB 9364.3)

此部分包括 4 个标准规格单,这些规格单都是低分断能力的熔断体。有两种不同类型的熔断体,分别是径向和轴向,用于印制线路板上。

表 2

标准规格单	端子	特性	额定分断能力
1	径向	F	低(50 A)
2	轴向	F	低(50 A)
3	径向	F	低(35 A 或 $10I_N$)[a]
4	径向	T	低(35 A 或 $10I_N$)[a]
[a] 取较大值。			

熔断体端子的间距应设计成,允许熔断体便于安装到印制线路板上,该线路板具有中心间距为 2.54 mm 的插入孔的网格系统。应注意维持爬电距离和电气间隙。

4.6 通用模件熔断体(GB 9364.4)

通用模件熔断体有两种类型:穿孔式(标准规格单 1)和表面安装式(标准规格单 2),额定电压分别为 32 V、63 V、125 V 和 250 V。

表 3

标准规格单	额定电压 V	端子间距[b] mm	特性	额定分断能力
1 （穿孔式）	32	2.5	FF、F、T 或 TT	低(35 A 或 $10I_N$)[a]
	63	2.5	FF、F、T 或 TT	低(35 A 或 $10I_N$)[a]
	125	5	FF、F、T 或 TT	低(35 A 或 $10I_N$)[a]
	250	7.5	FF、F、T 或 TT	低(100 A)
	250	10	FF、F、T 或 TT	中(500 A)
	250	12.5	FF、F、T 或 TT	高(1 500 A)
2 （表面安装式）	32	1.5	FF、F、T 或 TT	低(35 A 或 $10I_N$)[a]
	63	2	FF、F、T 或 TT	低(35 A 或 $10I_N$)[a]
	125	2.5	FF、F、T 或 TT	低(35 A 或 $10I_N$)[a]
	250	4	FF、F、T 或 TT	低(100 A)
	250	4	FF、F、T 或 TT	中(500 A)
	250	4	FF、F、T 或 TT	高(1 500 A)

[a] 取较大值。

[b] 对表面安装式熔断体，最小端子间距数值适用。

本范围的熔断器的设计正在飞快地发展。这个部分承认这一点，因而不限制产品设计，仅仅规定了外形尺寸的最大的范围。为了确保来自不同制造商的熔断体具有互换性，可能需要一些调查。

5 应用

5.1 应用——熔断器的选择准则

对于给定应用条件的小型熔断器的选择一般取决于下列 3 个基本方面的条件：

a) 应用的电气要求；

b) 符合已出版的熔断器安全标准；

c) 机械性能/外形尺寸。

首先需要确定熔断器所要达到的电气性能，这些性能是由用途所决定的，通常情况下，是由最终产品的安全机构的试验要求所决定。应用所需要的电气特性和分断能力应符合已出版的安全标准。这种符合性通常由熔断器的第三方（安全机构）的确认来证明。

只有这些条件满足之后，才考虑机械/尺寸的特性。

5.2 电气条件

熔断器的电气额定值和性能要求取决于：

a) 最终产品的正常工作条件，例如，稳态电流、电源电压、环境温度等；

b) 由于最终产品的内部故障引起的场所可预测的故障状态；

c) 由于电源线相交或其他浪涌电流（如闪电）引起的场所可预测的故障状态；

d) 安全机构在最终产品上施加的规定的过载和短路测试条件。

对每一个特定的应用，应考虑到以下的信息：

a) 电路的工作电压，是交流还是直流。

b) 存在的任何瞬变工况，例如：

  1) 最大浪涌电流：在产品“接通”（包括它的波形和持续时间）时，熔断器应能承受且不断开；

  2) 预期的使用模式或工作周期：最终产品将被接通的情况是 1 d 一次、一周一次、一年一次等，或是不断循环？

  3) 由次生雷击浪涌（振幅、波形和循环次数）引起的任何脉冲电流突波，熔断器应能承受且不断开。

c) 正常工作条件：

  1) 熔断器在工作中将要承受的最大稳定状态的稳态电流；

  2) 最低/最高的环境条件。

d) 所需要的电路保护性能：

  1) 熔断器应动作的最小过载电流和允许动作（熔断）的最长时间；

  2) 熔断器应符合的其他临界过载水平或时间约束条件；

  3) 熔断器应断开的最大短路电流和电压。

5.3 机械/外形尺寸

一旦电气要求和任何的安全认证问题确定后，接着确定机械方面的要求。

6 I^2t 限制保护和脉冲状态工作

6.1 I^2t 值

预飞弧（熔化）I^2t 或“焦耳积分”是熔化熔断元件所需要的能量的度量，它被表示为“安培平方秒”（A^2s）。对于足够高的电流，对每个不同的熔断元件，其预飞弧（熔化）I^2t 和它所代表的能量是一个常量。因为每一不同熔断器类型和额定值规格有不同的熔断元件，需要对每一规格的熔断器确定 I^2t 值。I^2t 值是熔断器自身的参量，它被元件的材料和结构所决定。公称 I^2t 不仅是对每一个熔体设计是常量，而且它不受电压的影响，并基本上不受温度影响。

熔断 I^2t 值是熔断器的允许通过能量的度量，它是预飞弧和飞弧 I^2t 之和。飞弧 I^2t 不仅取决于熔断器本身，而且受电路参数的影响。

6.2 脉冲状态工作

通常，对于需要承受短时的大电流脉冲的应用场合，预飞弧 I^2t 被用于选择熔断器。在很多应用场合这些电流是常有的，并被各种各样的术语所表述，如“浪涌电流”、“启动电流”、“涌入电流”和其他类似的电路“瞬变电流”，这些均可被划分在总的“脉冲”范畴中。考虑脉冲的 I^2t 和重复率是很重要的。为了避免不必要的断开，有必要选择其预飞弧 I^2t 比脉冲 I^2t 足够大的熔断器。

6.3 I^2t 限制

对于敏感元件的保护，熔断 I^2t 是一个重要的参数。诸如半导体之类的元件具有一个能量承受值，输入承受值的能量它们能够承受而不失效。对于这种应用，不同于脉冲状态工作，选择一个熔断 I^2t 小于元件的承受值的熔断器是很重要的。

结论：选择熔断器的 I^2t 值，以致：

a) I^2t 浪涌脉冲小于熔断器的预飞弧 I^2t 值；

b) 熔断器的熔断 I^2t 值小于被保护设备的最大 I^2t 值。

注：全国熔断器标准化技术委员会小型熔断器分技术委员会(SAC/TC 340/SC 3)建议在 $10I_N$ 条件下测量 I^2t。这会导致数值夸大，尤其是时间延时型熔断体，其在 $10I_N$ 的熔断时间，通常远大于快速动作型熔断体的。公布的 I^2t 值通常是公称值，当这个参数对设计分析很关键时，应向工厂咨询。

7 直流应用

7.1 一般信息

虽然公布的熔断器额定信息是基于交流数据，且可能不适用于直流应用，但所有的熔断器在直流和交流电路中都应当能工作。不过熔断体的直流额定电压和额定分断能力可能不同于交流的额定值。为直流应用选择熔断器，应当确定电路时间常数，且要验证熔断器的基本额定值的直流性能。

典型的直流应用包括：

——电池/蓄电池，其电压相对低(低于 50 V)，而潜在的故障电流很大的；

——无线电通讯或电源，其电压高至 125 V，故障电流在熔断体的交流分断能力极限以内的场合；

——直流电压高于 125 V 的场合，这些场合使用时需要额外的测试，特别是对于分断能力。

由于存储有能量，以电路时间常数为特征的感性和容性直流电路需要额外的考虑，一般地，小型熔断器能够保护时间常数小于 2 ms 的电池电路和时间常数高至约 4 ms 的其他感性电路。该电路特性将影响熔断器的熔断时间/电流特性、额定电压和分断能力等性能。时间-电流曲线通常基于热等效的交流(r.m.s 方均根)或直流电流。

7.2 电池电路

电池具有非常小的电感。为电池电路选择熔断器，需确定电路时间参数，并考虑如下熔断器信息：

——时间电流数据：基于交流(r.m.s 方均根)还是直流电流；

——直流额定电压：大于或等于直流电路电压；

——直流分断能力：大于或等于电路可出现的直流故障电流。熔断器分断能力测试的时间常数必须大于等于直流应用电路的时间常数。

7.3 感性负载电路

诸如电机、螺线管和其他线圈类负载可能具有大电感，为这些应用选择熔断器时，按电池电路的步骤进行。

8 熔断器座

8.1 特性

允许更替熔断体，而且不需要任何辅助工具，以及不用打开设备(面板安装型熔断器座)。

8.2 安全方面

考虑到电气设备的安全性，选择最适合的熔断器座是非常重要的。除了其他参数外，必须保证遵照熔断器制造商规定的允许额定功率和温度。

仅基于熔断体的额定电流选择熔断器座，特别是较大电流时，如果没有考虑到熔断器座接触点的产热影响，可能会产生不可接受的温度。

8.3 熔断器座的选择

需考虑到的参数如下：

a) 熔断体的最大持续功耗；

b) 熔断器座的允许额定功率，熔断器周围的温度以及工作电流；

c) 设备外部和内部的环境温度差别；

d) 散热/冷却、通风、邻近元件的热量影响。

允许额定功率是熔断器座在其温升不超出极限时能承受的最大功率耗散的度量，为在环境温度为23 ℃和熔断器座额定电流条件下，装入熔断器座的模拟熔断体所产生的功率耗散。

周围空气温度和一个或几个工作电流下的熔断器的额定允许功率之间的相关性，由熔断器制造商发布的降额曲线来说明。

在相应的周围空气温度和安装条件下，为保持嵌在熔断器座中的熔断体的功率耗散低于熔断器座的额定允许功率，必需遵守以下两步骤：

8.3.1 步骤 1

熔断器座的选择基于工作电流下的允许功率和最大周围空气温度。熔断体的最大持续耗散需小于或等于熔断器座容许的允许功率。

8.3.2 步骤 2

根据安装地点的不同的条件等，负责设计的工程师应当确定熔断器座（见 8.3.1）允许功率的降低量。

例如：

——设备内的环境空气温度比设备外的高很多；

——导体横截面积；

——不利的散热条件；

——邻近元件的散热影响。

8.4 负载下熔断体的更换

安装了熔断体的熔断器座不能当作开关电源的开关使用。为了不损坏熔断器座，要求只有当电路电源切断后，才允许更换熔断体。

9 在特低电压时的性能

在广泛的应用范围中，小型熔断器对故障电流情况提供可靠保护，并且对电路的影响可忽略。

但是，当熔断体用于特低电压，即在 10 V 范围内时，特别是对于低额定电流的熔断体，应当考虑其对电路的影响。对于额定电流低于 100 mA 的熔断体，其阻抗会在 1 Ω～100 Ω 之间，即熔断体的阻抗可能会高于电路阻抗。低额定值的熔断体的电压降相对较高，电压降在 1 V 的范围内。与这形成对照，大约 0.5 W 的功率耗散是可忽略的。

压降和功率耗散之间典型的关系依赖于额定电流，如图 1 所示。

由于当熔体接近它的熔点时，其压降是非线性增长，所以当一个电气故障发生时，应当注意确保有足够的电压可用以使熔断体中断电流。

使用者需考虑到一些情况，特别是熔断体可能影响电路电阻。仅仅考虑在 $0.1I_N$ 低电流下测得的冷态电阻，或者在 $1.0I_N$ 下测得的压降，这是不充分的。

一般来说，正常熔断所需要的最小工作电压大约是在 $1.0I_N$ 下测得的熔断体电压降的 5 至 8 倍。

10 环境温度的影响

熔断体是对温度敏感的器件，这意味着周围温度可以影响其特性。额定值和时间/电流特性是在环境 23 ℃条件下标准化的，基于这个事实，较高或较低温度可能导致熔断体较快或较慢地熔断。

图 2 展示的是根据环境温度熔断体的额定电流重新定额的例子。

周围温度和制造商的特殊设计也可影响熔断器座的允许功率。

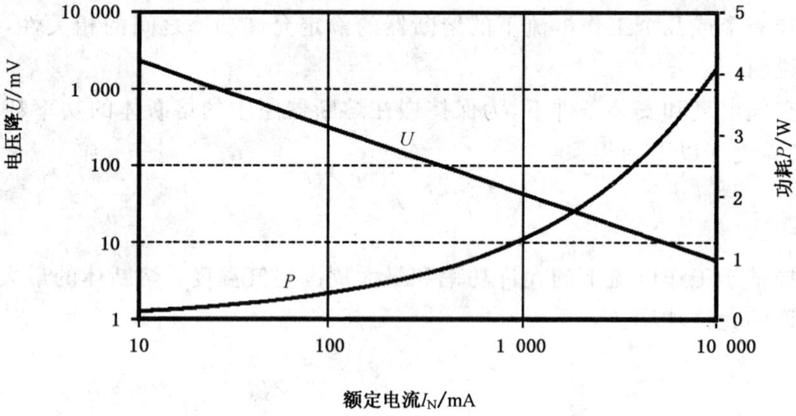

图 1 功耗 P 和电压降 U 对应于额定电流 I_N 的例子

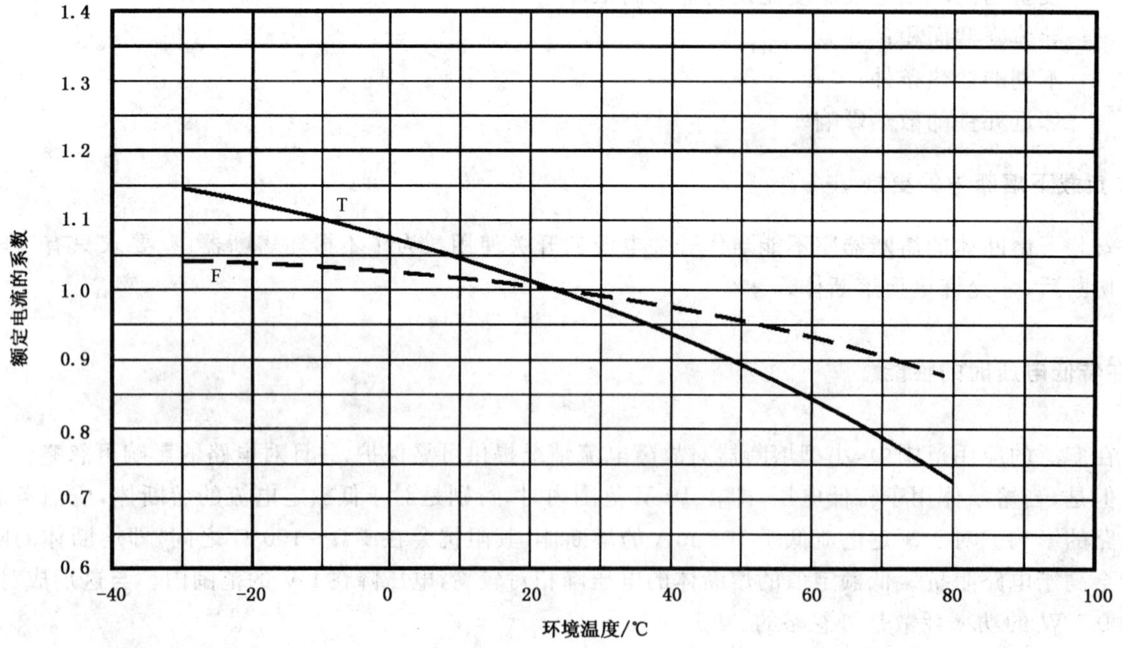

说明：

F——快速动作型；

T——时间延迟型。

图 2 熔断体额定电流重新定额的例子

参 考 文 献

[1] CSA-C22.2 No. 248-14,UL 248-14,低压熔断器 第14部分:辅助熔断体

ICS 33.160.10
M 72

中华人民共和国国家标准

GB/T 9397—2013
代替 GB/T 9397—1996

直接辐射式电动扬声器通用规范

General specification for electrodynamic loudspeaker of direct radiator type

2013-11-12 发布　　2014-05-01 实施

中华人民共和国国家质量监督检验检疫总局
中国国家标准化管理委员会　发布

前　言

本标准按照 GB/T 1.1—2009 给出的规则起草。

本标准代替 GB/T 9397—1996《直接辐射式电动扬声器通用规范》。

本标准与 GB/T 9397—1996《直接辐射式电动扬声器通用规范》相比主要变化如下：

——第 1 章范围中，“本标准适用于广播收音机、电视广播接收机、磁带录音机及同类电子产品用电动式扬声器”改为“本标准适用于广播收音机、电视广播接收机、磁带录音机、家用多媒体等同类电子产品用电动式扬声器”；

——引用的 GB/T 12060.5—1996 中的条款改为 GB/T 12060.5—2011 中的条款；

——3.1“命名”、3.2“外形尺寸”中增加“也可由产品标准规定”的内容；

——4.3.1.1 额定阻抗优选值系列中，增加“6 Ω”的优选值；

——4.3.6，额定特性灵敏度级最大允许偏差由±3 dB 改为±2 dB。删除“注：对于需经挑选配对供应的立体声系统扬声器，每对扬声器特性灵敏度级的相对差不大于 2 dB。”；

——4.3.7，额定总谐波失真 $1.2f_0 < f \leqslant 500$ Hz 时，删去“≤15%”；500 Hz $< f \leqslant$ 5 000 Hz 时，删去≤10%；

——4.4.2 加注，“根据扬声器的用途及用户的要求进行测试，测量点的位置和数量由产品标准规定”；

——4.4.3，杂散磁场单位采用 A/m，并加注了适用范围；

——4.5.7，增加额定共振频率的变化不应超过 20%；

——5.2，听音检验的内容依据 GB/T 12060.5—2011 的附录 D 修订，同时删除了表 7 中听音检验的 C 类不合格；

——表 3 中对共振频率的测量方法加注，规定了测量电压；

——表 6 中丙组的检验水平改为 S-2，A 类不合格品的 AQL 由 1.0 改为 2.5，删除方括号中的 AQL 值及注；

——表 7 中的注改为“制造商可根据用户要求确定各种用途扬声器的杂散磁场和耐电压项”。

本标准由中华人民共和国工业和信息化部提出。

本标准由全国音频、视频及多媒体系统与设备标准化技术委员会(SAC/TC 242)归口。

本标准主要起草单位：江苏省电子信息产品质量监督检验研究院、南京大学声学研究所、国光电器股份有限公司。

本标准主要起草人：张志强、沈勇、俞锦元、陈嘉声。

本标准所代替标准的历次版本发布情况为：

——GB/T 9397—1988、GB/T 9397—1996。

直接辐射式电动扬声器通用规范

1 范围

本标准规定了直接辐射式电动扬声器的产品分类、要求、试验方法、检验规则、标志、包装、贮存和运输。

本标准适用于广播收音机、电视广播接收机、磁带录音机、家用多媒体等同类电子产品用电动式扬声器。

2 规范性引用文件

下列文件对于本文件的应用是必不可少的。凡是注日期的引用文件，仅注日期的版本适用于本文件。凡是不注日期的引用文件，其最新版本(包括所有的修改单)适用于本文件。

GB/T 2423.28—2005 电工电子产品环境试验 第2部分:试验方法 试验T:锡焊

GB/T 2828.1—2012 计数抽样检验程序 第1部分:按接收质量限(AQL)检索的逐批检验抽样计划

GB/T 2829—2002 周期检验计数抽样程序及表(适用于对过程稳定性的检验)

GB/T 12060.5—2011 声系统设备 第5部分:扬声器主要性能测试方法

SJ 42—1977 金属镀层和化学处理层的分类、特性、应用范围和标记

SJ 144—1982 电声器件型号命名方法

SJ 1276—1977 金属镀层和化学处理层质量检验技术要求

SJ 1277—1977 金属镀层和化学处理层质量检验验收规则

SJ 1278—1977 金属镀层和化学处理层外表的检验方法

SJ 1279—1977 金属镀层硬度的检验方法

SJ 1280—1977 金属镀层孔隙率的检验方法

SJ 1281—1977 金属镀层和化学处理层厚度的检验方法

SJ 1282—1977 金属镀层结合力的检验方法

SJ 1283—1977 金属镀层和化学处理层腐蚀试验方法

SJ 1284—1977 金属镀层腐蚀试验结果评定方法

SJ 1285—1977 铝和铝合金氧化处理层电气绝缘性能的测试方法

3 分类

3.1 命名

按SJ 144规定，也可由产品标准规定。

3.2 外形尺寸

按有关产品标准规定。

4 要求

4.1 外观及机械质量、可焊性

4.1.1 焊片及接线架

标称尺寸小于Φ100 mm 的圆形扬声器及等效辐射面积与其相当的非圆形扬声器其焊片及接线架应能承受 2 N 的拉力并不得松动。

标称尺寸大于或等于Φ100 mm 的圆形扬声器及等效辐射面积与其相当的非圆形扬声器其焊片及接线架应能承受 5 N 的拉力并不得松动。

4.1.2 外观

扬声器标志应清晰、外观应整洁。不应有明显的机械损伤，铆、焊及胶粘应牢固可靠。漆层不应产生起皱、划痕、脱落。引出端子外形尺寸应符合产品图纸要求，表面无毛刺。金属零件的镀层和化学涂层应符合 SJ 42—1977、SJ 1276—1977、SJ 1277—1977、SJ 1278—1977、SJ 1279—1977、SJ 1280—1977、SJ 1281—1977、SJ 1282—1977、SJ 1283—1977、SJ 1284—1977、SJ 1285—1977 的要求。

4.1.3 可焊性

扬声器焊片可焊性应符合 GB/T 2423.28—2005 中 4.7.4 的规定。

4.2 听音检验

4.2.1 正常工作的听音检验

馈给被测扬声器一个节目信号，检查声级、音色、噪声以及其他存在的缺陷，以确定其正常工作。

4.2.2 机械噪声的听音检验(咯咯声)

在额定频率范围内馈给扬声器端子额定正弦电压，检查磨擦声、咯咯声及其他严重异常声，通过听音来确定扬声器工作正常。

4.3 电声参数

4.3.1 额定阻抗

4.3.1.1 额定阻抗优选值系列

4 Ω、6 Ω、8 Ω、16 Ω、25 Ω、50 Ω、100 Ω。

或由产品标准规定。

4.3.1.2 额定阻抗值偏差系列

±10%、±15%、±20%。

4.3.2 额定噪声功率

额定噪声功率值优选系列：1.0 W、1.25 W、1.5 W、2.0 W、2.5 W、3.0 W、4.0 W、5.0 W、6.3 W、8.0 W。

所有大于或等于 10 或小于等于 1 的值，均可用 10 的整数次幂(如 10^1、10^2 或 10^{-1})乘以上述系列的数求得。

馈给扬声器的电功率应符合上述规定(或由产品标准规定),试验后应无热损伤和机械损伤,并符合4.2.2要求。

4.3.3 额定长期最大功率

额定长期最大功率值优选系列:1.0 W、1.25 W、1.5 W、2.0 W、2.5 W、3.0 W、4.0 W、5.0 W、6.3 W、8.0 W。

所有大于或等于10或小于或等于1的值,均可用10的整数次幂(如 10^1、10^2 或 10^{-1})乘以上述系列的数求得。

馈给扬声器的电功率应符合上述规定(或由产品标准规定),试验后应无热损伤和机械损伤,并符合4.2.2要求。

4.3.4 额定共振频率

4.3.4.1 额定共振频率值由产品标准规定。

4.3.4.2 额定共振频率值的允许偏差系列

±10%、±15%、±20%、±25%。

中、高频扬声器额定共振频率的允许偏差,以及特殊用途扬声器额定共振频率的允许偏差可不受以上系列限制。

4.3.5 额定频率范围

额定频率范围由产品标准规定,且应在有效频率范围以内。

注:为功率试验时所加信号频率范围的依据。

4.3.6 额定特性灵敏度级

额定特性灵敏度级的值及偏差由产品标准规定。

最大允许偏差为±2 dB。

4.3.7 额定总谐波失真

当频率范围为 $1.2f_0<f\leqslant 500$ Hz时,≤5%、≤7%、≤10%。

当频率范围为 $500\ \text{Hz}<f\leqslant 5\ 000$ Hz时,≤3%、≤5%、≤7%。

注1:用于调幅收音机,标称尺寸等于或小于 $\Phi66$ mm的圆形扬声器及其等效辐射面积相当于或小于 $\Phi66$ mm的非圆形扬声器,其总谐波失真不作规定。

注2:中、高频扬声器的总谐波失真不作规定。

注3:f_0 是扬声器的实测共振频率。

4.3.8 阻抗曲线

扬声器的阻抗曲线应符合制造商提供的典型阻抗曲线及允差。

4.3.9 总品质因数(Q_t)

扬声器的总品质因数应符合制造商提供的典型总品质因数及允差。

4.3.10 额定正弦功率

馈给扬声器的正弦功率应符合制造商规定的额定正弦功率,试验后应无热损伤和机械损伤,并符合4.2.2要求。

4.3.11 频率响应

扬声器的典型频率响应由制造商提供，用户有要求时，应符合双方商定的包络框。

4.3.12 额定高频上限频率

扬声器额定高频上限频率是指额定频率范围的上限值，其值及允许偏差由制造商提供。

4.3.13 指向性指数

扬声器的指向性指数应符合制造商提供的典型指向性指数及允差。

4.3.14 等效空气容积(V_{as})

扬声器的等效空气容积应符合制造商提供的典型等效空气容积及允差。

4.4 其他参数

4.4.1 绝缘电阻

音圈引出端与盆架和磁路的金属部分之间的绝缘电阻不小于1 MΩ。

4.4.2 耐电压

音圈引出端与盆架和磁路的金属部分之间加交流电压应无击穿打火现象。

注：根据扬声器的用途及用户的要求进行测试，测量点的位置和数量由产品标准规定。

4.4.3 杂散磁场

＜40 A/m、＜80 A/m、＜120 A/m、＜160 A/m。

注：使用在阴极射线管显示设备内的扬声器必测项目。对其他用途的扬声器，例如视频设备、计算机设备、航天机载仪器等，当用户有要求时亦应进行测试。测量点的位置和数量按产品标准规定，技术要求可按产品标准规定。

4.5 环境适应性

4.5.1 振动(正弦)

无包装扬声器承受表1规定要求的振动(正弦)试验后应符合4.1.2和4.2.1(或4.2.2)要求。

表1 振动(正弦)试验

频率范围 Hz	单振幅 mm	一次扫频时间 min	总试验时间 min
10～30～10	0.55	3	30
30～55～30	0.15	3	30

4.5.2 滑落冲击

扬声器磁体、磁路部件、盆架经试验后不得松动，并符合4.2.1(或4.2.2)要求。

4.5.3 碰撞

无包装扬声器承受100 m/s^2±10 m/s^2，1 000次±10次的碰撞试验，试验后符合4.2.1(或4.2.2)

要求。

4.5.4 跌落

包装的扬声器按表2规定的质量和高度承受5面的跌落试验(顶面除外),试验后应符合4.1.2和4.2.1(或4.2.2)及相应的包装技术要求。

表2 跌落试验

扬声器大包装质量 m kg	跌落高度 cm	跌落面
$m \leqslant 10$	80	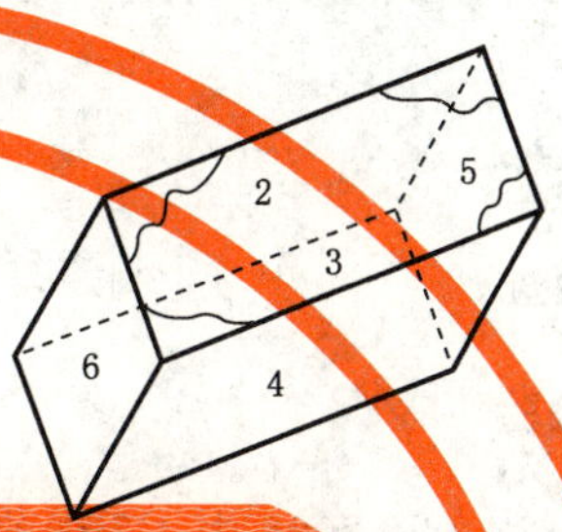
$10 < m \leqslant 25$	60	
$25 < m \leqslant 50$	45	
$50 < m \leqslant 75$	35	
$75 < m \leqslant 100$	30	

4.5.5 高温负荷和贮存

扬声器在温度55 ℃±2 ℃的条件下工作16 h后在同样条件下搁置2 h,试验后应符合4.1.2和4.2.2的要求。

4.5.6 稳态湿热

扬声器在温度为40 ℃±2 ℃、相对湿度为$(93^{+2}_{-3})\%$、历时48 h(彩色电视广播接收机用扬声器为96 h)的湿热试验后,应符合4.1.2、4.2.2、4.4.1和4.4.2的要求。

4.5.7 低温负荷和贮存

扬声器在温度为−10 ℃±3 ℃条件下工作1 h后在−25 ℃±3 ℃条件下搁置2 h,试验后应符合4.1.2,4.1.3和4.2.2的要求。

试验前后特性灵敏度级的变化不应超过2 dB。额定共振频率的变化不应超过20%。

5 试验方法

5.1 外观及机械检查、可焊性检验

5.1.1 焊片及接线架

对铆接的焊片及接线架用弹簧秤或砝码按图1所示加力,试验后应符合4.1.2的规定。

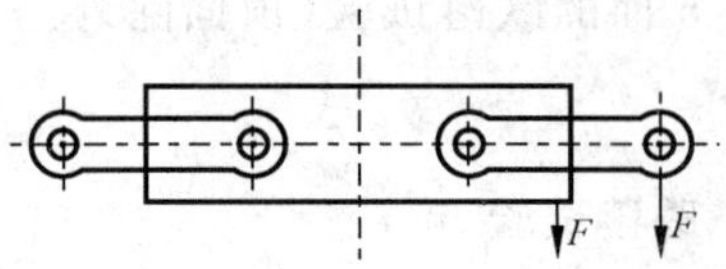

a)

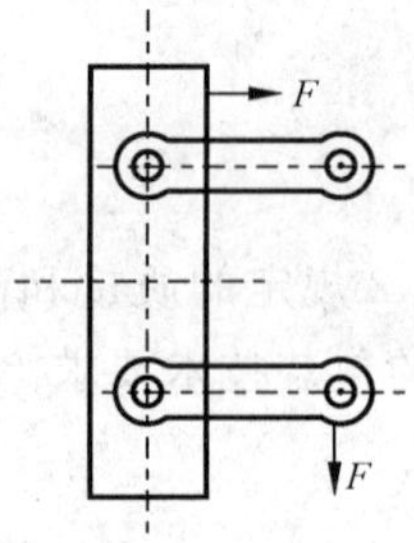

b)

图 1

5.1.2 外观

目测进行检查。

5.1.3 可焊性检验

按 GB/T 2423.28—2005 中 4.7 试验方法进行，采用 A 号烙铁头，试验时焊片不进行任何处理。

5.2 听音检验

5.2.1 正常工作的听音检验

按 GB/T 12060.5—2011 进行，馈给被测扬声器一个节目信号以确定其正常工作。

5.2.1.1 扬声器的安装如 GB/T 12060.5—2011 第 10 章所述。

5.2.1.2 用最大有效值电压等于扬声器额定噪声电压的节目信号馈给扬声器。

5.2.1.3 检查声级、音色、噪声以及其他存在的缺陷。

注 1：节目信号为正常频谱的语言或音乐信号。

注 2：本试验主要通过听音来确定扬声器工作正常，不需要检验结果的报告。

5.2.2 机械噪声的听音检验(咯咯声)

按 GB/T 12060.5—2011 进行，用于检查磨擦声和咯咯声。当馈给扬声器端子额定正弦电压时，通过听音来确定扬声器工作正常。

5.2.2.1 扬声器的安装如 GB/T 12060.5—2011 第 10 章所述。

5.2.2.2 在额定频率范围内馈给扬声器额定正弦电压，通过改变正弦信号的频率来检查扬声器的声音。如必要，测量电压可以选相当于二分之一额定噪声功率的正弦电压或由制造商任意设定。

5.2.2.3 听音位置在距扬声器参考点大于 0.3 m 处，应是一个任何异常声容易听到的位置，除非另有规定。

5.2.2.4 检查声级、音质、噪声级以及其他存在的异常声。

5.2.2.5 功率放大器应具有比扬声器额定阻抗的十分之一更小的输出阻抗，且能够提供的正弦电压至少是扬声器额定正弦电压的 2 倍。在扬声器端子上的总谐波失真不应超过 1%。

注：本试验主要通过听音来确定扬声器工作正常，不需要检验结果的报告。

5.3 电声参数

测试方法按照 GB/T 12060.5—2011 规定进行。

测量特性灵敏度级时，在产品标准中应规定测试距离。

测量总谐波失真时，在额定频率范围内，相对于 1 m 处指定频带内所测得的声压级一般为 90 dB、

84 dB、78 dB、72 dB 或由产品标准另行规定的其他声压级所对应的电压下测量。在 $1.2f_0$～5 000 Hz 频率范围内(高频扬声器在分频点到 5 000 Hz 的频率范围内)进行测量，试验报告中应注明规定声压级和测试距离。

电声参数测量项目以及测试方法对应于 GB/T 12060.5—2011 中见表 3。

表 3 电声参数测试

序号	测量项目	技术要求 (本标准)	测量方法 (GB/T 12060.5—2011)
1	阻抗	4.3.1	16.1,16.2.2
2	噪声功率	4.3.2	17.1,18.1
3	长期最大功率	4.3.3	17.3,18.3
4	共振频率	4.3.4	19.2[a]
5	频率范围	4.3.5	21.1,21.2
6	特性灵敏度级	4.3.6	20.3,20.4
7	总谐波失真	4.3.7	24.1
8	阻抗曲线	4.3.8	16.2
9	总品质因数(Q_t)	4.3.9	16.3
10	频率响应	4.3.11	21.1
11	高频上限频率	4.3.12	21.1,21.2
12	指向性指数	4.3.13	23.3
13	等效空气容积(V_{as})	4.3.14	16.4

[a] 恒压法测量时：额定噪声功率大于或等于 10 W 的扬声器，测量电压为馈给额定阻抗 1 W 时的电功率所对应的电压；额定噪声功率小于 10 W 的扬声器，测量电压为馈给额定阻抗十分之一额定噪声功率时所对应的电压。

5.4 其他参数

5.4.1 绝缘电阻

使用具有直流 100 V 档，测量误差在 10%以内的绝缘电阻测量仪进行测试，测试电压为直流 100 V。

5.4.2 耐电压

在音圈引出端与盆架和磁路的金属部分之间加 50 Hz、100 V 的交流电压 1 min，试验中应无击穿打火现象。

5.4.3 杂散磁场

按 GB/T 12060.5—2011 中第 26 章规定进行。

5.5 环境适应性

5.5.1 振动(正弦)

扬声器以垂直、水平位置各半数安装于振动台上，按表 1 规定的扫描频率和时间进行。

5.5.2 滑落冲击

按图 2 进行，斜板应用光滑硬胶木板制成，档块尺寸应能保证试验中扬声器磁路部分直接受到冲击（双磁路扬声器档块厚度不得超过导磁碗高度的三分之二）。扬声器磁路部分滑落直线距离为 600 mm ±25 mm，角 A 为 60°±5°。

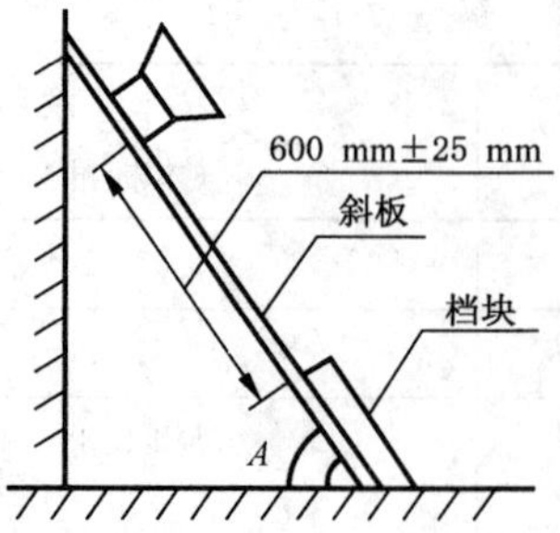

图 2

5.5.3 碰撞

扬声器以垂直、水平位置各半数安装于碰撞台上，以加速度为 100 m/s^2 ±10 m/s^2，脉冲持续时间为 16 ms，脉冲重复频率为 40 次/min～80 次/min，脉冲波形为近似半正弦波、碰撞次数为 1 000 次±10 次，试验后检查。

5.5.4 跌落

以大包装箱为单位，跌落面见表 2 图，跌落顺序为 3(底)－2－5－4－6(4 个侧面)各一次，依次将 3－2－5－4－6 向下，将试品提升至规定高度，受试面与地面平行，在保证各向初速度为零的情况下，突然释放，使大包装跌落于平整的水泥地面上，大包装与地面接触时的状态不作规定，试验后检查。

样品数量少于大包装箱整体所含数量时，应使所抽取的样品分别置于包装箱的各角(当底面各角未布满样品时顶面各角不应放置样品)，样品未占满包装箱部分应以同类型样品填满(但试验后不作检查)。当抽取数量大于包装箱整体所含数量时，除对已成整箱样品试验外，所余样品应按小于整箱试验情况进行。

5.5.5 高温负荷和贮存

将扬声器置于高温箱内，按 GB/T 12060.5—2011 中图 7 规定接线，当箱内温度逐渐上升到 55 ℃ ±2 ℃时，给扬声器馈以相当于四分之一额定噪声功率的电压，连续工作 16 h 后切断电信号，温度保持不变，再搁置 2 h，将扬声器取出 1 h 内检查完毕。

5.5.6 稳态湿热

将扬声器放在温度 40 ℃±2 ℃、相对湿度为 (93^{+2}_{-3})%环境中，搁置 48 h(彩色电视广播接收机用扬声器为 96 h)，取出后在测量用标准大气条件下恢复 24 h 再进行检查。

注：试验中应防止冷凝水直接滴在扬声器上。

5.5.7 低温负荷和贮存

将扬声器置于低温箱内，按 GB/T 12060.5—2011 中图 7 规定接线，当箱内温度逐渐降到－10 ℃ ±3 ℃时，馈给扬声器相当于四分之一额定噪声功率的电压，连续工作 1 h 后即切断电信号，继续降低箱内温度到－25 ℃±3 ℃，在此温度下贮存 2 h。试验后将扬声器在正常大气条件下恢复 4 h 再进行检查。

注：允许将扬声器用塑料膜密封后试验，必要时还可在密封套内附加吸湿剂。

6 检验规则

本检验规则为设计定型和生产定型提供检验方法；产品投入生产后，为制造商质量检验部门验收提交产品及用户在接收产品时，提供统一的检验方法。检验包括：鉴定检验和质量一致性检验(逐批检验和周期检验)。

6.1 鉴定检验

鉴定检验主要适用于产品设计定型和生产定型或设计、生产一次定型的检验，其目的是验证制造商是否有能力生产符合标准要求的产品。

6.1.1 样品抽取

从定型批中随机抽取 20 个样品，并把它们分成 4 组，每组 5 个。

6.1.2 检验项目、要求和方法

一组样品用于按表 4 中序号 1、2、3、7、8、9、10 项的要求和方法进行检验。

另外三组分别按表 4 中 4、5、6 项目的要求和方法进行检验。

6.1.3 检验程序

一组样品按表 5 及表 4 中序号 7～11 项逐项进行检验。

另外三组按 6.3.3 的程序进行检验。当样品按表 7 检验发现不合格时，可从另外 5 个样品中随机抽出相当数量的样品进行替换。

表 4 鉴定检验

序号	检查项目	要求章条号	试验方法章条号	数量(个)
1	逐批检验甲组	表 5	5.1	5
2	逐批检验乙组	表 5	5.2,5.3,5.4	5
3	逐批检验丙组	表 5	5.1、5.3,5.4	5
4	周期检验一组	表 8	5.5	5
5	周期检验二组	表 8	5.3,5.5	5
6	周期检验三组	表 8	5.3,5.5	5
7	频率响应	4.3.11	5.3	5
8	阻抗曲线	4.3.8	5.3	5
9	总品质因素(Q_t)	4.3.9	5.3	5
10	等效空气容积(V_{as})	4.3.14	5.3	5
11	指向性指数	4.3.13	5.3	5

注 1：序号 8、9、10 的检查项目对扬声器系统配套的低频扬声器有要求。

注 2：序号 11 的检查项目对扬声器系统配套的中、高频扬声器有要求。

6.1.4 鉴定检验结果的处理

当所有项目检验无不合格品时,则判定鉴定检验合格。如发现有1个或1个以上的样品为不合格品,则判定鉴定检验为不合格。

6.2 逐批检验

逐批检验由制造商质量检验部门(或由用户参加)进行。

6.2.1 适用范围

逐批检验适用于制造商质量检验部门对生产部门提交入库的产品进行验收。也适用于产品出厂时的检验(当用户有要求时)。

6.2.2 检验批的形成

检验批应由同型号、同种类(尺寸、特性、结构等),且生产条件和生产时间基本上相同的单位产品组成。

6.2.3 检查项目

根据产品的性能、外观和检查数量的不同,扬声器产品的检查项目分3组,见表5。对表5中丙组的检查项目,原则上每批都应检查,但对连续生产的批,制造商确认其质量能达到技术要求时,可每季检查一次。用户提出要求时应随时进行。

表5 扬声器产品的检查项目

组别	序号	检查项目	标准要求(本标准)
甲	1	外观及机械质量	4.1.1、4.1.2
	2	标志、包装	7
乙	1	听音检验	4.2
	2	阻抗	4.3.1
	3	共振频率	4.3.4
	4	绝缘电阻	4.4.1
丙	1	频率范围	4.3.5
	2	特性灵敏度级	4.3.6
	3	谐波失真	4.3.7
	4	杂散磁场	4.4.3
	5	可焊性	4.1.3
	6	耐电压	4.4.2
	7	外形尺寸	3.2

6.2.4 样本的抽取

6.2.4.1 样本应从提交检验批中随机抽取。抽取样本的时间可以在批生产出来以后或在批生产期间。

6.2.4.2 批的大小由制造商规定。一般应以同一生产批(指生产人员、材料和零部件质量、工艺方法和过程不变时)所生产的同一型号的产品作为一批提交。根据表6按GB/T 2828.1—2012给出的样本大小在提交批中随机抽出。

表6 逐批检验抽样检查表

组别	检验水平	抽样方式	接收质量限(AQL)		
			A类不合格品	B类不合格品	C类不合格品
甲	Ⅱ[a]	一次正常	1.5	2.5	4.0
乙	Ⅱ[a]	一次正常	1.5	2.5	4.0
丙	S-2	一次正常	2.5	2.5	——

[a] 表示当用户做购入检验时,采用一般检验水平Ⅱ,允许制造商质量检验部门在厂内做质量控制检验时,采用一般检验水平Ⅰ。

6.2.4.3 在抽样检验过程中或出厂前发现的所有不合格品,均应剔除,不应提供给用户。

6.2.4.4 用户在需要进行购入检验时,可根据销售批、运输批或制造商划分的批进行验收。购入检验的期限一般为3个月,亦可双方商定。

6.2.5 抽样方案

检验水平、接收质量限(AQL)和抽样方式见表6。需方有要求时,接收质量限可由制造商和用户另行签定技术协议。逐批检验时允许不进行预负荷处理,但有争议时应进行。

6.2.6 其他检验项目的确定

对4.3.8～4.3.14的参数和不同用途扬声器的杂散磁场和耐电压,当用户有要求时应列入检查项目,其检验水平、检验周期和AQL值由双方商定。

6.2.7 不合格

不合格内容和分类见表7。

表7 不合格内容和分类

序号	检查项目	不合格内容	不合格分类		
			A类不合格	B类不合格	C类不合格
1	外观及机械质量	1)磁体脱落、纸盆破裂、漏装零部件	○		
		2)焊片松动		○	
		3)有机械损伤			○
		4)镀层锈蚀、起皮、起泡、漆层脱落		○	
		5)外观不整洁			○

表 7（续）

序号	检查项目	不合格内容	不合格分类		
			A类 不合格	B类 不合格	C类 不合格
2	标志、包装	1)铭牌、极性错标	○		
		2)标志不清晰、商标粘结不牢			○
		3)产品错装	○		
		4)产品漏装(数量少)			○
		5)包装不符合技术要求			○
3	听音检验	1)无声	○		
		2)明显影响正常工作的噪声以及其他异常声		○	
4	阻抗	1)偏差超过规定允许值的一倍		○	
		2)偏差超过规定允许值，但小于规定允许值的一倍			○
5	共振频率	偏差超过规定允许值		○	
6	绝缘电阻	小于 1 MΩ		○	
7	频率范围	1)频率范围窄于额定频率范围		○	
		2)高频上限频率超过规定允许值(以上二者考核其一)		○	
8	特性灵敏度级	偏差超过规定允许值		○	
9	谐波失真	超过规定值		○	
10	杂散磁场	超过规定值		○	
11	可焊性	不符合技术条件的规定		○	
12	耐电压	不符合技术条件的规定		○	
13	外形尺寸	因尺寸超差无法安装	○		
注：制造商可根据用户要求确定各种用途扬声器的杂散磁场和耐电压项。					

6.2.8 逐批检验结果的处理

6.2.8.1 当每组样品的不合格数小于或等于合格判定数时，该提交批可判为质量合格，否则为不合格。

6.2.8.2 被判为不合格的批，按不合格项目返修或分选待剔出不合格品以后，应再次提交检验。

6.3 周期检验

周期检验一般由制造商质量检验部门进行。当用户提出要求时，允许用户代表参加试验。

扬声器的周期检验按 GB/T 2829—2002 的有关规定执行。

扬声器的周期检验分组进行，其检验项目、技术要求、抽样方案按表 8 规定进行。

注：允许抽取一组样品进行全部项目的周期检验。

6.3.1 周期检验的周期

表 8 中第一组的检验周期为半年，第二组的周期为一个季度，第三组的周期为一年，但在改变设计、工艺和主要材料时应全面检验。

6.3.2 抽取样本

6.3.2.1 周期检验所抽取的样本应从本周期制造的并经逐批检验合格的某个批或若干批中抽取。抽取样本的方法要保证所得到的样本能代表本周期的实际技术水平。可以从本周期各个不同时间段分散抽取样本单位组成周期检验的样本；若必须集中抽取样本时，最好在本周期应制造的单位产品数量超过一半之后进行。

6.3.2.2 根据表 8 中各组规定的判定水平，RQL 及判定数组按 GB/T 2829—2002 中对应的样本大小分别抽取（包括第二次抽取的样本），一次抽齐。

表 8 扬声器的周期检验

组别	检验项目	技术要求（本标准）	抽样方案			
			判别水平	抽样方式	抽样数	RQL(A_c，R_e)
一	高温负荷和贮存	4.5.5	Ⅱ	二次抽样	$n_1=5$ $n_2=5$	40 $\begin{bmatrix}0 & 2\\1 & 2\end{bmatrix}$
	稳态湿热	4.5.6				
	低温负荷和贮存	4.5.7				
二	振动（正弦）	4.5.1				40 $\begin{bmatrix}0 & 2\\1 & 2\end{bmatrix}$
	碰撞	4.5.3				
	额定噪声功率	4.3.2				
	滑落冲击	4.5.2				
三	额定长期最大功率	4.3.3				40 $\begin{bmatrix}0 & 2\\1 & 2\end{bmatrix}$
	跌落	4.5.4				

注：表中规定的 3 个试验组，每组的判别数组最小为 $\begin{bmatrix}0 & 2\\1 & 2\end{bmatrix}$，亦可由用户和制造商在技术协议中商定。

6.3.3 周期检验的程序

6.3.3.1 为进行周期检验抽取的样本，应放置在测量用标准大气条件下经 24 h 的环境预处理，测量用标准大气条件为：

温　　度：15 ℃～35 ℃；

相对湿度：25%～75%；

气　　压：86 kPa～106 kPa。

6.3.3.2 经环境预处理的样本，按表 8 规定的项目分组进行试验。周期检验前，应对样品按逐批检验的要求进行检验，其检验项目见表 9。但在进行技术参数测试前，应经预负荷处理。如发现有不合格品时，应在同一批产品中随机抽取预处理后的合格品替换，同时对不合格品进行分析，找出原因，列入周期检验或鉴定检验报告中，但不作为周期检验合格与否的依据。

6.3.4 周期检验结果的处理

6.3.4.1 在周期检验中，当每组样品的不合格品数小于或等于合格判定数时，判为周期检验合格，否则为不合格。

6.3.4.2 周期检验不合格时，该周期内生产的全部产品为不合格品，不得出厂并应停止正常生产。待找出原因并在工艺上采取有效措施后才允许恢复正常生产。对恢复生产后的第一批产品，必须再进行周期检验。在本周期内已经生产出的产品，必须经过返修或筛选，并经周期检验合格后，方认为该批产品合格。

6.3.4.3 周期检验不合格，而已出厂的该周期内生产的产品，原则上应退回制造商，亦可由制造商和用户双方协商解决。

6.3.4.4 经周期检验的样本单位不得作为合格品销售。在特殊情况下，允许对经周期检验合格的单位产品进行整修，并得到使用方的认可后，方可交付给使用方，但必须注明该产品已进行过周期检验。

表 9 周期检验前样品的逐批检验项目

组别	检验项目	
	表 5 中组别	表 7 中序号
一	甲	1:1)、2)、3)、4);2:2)
	乙	3、5、6
	丙	8、11、12[a]
二	甲	1:1)、2)、3)
	乙	3
三	甲	1:1)、2)、3);2:5)
	乙	3

[a] 其他用途的扬声器在用户有要求时应进行检验。

7 标志、包装、运输和贮存

7.1 标志、包装、运输、贮存应符合国家有关标准规定。

7.2 出厂的扬声器至少应标明型号、功率(额定噪声功率)、阻抗(额定阻抗)、极性及制造商商标，极性标志应符合 GB/T 12060.5—2011 第 14 章的规定。

7.3 扬声器运输包装的技术要求由制造商规定。

7.4 包装好的扬声器可用正常的海、陆、空交通工具运输。运输过程中须避免雨雪直接淋袭。

7.5 包装好的扬声器可贮存在 −10 ℃～40 ℃，相对湿度不大于 90% 的库房中，库房中应无急剧的温度变化，周围空气中应无酸性或其他有害气体。

ICS 77.120.10
J 31

中华人民共和国国家标准

GB/T 9438—2013
代替 GB/T 9438—1999

铝 合 金 铸 件

Aluminum alloy castings

2013-09-18 发布 2014-06-01 实施

中华人民共和国国家质量监督检验检疫总局
中国国家标准化管理委员会 发布

前　言

本标准按照 GB/T 1.1—2009 给出的规则起草。

本标准是对 GB/T 9438—1999《铝合金铸件》的修订。

本标准与 GB/T 9438—1999 相比，主要技术内容变化如下：

——增加了熔模和石膏型铸件的非加工和加工后表面质量的要求；

——删除了低倍试验检验铸件内部质量的要求；

——增加了超大型铸件（铸件表面积＞30 000 cm^2）允许焊补的面积和数量；

——修改了组批的规定；

——增加了合金化学成分光谱检验方法；

——删除了工艺检验；

——增加了铸件质量保证书及相关要求。

本标准由全国铸造标准化技术委员会（SAC/TC 54）提出并归口。

本标准负责起草单位：沈阳铸造研究所。

本标准参加起草单位：安徽华菱西厨装备股份有限公司、阜新万达铸业（集团）有限公司、烟台路通精密铝业有限公司、河北工业大学、中国兵器科学研究院宁波分院、安徽省恒泰动力科技有限公司、保定市立中车轮制造有限公司、青岛正大铸造有限公司、中国航空工业集团公司北京航空材料研究院、一汽铸造有限公司。

本标准主要起草人：冯志军、许正华、高玉良、陈国诗、占亮、赵维民、刘闯、朱秀荣、章高伟、马春江、宋敬清、刘国利、佟国栋。

本标准所代替标准的历次版本发布情况为：

——GB/T 9438—1988、GB/T 9438—1999。

铝 合 金 铸 件

1 范围

本标准规定了铝合金铸件的分类、技术要求、试验方法、检验规则以及标志、包装、运输和贮存。

本标准适用于采用砂型铸造和特种铸造(不含压铸)生产的铝合金铸件。

2 规范性引用文件

下列文件对于本文件的应用是必不可少的。凡是注日期的引用文件，仅注日期的版本适用于本文件。凡是不注日期的引用文件，其最新版本(包括所有的修改单)适用于本文件。

GB/T 228.1 金属材料 拉伸试验 第1部分:室温试验方法

GB/T 231.1 金属材料 布氏硬度试验 第1部分:试验方法

GB/T 1173 铸造铝合金

GB/T 6414 铸件 尺寸公差和机械加工余量

GB/T 7999 铝及铝合金光电直读发射光谱分析方法

GB/T 11351 铸件重量公差

GB/T 15056 铸造表面粗糙度 评定方法

GB/T 20975(所有部分) 铝及铝合金化学分析方法

HB 6578 铝、镁合金铸件检验用标准参考射线底片

HB/Z 61 渗透检验

JB/T 7946.3 铸造铝合金针孔

3 铸件分类

铸件分类见表1。

表1 铸件的分类

类别	定 义
Ⅰ类	承受重载荷，工作条件复杂，用于关键部位，铸件损坏将危及整机安全运行的重要铸件
Ⅱ类	承受中等载荷，用于重要部位，铸件损坏将影响部件的正常工作，造成事故的铸件
Ⅲ类	承受轻载荷或不承受载荷，用于一般部位的铸件

4 技术要求

4.1 化学成分

4.1.1 合金的化学成分应符合GB/T 1173的规定。

4.1.2 对于不承受载荷或承受轻载荷且没有特殊物理性能和使用性能要求的Ⅲ类铸件，经需方同意，

可不进行化学成分分析。

4.2 供货状态

4.2.1 按 GB/T 1173 的规定，铸件呈铸态或热处理状态供货。
4.2.2 铸件的供货状态应由需方在图样或技术协议中规定。

4.3 力学性能

4.3.1 单铸试样的力学性能应符合 GB/T 1173 的规定。
4.3.2 铸件按其类别检验附铸或本体试样力学性能。
4.3.2.1 用附铸试样或从铸件上切取的本体试样检验力学性能，三根试样的抗拉强度和伸长率的平均值分别不低于 GB/T 1173 规定值的 75%和 50%。允许其中一根试样的性能偏低：Ⅰ类铸件指定部位的抗拉强度和伸长率分别不低于规定值的 70%和 40%，Ⅰ类铸件非指定部位和Ⅱ类铸件分别不低于规定值的 65%和 40%。
4.3.2.2 按图样或技术协议的规定，对铸件的指定部位进行硬度检验，其硬度值不低于 GB/T 1173 的规定。
4.3.3 对铸件有其他力学性能要求时，其技术要求和检验方法由供需双方协商后，在图样或技术协议中规定。

4.4 几何形状、尺寸和重量公差

4.4.1 铸件的几何形状和尺寸应符合图样的要求，铸件尺寸公差应符合 GB/T 6414 的规定。
4.4.2 铸件重量应符合图样或技术协议的要求，铸件重量公差应符合 GB/T 11351 的规定。

4.5 表面质量

4.5.1 铸件表面粗糙度应符合图样或技术协议的要求。
4.5.2 铸件应清理干净，不得有毛刺、飞边，非加工表面上的浇冒口应清理至与铸件表面齐平。待加工面上浇冒口的残留量应在图样规定的余量范围内，如果没有专门规定，一般不应高出铸件表面 5 mm，但不得影响射线检查。
4.5.3 铸件表面不允许有冷隔、裂纹、缩孔、穿透性缺陷及严重的残缺类缺陷(如浇不足、机械损伤等)。
4.5.4 铸件待加工表面上允许有经加工可去除的任何缺陷。
4.5.5 铸件上作为加工基准所用的部位应平整。
4.5.6 除另有规定外，在金属型铸件的非加工表面上，允许有铸型分型、错箱、顶杆及排气塞等痕迹，但凸出处不应超过表面 1 mm 或凹下处不应低于表面 0.5 mm。
4.5.7 砂型、金属型铸件的非加工表面和加工后表面，一般允许有：

a) 单个孔洞

在非加工表面上，单个孔洞的最大直径不大于 3 mm，深度不超过壁厚的 1/3。在安装边上不应超过壁厚的 1/4，且不大于 1.5 mm。在上述缺陷的同一截面的反面，不得有类似缺陷。

在加工后表面上，单个孔洞的最大直径不大于 1.5 mm，深度不超过壁厚的 1/3，且不大于 1 mm。

b) 成组孔洞

对于Ⅰ、Ⅱ类铸件的孔洞，最大直径不大于 1.5 mm，深度不超过壁厚的 1/3，且不大于 1 mm；对于Ⅲ类铸件，最大直径不大于 2 mm，深度不超过壁厚的 1/3，且不大于 1.5 mm。

上述缺陷的数量、边距等应符合表 2 的规定。

4.5.8 熔模和石膏型铸件的非加工和加工后表面上，经清理干净后允许有：

a) 最大直径不大于 1 mm，深度不大于 0.5 mm 的单个孔洞，在 3 cm×3 cm 面积上数量不多于

3个，且边距不小于10 mm。在一个铸件的非加工表面上孔洞总数不多于5个，加工后表面上不多于3个。直径和深度不大于0.3 mm的单个孔洞不计。

b) 直径和深度不大于0.3 mm的密集性气孔，其分布区域面积不得超过受检面积的10%。

表2 表面孔洞限量

铸件表面积/cm^2	单个孔洞									成组孔洞						孔洞边缘距铸件边缘的距离/mm
	在10 cm×10 cm单位面积上孔洞总数/个不多于			孔洞边距/mm不小于			一个铸件上的孔洞总数/个不多于			以3 cm×3 cm单位面积为一组其孔洞数/个不多于			在一个铸件上组的数量/组不多于			
	Ⅰ	Ⅱ	Ⅲ	Ⅰ	Ⅱ	Ⅲ	Ⅰ	Ⅱ	Ⅲ	Ⅰ	Ⅱ	Ⅲ	Ⅰ	Ⅱ	Ⅲ	
<1 000	2	4	6	15	10	10	4	6	7	2	3	4	1	2	2	不小于孔洞最大直径的2倍
1 000～3 000	2	4	6	15	10	10	6	8	9	2	3	4	2	3	4	
>3 000～6 000	2	4	6	15	10	10	10	10	13	2	3	4	2	3	4	
>6 000～8 000	2	4	6	15	10	10	15	15	17	2	3	4	3	4	6	
>8 000～30 000	2	4	6	15	10	10	18	18	20	2	3	4	3	4	6	
>30 000	2	4	6	15	10	10	20	22	25	2	3	4	3	4	6	

注：在非加工表面上最大直径小于1 mm，加工后表面上最大直径小于0.5 mm的单个孔洞不予计算。

4.5.9 Ⅰ类或液压、气压等铸件的加工表面一般按JB/T 7946.3的2级针孔验收，局部允许3级针孔但一般不超过受检面积的25%。当气密性试验满足设计要求时，允许降一级验收。Ⅱ类铸件按3级针孔验收。

4.5.10 除另有规定外，螺纹孔内部起始旋入4个牙距之内不允许有缺陷。4个牙距之外是否允许有缺陷以及允许缺陷的大小、数量应符合图样或技术协议的规定。

4.5.11 铸件非加工表面上的铸字和标志应清晰可辨，位置和字体应符合图样要求。

4.5.12 对不同于本标准规定的铸件表面缺陷，应符合图样或技术协议的规定。

4.6 内部质量

4.6.1 各类铸件内部不允许存在裂纹。各类铸件内部缺陷应符合HB 6578的规定，允许级别见表3。Ⅰ类非指定部位和Ⅱ类液压、气压件内部圆形针孔按2级验收，局部允许4级针孔，但不超过受检面积的25%。当气密性试验满足要求时，允许按4级验收。

表3 内部缺陷允许级别

缺陷种类	Ⅰ类铸件指定部位		Ⅰ类铸件非指定部位和Ⅱ类铸件		其他铸件	
	壁厚≤12 mm	壁厚>12 mm～50 mm	壁厚≤12 mm	壁厚>12 mm～50 mm	壁厚≤12 mm	壁厚>12 mm～50 mm
圆形针孔	2	2	4	4	—	—
长形针孔	1	1	2	2	—	—
气孔	1	1	2	3	5	5
缩孔	1	—	2	—	3	—
疏松	1	1	2	2	4	3
夹杂物(低密度)	1	1	2	2	4	4
夹杂物(高密度)	1	1	2	1	4	3

4.6.2　上述缺陷允许级别,是指其中一种缺陷单独存在时的规定。如两种或两种以上不同类型的缺陷同时存在,应符合技术协议的规定。

4.6.3　铸件内部的偏析,应符合技术协议的规定。

4.6.4　有气密性要求的铸件,应按图样或技术协议的规定进行气密性试验。必要时,允许对铸件进行浸渗处理。

4.6.5　如需方要求检验铸件的断口或显微组织时,由供需双方商定。

4.7　铸件修补及校正

4.7.1　可用打磨的方法清除缺陷,打磨后的尺寸,应符合铸件尺寸公差的要求。

4.7.2　变形的铸件允许用机械方法校正,校正后应全部检查是否有裂纹产生。

4.7.3　除另有规定外,铸件可用焊补的方法修复。焊补方法由供需双方商定。

4.7.4　除另有规定外,焊补用填充金属应与铸件合金一致。

4.7.5　当采用氩弧焊焊补时,焊补面积、焊补次数和焊补最大深度,一般应符合表 4 的规定。特殊情况下的焊补,由供需双方商定。

表 4　铸件允许的焊补面积及数量

铸件类型	铸件表面积/cm^2	焊补面积/cm^2 不大于	焊补处数/个 不多于	焊补最大深度/mm	一个铸件上总焊补数/个 不多于	焊区边缘最小间距
小型件	<1 000	10(ϕ36 mm)	3	—	3	不小于相邻两焊区最大直径的和
中型件	1 000～3 000	10	3	—	5	
		15(ϕ44 mm)	2	—		
	>3 000～6 000	10	4	—	10	
		15	3	—		
		20(ϕ50 mm)	2	10		
		25(ϕ56 mm)	1	8		
大型件	>6 000～30 000	10	4	—	13	
		15	4	—		
		20	3	10		
		25	2	8		
超大型铸件	>30 000	10	5	—	15	
		20	5	—		
		30	3	25		
		40	2	20		

注 1：焊补面积是指扩修后的面积。

注 2：焊补面积小于 2 cm^2 的焊区,不计入焊补数。

4.7.6　同一处焊补不超过 3 次。焊区边缘间距(包括反面的焊区)不得小于两相邻焊区直径之和。

4.7.7　铸件应在铸态下进行焊补。热处理后需焊补的铸件,焊补后按原状态进行热处理,热处理后的铸件应重新检验单铸或附铸试样的力学性能。当氩弧焊区面积小于 2 cm^2,焊区间距不小于 100 mm,经需方同意,焊补后可不进行热处理,但在同一铸件上,不得多于 5 处。而 ZL301、ZL305 合金的铸件,焊补后一律按原状态进行热处理。

4.7.8　铸件焊补应按焊补工艺规定进行。焊补区不得有裂纹、未焊透、未熔合等缺陷。Ⅰ、Ⅱ类铸件焊补后需经 X 射线照相(或其他方法)检验。检查面积不应小于焊补面积的 2 倍。焊补区域的内部质量应符合 4.6.1 的规定。

4.7.9 凡经焊补的铸件应在焊补处作标记，或在有关技术文件中标注在示意图上以备检验。

4.7.10 铸件允许采用供需双方商定的其他方法，如浸渗、粘补、热等静压等进行修补。

5 试验方法

5.1 化学成分

铸件化学成分的检验方法按 GB/T 20975(所有部分)或 GB/T 7999 的规定执行。在保证分析精度的条件下，允许使用其他检测方法。当分析结果有争议时，应按 GB/T 20975(所有部分)进行仲裁。

5.2 力学性能

5.2.1 拉伸试验按 GB/T 228.1 的规定执行。

5.2.2 硬度试验按 GB/T 231.1 的规定执行。

5.3 表面质量

5.3.1 目视或用适当的量具、仪器或试验方法检验其外观质量。

5.3.2 铸件非加工表面的粗糙度评级按 GB/T 15056 的规定执行。

5.3.3 铸件加工表面针孔度评级按 JB/T 7946.3 的规定执行。

5.3.4 铸件需进行荧光或煤油浸润检查时，按 HB/Z 61 的规定执行。

5.4 内部质量

5.4.1 用 X 射线照相方法检验时，铸件内部针孔、气孔、疏松等缺陷评级按 HB 6578 的规定执行。

5.4.2 铸件的气密性检验按供需双方商定的试验方法进行。

5.4.3 铸件断口、显微组织等按供需双方商定的试验方法进行检验。

6 检验规则

6.1 组批

同一熔炼炉次的合金、在 8 h 以内浇注的、采用同一热处理工艺的相同铸件为一批。特殊情况下的组批由供需双方商定。

6.2 检验项目

6.2.1 铸件按其类别进行检验，各类铸件的检验项目见表 5。

表 5 各类铸件检验项目

铸件类别	合金			铸件										
	化学成分	抗拉强度、伸长率(单铸试样)	布氏硬度	表面粗糙度	表面缺陷	尺寸公差	显微组织	重量公差	X 射线探伤	荧光探伤	气密性试验	抗拉强度、伸长率(本体或附铸试样)	其他性能	布氏硬度
Ⅰ	▲	▲*①	●*	●	▲	▲	●	●	▲	▲	●	▲	●	●
Ⅱ	▲	▲*	●*	●	▲	▲	●	●	●	●	●	●	●	●
Ⅲ	▲	●	●*	●	▲	▲	●	●	●	●	●	●	●	●

表 5（续）

<table>
<tr><td rowspan="2">铸件类别</td><td colspan="3">合金</td><td colspan="11">铸件</td></tr>
<tr><td>化学成分</td><td>抗拉强度、伸长率(单铸试样)</td><td>布氏硬度</td><td>表面粗糙度</td><td>表面缺陷</td><td>尺寸公差</td><td>显微组织</td><td>重量公差</td><td>X 射线探伤</td><td>荧光探伤</td><td>气密性试验</td><td>抗拉强度、伸长率(本体或附铸试样)</td><td>其他性能</td><td>布氏硬度</td></tr>
<tr><td colspan="15">注 1：符合▲为必检项目，●为仅当需方要求时才进行检验。
注 2：带 * 为铸件本体取样性能如已检验，则不必再检验单铸试样性能。
注 3：带①为在不可能制备本体试样或附铸试样时，必须用单铸试样测定力学性能。</td></tr>
</table>

6.2.2　铸件类别由需方在图样中标注或在有关技术文件中规定。对于未注明类别的铸件视为Ⅲ类铸件。图样标记包括：所用合金牌号或代号、铸造方法、铸件供货状态、铸件类别以及所执行的标准等。

示例：$\frac{\text{ZL 101-SB-T6}}{\text{Ⅱ-GB/T 9438—2013}}$

6.3　取样方法

6.3.1　化学成分

6.3.1.1　化学成分分析所取试样应按 GB/T 1173 的规定执行。

6.3.1.2　当用几个熔炼炉次的熔融金属浇注一个铸件时，每一炉次都要检验化学成分。

6.3.2　力学性能

6.3.2.1　检验力学性能的单铸或附铸试样应与铸件是同一批。如果一个热处理炉次中包括几个熔炼炉次的铸件，则该热处理炉次中的各熔炼炉次的铸件力学性能均需检验。

6.3.2.2　单铸试样的尺寸应符合 GB/T 1173 的规定，附铸试样的尺寸、工艺应由供需双方商定，铸件切取试样可采用 GB/T 228.1 中直径不小于 6 mm 的圆形试样或按专用标准切取其他比例的试样。

6.3.2.3　对不便于切取拉伸试样的铸件可检验铸件的硬度。抽检比例由供需双方商定。

6.3.2.4　铸件硬度检验部位及抽查方法，按图样及技术协议的规定执行。

6.3.3　铸件尺寸

铸件易变动的尺寸应逐件检验，必检尺寸由供需双方商定。无法检验的尺寸，按图样或技术协议的规定执行。

6.3.4　表面质量

铸件的表面质量应逐件检验。

6.3.5　内部质量

6.3.5.1　Ⅰ、Ⅱ类铸件应按图样及有关技术文件的规定进行 X 射线检验。其检验部位和比例由供需双方商定，检验数量按每个熔炼炉次所浇注的铸件数计算。

6.3.5.2　对难以进行 X 射线照相检验的盲区部位，应由供需双方商定抽样解剖检查。

6.4　判定及复验

6.4.1　化学成分

合金化学成分第一次送检分析不合格时，允许重新取样分析不合格元素。若第二次分析仍不合格，则判定该熔炼炉次合金化学成分不合格。

6.4.2 力学性能

6.4.2.1 单铸试样力学性能的检验按 GB/T 1173 的规定执行，如单铸试样力学性能不合格，附铸试样或本体试样力学性能合格，则判定铸件力学性能合格。

6.4.2.2 如果一个熔炼炉次中同一热处理状态的铸件，在不同的热处理炉次中进行热处理，并且该熔炼炉次中的试样已在一个热处理炉次中经检验合格，则另一热处理炉次中该熔炼炉次的铸件可按同热处理炉次中任一熔炼炉次的合格试样交付。

6.4.2.3 当被抽检的铸件本体取样力学性能不合格时，可加倍抽检，重新取样检验力学性能。如果加倍抽检的结果都合格，则该炉(批)铸件力学性能合格，否则判定不合格。当加倍抽检仍不合格时，允许重新热处理后取样检验，但只允许重复热处理两次。

6.4.2.4 当试样存在铸造缺陷或由于试验本身故障造成检验结果不合格的，不计入检验次数中，但是需要更换试样重新送检。

6.4.2.5 以铸态供货的铸件，当力学性能不合格时，允许对铸件进行适当的热处理，其力学性能仍按铸态指标验收。

6.4.2.6 当有硬度要求时，按 GB/T 1173 的规定执行。若不合格，可重复热处理后复验，第三次热处理后硬度仍不合格，则判定该铸件不合格。

6.4.2.7 由于硬度不合格而重复热处理时，除检验硬度外，还应按原要求检验单铸、附铸或本体试样的力学性能。

6.4.3 铸件几何形状、尺寸和重量公差

铸件几何形状、尺寸和重量检查不符合 4.4 要求，则判定铸件不合格。

6.4.4 表面质量

铸件表面质量检查不符合 4.5 要求，则判定铸件不合格。

6.4.5 内部质量

6.4.5.1 铸件内部质量检查不符合 4.6 要求，则判定铸件不合格。

6.4.5.2 当用 X 射线照相检验抽查有不合格时，应取双倍试样或铸件。如仍不合格，应逐个检验全部铸件。

7 标志、包装、运输和贮存

7.1 标志

7.1.1 铸件应在图样指定部位标注合金代号、熔炼炉号等。标记应清晰可见，可追溯。

7.1.2 铸件应附有质量证明书，其上注明：

a) 供方单位名称；

b) 标准的编号及名称；

c) 铸件名称和合金牌号(代号)；

d) 化学成分分析结果、力学性能检测结果和其他检验项目的检测结果；

e) 炉批号；

f) 数量(件数)、铸件批号；

g) 出厂日期；

h） 检验合格印记。

7.2 包装、运输和贮存

铸件的包装应保证在运输和存放期间无机械损伤和锈蚀。

ICS 23.040.70
G 42

中华人民共和国国家标准

GB/T 9572—2013/ISO 8031:2009
代替 GB/T 9572—2001

橡胶和塑料软管及软管组合件 电阻和导电性的测定

Rubber and plastics hoses and hose assemblies—Determination of electrical resistance and conductivity

(ISO 8031:2009,IDT)

2013-12-31 发布

2014-09-01 实施

中华人民共和国国家质量监督检验检疫总局
中国国家标准化管理委员会 发布

前　言

本标准按照 GB/T 1.1—2009 给出的规则起草。

本标准代替 GB/T 9572—2001《橡胶和塑料软管及软管组合件　电阻的测定》，与 GB/T 9572—2001 相比，主要技术变化如下：

——规范性引用文件有更改(见第 2 章，2001 年版第 2 章)；

——增加了术语和定义(见第 3 章)；

——增加了测定导电、抗静电和非导电软管的电阻的设备(见 4.2.1.3、4.2.1.4)；

——增加了测定导电、抗静电和非导电软管的电阻的特殊电极和接触片(见 4.2.2.2)；

——增加了图 1(见 4.2.2.2)；

——增加了软管及软管组合件管壁电阻的测定(见 4.9)；

——增加了对现场试验以及在车间进行的例行试验和产品验收试验的规定(见 4.2.2.1、4.4、4.5、4.6.1、4.7.1.2)；

——增加了图 3、图 4 和图 5(见 4.9.3、7.5)；

——增加了测定软管接头与金属导线连通的软管组合件电连续性的设备(见 5.2)；

——增加了与金属软管接头接触的软管组合件(导静电或释放静电)内衬层或软管组合件(导静电或释放静电)外覆层电阻的测定(见第 7 章)；

——修改了试验报告的内容(见第 8 章，2001 年版的第 6 章)；

——增加了附录 A 推荐的术语和导电性及电阻的范围(见附录 A)。

本标准使用翻译法等同采用 ISO 8031:2009《橡胶和塑料软管及软管组合件　电阻和导电性的测定》。

本标准做了下列编辑性修改：

——ISO 23529 在规范性引用文件中引用，但在正文中没有提及。本标准在 4.4 中增加了“按 ISO 23529”。

本标准中规范性引用的国际文件有一致性对应关系的我国文件如下：

——GB/T 11210—1989　硫化橡胶抗静电和导电制品电阻的测定(ISO 2878:1987，eqv)；

——GB/T 7528—2011　橡胶和塑料软管及软管组合件　术语(ISO 8330:2007，IDT)；

——GB/T 2941—2006　橡胶物理试验方法试样制备和调节通用程序(ISO 23529:2004，IDT)。

本标准由中国石油和化学工业联合会提出。

本标准由全国橡胶与橡胶制品标准化技术委员会软管分技术委员会(SAC/TC 35/SC 1)归口。

本标准负责起草单位：江苏太平橡胶股份有限公司、沈阳橡胶研究设计院。

本标准主要起草人：王平、王兆龙、侯晓光、吴平、王姝。

本标准所代替标准的历次版本发布情况为：

——GB/T 9572—1988、GB/T 9572—2001。

橡胶和塑料软管及软管组合件 电阻和导电性的测定

1 范围

本标准规定了用于测定橡胶和塑料软管、非增强软管及其组合件的电性能试验方法。

本标准适用于测定导电、抗静电和非导电的软管的电阻，以及其组合件管接头之间的电连续性和电间断性。

注：本标准中描述的所有试验方法亦可适用于塑料软管。

2 规范性引用文件

下列文件对于本文件的应用是必不可少的。凡是注日期的引用文件，仅注日期的版本适用于本文件。凡是不注日期的引用文件，其最新版本(包括所有的修改单)适用于本文件。

ISO 2878 橡胶 抗静电和导电制品 电阻测定(Rubber—Antistatic and conductive products—Determination of electrical resistance)

ISO 8330 橡胶和塑料软管及软管组合件 术语(Rubber and plastics hoses and hose assemblies—Vocabulary)

ISO 23529 橡胶 物理试验方法试样制备和调节的通用规程(Rubber—General procedures for preparing and conditioning test pieces for physical test methods)

3 术语和定义

ISO 8330 界定的术语和定义适用于本文件。

4 导电、抗静电和非导电软管的电阻的测定

4.1 概述

橡胶软管可由具有导电内衬层或导电外覆层，或可全部由导电的胶料制成。本试验规定了这三种型别软管的电阻和导电性的测定方法。

4.2 设备

应按照 ISO 2878 的规定使用下列设备。

4.2.1 试验仪器

4.2.1.1 为了测定导电、抗静电和非导电的软管的电阻[1)]，宜优选能测定绝缘电阻的具有 500 V 额定直流开路电压的特定仪器，或采用已知可比结果的其他仪器进行试验。除非另有规定，仪器应具有足够精密度以保证测量电阻误差在±10%之内。在试验过程中为了防止由于温度效应而产生的误差，在试样

1) 结构说明见 ISO 8330 及其附录。

内消耗的电能应不超过 3 W。消耗的功率应由开路电压的平方除以测得的电阻求得。

测得的电阻值会随着所施加的电压而变化，当试验电压低时产生误差。如有异议，施于试样的电压不得低于 40 V，当试样内损耗的电功率超过 3 W 时除外。

4.2.1.2　对于要求测量软管接头之间的，或整根连续内(外)连接导线的电连续性的试验，应使用足够准确度的欧姆表测定电阻以使误差在±10%之内。

4.2.1.3　对于根据产品标准的要求需要测定软管组合件接头之间电连续性，但不需测量实际电阻的试验，可采用 4.5 V 电池和 4 V(0.3 A)试验灯泡的组合。

4.2.1.4　对于(某些使用于易爆环境的软管产品标准中要求的)软管管壁电阻的测定，应采用量程为 10^{12} Ω 的欧姆表，在 500 V 直流电压下测量。仪器应有足够的准确度，以保证通过软管壁测量的内衬层和外覆层之间的电阻误差在±5%以内。

4.2.2　电极和接触片

4.2.2.1　概述

对于试验室进行的试验，应采用如下装置。对于现场试验，以及在制造商工厂的例行试验和产品验收试验，此装置并不实用。可采用 4.6.1、4.7.1.2 和 4.7.2.3 所表述的装置。

应采用导电银漆、胶体石墨或导电液环绕在试样表面形成 25^{+2}_{-1} mm 宽的圆周形带作为电极。

当采用导电液时，电极接触区应完全湿润，并保持到试验结束。除另有规定外，导电液组成为：

——800 质量份相对分子质量为 600 的无水聚乙二醇；

——200 质量份水；

——1 质量份湿润剂；

——10 质量份氯化钾。

当采用导电银漆或胶体石墨时，干燥图层上任意两点间的表面电阻不得超过 100 Ω。

将干净的金属接触片施放于电极上，除另有说明外，该接触面积应与电极尺寸大致相同，但不大于该电极。

当软管内径小于 50 mm 时，难以把导电液准确地涂到软管的内壁上，这时可以使用外径等于或大于软管内径的黄铜塞，涂以导电液后插入软管内 25 mm。

4.2.2.2　专用电极和接触片

对于测定软管管壁电阻，以及其他试验方法时，应使用如下专用电极和接触片：

a)　外电极：片状铜带，标准宽度 25 mm，箍在软管壁外侧(见图 1)；

b)　内电极：

　1)　对于内径小于 50 mm 的软管，推荐紧密插入黄铜塞(小尺寸用实心、大尺寸用空心)的方法，黄铜塞最小长度为钢丝螺旋线节距的 2 倍(铺设螺旋金属线的软管适用)或内径的 0.5 倍(无螺旋金属线的软管适用)；

　2)　对于内径大于 50 mm 的软管，推荐使用最小宽度 25 mm 的可调节的片状铜带，紧密贴合在软管内壁(利用弹簧作用膨胀顶住内衬层)；

c)　建议将连接电极与欧姆表的接触片用铜焊接至电极上，使欧姆表与电极间的电阻最小(见图 1)；

d)　对于 b)可选替代物：25 mm 宽的导电泡沫塞，用适合的导电液(4.2.2.1)完全浸湿，其外径略微大于软管内径以确保与软管内衬层贴身吻合、良好电接触。将塞子与合适的绝缘导体(图 3 的部件 1 和部件 3)相连。建议此电极用于内衬层为波纹状的、或内衬层硬度比橡胶大(如 PTFE)的软管；

e)　为了与波纹管的外覆层建立良好的电接触，推荐使用 25 mm 宽的导电泡沫带，用适合的导电液(4.2.2.1)完全浸湿，绕置于软管外周上述 a)项电极之下。

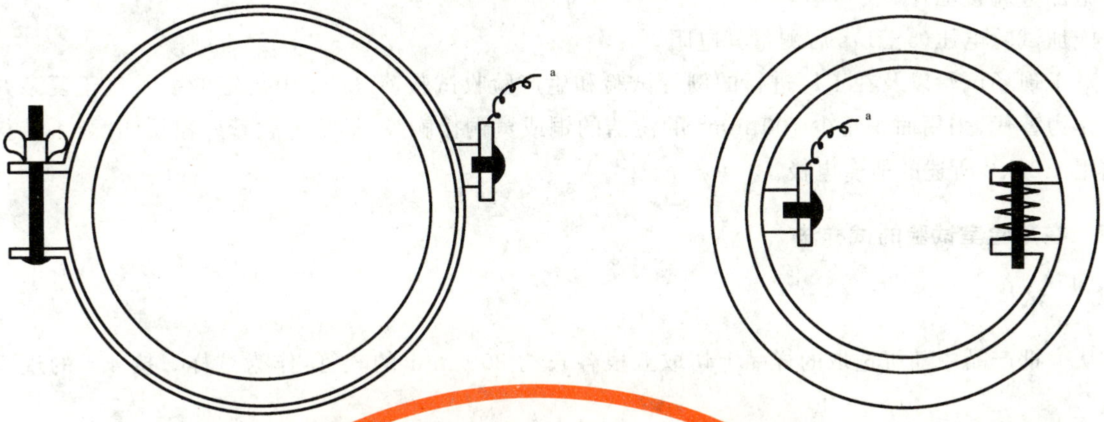

a) 适于所有尺寸的外电极　　　　b) 适于直径>50 mm 的内电极

[a] 用欧姆表。

图 1　4.2.2.2 所述的内电极和外电极示例

4.3 试验准备和清洗

软管或试样的表面应清洗。如有必要，可用漂白土(硅酸镁铝)和水磨洗，用蒸馏水冲净后晾干。不准使用能够侵蚀或溶胀橡胶的有机物质，也不要打磨或抛光试样表面。

在安装接触片或试验的过程中，均不应使软管表面出现变形。使用试样时，支撑点应在受试长度之外。当试验一根长软管时，软管应展开并伸直铺放在聚乙烯或其他绝缘材料上。应小心确保整根软管与所有漏电通路绝缘。

4.4 调节

按 ISO 23529，试样在下列环境之一中调节至少 16 h：

(23±2)℃，相对湿度(50±5)%；

(27±2)℃，相对湿度(65±5)%。

但如果对很长的软管进行试验，可以根据供货方和用户协商决定，只要相对湿度不超过 70%，允许采用工厂、仓库或试验室现有的条件。对于短的软管和软管组合件的现场试验，以及在制造商车间进行的例行试验和生产验收试验也适用。

4.5 有导电内衬层软管的试验程序(整根软管)

按 4.2.2 规定施加电极于软管每一端的内表面上，电极带边缘应与软管的末端重合。当使用导电液时，应注意防止在软管内衬层和增强层或外覆层之间产生漏电通路。

把金属接触片置于电极上。

施加测试电压(5±1)s 后测量其电阻。

对于现场试验以及在工厂进行的例行试验和生产验收试验，4.2.2.1 中规定的装置过于复杂并不实用。作为替代，面积至少 100 mm^2 的清洁的铜或黄铜接触片、形状与软管的内衬层匹配，手持接触也可选用 4.2.2.2 所述的适合的电极。

4.6 有导电外覆层软管的试验程序

4.6.1 整根软管法

按 4.2.2.1 规定施加电极于软管每一端的外表面上。

施加金属接触片。

施加试验电压(5±1)s 后测量其电阻。

对于现场试验以及在工厂进行的例行试验和生产验收试验,4.2.2.1 中规定的装置过于复杂并不实用。作为替代,采用面积至少 100 mm^2 的清洁的铜或黄铜接触片、形状与软管外覆层匹配,手持接触也可选用 4.2.2.2 所述的适合电极。

4.6.2 在试验室试验的试样法

4.6.2.1 试样

从一批产品中随机选取的样品上切取五根各长约 300 mm 的软管,作为试样。按 4.4 的规定调节试样。

按 4.2.2.1 规定沿试样对称施加电极,以使其边缘之间最近的距离为(100±1)mm(见图 2)。

确保绕试样圆周电极保持接触,且接触片足够长以便两个自由端被张力夹紧固夹住(见图 2),这样电极的吻合尽可能紧,与所用的方法一致。

单位为毫米

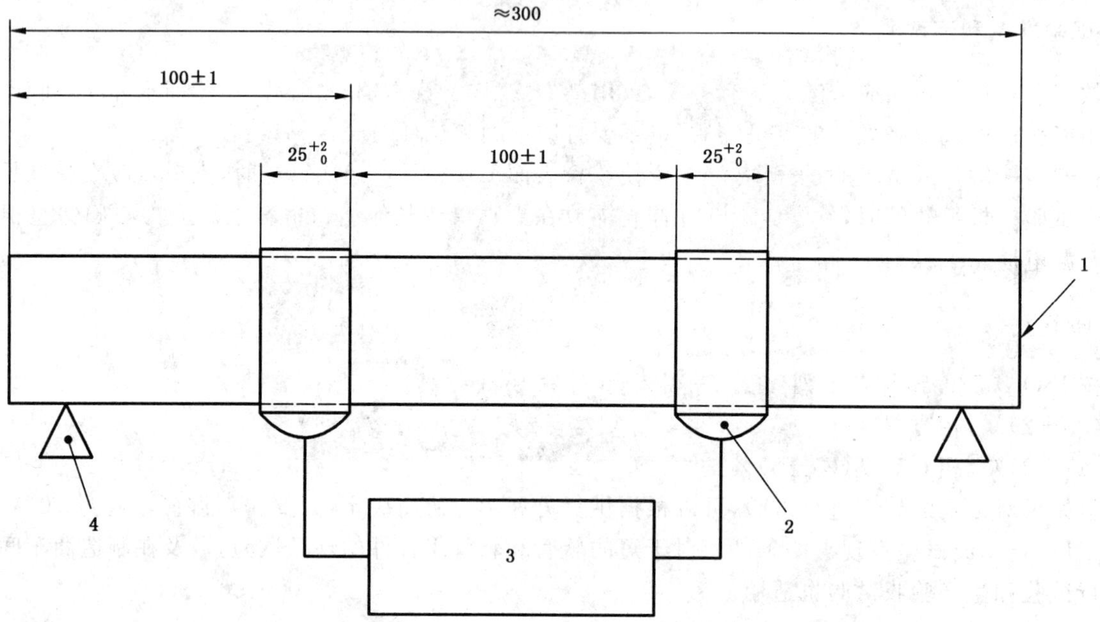

说明:

1——试样;

2——金属箔接触片缠绕在导电电极上并由夹子夹紧;

3——500 V 直流绝缘试验仪;

4——绝缘支撑物或夹具。

图 2　4.6.2.1 所述的试验用电极和接触片

4.6.2.2 试验步骤

把试样放在聚乙烯或其他绝缘材料的支撑物上,使在试样和放置支撑物表面之间的电阻大于 10^{11} Ω。确保仪器上的导线不相互接触,也不与软管或除每根导线连接端以外的任何部件接触。将试验仪器引出的导线与相应接触片连接。

施加试验电压(5±1)s 后测量其电阻。

避免面对外表面呼吸，产生的呵气可导致结果不准确。

4.7 全部采用导电胶料制造的软管的试验程序

4.7.1 软管长度小于等于 6 m 的试验方法

4.7.1.1 按 4.2.2.1 规定施加电极于软管一端(A 端)的内表面和另一端(B 端)的外表面。

施加金属接触片于电极上。

施加试验电压(5±1)s 后测量其电阻。

4.7.1.2 重复上述试验，把电极施加于软管 A 端的外表面和 B 端的内表面。

对于现场试验以及工厂内进行的例行试验和生产验收试验，4.2.2.1 中规定的装置过于复杂且不实用。作为替代，采用面积至少 100 mm^2 的清洁的铜或黄铜接触片、一个形状与软管的内衬层匹配、另一个与外覆层匹配，手持接触。也可选用 4.2.2.2 所述的适合的电极。

4.7.2 软管长度大于 6 m 的试验方法

4.7.2.1 在距软管一端最小距离 50 mm 处的内表面，以及距同一端 3 m 和 6 m 处的外表面上按 4.2.2.1 规定施加电极。

施加金属接触片接到内电极和距内电极 3 m 处的外电极上。

施加试验电压(5±1)s 后测量其电阻。

4.7.2.2 在内电极和距内电极 6 m 处的外电极之间重复此试验。其电阻值之差应视为 3 m 软管的电阻。

4.7.2.3 在软管的另一端重复此试验。

对于现场试验以及工厂里进行的例行试验和生产验收试验，4.2.2.1 中规定的设备过于复杂，且不实用。作为替代，采用面积至少 100 mm^2 的清洁的铜或黄铜接触片、一个形状与软管的内衬层匹配、另一个与外覆层匹配，手持接触。也可采用 4.2.2.2 所述的适合的电极。

注：该试验的目的不仅为了测量和比较软管端部各 3 m 长的电阻，也是为了检验整根软管结构的均匀性。该试验通常作为型式试验的一部分实施。

4.8 装配金属软管接头的软管组合件

4.8.1 当需要测定软管组合件的电阻值时，应将试验仪器上的导线与金属管接头的两端直接连接。

4.8.2 某些软管，尤其是热塑性软管，在软管壁内有导电层。应采用按软管和装配制造商规定的装配工艺组装的组合件进行试验。

4.9 测定软管及软管组合件管壁电阻的试验程序

4.9.1 概述

本试验通常仅作为型式试验实施，是某些软管产品标准对用于易爆环境中软管的要求。仅当软管产品标准且仅当软管专门订购用于易爆环境时才实施本试验。本试验不视为标准或例行试验。

4.9.2 软管(不带软管接头)的试验程序

4.9.2.1 试验的准备

从一批产品中随机选取的样品上切取五根长约 300 mm 的软管作为试样。

使用量程至少 10^{10} Ω 的欧姆表在 500 V 的直流电下测量。

仪器应有足够的准确度，以确保通过软管壁测定内衬层和外覆层之间电阻的误差在±5%以内。

4.9.2.2 电极和接触片

外电极见 4.2.2.1。对于外覆层带波纹的软管，建议在电极下使用湿的导电泡沫条，以确保整个电极表面的接触良好。

导电液或导电银漆或胶体石墨的使用，见 4.2.2.1。

内电极应由导电性至少为 10^{-4} S/m 的自来水构成。

4.9.2.3 试验的准备和清洗

试样的表面应进行清洁。如有必要，可用漂白土(硅酸铝镁)和水磨洗，用蒸馏水冲净后晾干。不应使用能够侵蚀或溶胀橡胶的有机物质，也不要打磨或抛光试样表面。

在安装接触片或试验过程中，均不应使软管的表面出现变形。应小心确保整根软管与外界任何漏电通路绝缘。

4.9.2.4 调节

详见 4.4。

4.9.2.5 试验步骤

将试样垂直放置在聚乙烯或其他绝缘材料的支撑物上，并于 30 min 内完成试验。首先用绝缘材料的塞子封闭试样一端并垂直安装试样，使被塞住的一端向下。然后在试样中注入自来水(4.9.2.2)，水面高于外电极 20 mm。检查确保无泄漏。

将清洁、牢靠的金属接触片与外电极接触，自来水在内部。然后将欧姆表与内和外电极连接。

施加试验电压(5±1)s 后测量其电阻。

避免面对试样表面呼吸，产生的呵气可导致结果不准确。避免任何试样端部软管层间导静电或半导静电的连接。

计算电阻值 R，单位 Ω。通过测定的电阻值 R_m，单位 Ω，乘以换算因数 ID/25(ID 为软管内径，单位 mm)求得：

$$R = R_m \times \mathrm{ID}/25$$

注：ID/25 为标准方形表面积的换算因数。

4.9.3 装配金属软管接头但未装配与软管接头接触的钢丝螺旋线的软管组合件的试验程序

4.9.3.1 电极和接触片

使用两个外电极，如下：

a) 一个金属软管接头接地；

b) 外电极见 4.2.2.1，如图 1 所示测量外覆层和软管接头之间的电阻。

对于内电极，使用 25 mm 宽可拔出的导电泡沫塞，塞子浸泡过 4.2.2.1 所述导电液，并牢固固定在 250 mm 长的隔离电极一端，如图 3。塞子外径应足够大以确保与软管内径实现良好电接触。

4.9.3.2 试验准备和清洗

应在试样软管两端安装固定装置，且带有相同型别的软管接头，该软管接头用于易爆环境，并以组合件设计规范规定的相同方式安装。试样表面应干净，如果必要按照 4.3 清洗。

4.9.3.3 调节

见 4.4。

单位为毫米

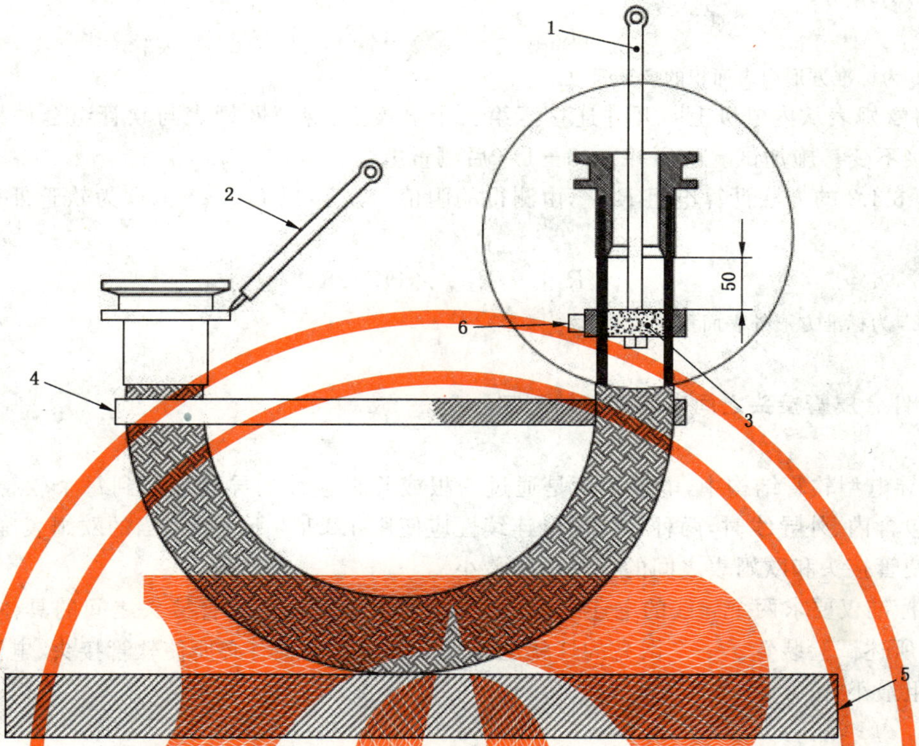

说明：

1——隔离电极，延伸至软管内腔；

2——电极，与金属软管接头外侧连接；

3——25 mm 宽导电泡沫塞，由适当的导电液完全浸湿（塞子外径比软管内径大，确保紧密安装）；

4——非导静电带，用于将组合件保持呈“U”形以便于测量（如果认为更适合，也可将组合件置于不弯曲的水平位置）；

5——非导静电平台，用于支撑组合件（无论呈“U”形或水平放置）；

6——如 4.2.2.1 所述的多余的外电极，见图 1。

图 3　4.9.3 中使用湿润导电泡沫塞作为内电极的软管组合件管壁电阻的测量

4.9.3.4　试验程序

4.9.3.4.1　将试样如图 3 所示放置或水平伸直放置在一个适当的非导电表面，该表面长度和厚度应足以确保完全与地绝缘。

按 4.9.3.1 的规定施加外电极和内电极。确保润湿的内电极（导电泡沫塞）紧密地与软管内壁吻合，尤其是软管内壁有波纹时。

将第三个电极（如图 1 所示的外电极）包在软管外覆层外侧，与内腔中的内电极位置相对，施加导电液、胶体石墨或银漆（见 4.2.2.1）以确保有良好的电接触。对于外覆层带波纹的软管，则使用 25 mm 宽的润湿导电泡沫带绕在外覆层上，由第三个电极固定。

安置金属接触片至电极上，确保接触片和电极之间没有电阻或电阻极小。

4.9.3.4.2　将欧姆表分别与软管组合件一端的内电极和另一端的软管接头相连。试验装置示例，见图 3。

施加试验（500 V 直流电）电压（5±1）s 后测量其电阻。

避免面对试样表面呼吸，产生的呵气可导致结果不准确。除按软管组件设计标准安装的管接头外，避免任何试样端部软管层间的导静电或半导静电的连接。

计算软管组合件的电阻值 $R_{1,ha}$，单位 Ω。通过测定的电阻值 $R_{1,m}$，单位 Ω，乘以 ID/25(ID 为软管内径，单位 mm)求得。

$$R_{1,ha} = R_{1,m} \times ID/25$$

注：ID/25 为标准方形内表面积的换算因数。

4.9.3.4.3 将欧姆表从内电极上断开并连接至第三个电极上，保持欧姆表与软管组合件另一端软管接头之间的连接不变。施加试验电压并在(5±1)s 后测量电阻。

按照 4.9.3.4.2 的方法计算电阻 $R_{2,ha}$，由测得的阻值 $R_{2,m}$乘以 OD/25(OD 为软管外径，单位 mm)求得。

$$R_{2,ha} = R_{2,m} \times OD/25$$

注：OD/25 为标准方形外表面积的换算因数。

5 软管组合件金属管接头之间电连续性的测定

5.1 在某些导电型软管结构中，电连续性是通过一根或几根连续的导线连接到每个软管接头实现的。当软管结构包含内、外导线时，两种导线的电连续性应使用 4.2.1.2 所述的适当的欧姆表确认。

有必要使管接头和欧姆表之间的接触电阻最小。

5.2 当产品标准仅要求两个导线的电连续性，而不要求测量组合件软管接头之间的具体电阻时，则使用如 4.2.1.3 所述试验装置。一个微亮的灯就足以验证电连续性。有必要使软管接头、电池及欧姆表之间的接触电阻最小。

6 软管组合件电不连续性的测定

在某些结构内含有导线的软管中，要求导线与两端软管接头绝缘。在这种情况下，应按 4.4 规定调节软管，并按 4.8 测量两个软管接头之间的电阻。此方法也适用于未铺设导线的结构。

有必要使软管接头与欧姆表之间的接触电阻最小。

7 与金属软管接头接触的软管组合件(导静电或释放静电)内衬层或软管组合件(导静电或释放静电)外覆层电阻的测定

7.1 概述

本试验是测定导静电软管组合件(附录 A 中定义的 Ω 级)在使用时释放静电荷能力的惯用试验。

当应用于特定环境下时，相关软管产品标准将规定此试验的要求。所描述的方法适用于所有 Ω 级且带金属软管接头(嵌入式、挤压式、扣压式或对壳式)的软管组合件，但不适用于有内外金属螺旋线连接到或电接触到金属管接头的软管组合件(如多层软管等)。

为了便于实际应用，在距离软管接头 1 m 处测定内衬层或外覆层至软管接头的电阻。必要时，至软管组合件中心的总电阻可通过 1 m 处的阻值乘以组合件中点的距离的方法求得。

本试验可作为型式试验(仅一端装配软管接头)，当用于产生静电荷的环境时也可作为例行试验(装配两个软管接头，并在软管接头之间有一定长度的软管)。

7.2 装置

7.2.1 **电极**，在外覆层或内衬层(见图 4 和图 5)上。对于小内径或波纹状内壁的、或内衬柔性比橡胶差(如 PTFE)的软管组合件试样，当绝缘导线足够长，可与绝缘测试仪连接时，使用 4.2.2.2 列项 d)所描述用导电液完全浸湿的 25 mm 宽导电泡沫塞。

7.2.2 **绝缘测试仪**，标准开路直流电压 500 V(见 4.2.1.1)。

7.2.3 **电阻测量仪**(见 4.2.1.4)。

7.2.4 **支撑台**，绝缘材料(4.6.2.2)。

7.3 试验准备和清洗

与电极接触的外覆层和内衬层表面(见图 4 和图 5)应清洁。如果必要，可按 4.3 进行清洁和清洗。

7.4 调节

见 4.4。

7.5 试验程序

将软管组合件试样置于一个适当的绝缘(最小电阻 10^{11} Ω)支撑物(见图 2)上，如图 4(带导电内衬层的组合件)或图 5(带导电外覆层的组合件)施加电极和接触片。对于内径小的或波纹状内衬层的组合件，或对于内衬层硬度比橡胶差的(如 PTFE)组合件，如图 4 所示的内电极则可用 4.2.2.2 列项 d)所述浸湿的导电泡沫塞代替，将其与良好绝缘的足够长的导线(最小长度为 1 m＋软管接头长)连接，并放置于软管组合件内腔中绝缘支撑物的中心。内腔中多余的导电液体应小心清干，避免内电极和软管接头之间直接接触。

将欧姆表与电极(内或外电极)和软管接头连接。

施加试验电压(5±1)s 后测量其电阻。

单位为毫米

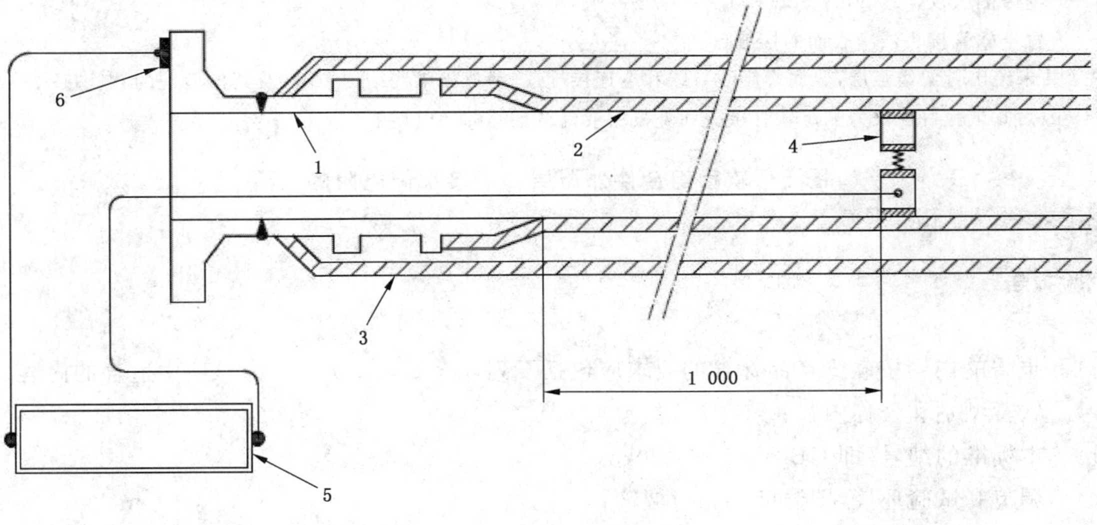

说明：

1——金属软管接头；

2——软管内衬层；

3——软管外覆层；

4——带接触片的内电极(见图 1)(如果考虑方便施加，电极也可为 7.2 和 7.5 所述的润湿导电泡沫塞)；

5——绝缘测试仪，500 Vd.c；

6——置于软管接头洁净表面的接触点。

注：并未给出骨架增强层，金属螺旋线导线和电连接导线(铺放于某些结构中)以及其他型别的软管接头和连接件，因为此试验目的仅为测定软接头和外覆层或内衬层之间的导电性能。

图 4 软管组合件内衬层和管接头间电阻的测量

单位为毫米

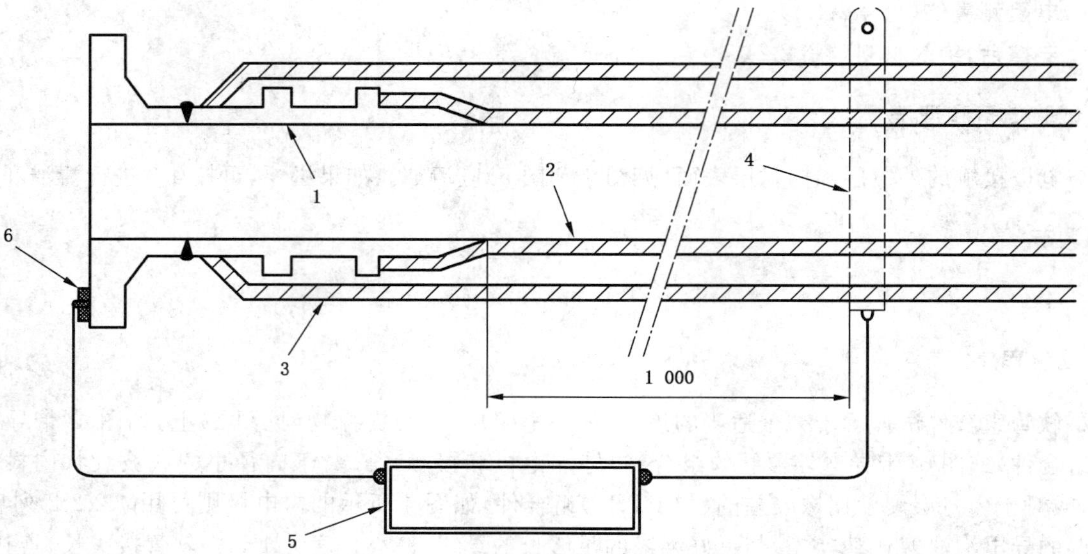

说明：

1——金属软管接头；

2——软管内衬层；

3——软管外覆层；

4——带接触片的外电极(见图 1)；

5——绝缘测试仪，500 Vd.c；

6——置于软管接头洁净表面的接触点。

注：并未给出骨架增强层，金属螺旋线导线和电连接导线(铺放于某些结构中)以及其他型别的软管接头和连接件，因为此试验目的仅为测定软管接头和外覆层或内衬层间的导电性能。

图 5　软管组合件外覆层和管接头间电阻的测量

8　试验报告

试验报告的内容按软管产品标准的要求应包括下列 a)～e)项，以及 f)～o)项中适合的内容。

a)　软管型别和公称内径；

b)　本标准的编号(即 GB/T 9572—2013)；

c)　调节和试验环境，即温度和相对湿度；

d)　电极之间的距离；

e)　所用的电极材料；

f)　软管内衬层的电阻，单位为欧每米(Ω/m)，以及所用试验方法；

g)　软管外覆层的电阻，单位为欧每米(Ω/m)，给出每个计数，以及所用试验方法；

h)　软管内衬层到外覆层间的管壁电阻，单位为欧每米(Ω/m)，给出每个技术，以及所用试验方法；

i)　软管组合件两个接头间的电阻，单位为欧每米(Ω/m)，以及所用试验方法；

j)　电连续性是否确认，以及所用试验方法(5.1 或 5.2)；

k)　如果确定电不连续性，测得的绝缘电阻，单位为欧姆(Ω)；

l)　(当用于易爆环境的软管要求时)测得的软管壁电阻，单位为兆欧(MΩ)，以及所用试验方法；

m)　(当用于易爆环境的软管要求时)软管壁计算电阻，单位为兆欧(MΩ)，以及所用试验方法；

n) (当用于易爆环境的软管组合件要求时)通过整个软管组合件内衬层和外覆层计算出的内衬层和外覆层与管接头之间的电阻,单位为兆欧(MΩ),以及试验方法;

o) (当软管组合件产品标准要求时)按第7章的方法(见图4和图5)测得的与金属软管接头接触的1 m导静电外覆层或1 m导静电内衬层的电阻,单位为兆欧(MΩ)。

附 录 A
（资料性附录）
推荐的术语和导电性及电阻的范围

表 A.1

结构	术语		范围		试验方法
	当前描述	推荐描述	当前描述	推荐描述	
至少带有两条可弯曲金属电连接导线（带或不带螺旋）（M 型）	导静电 连续导电 电连接	电连接 （M 级）	每根组合件 $<10\ \Omega$ 每根组合件 $<10^2\ \Omega$ 每根组合件 $<10^5\ \Omega$	每根组合件 $<10^2\ \Omega$ （软管接头之间）	ISO 8031
铺放导静电橡胶或塑料层 （Ω 型） 软管及软管组合件产品标准中规定标识新建议[a]	导静电 半导电 防静电	导静电 （Ω-L 级、 Ω-C 级、 Ω-CL 级）[a]	每根组合件 $<10^6\ \Omega$ 每根组合件 $10^3\ \Omega \sim 10^6\ \Omega$	每根组合件 $<10^6\ \Omega$[b] （软管接头之间）	ISO 8031[c]
		防静电[d]	每根组合件 $10^3\ \Omega \sim 10^8\ \Omega$	每根组合件 $10^3\ \Omega \sim 10^8\ \Omega$	
通过可弯曲电连接导线（一般焊接在软管接头和螺旋线上）与两个软管接头连接的金属螺旋线	连续导电	连续导电 电连接	无限制（用 4.5 V 电池供电使电灯泡微亮）	每根组合件 $<10^2\ \Omega$ （软管接头之间）	ISO 8031 引入欧姆表（5.1）或电灯泡＋电池（5.2）
软管接头与金属螺旋线或与导静电橡胶或塑料层之间绝缘	绝缘 非连续导电	非连续导电	每根组合件 $>2.5\times 10^4\ \Omega$	每根组合件 $>2.5\times 10^4\ \Omega$	ISO 8031
铺放非金属螺旋线和非导电橡胶或塑料层。如有必要，软管接头与经特殊配合的橡胶层绝缘	绝缘	绝缘	每根组合件 $>10^6\ \Omega$ 每根组合件 $>10^8\ \Omega$	每根组合件 $>10^8\ \Omega$	ISO 8031

[a] 建议 Ω 型软管的结构标识为：Ω-L（导静电内衬层）、Ω-C（导静电外覆层）、Ω-CL（导静电外覆层和内衬层）。建议采用此新标识将软管或软管组合件的性能告知使用者。

[b] 氟碳化合物（如 PTFE）Ω 型软管不适用此范围。

[c] 管壁中铺设金属螺旋线或金属编织增强层的热塑性/氟聚合物软管的电荷释放性能不可通过测量软管接头间的电阻的方法测得。

[d] 本术语主要用于机动车软管，并非工业用软管组合件或氟聚合物（如 PTFE）软管的优选术语。对于机动车和氟聚合物（如 PTFE）软管，“防静电”性能的限制范围为：每根组合件 $10^3\ \Omega \sim 10^8\ \Omega$。如有必要，软管接头与经特殊配合的橡胶层绝缘。

ICS 23.040.70
G 42

中华人民共和国国家标准

GB/T 9573—2013/ISO 4671:2007
代替 GB/T 9573—2003

橡胶和塑料软管及软管组合件　软管尺寸和软管组合件长度测量方法

Rubber and plastics hoses and hose assemblies—Methods of measurement of the dimensions of hoses and the lengths of hose assemblies

(ISO 4671:2007,IDT)

2013-07-19 发布　　2013-12-01 实施

中华人民共和国国家质量监督检验检疫总局
中国国家标准化管理委员会　发布

前　言

本标准按照 GB/T 1.1—2009 给出的规则起草。

本标准代替 GB/T 9573—2003《橡胶、塑料软管及软管组合件　尺寸测量方法》，与 GB/T 9573—2003 相比主要技术变化如下：

——增加了试样调节和测量温度(见第 3 章)；

——增加了使用锥形规测量内径的方法(见 4.2)；

——增加了内径测量方法(见 4.8)；

——增加了外径测量方法(见 5.6)；

——增加了不同壁厚测量方法的读数部位(见 7.1)；

——增加了同心度测量方法的读数部位(见 8.1)；

——增加了三种测量同心度的方法(见 8.4、8.5、8.6)；

——修改了内衬层和外覆层厚度的测量方法(见 9.2,2003 版第 8 章)；

——修改了软管组合件通过量验证名称(见第 11 章,2003 版第 10 章)。

本标准使用翻译法等同采用 ISO 4671:2007《橡胶和塑料软管及软管组合件　软管尺寸和软管组合件长度测量方法》(英文版)。

本标准做了下列编辑性修改：

——ISO 4671:2007 第 2 章规范性引用文件中 ISO 3611《观测量用千分尺》,因在正文内容中未引用,将其删除。

本标准由中国石油和化学工业联合会提出。

本标准由全国橡胶与橡胶制品标准化技术委员会软管分技术委员会(SAC/TC 35/SC 1)归口。

本标准负责起草单位：山东美晨科技股份有限公司、沈阳橡胶研究设计院、沈阳产品质量监督检验研究院。

本标准主要起草人：赵术英、王淑丽、刘怀现、王志刚、张艳芬。

本标准所代替的历次版本发布情况为：

——GB/T 9573—1988、GB/T 9573—2003。

橡胶和塑料软管及软管组合件　软管尺寸和软管组合件长度测量方法

1　范围

本标准规定了测量内径、外径(包括液压软管增强层直径)、壁厚、同心度和软管内衬层与外覆层厚度的方法,测量和标识软管及软管组合件长度的方法,还规定了验证液压软管组合件通过量的方法。

2　规范性引用文件

下列文件对于本文件的应用是必不可少的。凡是注日期的引用文件,仅注日期的版本适用于本文件。凡是不注日期的引用文件,其最新版本(包括所有的修改单)适用于本文件。

ISO 463　产品几何量技术规范　长度测量器具:机械千分尺设计和计量特性[Geometrical Product Specifications(GPS)—Dimensional measuring equipment—Design and metrological characteristics of mechanical dial gauges]

ISO 3599　精确度为 0.1 mm 和 0.05 mm 的游标卡尺(Vernier calipers reading to 0,1 and 0,05 mm)

3　试样的调节和测量的温度

3.1　试样的调节

除另有规定外,试样应在软管制成至少 16 h 后取得,并在 23^{+7}_{-3}℃下调节至少 3 h 后测量。此 3 h 可包括在 16 h 内。

3.2　测量温度

除另有规定外,测量温度应为 23^{+7}_{-3}℃。

4　内径的测量

4.1　概述

方法 1 到方法 7 的测量可在整根软管的端部或从整根软管上切下的试样(最小长度为 150 mm)上进行。对于钢丝增强液压软管,应在距软管端部至少 25 mm 处测量。

应根据具体情况,选择下列方法之一进行测量。

4.2　方法 1

对于内径小于 150 mm 的软管和所有规格的可折叠软管,可使用直径增量为 0.25 mm 的塞规(见图 1)或直径增量为 0.1 mm 的锥形规(见图 2)。将量规不施加压力缓慢插入软管试样里。如果软管内腔不为精确圆形,更应小心。

单位为毫米

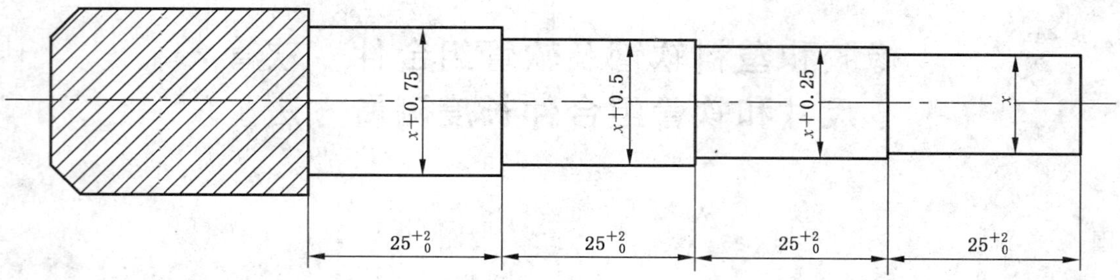

图1　塞规

单位为毫米

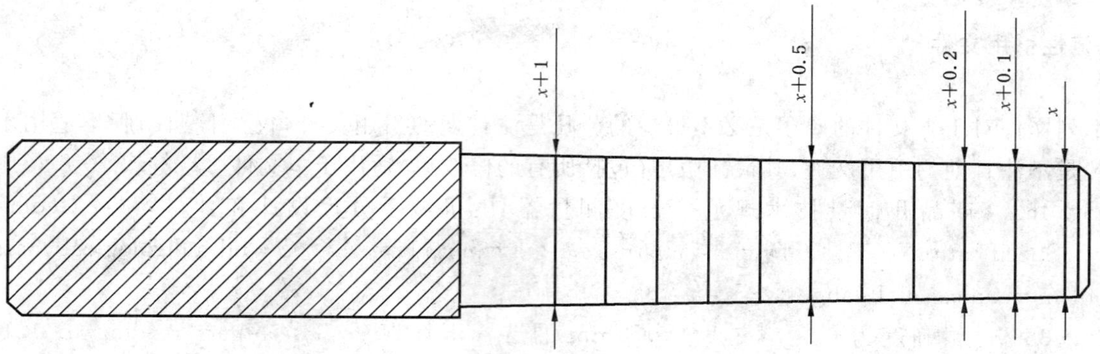

图2　锥形规

4.3　方法2

对于内径小于63 mm准确度要求较高的软管，如钢丝增强液压软管，应使用扩张球形式或伸缩式内径量规测量。

4.4　方法3

对于所有内径小于或等于100 mm的软管，可使用符合ISO 3599要求的滑动游标卡尺的内测量爪测量。在互为垂直的方向测量两次，取平均值作内径。测量时注意不要使软管变形。测量公称内径大于100 mm的软管时，如果要求测量结果精确度比方法5(4.6)要求更高时，可使用适当规格卡尺进行测量。

4.5　方法4

对于所有规格内径的软管，都可使用适用于弹性体材质管体测量所用带有圆脚的卡规(见ISO 463)。所选卡尺的规格应适合被测量的内径，应在相互垂直的方向测量两次，取平均值作内径。

4.6　方法5

对于内径大于100 mm的软管，一般使用有刻度的钢尺即可达到有效精确度。也可选用数显卡尺或数字测微计。在相互垂直的方向测量两次，取平均值作内径。

4.7　方法6

对于直径适合且截面未受切割操作损坏的软管，可使用0.1 mm分度的光学放大镜。在相互垂直的方向测量两次，取平均值作内径。

4.8 方法7

对于内径大于 300 mm 的软管，一般用带尺测量软管内周长的方法即可足够精确。内径通过测量值除以 π 算出。带尺刻度为厘米。

5 外径的测量

5.1 概述

方法 1 到方法 5 的测量可在整根软管或从整根软管上切下的试样(最小长度为 150 mm)上进行。应从距软管端部至少 25 mm 处测量。如果外覆层有凹纹或波纹，应在外覆层向外凸出的部位测量。

应根据具体情况，选择下列方法之一进行测量。

5.2 方法1

对于外径小于或等于 100 mm 的软管，可使用符合 ISO 3599 规定的滑动游标卡尺或千分尺。在相互垂直的方向测量两次，取平均值作外径。测量时注意不要使软管变形。当要求较高的精确度时，将试样套在外径与软管内径相等的管芯上，防止试样变形。

5.3 方法2

对于外径大于 20 mm 的软管，可使用游标圆周尺(π 尺)测量。

5.4 方法3

对于外径大于 100 mm 的软管，可使用带有刻度的带尺直接读出直径，或用带尺测量周长，再计算出直径。

5.5 方法4

对于直径适合且截面未受切割操作损坏的软管，可使用 0.1 mm 分度的光学放大镜。也可使用激光测量仪。在相互垂直的方向测量两次，取平均值作外径。

5.6 方法5

对于所有规格外径的软管，都可使用激光千分尺。在相互垂直的方向测量两次，取平均值作外径。

6 增强层外径的测量

增强层外径的测量一般只限于装配管接头的液压软管，并应从软管上切取试样进行测量。

应在完全除去外覆层材料后，按照 5.2 或 5.3 测量。

7 壁厚的测量

7.1 概述

壁厚通常取外径与内径之差的一半。此外，可通过下列方法之一直接测得壁厚。方法 1 和方法 4 从试样端部读取读数；方法 2 和方法 3 从距软管端部至少 15 mm 处读取读数。

7.2 方法 1

使用滑动游标卡尺，注意避免因曲面造成的误差。

7.3 方法 2

使用带有可以靠在软管内侧的圆形测量头的千分尺，或使用与图 3 所示装置相似的指示表。

单位为毫米

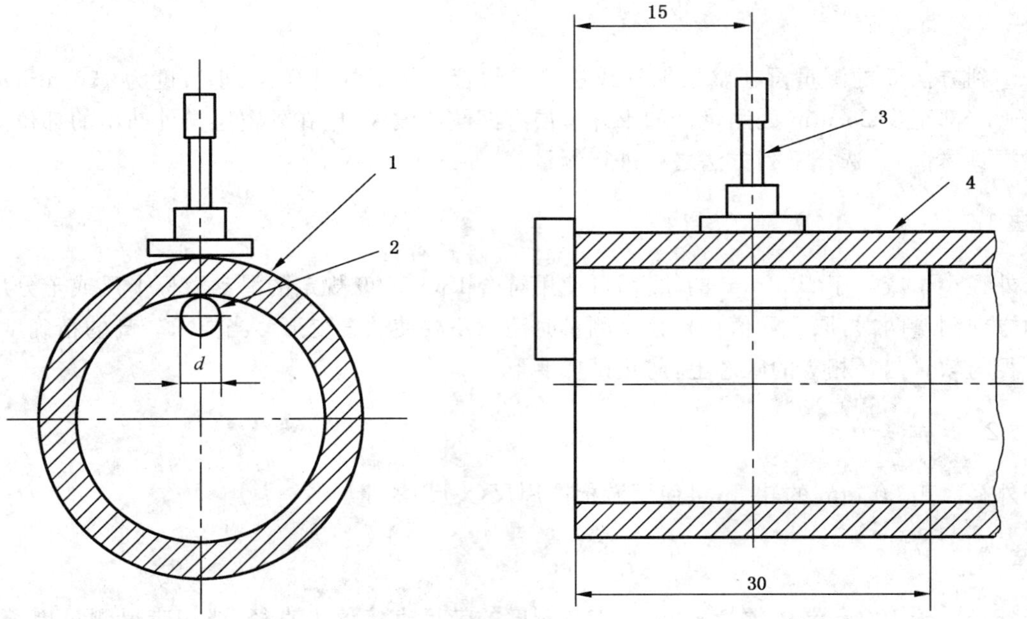

说明：

1——软管；

2——软管支撑杆或测量头；

3——指示表测量轴；

4——软管(最小长度 30 mm)。

注：d=3 mm，内径小于或等于 6 mm 的软管；

d=6 mm，内径大于 6 mm 的软管。

图 3 用指示表测量软管壁厚的适宜装置

7.4 方法 3

使用测量弹性材料的、带圆形压脚的千分尺测量。

7.5 方法 4

使用 0.1 mm 分度的光学放大镜测量。

8 同心度的测量

8.1 概述

同心度是在软管结构中，内径和外径的最高和最低读数之间的差的度量；或者内径和增强层直径的最高和最低读数之间的差的度量。方法 3 和方法 5 应在软管试样端部读取读数；方法 1、方法 2 和方法

4 从距软管端部至少 15 mm 处读取读数。

8.2 方法 1

将软管试样安装到外径与软管内径相等的管芯上，管芯端部架在 V 型槽座上。用千分尺绕软管圆周读取最高和最低读数间的差值。

8.3 方法 2

使用带有可以靠在软管内侧的圆形测量头的千分尺，或使用与图 3 所示装置相似的指示表，读取最高和最低读数间的差值。

对于内径大于或等于 63 mm 的软管，绕圆周以 45°的间隔读取八个读数。

对于内径小于 63 mm 的软管，绕圆周以 90°的间隔读取四个读数。

8.4 方法 3

使用滑动游标卡尺，注意避免因曲面造成的误差。

对于内径大于或等于 63 mm 的软管，绕圆周以 45°的间隔读取八个读数。

对于内径小于 63 mm 的软管，绕圆周以 90°的间隔读取四个读数。

8.5 方法 4

使用测量弹性材料用的、带圆形压脚的千分尺测量。

对于内径大于或等于 63 mm 的软管，绕圆周以 45°的间隔读取八个读数。

对于内径小于 63 mm 的软管，绕圆周以 90°的间隔读取四个读数。

8.6 方法 5

使用 0.1 mm 分度的光学放大镜测量。

对于内径大于或等于 63 mm 的软管，绕圆周以 45°的间隔读取八个读数。

对于内径小于 63 mm 的软管，绕圆周以 90°的间隔读取四个读数。

9 内衬层和外覆层厚度的测量

9.1 概述

规定了三种方法。方法 1，在试样的切割边缘处测量内衬层和外覆层厚度，此方法既适用于外覆层光滑的软管，又适用于外覆层带凹纹和波纹的软管；方法 2 用于带有增强层的软管；方法 3 仅用于测量外覆层厚度。

9.2 方法 1

9.2.1 带凹纹或光滑外覆层的软管：从软管上切取四个 25 mm 或更长的试样。在每个试样的端部测量内衬层和外覆层的厚度。对于带凹纹的试样，用 0.1 mm 分度的光学放大镜在最薄点（即凸棱之间处）测量。记录八个测量值的平均值作为内衬层和外覆层的厚度。

9.2.2 带波纹外覆层的软管：从软管上切取大约 50 mm 长的试样并在两端标出直径，两端的直径相互垂直[见图 4a)]。将试样切成长度相等的两段，然后将每段沿标出的直径纵向切开形成两等份切片[见图 4b)和图 4c)]。

用 0.1 mm 分度的光学放大镜在每个切片的八个纵向切边上取最薄处，测量内衬层和外覆层的厚度。

记录八个测量值的平均值作为软管内衬层和外覆层的厚度。

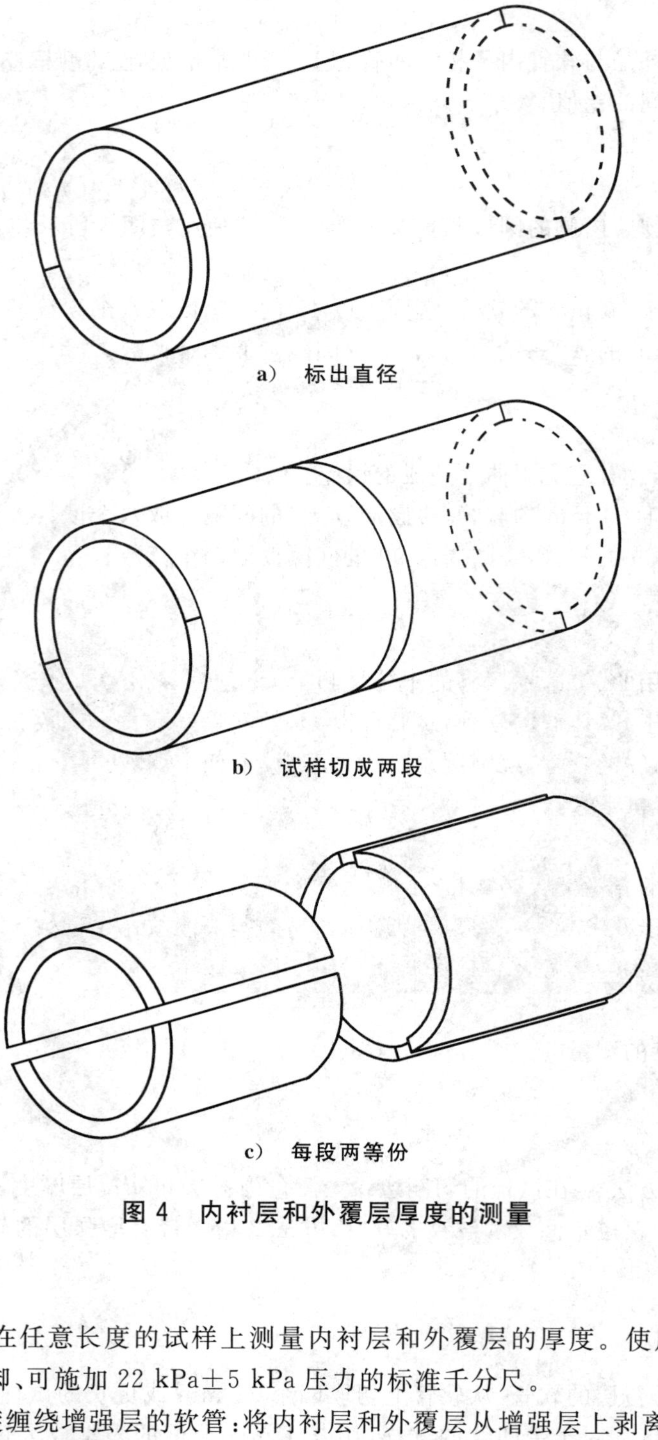

a） 标出直径

b） 试样切成两段

c） 每段两等份

图 4 内衬层和外覆层厚度的测量

9.3 方法 2

9.3.1 在本方法中，可在任意长度的试样上测量内衬层和外覆层的厚度。使用 0.02 mm 分度、带有 3 mm～10 mm 直径压脚、可施加 22 kPa±5 kPa 压力的标准千分尺。

9.3.2 带有编织或螺旋缠绕增强层的软管：将内衬层和外覆层从增强层上剥离下来，用千分尺绕圆周以 90°的间隔在两个方向上测量厚度。然后打磨内衬层和外覆层至刚好除去增强层引起的波纹，再次测量厚度。记录四个读数求平均值作为内衬层和外覆层的厚度。

9.3.3 带有织物增强层的软管：将内衬层和外覆层从增强层上剥离下来，然后打磨内衬层和外覆层至刚好除去增强层引起的波纹。用千分尺绕圆周以 90°的间隔在两个方向上测量厚度。记录两个读数求平均值作为内衬层和外覆层的厚度。

9.4 方法3

对于钢丝增强软管，当规定了最大外覆层厚度时，则使用带圆形压脚的深度千分尺测量外覆层厚度。圆形压脚横跨从软管上剥下12.5 mm～25 mm宽的外覆层形成的凹槽平行置于软管上进行测量。在软管内腔插入管芯，以保持对正。记录绕圆周读取的最高和最低读数间差作为外覆层的最大厚度。

10 长度的测量和测量点的标识

10.1 长度的测量

对于长度小于或等于20 m的软管，使用有刻度的钢带尺测量；长度较短的，用钢板尺测量；长度非常短的，用游标卡尺测量；对于长度大于20 m的软管，使用带刻度的钢卷尺或码尺测量。

所有测量都应在软管平直且未受拉伸的状态下进行。

10.2 测量点

10.2.1 软管

切割后软管长度的两末端。

10.2.2 软管组合件

应确保标识出待测组合件上的测量点。图5～图10给出了典型的管接头以及如何标识不同的测量点的方法。

未在图5～图10所示出的带管接头的软管组合件，应确保按接头制造商的已发布数据对接头测量点进行标识。

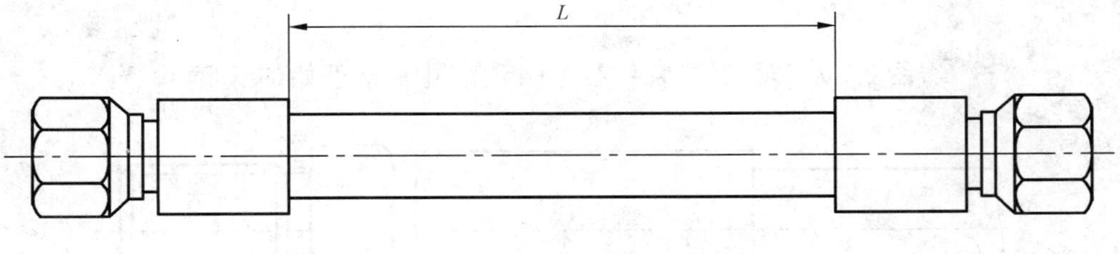

图5 管头间外露软管的长度

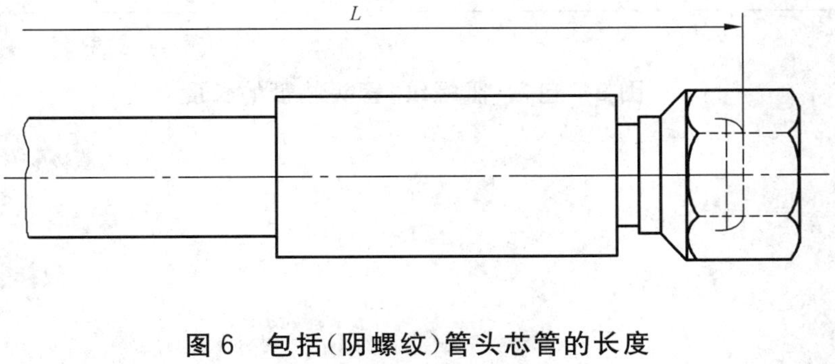

图6 包括(阴螺纹)管头芯管的长度

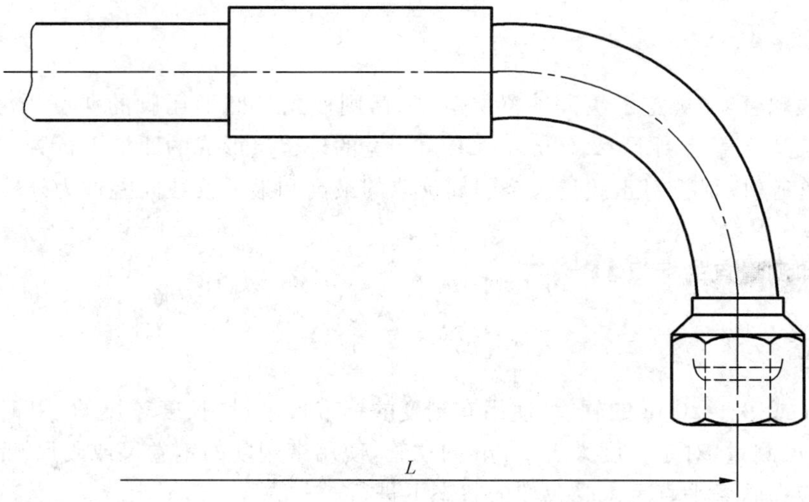

图 7　从(阴螺纹)管头芯管(90°角)中心线开始的长度

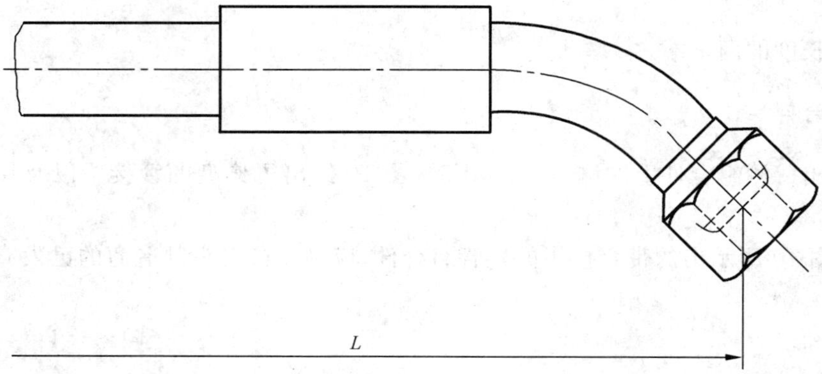

图 8　从(阴螺纹)管头芯管(45°角)中心线开始的长度

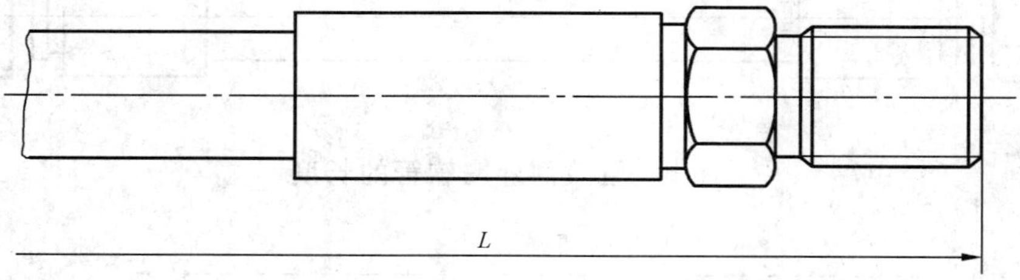

图 9　包括(阳螺纹)管头芯管的长度

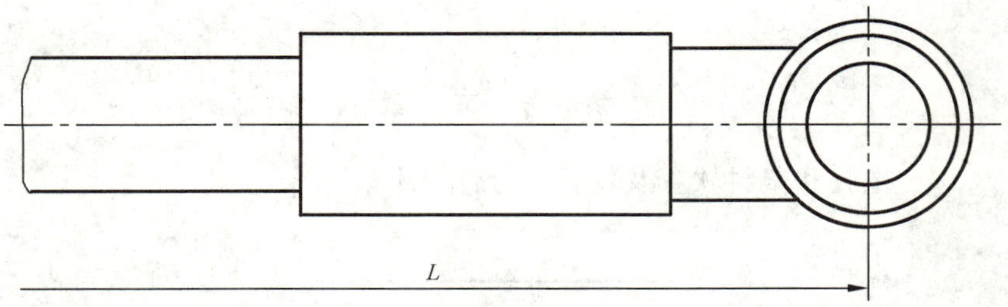

图 10 从铰接式管头中心线开始的长度

11 软管组合件通过量验证

本试验适用于端部装配管头的软管组合件,用来确认组合件的内径(包括由于安装管接头引起的凸起或收缩部分)不小于规定数值。

本项试验采用确定一个规定尺寸的试验球是否通过整个组合件的方法进行。

注:建议软管规范中规定球的尺寸,按标准滚珠轴承的规格,而不通过报出内径百分数的方法选球,因为后者通常导致选用不易得到的非标准球。

12 试验报告

试验报告应包括下列适用的内容:

a) 本标准的编号;
b) 所试验软管或软管组合件的详细说明;
c) 试验日期;
d) 内径,包括所用的方法和测得的各个读数;
e) 外径,包括所用的方法和测得的各个读数;
f) 增强层外径,包括所用的方法和测得的各个读数;
g) 壁厚,包括所用的方法和测得的各个读数;
h) 同心度,包括所用的方法和测得的各个读数;
i) 内衬层厚度,包括所用的方法和测得的各个读数;
j) 外覆层厚度,包括所用的方法和测得的各个读数;
k) 软管或软管组合件长度,包括使用的方法和测量点;
l) 通过量验证所用试验球的规格,以及该球是否可顺畅地通过整个组合件。

参 考 文 献

［1］ GB/T 7528 橡胶和塑料软管及软管组合件 术语

ICS 23.040.70
G 42

中华人民共和国国家标准

GB/T 9575—2013/ISO 1307:2006
代替 GB/T 9575—2003

橡胶和塑料软管　软管规格和最大最小内径及切割长度公差

**Rubber and plastics hoses—
Hose sizes, minimum and maximum inside diameters, and tolerances on cut-to-length hoses**

(ISO 1307:2006, IDT)

2013-07-19 发布　　2013-12-01 实施

中华人民共和国国家质量监督检验检疫总局
中国国家标准化管理委员会　发布

前　言

本标准按照 GB/T 1.1—2009 给出的规则起草。

本标准代替 GB/T 9575—2003《工业通用橡胶和塑料软管内径尺寸及公差和长度公差》，与 GB/T 9575—2003 相比主要技术变化如下：

——增加了型别内容，依照制造工艺将软管分成四种型别，并用字母表示(见第 2 章)；

——修改内径公差为最小和最大尺寸(见第 2 章表 1，2003 年版的第 2 章表 1)；

——增加了软管尺寸(见第 2 章表 1)。

本标准使用翻译法等同采用 ISO 1307:2006《橡胶和塑料软管　软管尺寸和最大最小内径及切割长度公差》。

本标准由中国石油和化学工业联合会提出。

本标准由全国橡胶与橡胶制品标准化技术委员会软管分技术委员会(SAC/TC 35/SC 1)归口。

本标准负责起草单位：宁波丰茂远东橡胶有限公司、沈阳橡胶研究设计院。

本标准主要起草人：彭成强、王淑丽、王姝。

本标准所代替标准的历次版本发布情况为：

——GB/T9575—1988、GB/T9575—2003。

橡胶和塑料软管　软管规格和最大最小内径及切割长度公差

1　范围

本标准规定了橡胶和塑料软管的规格和每种规格的最大和最小内径允许值及工业和机动车用软管的切割长度公差。根据制造工艺，将软管分成四种类型。

除有特殊规定的软管规格和内径范围外，本标准与相关的软管产品标准一起使用。

2　规格和内径公差

橡胶和塑料软管的规格及各自的内径范围应符合表1。橡胶和塑料软管依据制造工艺分为四个型别：

——A型：硬芯成型软管；

——B型：软芯成型软管(包括使用和不使用管芯制造的塑料液压软管)；

——C型：无芯成型软管；

——D型：挤出塑料软管(D型不包括螺旋线增强的吸引及排出塑料软管，这种被列为C型)。

表1　软管规格和内径公差

公称内径	最小及最大内径 mm							
	A型 硬芯成型		B型 软芯成型		C型 无芯成型 (标准公差)		D型 挤出塑料 无芯成型 (严格公差)	
	最小	最大	最小	最大	最小	最大	最小	最大
3.2	3.2	3.8	—	—	—	—	3.0	3.4
4	4.0	4.8	4.0	4.8	3.4	4.6	3.7	4.3
5	4.6	5.4	4.6	5.4	4.2	5.4	4.7	5.3
6.3	6.2	7.0	6.2	7.0	5.6	7.2	6.0	6.6
8	7.7	8.5	7.7	8.5	7.2	8.8	7.7	8.3
10	9.3	10.1	9.3	10.1	8.7	10.3	9.7	10.3
12.5	12.3	13.5	12.3	13.5	11.9	13.5	12.2	12.8
16	15.5	16.7	15.5	16.7	15.1	16.7	15.7	16.3
19	18.6	19.8	18.6	19.8	18.3	19.9	18.4	19.6
20	19.6	20.8	19.6	20.8	19.3	20.9	—	—
25	25.0	26.4	25.0	26.4	24.2	26.6	24.4	25.6
31.5	31.4	33.0	31.4	33.0	30.2	33.4	30.9	32.1

表 1（续）

公称内径	最小及最大内径 mm							
	A 型 硬芯成型		B 型 软芯成型		C 型 无芯成型 （标准公差）		D 型 挤出塑料 无芯成型 （严格公差）	
	最小	最大	最小	最大	最小	最大	最小	最大
38	37.7	39.3	37.7	39.3	36.5	39.7	37.4	38.6
40	39.7	41.3	39.7	41.3	38.5	41.7	—	—
50	49.4	51.0	—	—	48.1	51.6	—	—
51	50.4	52.0	—	—	49.1	52.6	50.2	51.8
63	63.1	65.1	—	—	61.5	65.5	62.2	63.8
76	74.6	77.8	—	—	74.2	78.2	75.0	77.0
80	78.6	81.8	—	—	78.2	82.2	—	—
90	87.3	90.5	—	—	—	—	—	—
100	100.0	103.2	—	—	99.4	103.9	—	—
125	125.4	128.6	—	—	124.8	129.3	—	—
150	150.4	154.4	—	—	150.2	154.7	—	—
160	—	—	—	—	162.9	167.4	—	—
200	200.7	205.7	—	—	200.2	206.2	—	—
250	251.0	257.0	—	—	251.0	257.0	—	—
305	301.8	307.8	—	—	301.8	307.8	—	—
315	314.5	320.5	—	—	—	—	—	—
350	—	—	—	—	351.6	359.6	—	—
400	—	—	—	—	402.4	410.4	—	—

3 长度公差

软管切割长度公差应符合表 2 的规定。

表 2 软管切割长度公差

长度 mm	公差
≤300	±3 mm
>300～≤600	±4.5 mm
>600～≤900	±6 mm

表 2（续）

长度 mm	公差
>900～≤1 200	±9 mm
>1 200～≤1 800	±12 mm
>1 800	±1%

ICS 23.040.70
G 42

中华人民共和国国家标准

GB/T 9576—2013/ISO 8331:2007
代替 GB/T 9576—2001

橡胶和塑料软管及软管组合件选择、贮存、使用和维护指南

Rubber and plastics hoses and hose assemblies—Guidelines for selection, storage, use and maintenance

(ISO 8331:2007, IDT)

2013-07-19 发布

2013-12-01 实施

中华人民共和国国家质量监督检验检疫总局
中国国家标准化管理委员会 发布

前　言

本标准按照GB/T 1.1—2009给出的规则起草。

本标准代替GB/T 9576—2001《橡胶和塑料软管及软管组合件　选择、贮存、使用和维护指南》，与GB/T 9576—2001相比主要技术变化如下：

——增加了两个引用标准(见第2章)；

——修改了软管贮存温度(见3.2.3,2001年版的2.2.3)；

——修改了软管贮存湿度(见3.2.4,2001年版的2.2.4)；

——修改了对液压软管的要求,采纳ISO/TR 17165-2(见4.9,2001年版的3.8)。

本标准使用翻译法等同采用ISO 8331:2007《橡胶和塑料软管及软管组合件　选择、贮存、使用和维护指南》。

与本标准中规范性引用的国际文件有一致性对应关系的我国文件如下：

——GB/T 5563—2006　橡胶和塑料软管及软管组合件　静液压试验方法(ISO 1402:1994,IDT)；

——GB/T 9572—2001　橡胶和塑料软管及软管组合件　电阻的测定(ISO 8031:1993,IDT)；

——GB/T 20739—2006　橡胶制品　贮存指南(ISO 2230:2002,IDT)。

本标准由中国石油和化学工业联合会提出。

本标准由全国橡胶与橡胶制品标准化技术委员会软管分技术委员会(SAC/TC 35/SC 1)归口。

本标准负责起草单位:平顶山市矿益胶管制品有限责任公司、沈阳橡胶研究设计院。

本标准主要起草人:白鹏、梁西正、王淑丽、胡海潮、杨家山。

本标准所代替标准的历次版本发布情况为：

——GB/T 9576—1988、GB/T 9576—2001。

橡胶和塑料软管及软管组合件
选择、贮存、使用和维护指南

1 范围

本标准提出了一些建议，旨在使橡胶和塑料软管及软管组合件在使用前尽可能地保持收到时的状态，并在正常的操作条件下获得最大的使用寿命。

2 规范性引用文件

下列文件对于本文件的应用是必不可少的。凡是注日期的引用文件，仅注日期的版本适用于本文件。凡是不注日期的引用文件，其最新版本(包括所有的修改单)适用于本文件。

ISO 1402 橡胶和塑料软管及软管组合件 静液压试验(Rubber and plastics hoses and hose assemblies—Hydrostatic testing)

ISO 2230 橡胶制品 贮存指南(Rubber products—Guidelines for storage)

ISO 8031 橡胶和塑料软管及软管组合件 电阻的测定(Rubber and plastics hoses and hose assemblies—Determination of electrical properties)

ISO/TR 17165-2 液压流体动力 软管组合件 第2部分：液压软管组合件的推荐实施规程(Hydraulic fluid power—Hose assemblies—Part 2:Recommended practices for hydraulic hose assemblies)

3 一般建议

3.1 选择准则

为预定的用途选择符合现行国家标准或国际标准的软管或软管组合件以符合用户的最大利益。如果难以说明是否适合，或者有任何特殊要求，或者难以得到必要的信息，则宜向软管制造商或行业协会咨询。

当为特定用途选择软管或软管组合件时，宜考虑以下因素：

a) 工作环境：
——环境温度；
——大气条件；
——与腐蚀性化学液体接触；
——与其他有害介质接触。

b) 输送的介质：
——液体；
——气体；
——固体；
——上述物质的混合物。

c) 输送方式：

——压力(包括流速);
——吸引(包括流速);
——重力(包括流速);
——加力(固体/液体、固体/气体混合物)。

d) 工作条件:
——所输送产品的压力和温度;
——使用频率。

e) 安装:
——弯曲程度(最小弯曲半径);
——系统的振动;
——因冲击和磨损造成损坏的危险;
——正确连接型式的使用;
——移动方式和频率。

3.2 贮存条件

3.2.1 概述

在贮存,尤其是长期贮存期间,当暴露于某些不利因素的情况下,软管和软管组合件的物理性能将会发生变化。当投入使用时,这些变化可能使其不再具有与其作用相应的最佳特性。贮存条件宜能对软管和软管组合件提供最佳的保护和最小的损害。

3.2.2 贮存期

贮存期宜尽可能地短。因此,有必要实施存货周转,并遵循"先进先出"的规则。长期贮存时,宜参考 ISO 2230 的贮存时间和条件。3.2.3～3.2.8 包括在 ISO 2230 中,为便于使用,在本标准中给出。

3.2.3 温度

贮存温度宜低于 25 ℃,并且宜贮存在远离直接热源的地方。温度大于 25 ℃可能缩短软管的寿命。在产品贮存期间,温度不宜超过 50 ℃或低于－30 ℃,也不宜有反常的波动。见 ISO 2230 关于较高和较低温度对贮存期的影响说明。

3.2.4 湿度

相对湿度不宜超过 70%(详细内容见 ISO 2230)。

3.2.5 光

产品宜在远离阳光和强的人工光源的暗处贮存。如果贮存区域有窗户,宜使用红色、橙色或白色遮盖物遮蔽。

3.2.6 臭氧

由于臭氧对橡胶基产品有有害的影响,贮存区内不宜有能产生臭氧的设备,如汞蒸气灯或管、高压电设备、电机或其他可能产生电火花或电荷的设备。

3.2.7 环境

产品不宜与某些介质相接触,或暴露于其蒸气中,尤其是溶剂、油类、油脂、酸、消毒剂等。某些金属，如铜、铁和锰，对某些橡胶胶料有有害的影响。

3.2.8 热源

产品不宜贮存在靠近热源的地方。产品和热源间的距离宜足以保证符合3.2.3。

3.2.9 电磁场

贮存区附近不宜有可产生电场或磁场的设备，因为电磁场的变化或波动会在金属接头内感生电流，从而生热。

3.2.10 贮存方法

产品宜以不承受过大应力、拉伸或形变的方式贮存。宜避免与锋利、带尖的或磨蚀性物体或表面相接触，宜使用货架贮存。

盘卷的软管或软管组合件宜平放贮存。当堆放不可避免时，堆积的高度宜限制在底部的产品不产生永久变形。不推荐将软管卷悬挂在桩钉上。

以伸直状态交货的软管及软管组合件宜平放贮存，不要弯曲。

交货时所带的管端封头，不宜去掉。

3.2.11 啮齿动物

产品宜避免受到啮齿类动物的侵害，如果有此危险宜给予足够保护。

3.2.12 出库

务必保证出库产品合格并适用于其预定用途。有必要对库内不同型别的产品进行标识。

对于不带有永久性管接头的软管组合件，即带有可调卡箍或夹持器的软管组合件，宜进行检查，以确保管接头牢固。

3.2.13 返库

使用中撤回的产品在返库前，宜将其输送的物质排净。用于输送化学物质、易爆、易燃或腐蚀性物料的软管，在清洗之后和返库之前，宜对产品进行检验，以确定其是否适合继续使用。

3.3 使用和维护

3.3.1 搬运

软管及软管组合件宜小心搬运。不宜在锋利和粗糙的表面上拖拽，也不宜使其经受弯折和压扁，例如车辆碾压。

3.3.2 压力

产品不宜在超过规定的最大工作压力的压力（包括冲击压力）下使用。

3.3.3 温度

产品的使用温度，无论是所输送的物料温度还是环境温度，不宜超出制造商规定或建议的温度范围。

3.3.4 输送的物料

软管和软管组合件宜仅用于输送预定的物料。如果对其适用性有疑问，宜向制造商咨询。当输送有潜在危险(如有毒、腐蚀性、易爆或易燃)的物料时,宜采取预防措施以便将由于泄漏而流溢的影响降到最低。建议软管及软管组合件不使用时,不要充有输送物料。

3.3.5 环境

软管和软管组合件不宜用于预定用途以外的环境。如果对环境的适应性有疑问,或遇到不常见或易变的条件,宜向制造商咨询。

3.3.6 弯曲半径

软管及软管组合件不宜在小于制造商规定或建议的最小弯曲半径下使用,这样会阻碍物料的输送或损坏软管组合件。宜避免在靠近管接头处发生弯曲或弯折,连续在同一部位弯曲会使增强层疲劳,导致过早失效。

3.3.7 扭曲应力

软管及软管组合件不设计成在扭曲状态下使用。安装到机器上,机器部件的相对运动使软管产生弯曲,但不产生扭曲。

3.3.8 拉伸应力

仅当特殊设计时,软管和软管组合件才可经受拉伸应力。如果对其适用性有疑问,宜向软管制造商咨询。

3.3.9 振动

振动使软管及软管组合件疲劳发热,尤其是在连接处,这能导致过早失效。从软管标准或向制造商了解软管组合件是否设计能承受振动。

3.3.10 管接头的装配

在装配前,确定管接头与软管的适配性以及安装方法。如有疑问,宜向软管制造商咨询。管接头宜无锋利边缘,芯管、套管等尺寸宜能在正确装配后确保有效密封。扣压压力和箍箍扭矩载荷宜控制,扣压压力不足或过量都将导致组合件的过早失效。为使管接头易于插入软管中,建议使用清水或肥皂水。不使用含有油、脂或溶剂的物料,除非该软管是专门设计用于输送这些物料的。当插入管接头时宜注意不要扭曲或弯折软管。

3.3.11 泄漏

装配上管接头后,建议对软管组合件在规定的实验压力进行静液压试验,以确认连接的有效性,即无泄漏、软管和管接头之间无拔脱现象。在没有法规或其他标准的情况下,建议按照 ISO 1402 进行静液压试验。

3.3.12 电性能

当对软管及软管组合件的电性能有要求时,建议按照 ISO 8031 进行检验。宜通过定期重复试验来确定持续符合规定。

3.3.13 固定安装

在固定安装中使用的软管及软管组合件,宜尽可能通过适当的夹具加以支撑。宜确保软管在压力或抽吸作用下的正常运动,即膨胀、长度变化和扭曲不受夹具的限制。

3.3.14 活动部件

当软管或软管组合件用作活动部件间的联接器时，宜确保长度足够但不过量，任何运动不会使软管承受冲击荷重、收缩、磨损、过度弯曲或拉伸/扭曲应力。

3.3.15 标志或标识

如果在软管标准中要求附加特定标志或标识，建议粘贴所需标志的胶带。也可以直接在软管上做标志，使软管外覆层与所用打印油墨相容而形成标志。

3.3.16 维护

除有法规、标准或合同要求外，宜对软管及软管组合件进行定期试验检验以确定其是否适合继续使用。尤其注意连接处及其邻近部位，是否出现由于正常老化或不正常使用条件、恶劣操作或事故造成的损坏所引起的软管性能下降的缺陷。

有以下缺陷则应停止使用：

——穿孔、裂口、撕裂、增强层暴露；

——臭氧龟裂；

——局部形变、气泡、压力下膨胀；

——软或黏的补斑。

当在软管标志中有“使用到”字样或“截止日期”时，即使软管没有出现明显的性能下降，也宜遵守。

3.3.17 软管的修理

除非软管制造商特别提出，否则软管不得进行修理。

4 对特定用途的附加建议

4.1 概述

以下建议是第3章给出的一般建议的补充。

4.2 焊接和气割用软管

此类软管输送的气体是氧气、乙炔、液化石油气(LPG)和不可燃惰性气体，如：氩气、氮气等。其内衬层设计为不与输送的气体发生反应。为避免混淆，保证使用正确的软管，软管的外覆层的颜色规定如下：

蓝或绿色：输送氧气用；

红色：输送乙炔用；

橙色：输送 LPG 用；

黑色：输送不可燃惰性气体用。

无论在什么情况下，这些软管都不宜作他用，也不宜用于输送其标识以外的气体。

注：用于输送 LPG，即带橙色外覆层的焊接和气割用软管，不适于连接丙烷或丁烷的家用器具。

在销售或使用之前，贮存期间宜保持有色软管的原有颜色。

4.3 蒸汽软管

除非另有规定，蒸汽软管用于输送温度与压力之间有直接关系的饱和蒸汽。如需输送温度与压力之间无直接关系的过热蒸汽，软管要承受不同的应力，宜向软管制造商咨询。

当蒸汽软管不连续使用或在使用过程中有冷却阶段时，软管要承受热冲击，这可导致内衬层破裂（玉米花效应）。急速减压也可导致内衬层破裂，建议在系统中进行缓慢减压。以相对短的时间间隔对软管进行检查，以确定其是否适合进一步使用。

考虑到软管失效的严重后果，即烫伤，宜采取有效的预防措施以保护人身安全，并使软管或软管组合件爆破的后果降低到最小。

4.4 输送食品和饮用水用软管

该用途的软管及软管组合件要符合健康法规。因此，软管应使用不与输送物料发生反应而造成污染的内衬层。软管及软管组合件仅用于输送预定的物料，并应严格遵守关于清洁材料、方法和频率的规定。

4.5 输送磨蚀性物料用软管

为获得最大使用寿命，输送磨蚀性物料的软管及软管组合件宜尽可能在平直状态下使用。当弯曲不可避免时，弯曲半径宜尽可能的大。软管以小半径弯曲或盘卷的安装会引起涡流，导致内衬层局部迅速磨损而过早失效。

为减少磨损，建议使用外部管接头，软管内不插入芯管会减少涡流的出现。

有电连续性要求的此类软管组合件宜定期进行检查，以确保所输送的物料粒子与软管壁摩擦所产生的静电能有效导出。如果静电不能导出，则软管可能会因电弧穿孔而过早失效。

4.6 输送腐蚀或刺激性物料用软管

农药药品、酸及某些化学制品都具有腐蚀性或刺激性。软管或软管组合件也是为输送此类特定物料设计的。如果输送的物料在标准或其他技术文件的范围中没有提及，或者浓度、温度或压力范围不在所述范围之内，宜向软管制造商咨询。

避免物料，特别是溶液和乳剂在软管内停滞。由此产生的沉淀会导致浓度超过允许的限度，而使软管内衬层性能下降。为避免这样的情况发生，建议在使用后尽可能将软管排干并冲洗。

考虑到软管或软管组合件失效的严重后果，宜采取有效的预防措施以降低失效对操作人员或环境的影响。

4.7 输送易燃物料用软管

在我国，有关于贮存及运输易燃品，包括液态烃类（汽油，煤油和柴油）和液化烃类（LPG）的规定。这些规定只要适用于装卸作业的软管时就宜严格执行。

软管及软管组合件宜定期检验，以确定其是否可以继续使用，尤其是在电性能方面。建议软管不使用时应排干。

当使用软管或软管组合件输送液态烃时，芳香烃含量应在软管产品标准规定的范围之内。

4.8 汽车用软管

汽车用软管及软管组合件暴露于恶劣的环境，其宜可耐受这些环境的侵害。如：

a) 软管和软管组合件的现场部位条件：例如，在引擎顶盖下，可能与燃油、滑油、电池酸等相接触，暴露于发动机的高热或富臭氧的环境中；

b) 可能要求车辆在其中工作的条件，如：极限温度和湿度或溅上沙、泥、砾、雪、冰等；

c) 软管或软管组合件所连接的车辆部件之间的运动和振动。

在上述 a)和 b)中给出的条件中，建议将软管及软管组合件用护套保护起来。

如果安装中有严重弯曲或固定点不在同一平面上，宜考虑使用模压软管。无论什么情况下，软管所承受的弯曲半径都不应小于标准的规定。要注意保证张力最小,避免扭转,以及与相邻组件之间有足够的空隙。在静态下存在这种间隙的地方,宜保证车辆动态工作条件不会使软管产生振动或位移,否则会使软管与热的部位相接触或与相邻部件摩擦。软管或软管组合件的长度宜为满足上述条件所需的最小值,并且只要有可能,软管就要用适当的夹持装置加以支撑。

下列特殊情况也宜考虑:

冷却剂软管宜有足够的柔软性以保证散热器的连接不承受过度应力。制动软管及软管组合件宜有足够的长度以使其在极端操作条件下合理工作而无不当应力,同时考虑:

——与其他部件的空隙,尤其在位移极限处,如车轮的完全锁定;

——相对于固定点的运动,考虑车轮弹跳和在转向期间的旋转运动造成的位置高低变化。

4.9 液压软管

参照 ISO/TR 17165-2 执行。

4.10 消防软管

4.10.1 概述

本章提到的软管及软管组合件为是指那些使用水或泡沫溶液灭火的平置的普通软管。

软管是为不同的工作环境而制造。务必确保使用正确型别的软管,即:民用的、工业用的、陆基用的、船用的等。

还应该考虑系统的工作压力、与侵蚀性物质和燃烧余烬或热表面接触的可能性。未确定最终使用条件会导致软管过早失效。

如果有要遵守的法规、合同标准或规范规定的要求,宜严格遵守。

4.10.2 应遵守的要点

4.10.2.1 贮存

在使用前,软管及软管组合件宜贮存于干燥、通风良好的地方(具体信息,见 ISO 2230)。

4.10.2.2 安装

当安装软管或软管组合件时,不论安装于固定位置还是车辆上,其放置方式都应保证空气流通,不与其他能导致磨损的部件(如消防车上的柜侧)相接触。

当软管盘卷在芯轴上时,为减小产生永久变形的危险,宜定期将其展开,然后再以相反的方向重新盘卷。

平直的软管可折叠贮存,为防止损坏和产生永久变形。宜定期将其展开,再以不同的折叠位置重新折卷起来。

注:以上两种方法不适用于盘卷或预折叠形式硫化的软管。

4.10.2.3 使用

使用软管及软管组合件时,宜采取预防措施以避免车辆碾压造成损坏,此损坏可限制流速或压力。当软管沿地面展开时,不宜在粗糙表面或锋利物体上拖拽,也不宜以过大的拉力打开扭曲或缠卷的结扣。在软管可与磨蚀性表面接触时,尤其是靠近泵水点处,应该使用保护管套。对于临时安装(如,在抽吸过程中用一根吊索支撑软管),推荐用图 1 所示的支撑方式。

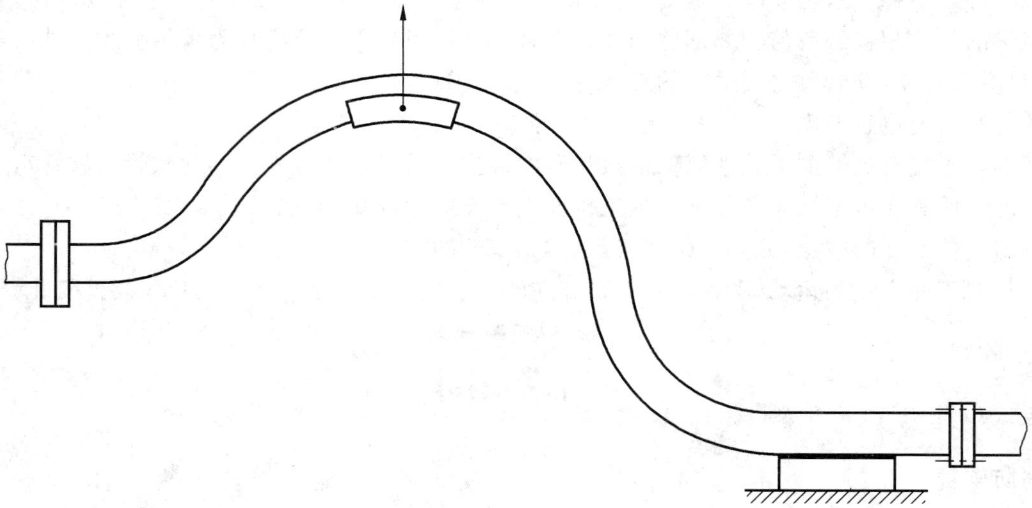

图 1 临时安装中软管的支撑方式

4.10.2.4 施加压力

在施加压力之前，软管及软管组合件宜平直放置，并无扭结或缠结现象。

缓慢开启和关闭喷嘴和阀门，以防压力波动和水击。

4.10.2.5 维护

使用后，软管及软管组合件宜排干、清洁(内部和外部)并干燥，而后检验是否有缺陷。

软管使用在与化学物质接触的环境或承受了很大的应力，建议对其进行静液压试验，以确定是否适合继续使用。除有法定要求或规定外，建议按照 ISO 1402 进行试验。

无论软管及软管组合件是否使用过，每年至少进行一次检查和试验。

4.11 石油工业用软管及软管组合件

4.11.1 概述

本章所提及的是石油工业用于输送散装液体石油的软管及软管组合件。

它们可用于船对船或船对岸输送，此时可将其沉没于水中、漂浮于水面或悬挂于空中。陆地上公路或铁路油槽车散装输送所用的软管及软管组合件采用第 3 章的一般建议，其他建议见 4.7。

通常，这种软管的内径大于普通工业用的软管。虽然第 3 章的一般建议适用，但是由于其容量和使用场所，对贮存、搬运和维修有特殊的要求。

宜参考下列文件：

a） OCIMF 指南 近海停泊用软管[1]；

b） OCIMF 指南 户外用软管[2]；

c） 相关的国家、国际、制造商以及石油公司的规范。

4.11.2 应遵守的要点

4.11.2.1 贮存

当不能按照 ISO 2230 给出的建议条件贮存时，例如当软管或软管组合件贮存在户外时，务必保证软管及软管组合件免受大气的侵害。

以平直状态供货的大口径软管，尤其是带有模制式管头的软管，始终宜有适当的支撑，并始终带有管端封头(见图2)。

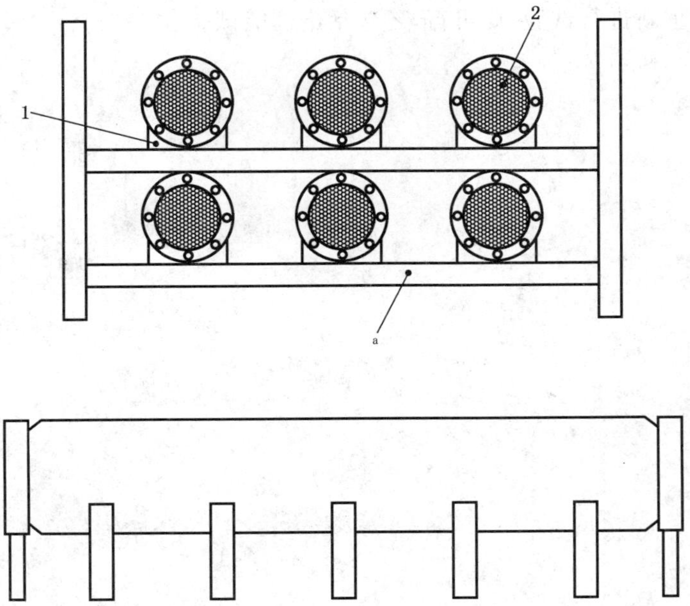

说明：

1——软管沿管体并于端部用托架支撑；

2——封盖的管头(最好有孔眼)。

[a] 如果使用木制托架，不宜将其进行浸注或涂刷具有有害作用的油料。

图2 大口径石油工业用软管的贮存支撑

4.11.2.2 搬运

以平直状态供货的大口径软管及软管组合件，在搬运时，特别是在吊升时，宜有适当的支撑(见图3)。

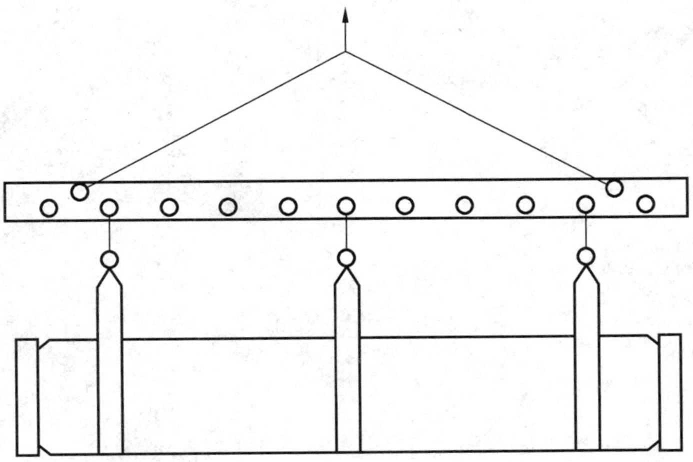

图3 大口径石油工业用软管的搬运

4.11.2.3 修理

虽然不推荐对软管，尤其是管体进行修理(见3.3.17)，但是考虑到其规格和昂贵的初始成本也可进行小的修补。当允许这种修补时(应遵循法规和承保人的要求)，宜按制造商的说明书进行。修理后，软管及软管组合件宜重新进行试验，如可行，还包括电性能试验。

参 考 文 献

[1] Guide to Purchasing, Manufacturing and Testing of Loading and Discharge Hoses for Offshore Moorings, 4th Edition (1991), OCIMF

[2] Guidelines for the Handling, Storage, Inspection and Testing of Hoses in the Field, 2nd Edition (1995), OCIMF (previously called the Buoy Mooring Forum Hose Guide)

ICS 83.160.20
G 41

中华人民共和国国家标准

GB/T 9746—2013
代替 GB/T 9746—2004

航空轮胎系列

Series of aircraft tyres

2013-07-19 发布　　2014-03-01 实施

中华人民共和国国家质量监督检验检疫总局
中国国家标准化管理委员会　发布

前　言

本标准按照 GB/T 1.1—2009 给出的规则起草。

本标准代替 GB/T 9746—2004《航空轮胎系列》。

本标准与 GB/T 9746—2004 相比，除编辑性修改外主要变化如下：

——增删了部分轮胎规格，表 2 航空轮胎增加了 11 个规格；表 5 直升机用轮胎增加了 1 个规格；表 6 子午线航空轮胎增加了 15 个规格；表 7 航空轮胎 1 类增加了 1 个规格；表 8 航空轮胎 2 类增加了 19 个规格，删除了 5 个规格；表 9 航空轮胎 3 类删除了 1 个规格；表 10 子午线航空轮胎增加了 13 个规格，删除了 1 个规格。

——资料性附录 A"航空轮胎特殊用途表"中的数据略有变化，参照国外标准数字圆整；

——资料性附录 A 增加了表 A.4 子午线轮胎可替代的胎肩尺寸。

本标准使用重新起草法参考《美国轮胎和轮辋协会标准年鉴　2009》(TRA—2009)(英文版)、《欧洲轮胎和轮辋技术组织标准手册　2009》(ETRTO—2009)(英文版)和 ISO 3324-1:1997《航空轮胎和轮辋　第 1 部分：规范》(英文版)编制，与上述标准的一致性程度为非等效。本标准中表 2、表 3、表 4、表 5、表 6 采用 TRA—2009 中相应内容，表 7、表 8、表 9、表 10 采用 ETRTO—2009 中相应内容，表 11 是目前国内保留生产的规格系列。

本标准由中国石油和化学工业联合会提出。

本标准由全国轮胎轮辋标准化技术委员会(SAC/TC19)归口。

本标准起草单位：中橡集团曙光橡胶工业研究设计院。

本标准主要起草人：张萍、廖秋丽。

本标准的历次版本发布情况为：

——GB/T 9746—1988，GB/T 9746—1995，GB/T 9746—2004。

航 空 轮 胎 系 列

1 范围

本标准规定了航空轮胎的基本参数、充气尺寸、规格系列、轮辋规格、轮辋参数。

本标准适用于民用航空轮胎。

2 规范性引用文件

下列文件对于本文件的应用是必不可少的。凡是注日期的引用文件,仅注日期的版本适用于本文件。凡是不注日期的引用文件,其最新版本(包括所有的修改单)适用于本文件。

GB/T 6326 轮胎术语及其定义

3 术语和定义

GB/T 6326 界定的术语和定义适用于本文件。

4 要求

4.1 航空轮胎规格表示方法

4.1.1 斜交航空轮胎规格表示方法有以下三种形式,规格表达式中的数值仅代表轮胎的名义尺寸,与实际的轮胎外缘尺寸不一定相等。

a) 断面宽-轮辋着合直径

例如:6.00-6 (单位:in)

b) 外直径×断面宽

例如:800×200 (单位:mm)

46×16 (单位:in)

c) 外直径×断面宽-轮辋着合直径

例如:560×210-229 (单位:mm)

H40×14.5-19 (单位:in)

B40×15.5-16 (单位:in)

26×6.6-(14) (单位:in)

4.1.2 子午线航空轮胎规格表示方法有以下两种形式:

a) 断面宽 R 轮辋着合直径

例如:6.50R10 (单位:in)

b) 外直径×断面宽 R 轮辋着合直径

例如:730×210R381 (单位:mm)

H40×14.5R19 (单位:in)

4.1.3 轮胎规格表达式的前缀字母含义如下:

B——轮胎配用 15°胎圈座轮辋,且轮辋着合宽度与轮胎断面宽度的比值为 0.6~0.7。

H——轮胎配用 5°胎圈座轮辋，且轮辋着合宽度与轮胎断面宽度的比值为 0.6～0.7。

轮胎规格无字母前缀表示轮胎配用 5°胎圈座轮辋，且轮辋着合宽度与轮胎断面宽度的比值为 0.7 以上。

4.2 航空轮胎公称轮辋直径与代号

航空轮胎公称轮辋直径与代号应符合表 1 的规定。

4.3 航空轮胎规格及其参数

航空轮胎规格及其参数应符合表 2～表 11 的规定。

4.4 航空轮胎特殊用途

航空轮胎特殊用途要求见附录 A 表 A.1～表 A.3。

4.5 子午线轮胎可替代的胎肩尺寸

子午线轮胎可替代的胎肩尺寸见表 A.4。

4.6 允许代用的轮辋

表 2～表 4 中允许代用的轮辋分别见附录 B 中表 B.1～表 B.3。

表 1 公称轮辋直径与代号

代号	公称轮辋直径		代号	公称轮辋直径	
	in	mm		in	mm
4	4	102	15	15	381
5	5	127	16	16	406
6	6	152	17	17	432
7	7	178	18	18	457
8	8	203	19	19	483
9	9	229	20	20	508
10	10	254	21	21	533
11	11	279	22	22	559
12	12	305	23	23	584
13	13	330	24	24	610
14	14	356			

表 2 航空轮胎

轮胎规格	层级	高宽比	额定值			充气尺寸/mm						静负荷半径/mm	轮辋					
			最大负荷/kg	充气内压/kPa		宽度			直径				轮辋规格	1——两轮缘间宽度； 2——着合直径； 3——轮缘高度； 4——最小着合宽度； 5——凹槽最小深度。				
				有负荷	无负荷	断面		肩部	中心线处		肩部			尺寸/mm				
						最小	最大	最大	最小	最大	最大			1	2	3	4	5
14.5×5.5-6	12	0.77	1 360	970	930	131	140	123	356	368	330	155	14.5×5.5-6	108	152.4	22.23	38.1	3.23
14.5×5.5-6	14	0.77	1 610	1 110	1 070	131	140	123	356	368	330	155	14.5×5.5-6	108	152.4	23.23	38.1	3.23
15×6.0-6	4	0.73	570	320	310	150	160	141	370	386	344	155	6.00-6	127	152.4	19.05	20.32	1.88
15×6.0-6	6	0.73	880	490	470	150	160	141	370	386	344	155	6.00-6	127	152.4	19.05	21.59	1.98
15×6.0-6	10	0.73	1 450	800	770	150	160	141	370	386	344	155	6.00-6	127	152.4	19.05	22.86	2.11
15×6.0-6	12	0.73	1 820	980	950	150	160	141	370	386	344	155	6.00-6	127	152.4	19.05	22.86	2.11
17.5×5.75-8	12	0.83	2 270	1 290	1 240	137	146	130	431	445	401	188	18×5.5	108	203.2	22.23	35.56	3.12
17.5×5.75-8	14	0.83	2740	1 580	1 520	137	146	130	431	445	401	188	18×5.5	108	203.2	22.23	39.37	3.63
17.5×6.25-6	8	0.92	1 320	500	480	150	159	140	428	445	392	175	6.00-6	127	152.4	19.05	22.86	2.11
17.5×6.25-6	10	0.92	1 700	650	620	150	159	140	428	445	392	175	6.00-6	127	152.4	19.05	24.13	2.21
18×4.25-10	6	0.87	1 040	720	690	113	119	105	451	464	425	201	18×4.25-10	92.1	254	15.24	21.59	2.18
18×5.75-8	8	0.87	1 360	750	720	137	146	130	442	457	411	193	18×5.75-8[c]	108	203.2	22.23	31.75	2.74
19.5×6.75-8	6	0.85	1 040	430	420	157	171	151	480	495	443	206	6.50-8	133.4	203.2	20.62	31.75	2.84
19.5×6.75-8	8	0.85	1 500	610	590	157	171	151	480	495	443	206	6.50-8	133.4	203.2	20.62	31.75	2.84
19.5×6.75-8	10	0.85	1 940	790[b]	760[b]	157	171	151	480	495	443	206	6.50-8	133.4	203.2	20.62	31.75	2.84
H19.5×6.75-10	6	0.7	1 360	610	590	161	171	151	480	495	452	211	H19.5×6.75-10	108	254	19.05	33.02	2.97

表 2（续）

轮胎规格	层级	高宽比	额定值			充气尺寸/mm						静负荷半径/mm	轮辋					
			最大负荷/kg	充气内压/kPa		宽度			直径				轮辋规格	1——两轮缘间宽度； 2——着合直径； 3——轮缘高度； 4——最小着合宽度； 5——凹槽最小深度。				
				有负荷	无负荷	断面		肩部	中心线处		肩部			尺寸/mm				
						最小	最大	最大	最小	最大	最大			1	2	3	4	5
H19.5×6.75-10	8	0.7	1 810	860	830	161	171	151	480	495	452	211	H19.5×6.75-10	108	254	19.05	38.1	3.4
20.5×6.75-10	12	0.78	2 830	1 300	1 250	161	171	155	508	521	494	224	20.5×6.75-10	133.4	254	25.4	45.72	4.08
21×6.5-10	12	0.85	2 820	1 240	1 190	155	165	149	519	533	505	227	6.5-10	120.7	254	20.62	33.02	2.59
21×7.25-10	8	0.78	1 810	680	660	173	183	161	523	540	489	229	22×6.6	139.7	254	25.4	31.75	2.87
21×7.25-10	10	0.78	2 340	970	930	173	183	161	523	540	489	229	22×6.6	139.7	254	25.4	35.56	3.2
21×7.25-10	12	0.78	2 900	1 190	1 140	173	183	161	523	540	489	229	22×6.6	139.7	254	25.4	49.56	4.42
22×5.75-12	8	0.87	1 970	970	930	137	146	128	544	559	513	244	22×5.5	108	304.8	22.23	31.75	3.05
22×5.75-12	10	0.87	2 590	1 290	1 240	137	146	128	544	559	513	244	22×5.5	108	304.8	22.23	34.29	3.28
22×5.75-12	12	0.87	3 220	1 580	1 520	137	146	128	544	559	513	244	22×5.5	108	304.8	22.23	34.93	3.33
22×6.5-10	6	0.91	1 270	490[b]	470[b]	159	169	144[a]	542	561	505[a]	234	6.50-10	120.7	254	20.62	30.48	2.03
22×6.5-10	8	0.91	1 810	680	660	159	169	144[a]	542	561	505[a]	234	6.50-10	120.7	254	20.62	39.7	3.62
22×6.5-10	10	0.91	2 360	900	860	159	169	144[a]	542	561	505[a]	234	6.50-10	120.7	254	20.62	43.18	3.94
22×6.75-10	8	0.89	2 020	680	660	161	171	151	541	559	504	231	6.50-10	120.7	254	20.62	27.94	2.59
22×6.75-10	10	0.89	2 680	900	860	161	171	151	541	559	504	231	6.50-10	120.7	254	20.62	33.02	3.05
22×6.75-10	12	0.89	3 310	1 090	1 050	161	171	151	541	559	504	231	6.50-10	120.7	254	20.62	38.1	3.9
22×7.75-10	10	0.77	2 490	790	760	185	197	173	541	559	504	231	6.50-10	120.7	254	20.62	27.94	2.59

表 2（续）

轮胎规格	层级	高宽比	额定值			充气尺寸/mm						静负荷半径/mm	轮辋					
			最大负荷/kg	充气内压/kPa		宽度			直径				轮辋规格	1——两轮缘间宽度；2——着合直径；3——轮缘高度；4——最小着合宽度；5——凹槽最小深度。尺寸/mm				
				有负荷	无负荷	断面		肩部	中心线处		肩部							
						最小	最大	最大	最小	最大	最大			1	2	3	4	5
22×7.75-10	12	0.77	3 040	950	920	186	197	173	541	559	504	231	6.50-10	120.7	254	20.62	27.94	2.59
22×8.0-8	6	0.88	1 130	290	280	192	203	179	541	559	495	221	22×8.0-8	152.4	203.2	22.23	27.94	2.46
22×8.0-8	8	0.88	1 590	390	380	192	203	179	541	559	495	221	22×8.0-8	152.4	203.2	22.23	40.64	3.58
22×8.0-10	10	0.75	2 950	790	760	192	203	179	542	559	504	229	22×8.0-10[c]	127	254	15.88	35.56	8.89
22×8.0-10	12	0.75	3 580	970	930	192	203	179	542	559	504	229	22×8.0-10	127	254	15.88	45.72	11.61
H22×8.25-10	12	0.73	3 130	940	910	198	210	189	544	559	528	231	H22×8.25	133.4	254	21.95	45.72	3.97
H22×8.25-10	14	0.73	3 760	1 120	1 080	198	210	189	544	559	528	231	H22×8.25	133.4	254	21.95	54.48	4.72
23×7.0-12	10	0.78	2 950	970	930	173	183	160	574	589	537	251	23×7.0-12	158.8	304.8	16.51	31.75	3.12
23×7.0-12	12	0.78	3 540	1 150	1 100	173	183	160	574	589	537	251	23×7.0-12	158.8	304.8	16.51	43.18	4.11
24×7.25-12	10	0.84	2 990	860	830	178	191	165	605	622	565	264	24×7.25-12	158.8	304.8	17.78	35.56	3.45
24×7.25-12	12	0.84	3 700	1 180	1 130	178	191	165	605	622	565	264	24×7.25-12	158.8	304.8	17.78	45.72	4.57
B24×9.5-10.5	18	0.71	5 530	1 140	1 100	227	241	213	592	610	549	249	B24×9.5-10.5	152.4	266.7	22.23	48.26	11.68
25×7.75-10	12	0.97	3 130	830	790	185	197	178	615	635	597	262	25×7.75-10	152.4	254	25.4	49.53	4.42
25.5×8.75-10	12	0.89	3 240	610	590	210	220	196	627	650	580	259	24×7.7	139.7	254	23.01	38.1	3.95
25.5×8.75-10	14	0.89	3 860	720	700	210	220	196	627	650	580	259	24×7.7	139.7	254	23.01	54.48	4.93
25.75×6.75-14	14	0.87	4 670	1 700[b]	1 630[b]	161	171	151	638	654	601	284	26×6.6	127	355.6	25.4	43.18	4.11

表 2（续）

轮胎规格	层级	高宽比	额定值			充气尺寸/mm						静负荷半径/mm	轮辋					
			最大负荷/kg	充气内压/kPa		宽度			直径				轮辋规格	1——两轮缘间宽度；2——着合直径；3——轮缘高度；4——最小着合宽度；5——凹槽最小深度。尺寸/mm				
				有负荷	无负荷	断面		肩部	中心线处		肩部							
						最小	最大	最大	最小	最大	最大			1	2	3	4	5
26×6.75-14	14	0.89	4 670	1 650[b]	1 590[b]	161	171	151	643	660	606	287	26×6.6	127	355.6	25.4	43.18	4.11
26×6.75-14	16	0.89	5 400	1 940	1 860	161	171	151	643	660	606	287	26×6.6	127	355.6	25.4	48.26	4.55
H26.5×8.0-14	14	0.78	4 980	1 350	1 300	192	203	183	658	673	641	287	H26.5×8.0-14	133.4	355.6	25.4	50.8	4.67
27×7.75-15	10	0.77	3 540	1 140	1 100	185	197	174	668	686	631	300	29×7.7	152.4	381	25.4	41.91	4.06
27×7.75-15	12	0.77	4 380	1 430	1 380	185	197	174	668	686	631	300	29×7.7	152.4	381	25.4	41.91	4.06
H27×8.5-14	16	0.77	6 063	1 480	1 430	203	216	194	668	686	653	290	H27×8.5-14	139.7	355.6	24.13	54.61	5
28×9.0-12	8	0.88	2 700	470	450	225	240	205	695	720	645	290	28×9.0-12[c]	168.4	304.8	19.1	35.05	4.39
28×9.0-12	10	0.88	3 250	580	550	225	240	205	695	720	645	290	28×9.0-12	168.4	304.8	19.1	38.1	4.4
28×9.0-12	12	0.88	4 000	720	690	225	240	205	695	720	645	290	28×9.0-12	168.4	304.8	19.1	50.8	4.4
H29×9.0-15	16	0.74	6 580	1 410	1 360	216	229	217	716	737	704	312	H29×9.0-15	152.4	381	24.13	54.61	4.7
29×11.0-10	4	0.87	1 070	140	140	264	279	237	714	737	650	290	29×11.0-10	215.9	254	25.4	40.64	3.63
29×11.0-10	10	0.87	3 210	430[b]	410[b]	264	279	237	714	737	650	290	29×11.0-10[c]	215.9	254	25.4	40.64	3.63
30×9.5-14	16	0.84	6 210	1 270	1 220	227	241	217	742	762	721	323	30×9.5-14	177.8	355.6	28.58	57.15	5.23
H30×9.5-16	16	0.74	6 960	1 450	1 400	228	241	217	745	762	726	328	H30×9.5-16	158.8	406.4	27.94	55.88	5.13
H31×9.75-13	12	0.93	4 240	650	620	234	248	211	765	787	704	315	26.5×8.0-13	165.1	330.2	25.4	52.07	4.42
H31×13.0-12	20	0.73	7 800	970[b]	930[b]	312	330	291	765	787	701	315	H31×13.0-12	203.2	304.8	30.48	68.58	5.99

表 2（续）

轮胎规格	层级	高宽比	额定值			充气尺寸/mm						静负荷半径/mm	轮辋					
			最大负荷/kg	充气内压/kPa		宽度			直径				轮辋规格	1——两轮缘间宽度；2——着合直径；3——轮缘高度；4——最小着合宽度；5——凹槽最小深度。				
				有负荷	无负荷	断面		肩部	中心线处		肩部			尺寸/mm				
						最小	最大	最大	最小	最大	最大			1	2	3	4	5
32×11.5-15	12	0.74	5 080	860	830	274	292	267	790	813	737	343	32×11.5-15	228.6	381	31.75	48.26	4.47
34×9.25-16	16	0.98	7 030	1 110[b]	1 070[b]	222	235	207	842	864	781	363	32×8.8	177.8	406.4	28.58	53.34	5.13
34×9.25-16	18	0.98	8 070	1 370	1 310	222	235	207	842	864	781	363	32×8.8	177.8	406.4	28.58	58.42	5.56
H34×9.25-18	18	0.87	8 800	1 530	1 470	222	235	207	843	864	781	368	H34×9.25-18	152.4	457.2	30.48	63.5	5.82
34×10.75-16	16	0.88	7 480	1 040	1 000	250	265	225	885	875	790	360	34×10.75-16	209.6	406.4	28.58	59.41	5.55
H35×11.0-18	18	0.77	9 410	1 380	1 320	264	279	251	867	889	846	376	H35×11.0-18	177.8	457.2	30.48	66.04	5.78
H35×11.0-18	20	0.77	10 610	1 550	1 490	264	279	251	867	889	846	376	H35×11.00-18	177.8	457.2	30.48	69.27	6.32
H36×12.0-18	18	0.75	9 760	1 270	1 220	289	305	274	894	914	869	385	H36×12.0-18	196.9	457.2	30.48	60.96	5.59
37×13.0-16	20	0.81	10 070	1 190	1 140	312	330	291	917	940	843	391	36×11	228.6	406.4	34.93	66.04	5.97
37×13.0-16	26	0.81	13 290	1 580	1 520	312	330	291	917	940	843	391	36×11[c]	228.6	406.4	41.28	81.28	7.29
37×13.0-16	28	0.81	14 520	1 720	1 650	312	330	291	917	940	843	391	36×11[c]	228.6	406.4	41.28	81.28	7.29
37×14.0-14	24	0.83	11 340	1 140	1 100	338	356	305	916	940	834	384	37×14.0-14	279.4	355.6	38.1	76.2	6.78
H37×14.0-15	20	0.79	9 980	970[b]	930[b]	338	356	312	917	940	839	381	H37×14.0-15	228.6	381	33.02	68.58	6.07
H37×14.0-15	22	0.79	10 930	1 040[b]	1 000[b]	338	356	312	917	940	839	381	H37×14.0-15	228.6	381	33.02	71.12	6.3
H37×14.0-15	24	0.79	12 110	1 140[b]	1 100[b]	338	356	312	917	940	839	381	H37×14.0-15	228.6	381	33.02	76.2	6.73
H38×12.0-19	20	0.79	11 460	1 380	1 320	289	305	274	945	965	917	406	H38×12.0-19	196.9	482.6	33.02	69.27	6.38

表 2（续）

轮胎规格	层级	高宽比	额定值			充气尺寸/mm						静负荷半径/mm	轮辋					
			最大负荷/kg	充气内压/kPa		宽度			直径				轮辋规格	1——两轮缘间宽度； 2——着合直径； 3——轮缘高度； 4——最小着合宽度； 5——凹槽最小深度。				
				有负荷	无负荷	断面		肩部	中心线处		肩部			尺寸/mm				
						最小	最大	最大	最小	最大	最大			1	2	3	4	5
H38×13.0-18	18	0.77	10 090	1 100	1 060	313	330	297	944	965	914	401	H38×13.0-18	215.9	457.2	30.48	60.96	5.59
H40×14.0-19	18	0.76	10 930	1 040	1 000	335	356	305	993	1 016	921	422	H40×14.0-19	228.6	482.6	30.48	63.5	7.1
H40×14.0-19	20	0.76	12 290	1 190	1 140	335	356	305	993	1 016	921	422	H40×14.0-19	228.6	482.6	30.48	63.5	6.76
H40×14.5-19	22	0.73	13 650	1 290	1 240	349	368	325	993	1 016	921	424	H40×14.5-19	241.3	482.6	35.56	73.66	6.65
H40×14.5-19	24	0.73	15 060	1 430	1 380	349	368	325	993	1 016	921	424	H40×14.5-19	241.3	482.6	35.56	78.74	7.09
H40×14.5-19	26	0.73	16 690	1 580	1 520	349	368	325	993	1 016	921	424	H40×14.5-19	241.3	482.6	35.56	78.74	7.09
B40×15.5-16	26	0.78	16 470	1 290	1 240	375	394	347	992	1 016	907	409	40×15.5-16	254	406.4	31.75	81.28	20.04
B40×15.5-16	28	0.78	17 920	1 400	1 340	374	394	347	992	1 016	907	409	40×15.5-16	254	406.4	31.75	86.36	21.39
40.5×15.5-16	28	0.79	15 100	1 370	1 310	373	394	356	1 003	1 029	968	424	40.5×15.5-16	292.1	406.4	44.45	88.9	7.9
41×15.0-18	22	0.77	13 970	1 220	1 170	362	381	335	1 017	1 041	937	437	41×15.0-18	322.9	457.2	41.28	73.66	6.76
41×15.0-18	24	0.77	14 240	1 370	1 310	362	381	335	1 017	1 041	937	437	41×15.0-18	323.9	457.2	41.28	76.2	6.1
H41×15.0-19	24	0.73	15 260	1 340	1 290	362	381	343	1 019	1 041	986	432	H41×15.0-19	247.7	482.6	35.56	76.2	6.87
H41×16.0-20	22	0.66	14 890	1 340	1 290	386	406	366	1 020	1 041	988	437	H41×16.0-20	266.7	508	35.56	71.12	6.49
H42×16.0-19	22	0.72	14 150	1 140	1 100	386	406	358	1 044	1 067	963	439	H40×14.5-19	241.3	482.6	35.56	78.74	7.09
II42×16.0-19	21	0.72	15 600	1 250	1 210	386	406	358	1 044	1 067	963	439	H40×14.5-19	241.3	482.6	35.56	78.74	7.09
H42×16.0-19	26	0.72	17 150	1 370	1 310	386	406	358	1 044	1 067	963	439	H40×14.5-19	241.3	482.6	35.56	78.74	7.09

表 2（续）

轮胎规格	层级	高宽比	额定值			充气尺寸/mm						静负荷半径/mm	轮辋					
			最大负荷/kg	充气内压/kPa		宽度			直径				轮辋规格	1——两轮缘间宽度；2——着合直径；3——轮缘高度；4——最小着合宽度；5——凹槽最小深度。				
				有负荷	无负荷	断面		肩部	中心线处		肩部			尺寸/mm				
						最小	最大	最大	最小	最大	最大			1	2	3	4	5
H43.5×16.0-21	26	0.7	18 410	1 510	1 450	386	406	366	1 081	1 105	1 048	463	H43.5×16.0-21	266.7	553.4	40.64	84.05	7.58
44.5×16.5-18	30	0.81	19 280	1 400	1 340	399	419	368	1 105	1 130	1 008	467	44×16	336.6	457.2	41.28	90.17	8.33
44.5×16.5-18	32	0.81	20 780	1 500	1 450	399	419	368	1 105	1 130	1 008	467	44×16	336.6	457.2	41.28	94.8	9.95
H44.5×16.5-20	24	0.75	16 420	1 190	1 140	399	419	370	1 105	1 130	1 019	465	H44.5×16.5-20	266.7	508	38.1	82.55	7.49
H44.5×16.5-20	26	0.75	17 960	1 290	1 240	399	419	370	1 105	1 130	1 019	465	H44.5×16.5-20[c]	266.7	508	38.1	87.63	7.95
H44.5×16.5-20	28	0.75	19 410	1 400	1 340	399	419	370	1 105	1 130	1 019	465	H44.5×16.5-20	266.7	508	40.64	88.9	8.05
H44.5×16.5-21	26	0.71	18 640	1 420	1 370	399	419	376	1 105	1 130	1 072	470	H44.5×16.5-21	266.7	533.4	40.64	83.82	7.67
H44.5×16.5-21	28	0.71	20 280	1 530	1 470	399	419	376	1 105	1 130	1 072	470	H44.5×16.5-21	266.7	533.4	40.64	86.4	7.78
H44.5×16.5-21	30	0.71	21 950	1 650	1 590	399	419	376	1 105	1 130	1 072	470	H44.5×16.5-21	266.7	533.4	40.64	86.36	7.78
H45×17.0-20	26	0.74	18 140	1 250[b]	1 210[b]	411	432	381	1 118	1 143	1 029	470	H45×17.0-20	279.4	508	40.64	82.55	7.39
H46×18.0-20	26	0.73	18 820	1 220[b]	1 170[b]	436	457	403	1 143	1 168	1 049	478	H45×17.0-20	279.4	508	40.64	85.09	7.59
H46×18.0-20	28	0.73	20 050	1 290[b]	1 240[b]	436	457	403	1 143	1 168	1 049	478	H45×17.0-20	279.4	508	40.64	90.17	8.05
H46×18.0-20	32	0.73	23 180	1 480[b]	1 410[b]	436	457	403	1 143	1 168	1 049	478	H45×17.0-20[c]	279.4	508	40.64	96.52	8.61
H46×18.0-20	34	0.73	25 080	1 580	1 520	436	457	403	1 143	1 168	1 049	478	H46×18.0-20	279.4	508	43.18	96.52	8.48
49×18-22	30	0.75	23 090	1 570	1 510	436	457	411	1 219	1 245	1 176	523	49×18.0-22	349.3	558.8	47.63	95.25	8.84
49×19.0-20	32	0.77	23 540	1 400	1 340	461	483	424	1 219	1 245	1 113	516	49×17[c]	336.6	508	47.63	95.25	8.64

表 2（续）

轮胎规格	层级	高宽比	额定值			充气尺寸/mm						静负荷半径/mm	轮辋					
			最大负荷/kg	充气内压/kPa		宽度			直径				轮辋规格	1——两轮缘间宽度； 2——着合直径； 3——轮缘高度； 4——最小着合宽度； 5——凹槽最小深度。				
				有负荷	无负荷	断面		肩部	中心线处		肩部			尺寸/mm				
						最小	最大	最大	最小	最大	最大			1	2	3	4	5
49×19.0-20	34	0.77	25 270	1 540	1 480	461	483	424	1 219	1 245	1 113	516	49×17	336.6	508	47.63	100.33	9.07
H49.0×19.0-22	24	0.71	18 600	1 110	1 070	461	483	434	1 219	1 245	1 176	513	H49×19.0-22	304.8	558.8	43.18	88.9	7.95
H49.0×19.0-22	32	0.71	25 670	1 470	1 410	461	483	434	1 219	1 245	1 176	513	H49×19.0-22	304.8	558.8	43.18	100.33	8.96
50×20.0-20	24	0.75	17 330	970	930	485	508	447	1 245	1 270	1 133	523	50×20.0-20	412.8	508	47.63	86.36	7.85
50×20.0-20	26	0.75	18 960	1 080	1 030	485	508	447	1 245	1 270	1 133	523	50×20.0-20	412.8	508	47.63	88.9	8.08
50×20.0-20	30	0.75	22 410	1 250	1 210	485	508	447	1 245	1 270	1 133	523	50×20.0-20	412.8	508	47.63	95.25	8.64
50×20.0-20	32	0.75	24 400	1 370	1 310	485	508	447	1 245	1 270	1 133	523	50×20.0-20	412.8	508	47.63	100.33	9.07
50×20.0-20	34	0.75	25 860	1 470	1 410	485	508	447	1 245	1 270	1 133	523	50×20.0-20	412.8	508	47.63	105.41	9.53
50×20.0-20	36	0.75	27 530	1 540	1 480	485	508	447	1 245	1 270	1 133	523	50×20.0-20	412.8	508	47.63	111.76	10.16
50×21.0-20	28	0.72	21 180	1 080	1 030	509	533	470	1 245	1 270	1 133	513	47×17	336.6	508	44.45	88.9	8.15
50×21.0-20	30	0.72	22 230	1 140[b]	1 120[b]	509	533	470	1 245	1 270	1 133	513	47×17	336.6	508	44.45	91.44	8.41
52×20.5-20	34	0.79	26 220	1 320	1 280	498	521	458	1 295	1 321	1 175	541	50×20.0-20	412.8	508	47.63	100.33	9.07
52×20.5-20	36	0.79	28 350	1 430	1 380	498	521	458	1 295	1 321	1 175	541	50×20.0-20	412.8	508	47.63	106.68	9.63
52×20.5-20	38	0.79	29 620	1 500	1 450	498	521	458	1 295	1 321	1 175	541	50×20.0-20	412.8	508	47.63	115.57	10.41
B52×20.5-23	26	0.71	24 950	1 190	1 140	498	521	458	1 295	1 321	1 189	541	52×20.5-23	330.2	584.2	38.1	82.55	21.6
B52×20.5-23	28	0.71	26 990	1 290	1 240	498	521	458	1 295	1 321	1 189	541	52×20.5-23	330.2	584.2	38.1	82.55	19.81

表 2（续）

轮胎规格	层级	高宽比	额定值			充气尺寸/mm						静负荷半径/mm	轮辋					
			最大负荷/kg	充气内压/kPa		宽度			直径				轮辋规格	1——两轮缘间宽度； 2——着合直径； 3——轮缘高度； 4——最小着合宽度； 5——凹槽最小深度。 尺寸/mm				
				有负荷	无负荷	断面		肩部	中心线处		肩部							
						最小	最大	最大	最小	最大	最大			1	2	3	4	5
B52×20.5-23	30	0.71	28 890	1 400	1 340	498	521	458	1 295	1 321	1 189	541	52×20.5-23	330.2	584.2	38.1	82.55	19.05
54×21.0-23	32	0.74	27 810	1 450	1 390	511	533	480	1 346	1 372	1 293	572	54×21.0-23	412.8	584.2	50.8	96.52	8.92
54×21.0-23	36	0.74	31 070	1 600	1 540	511	533	480	1 346	1 372	1 293	572	54×21.0-23	412.8	584.2	50.8	106.68	9.8
H54×21.0-24	34	0.72	30 890	1 430	1 380	511	533	480	1 346	1 372	1 295	564	H54×21.0-24	330.2	609.6	45.72	107.95	9.75
H54×21.0-24	36	0.72	32 750	1 520	1 460	511	533	480	1 346	1 372	1 295	564	H54×21.0-24	330.2	609.6	45.72	107.95	9.75
56×20.0-20	24	0.91	17 460	790	760	485	508	447	1 392	1 422	1 257	577	20.00-20	393.7	508	50.8	86.36	7.77

[a] 可根据轮舱间隙要求减小计算尺寸。

[b] 允许使用特殊用途表中的充气内压或与轮胎制造商协商。参看表 A.1～表 A.3。

[c] 允许代用轮辋，参见表 B.1。

表 3　航空轮胎(Ⅶ型)

轮胎规格	层级	高宽比	额定值			充气尺寸/mm						静负荷半径/mm	轮辋					
			最大负荷/kg	充气内压/kPa		宽度			直径				轮辋规格	1——两轮缘间宽度； 2——着合直径； 3——轮缘高度； 4——最小着合宽度； 5——凹槽最小深度。				
				有负荷	无负荷	断面		肩部	中心线处		肩部			尺寸/mm				
						最小	最大	最大	最小	最大	最大			1	2	3	4	5
16×4.4	4	0.9	500	390	380	105	113	99	394	406	370	175	16×4.4	88.9	203.2	20.62	20.32	1.73
16×4.4	6	0.9	770	610	590	105	113	99	394	406	370	175	16×4.4	88.9	203.2	20.62	22.86	1.96
16×4.4	8	0.9	1 040	860	830	105	113	99	394	406	370	175	16×4.4	88.9	203.2	20.62	26.67	2.29
16×4.4	10	0.9	1 320	1 110	1 070	105	113	99	394	406	370	175	16×4.4	88.9	203.2	20.62	30.48	2.74
18×4.4	6	0.89	950	720	690	105	113	99	442	455	419	201	18×4.4	88.9	254	20.62	26.67	2.31
18×4.4	10	0.89	1 610	1 320	1 280	105	113	99	442	455	419	201	18×4.4	88.9	254	20.62	31.75	2.87
18×4.4	12	0.89	1 970	1 610	1 550	105	113	99	442	455	419	201	18×4.4	88.9	254	20.62	31.75	2.87
18×5.5	6	0.87	1 020	540	520	136	146	127	439	455	411	191	18×5.5	108	203.2	22.23	31.75	2.79
18×5.5	8	0.87	1 380	750	720	136	146	127	439	455	411	191	18×5.5	108	203.2	22.23	31.75	2.79
18×5.5	10	0.87	1 810	1 010	970	136	146	127	439	455	411	191	18×5.5	108	203.2	22.23	35.56	3.12
26×6.6	8	0.88	2 410	870	830	159	169	149	636	654	598	284	26×6.6	127	355.6	25.4	33	3.95
26×6.6	10	0.88	3 130	1 110	1 070	159	169	149	636	654	598	284	26×6.6	127	355.6	25.4	35.56	3.45
26×6.6	12	0.88	3 900	1 320	1 280	159	169	149	636	654	598	284	26×6.6	127	355.6	25.4	38.1	3.66
26×6.6	14	0.88	4 540	1 610	1 550	159	169	149	636	654	598	284	26×6.6	127	355.6	25.4	43.18	4.11
26×6.6	16	0.88	5 440	1 940	1 860	159	169	149	636	654	598	284	26×6.6	127	355.6	25.4	43.18	4.11
24×7.7	6	0.92	1 340	400	380	183	194	171	592	613	546	254	24×7.7	139.7	254	23.01	31.75	2.92

表 3（续）

轮胎规格	层级	高宽比	最大负荷/kg	额定值 充气内压/kPa 有负荷	无负荷	充气尺寸/mm 宽度 断面 最小	断面 最大	肩部 最大	直径 中心线处 最小	中心线处 最大	肩部 最大	静负荷半径/mm	轮辋规格	轮辋 尺寸/mm 1	2	3	4	5
24×7.7	8	0.92	1 880	540	520	183	194	171	592	613	546	254	24×7.7	139.7	254	23.01	31.75	2.92
24×7.7	10	0.92	2 450	650	6 830	183	194	171	592	613	546	254	24×7.7	139.7	254	23.01	31.75	2.92
24×7.7	12	0.92	3 080	790	760	183	194	171	592	613	546	254	24×7.7	139.7	254	23.01	38.1	3.48
24×7.7	14	0.92	3 720	970	930	183	194	171	592	613	546	254	24×7.7	139.7	254	23.01	40.64	3.71
24×7.7	16	0.92	4 410	1 190	1 140	183	194	171	592	613	546	254	24×7.7	139.7	254	23.01	43.18	3.94
29×7.7	16	0.85	6 260	1 650	1 590	188	199	177	701	721	658	310	29×7.7	152.4	381	25.4	50.8	4.85
30×8.8	12	0.87	4 630	1 000	960	211	226	199	749	770	695	328	30×8.8	177.8	381	28.58	43.4	5.25
30×8.8	14	0.87	5 650	1 270	1 220	211	226	199	749	770	695	328	30×8.8	177.8	381	28.58	43.4	5.25
30×8.8	16	0.87	6 440	1 430	1 370	211	226	199	749	770	695	328	30×8.8	177.8	381	28.58	53.34	5
32×8.8	10	0.84	4 100	820	790	212	226	201	763	787	712	338	32×8.8	177.8	406.4	28.58	38.6	1.8
32×8.8	12	0.84	4 990	1 010	970	212	226	201	763	787	712	338	32×8.8	177.8	406.4	28.58	41.91	4.14
32×8.8	14	0.84	5 900	1 220	1 170	212	226	201	763	787	712	338	32×8.8	177.8	406.4	28.58	44.45	4.34
32×8.8	18	0.84	7 720	1 730	1 670	212	226	201	763	787	712	338	32×8.8	177.8	406.4	31.75	64.34	5.98
34×11	18	0.87	7 300	1 040	1 000	269	287	253	828	848	759	353	34×11	228.6	355.6	38.1	62.2	6.5
34×11	20	0.87	8 300	1 190	1 140	269	287	253	828	848	759	353	34×11	228.6	355.6	38.1	66	6.85
34×11	22	0.87	9 300	1 320	1 280	269	287	253	828	848	759	353	34×11	228.6	355.6	38.1	68.58	6.15

轮辋尺寸说明：
1——两轮缘间宽度；
2——着合直径；
3——轮缘高度；
4——最小着合宽度；
5——凹槽最小深度。

表 3（续）

轮胎规格	层级	高宽比	额定值			充气尺寸/mm						静负荷半径/mm	轮辋					
			最大负荷/kg	充气内压/kPa		宽度			直径				轮辋规格	1——两轮缘间宽度； 2——着合直径； 3——轮缘高度； 4——最小着合宽度； 5——凹槽最小深度。				
				有负荷	无负荷	断面		肩部	中心线处		肩部			尺寸/mm				
						最小	最大	最大	最小	最大	最大			1	2	3	4	5
36×11	20	0.83	9 530	1 320	1 280	274	292	257	864	892	804	373	36×11	228.6	406.4	34.93	66.04	6.1
36×11	22	0.83	10 430	1 430	1 380	274	292	257	864	892	804	373	36×11	228.6	406.4	34.93	71.12	6.35
40×12	16	0.87	8 390	930	900	297	314	277	975	1 001	902	422	40×12	254	457.2	38.1	60.96	5.72
40×12	18	0.87	9 530	1 080	1 030	297	314	277	975	1 001	902	422	40×12	254	457.2	38.1	63.5	5.94
40×12	20	0.87	10 840	1 220	1 170	297	314	277	975	1 001	902	422	40×12	254	457.2	38.1	66.04	6.15
40×12	22	0.87	12 110	1 370	1 310	297	314	277	975	1 001	902	422	40×12	254	457.2	38.1	69.85	6.5
39×13	14	0.86	6 800	720	690	311	330	291	947	972	870	401	39×13[a]	254	406.4	31.75	55.88	6.35
39×13	16	0.86	7 800	830	790	311	330	291	947	972	870	401	39×13[a]	254	406.4	31.75	58.42	5.44
39×13	18	0.86	8 800	930	900	311	330	291	947	972	870	401	39×13	254	406.4	34.93	63.5	5.87
39×13	20	0.86	10 120	1 080	1 030	311	330	291	947	972	870	401	39×13	254	406.4	34.93	69.85	6.43
39×13	22	0.86	11 160	1 190	1 140	311	330	291	947	972	870	401	39×13	254	406.4	34.93	71.12	6.55
39×13	24	0.86	12 430	1 350	1 300	311	330	291	947	972	870	401	39×13	254	406.4	34.93	77.47	7.11
42×15	18	0.87	9 700	750	720	366	389	342	1 052	1 077	956	439	42×15	292.1	406.4	38.1	69.85	6.38
42×15	20	0.87	10 660	860	830	366	389	342	1 052	1 077	956	439	42×15	292.1	406.4	38.1	69.85	6.38
42×15	22	0.87	11 930	970	930	366	389	342	1 052	1 077	956	439	42×15	292.1	406.4	38.1	73.66	6.71
42×15	24	0.87	13 150	1 080	1 030	366	389	342	1 052	1 077	956	439	42×15	292.1	406.4	41.28	77.47	6.88

表 3（续）

轮胎规格	层级	高宽比	额定值			充气尺寸/mm						静负荷半径/mm	轮辋					
			最大负荷/kg	充气内压/kPa		宽度			直径				轮辋规格	1——两轮缘间宽度；2——着合直径；3——轮缘高度；4——最小着合宽度；5——凹槽最小深度。				
				有负荷	无负荷	断面		肩部	中心线处		肩部			尺寸/mm				
						最小	最大	最大	最小	最大	最大			1	2	3	4	5
40×14	14	0.86	6 760	670	620	337	356	305	987	1 011	892	419	40×14	279.4	406.4	41.28	58.4	6.35
40×14	16	0.86	7 850	750	720	337	356	305	987	1 011	892	419	40×14	279.4	406.4	41.28	60.96	5.54
40×14	20	0.86	10 120	970	930	337	356	305	987	1 011	892	419	40×14[a]	279.4	406.4	41.28	67.31	6.1
40×14	22	0.86	11 340	1 110	1 070	337	356	305	987	1 011	892	419	40×14[a]	279.4	406.4	41.28	71.12	6.43
40×14	24	0.86	12 560	1 220	1 170	337	356	305	987	1 011	892	419	40×14[a]	279.4	406.4	41.28	74.93	6.76
40×14	28	0.86	15 010	1 430	1 380	337	356	305	987	1 011	892	419	40×14	279.4	406.4	41.28	81.28	7.32
44×16	18	0.8	9 230	720	690	382	406	348	1 074	1 099	970	455	44×16	336.6	457.2	41.28	76.2	18.4
44×16	28	0.8	17 410	1 430	1 380	382	406	348	1 074	1 099	970	455	44×16	336.6	457.2	41.28	82.55	7.67
44×16	30	0.8	18 920	1 500	1 450	382	406	348	1 074	1 099	970	455	44×16	336.6	457.2	41.28	86.36	8
44×16	32	0.8	20 410	1 610	1 550	382	406	348	1 074	1 099	970	455	44×16	336.6	457.2	41.28	90.17	7.19
46×16	20	0.8	13 560	1 040	1 000	382	406	358	1 125	1 149	1 034	483	46×16[a]	336.6	508	41.28	72.39	6.91
46×16	22	0.8	14 750	1 110	1 070	382	406	358	1 125	1 149	1 034	483	46×16	336.6	508	41.28	74.8	8.5
46×16	24	0.8	16 200	1 220	1 170	382	406	358	1 125	1 149	1 034	483	46×16	336.6	508	44.45	76.4	8.4
46×16	26	0.8	17 370	1 320	1 280	382	406	358	1 125	1 149	1 034	483	46×16[a]	336.6	508	44.45	78.74	7.29
46×16	28	0.8	18 960	1 500	1 450	382	406	358	1 125	1 149	1 034	483	46×16[a]	336.6	508	44.45	82.55	7.62
46×16	30	0.8	20 320	1 610	1 550	382	406	358	1 125	1 149	1 034	483	46×16[a]	336.6	508	47.63	86.36	7.95

表 3（续）

轮胎规格	层级	高宽比	最大负荷/kg	额定值		充气尺寸/mm						静负荷半径/mm	轮辋规格	轮辋				
				充气内压/kPa		宽度			直径					1——两轮缘间宽度；2——着合直径；3——轮缘高度；4——最小着合宽度；5——凹槽最小深度。				
				有负荷	无负荷	断面		肩部	中心线处		肩部			尺寸/mm				
						最小	最大	最大	最小	最大	最大			1	2	3	4	5
46×16	32	0.8	21 770	1 760	1 690	382	406	358	1 125	1 149	1 034	483	46×16	336.6	508	47.63	90.17	8.28
49×17	26	0.84	17 960	1 190	1 140	417	438	368	1 212	1 238	1 092	513	49×17[a]	336.6	508	44.45	82.55	6.35
49×17	28	0.84	19 600	1 290	1 240	417	438	368	1 212	1 238	1 092	513	49×17[a]	336.6	508	44.45	85.09	7.11
49×17	30	0.84	21 180	1 400	1 340	417	438	368	1 212	1 238	1 092	513	49×17[a]	336.6	508	47.63	88.9	8.08
49×17	32	0.84	22 860	1 500	1 450	417	438	368	1 212	1 238	1 092	513	49×17[a]	336.6	508	47.63	92.71	8.41
49×17	34	0.84	24 450	1 580	1 520	417	438	368	1 212	1 238	1 092	513	49×17	336.6	508	47.63	96.52	8.74

[a] 允许代用轮辋，参见表 B.2。

表 4 航空轮胎(Ⅲ型)

轮胎规格	层级	高宽比	额定值			充气尺寸/mm						静负荷半径/mm	轮辋					
			最大负荷/kg	充气内压/kPa		宽度			直径				轮辋规格	1——两轮缘间宽度；2——着合直径；3——轮缘高度；4——最小着合宽度；5——凹槽最小深度。尺寸/mm				
				有负荷	无负荷	断面		肩部	中心线处		肩部							
						最小	最大	最大	最小	最大	最大			1	2	3	4	5
5.00-4	6	0.92	540	390	380	121	128	109	323	337	295	132	5.00-4	88.9	101.6	19.05	20.32	1.63
5.00-4	12	0.92	1 000	680	660	121	128	109	323	337	295	132	5.00-4	88.9	101.6	19.05	33.02	1.63
5.00-4	14	0.92	1 160	830	790	121	128	109	323	337	295	132	5.00-4	88.9	101.6	19.05	33.02	1.85
5.00-5	4	0.93	360	220	210	118	126	107	347	361	319	145	5.00-5	88.9	127	19.05	20.32	1.68
5.00-5	6	0.93	580	360	340	118	126	107	347	361	319	145	5.00-5	88.9	127	19.05	20.32	1.68
5.00-5	8	0.93	820	500	480	118	126	107	347	361	319	145	5.00-5	88.9	127	19.05	21.59	1.78
5.00-5	10	0.93	980	630	610	118	126	107	347	361	319	145	5.00-5	88.9	127	19.05	31.75	1.98
5.00-5	14	0.93	1 410	930	900	118	126	107	347	361	319	145	5.00-5	88.9	127	19.05	21.6	1.8
6.00-6	4	0.91	520	210	200	150	160	136	427	445	392	175	6.00-6	127	152.4	19.05	20.32	1.88
6.00-6	6	0.91	790	300	290	150	160	136	427	445	392	175	6.00-6	127	152.4	19.05	21.59	1.98
6.00-6	8	0.91	1 070	390	380	150	160	136	427	445	392	175	6.00-6	127	152.4	19.05	22.86	2.11
6.50-8	6	0.86	1 040	370	350	161	175	149	486	504	450	203	6.50-8[a]	133.4	203.2	20.62	21.59	1.96
6.50-8	8	0.86	1 430	540	520	161	175	149	486	504	450	203	6.50-8[a]	133.4	203.2	20.62	24.13	2.16
6.50-10	6	0.91	1 260	430	410	159	169	144	542	561	505	231	6.50-10[a]	120.7	254	20.62	21.59	2.03
6.50-10	8	0.91	1 700	570	550	159	169	144	542	561	505	231	6.50-10[a]	120.7	254	20.62	24.13	2.26
6.50-10	10	0.91	2 150	720	690	159	169	144	542	561	505	231	6.50-10[a]	120.7	254	20.62	27.94	2.59

表 4（续）

轮胎规格	层级	高宽比	额定值			充气尺寸/mm						静负荷半径/mm	轮辋					
			最大负荷/kg	充气内压/kPa		宽度			直径				轮辋规格	1——两轮缘间宽度； 2——着合直径； 3——轮缘高度； 4——最小着合宽度； 5——凹槽最小深度。				
				有负荷	无负荷	断面		肩部	中心线处		肩部			尺寸/mm				
						最小	最大	最大	最小	最大	最大			1	2	3	4	5
6.50-10	12	0.91	2 610	860	830	159	169	144	542	561	505	231	6.50-10	120.7	254	20.62	33.02	3.05
6.50-10	14	0.91	3 510	1 140	1 100	159	169	144	542	561	505	235	6.50-10	120.7	254	20.62	33.02	3.05
7.00-6	4	0.91	570	170	160	164	178	151	457	476	418	185	6.00-6	127	152.4	19.05	21.59	1.98
7.00-6	6	0.91	860	280	260	164	178	151	457	476	418	185	6.00-6	127	152.4	19.05	21.59	1.98
7.00-6	8	0.91	1 160	390	370	164	178	151	457	476	418	185	6.00-6	127	152.4	19.05	22.86	2.11
7.00-6	10	0.91	1 630	520	500	164	178	151	457	476	418	185	6.00-6	127	152.4	19.05	22.86	2.11
7.00-8	6	0.88	1 090	330	320	174	185	157	511	530	471	211	7.00-8	139.7	203.2	20.62	21.59	1.96
7.00-8	10	0.88	2 040	600	580	174	185	157	511	530	471	211	7.00-8[a]	139.7	203.2	20.62	33.02	2.95
7.00-8	16	0.88	3 020	900	860	174	185	157	511	530	471	211	7.00-8	139.7	203.2	20.62	33.02	2.95
7.50-14	8	0.9	2 590	630	600	183	194	165	686	705	643	295	7.50-14	139.7	355.6	20.62	27.9	3.8
7.50-14	12	0.9	3 950	930	900	183	194	165	686	705	643	295	7.50-14	139.7	355.6	20.62	41.91	4.06
8.00-4	4	0.84	500	170	170	196	211	179	436	457	394	170	8.00-4	139.7	101.6	17.53	15.49	1.22
8.00-6	4	0.85	610	170	160	187	202	171	476	495	433	191	6.00-6	127	152.4	19.05	20.32	1.88
8.00-6	6	0.85	930	250	240	187	202	171	476	495	433	191	6.00-6	127	152.4	19.05	21.59	1.98
8.00-6	8	0.85	1 270	340	330	187	202	171	476	495	433	191	6.00-6	127	152.4	19.05	22.86	2.11
8.50-6	6	0.91	1 030	210	210	211	225	191	537	561	488	213	8.50-6	152.4	152.4	22.23	22.86	2.03

表 4（续）

轮胎规格	层级	高宽比	额定值			充气尺寸/mm						静负荷半径/mm	轮辋					
			最大负荷/kg	充气内压/kPa		宽度			直径				轮辋规格	1——两轮缘间宽度； 2——着合直径； 3——轮缘高度； 4——最小着合宽度； 5——凹槽最小深度。				
				有负荷	无负荷	断面		肩部	中心线处		肩部			尺寸/mm				
						最小	最大	最大	最小	最大	最大			1	2	3	4	5
8.50-10	6	0.9	1 470	300	280	208	221	188	627	652	579	259	8.50-10[a]	158.8	254	20.62	25.40	2.36
8.50-10	8	0.9	2 000	390	380	208	221	188	627	652	579	259	8.50-10[a]	158.8	254	20.62	29.21	2.69
8.50-10	10	0.9	2 490	500	480	208	221	188	627	652	579	259	8.50-10[a]	158.8	254	20.62	34.29	3.15
8.50-10	12	0.9	3 630	720	690	208	221	188	627	652	579	259	8.50-10	158.8	254	20.62	38.1	3.48
8.50-10	14	0.9	3 950	790	760	208	221	188	627	652	579	259	8.50-10	158.8	254	20.62	40.64	3.71
8.50-10	16	0.9	4 490	920	890	208	221	188	627	652	579	259	8.50-10	158.8	254	20.62	40.64	3.71
8.90-12.50	6	0.85	1 950	360	340	220	229	194	693	704	634	290	8.90-12.5	171.5	317.5	22.23	30.48	3.12
9.00-6	10	0.89	2 040	410	400	217	235	199	544	569	494	216	9.00-6	171.5	152.4	22.23	36.83	3.25
9.50-16	10	0.9	4 200	650	620	231	246	210	826	847	768	353	9.50-16	177.8	406.4	25.4	38.1	3.78
9.50-16	12	0.9	5 080	790	760	231	246	210	826	847	768	353	9.50-16	177.8	406.4	25.4	44.45	4.34
11.00-12	6	0.9	2 090	250	240	267	284	241	787	818	725	323	11.00-12	209.6	304.8	25.4	25.4	2.44
11.00-12	8	0.9	2 860	320	310	267	284	241	787	818	725	323	11.00-12	209.6	304.8	25.4	27.9	2.64
11.00-12	10	0.9	3 720	430	410	267	284	241	787	818	725	323	11.00-12	209.6	304.8	25.4	35.56	3.33
12.50-16	10	0.89	4 810	430	410	305	324	276	953	977	874	396	12.50-16	254	406.4	31.75	45.72	4.32
12.50-16	12	0.89	5 810	540	520	305	324	276	953	977	874	396	12.50-16	254	406.4	31.75	48.26	4.55
12.50-16	14	0.89	6 800	650	620	305	324	276	953	977	874	396	12.50-16	254	406.4	31.75	61	5.35

表 4（续）

轮胎规格	层级	高宽比	额定值			充气尺寸/mm						静负荷半径/mm	轮辋					
			最大负荷/kg	充气内压/kPa		宽度			直径				轮辋规格	1——两轮缘间宽度； 2——着合直径； 3——轮缘高度； 4——最小着合宽度； 5——凹槽最小深度。				
				有负荷	无负荷	断面		肩部	中心线处		肩部			尺寸/mm				
						最小	最大	最大	最小	最大	最大			1	2	3	4	5
15.00-12	14	0.83	5 760	470	450	354	373	318	898	922	812	358	15.00-12	279.4	304.8	25.4	63.5	6.53
15.00-16	10	0.87	5 530	380	370	366	389	330	1 052	1 077	956	427	15.00-16	285.8	406.4	30.18	44.45	4.34
15.00-16	14	0.87	7 760	510	490	366	389	330	1 052	1 077	956	427	15.00-16	285.8	406.4	30.18	44.45	4.34
15.00-16	16	0.87	8 940	580	560	366	389	330	1 052	1 077	956	427	15.00-16	285.8	406.4	30.18	44.45	4.34
15.50-20	14	0.8	9 430	650	620	382	406	345	1 125	1 149	1 034	472	17.00-20	336.6	508	41.28	55.88	5.46
15.50-20	16	0.8	10 890	760	730	382	406	345	1 125	1 149	1 034	472	17.00-20	336.6	508	41.28	61	7.25
15.50-20	20	0.8	13 560	970	930	382	406	345	1 125	1 149	1 034	472	17.00-20	336.6	508	41.28	72.39	6.91
17.00-16	12	0.84	7 260	430	410	415	442	376	1 110	1 144	1 011	450	17.00-16	336.6	406.4	34.93	50.8	4.9
17.00-20	22	0.84	15 650	930	900	417	438	372	1 212	1 238	1 170	503	17.00-20	336.6	508	44.45	71.12	6.63

[a] 允许代用轮辋，参见表 B.3。

表 5　直升机用轮胎

轮胎规格	层级	高宽比	额定值				充气尺寸[b]/mm						静负荷半径[c]/mm	轮辋					
			最大负荷/kg	充气内压/kPa			宽度			直径				轮辋规格	1——两轮缘间宽度；2——着合直径；3——轮缘高度；4——最小着合宽度；5——凹槽最小深度。尺寸/mm				
				有负荷	无负荷	最大允许[a]	断面		肩部	中心线处		肩部							
							最小	最大	最大	最小	最大	最大			1	2	3	4	5
5.00-4	12	0.92	1 500	1 020	990	1 180	121	133	114	323	347	302	132	5.00-4	88.9	101.6	19.05	20.3	1.63
5.00-4	14	0.92	1 730	1 240	1 190	1 430	121	133	114	323	347	302	132	5.00-4	88.9	101.6	19.05	33	1.85
5.00-5	4	0.93	540	340	320	390	118	131	110	347	370	326	145	5.00-5	88.9	127	19.05	20.3	1.68
5.00-5	6	0.93	880	540	520	620	118	131	110	347	370	326	145	5.00-5	88.9	127	19.05	20.3	1.68
5.00-5	10	0.93	1 470	940	910	1 090	118	131	110	347	370	326	145	5.00-5	88.9	127	19.05	31.8	1.98
6.00-6	6	0.91	1 190	460	430	520	150	166	141	427	456	403	178	6.00-6	127	152.4	19.05	21.6	1.98
6.00-6	8	0.91	1 600	590	570	680	150	166	141	427	456	403	178	6.00-6	127	152.4	19.05	22.9	2.11
6.50-10	6	0.91	1 890	650	620	740	159	175	150	542	574	516	234	6.50-10	120.7	254	20.62	21.6	2.03
7.00-6	8	0.91	1 740	580	560	670	164	185	157	457	489	428	188	6.00-6	127	152.4	19.05	22.9	2.11
8.50-10	6	0.9	2 210	440	430	510	208	230	196	627	668	592	262	8.50-10	158.8	254	20.62	25.4	2.36
8.50-10	10	0.9	3 740	750	720	870	208	230	196	627	668	592	262	8.50-10	158.8	254	20.62	34.3	3.15
8.50-10	14	0.9	5 920	1 190	1 140	1370	208	230	196	627	668	592	262	8.50-10	158.8	254	20.62	40.64	3.71
11.00-12	6	0.9	3 130	380	370	430	267	296	251	787	838	742	328	11.00-12	209.6	304.8	25.4	25.4	2.44
11.00-12	8	0.9	4 290	490	470	560	267	296	251	787	838	742	328	11.00-12	209.6	304.8	25.4	27.9	2.64
14.5×5.5-6	12	0.77	2 040	1 450	1 400	1 680	131	145	128	356	377	338	152	14.5×5.5-6	108	152.4	22.23	38.1	3.23
14.5×5.5-6	14	0.77	2 420	1 670	1 610	1 920	131	145	128	356	377	338	152	14.5×5.5-6	108	152.4	22.23	38.1	3.23
15×6.0-6	6	0.73	1 330	730	700	840	150	166	146	370	395	352	157	6.00-6	127	152.4	19.05	21.6	1.98
15×6.0-6	12	0.73	2 730	1 480	1 420	1 700	150	166	146	370	395	352	157	6.00-6	127	152.4	19.05	21.6	1.98
17.5×5.75-8	12	0.83	3 400	1 940	1 860	2 230	137	152	135	431	455	409	188	18×5.5	108	203.2	22.23	35.6	3.12
19.5×6.75-8	10	0.85	2 910	1 190	1 140	1 370	157	178	157	480	507	453	203	6.50-8	133.4	203.2	20.62	31.8	2.84
29×11.0-10	10	0.87	4 810	650	620	740	264	291	246	714	756	665	292	29×11.0-10	215.9	254	25.4	40.6	3.63

[a] 最大允许充气压力是为减小地面振动，气压增加后额定负荷不改变。

[b] 最大允许充气压力时的最大尺寸包括公差。

[c] 在额定充气压力下。

表 6　子午线航空轮胎

轮胎规格	层级	额定值			充气尺寸/mm				胀大静负荷半径/mm		轮辋					
		最大负荷/kg	充气内压/kPa		胀大宽度		胀大直径				轮辋规格	1——两轮缘间宽度； 2——着合直径； 3——轮缘高度； 4——最小着合宽度； 5——凹槽最小深度。 尺寸/mm				
			无负荷	有负荷	断面	肩部	中心线处	肩部	最小	最大		1	2	3	4	5
16×4.4R8	12	1 600	1 430	1 480	118	104	417	378	175	182	16×4.4	88.9	203.2	20.62	30.48	2.74
16×6.0R6	12	1 980	1 130	1 180	159	143	420	393	169	178	16×6.0R6	120.7	152.4	22.23	40.64	3.3
18×5.5R8	8	1 380	720	750	152	133	468	423	191	200	18×5.5	108	203.2	22.23	31.75	2.79
20×4.4R12	14	2 720	1 830	1 900	118	104	518	503	223	230	20×4.4	88.9	304.8	20.62	33.02	3.1
23.5×8.0R12	14	4 280	1 460	1 520	212	191	615	584	257	267	23.5×8.0R12	158.8	304.8	25.4	54.48	4.97
24×7.7R10	16	4 410	1 140	1 180	203	178	630	561	253	266	24×7.7	139.7	254	23.01	43.18	3.94
25.75×6.75R14	14	4 680	1 630[a]	1 700[a]	179	161	669	638	284	295	25.75×6.75R14	127	355.6	25.4	43.18	4.11
26×6.6R14	12	3 900	1 260	1 320	176	154	669	610	283	295	26×6.6	127	355.6	25.4	38.1	3.66
26×6.6R14	14	4 540	1 550	1 610	176	154	669	610	283	295	26×6.6	127	355.6	25.4	43.18	4.11
27×7.75R15	12	4 380	1 380	1 430	206	182	704	645	298	310	29×7.7	152.4	381	25.4	41.91	4.06
29×7.7R15	16	6 260	1 590	1650	208	183	739	675	310	323	29×7.7	152.4	381	25.4	50.8	4.84
30×8.8R15	16	6 440	1 370	1 430	236	211	790	749	328	343	30×8.8	177.8	381	28.58	53.34	5
32×8.8R16	10	4 080	790	820	235	208	808	729	330	345	32×8.8	177.8	406.4	28.58	38.1	3.78
32×8.8R16	12	4 990	970	1 010	235	208	808	729	330	345	32×8.8	177.8	406.4	28.58	41.91	4.14
H32×10.5R16.5	16	7 920	1 260	1 310	278	250	837	795	338	354	H32×10.5R16.5	171.5	419.1	27.94	53.59	4.95
H34×10.0R16	14	6 080	900	920	264	237	885	837	356	375	32×8.8	177.8	406.4	28.58	54.61	6.25

表 6（续）

轮胎规格	层级	额定值			充气尺寸/mm				胀大静负荷半径/mm		轮辋					
		最大负荷/kg	充气内压/kPa		胀大宽度		胀大直径				轮辋规格	1——两轮缘间宽度； 2——着合直径； 3——轮缘高度； 4——最小着合宽度； 5——凹槽最小深度。 尺寸/mm				
			无负荷	有负荷	断面	肩部	中心线处	肩部	最小	最大		1	2	3	4	5
40×14.0R16	24	12 560	1 170	1 220	370	317	1 042	916	417	439	40×14	279.4	406.4	41.28	74.93	6.81
40×16.0R16	26	14 270	1 240	1 290	423	381	1 052	988	419	442	40×16.0R16	317.5	406.4	44.45	75.18	7.09
H41×16.0R20	22	14 890	1 290	1340	423	381	1 077	1 020	434	455	H41×16.0R20	266.7	508	35.56	71.12	6.5
42×17.0R18	26	16 370	1 340	1 390	450	405	1 105	1 040	442	466	42×17.0R18	355.6	457.2	41.28	83.82	7.75
43×17.5R17	32	20 190	1 460	1 520	463	417	1 132	1 062	448	473	43×17.5R17	336.6	431.8	44.45	96.52	8.64
45×16.0R20	28	19 050	1 530	1 590	423	372	1 160	1 068	471	494	46×16	336.7	508	44.45	82.55	7.62
45×18.0R17	36	22 820	1 490	1 550	476	428	1 184	1 109	468	495	45×18.0R17	355.6	431.8	53.98	106.68	9.3
46×17.0R20	30	20 870	1 530	1 590	450	405	1 207	1 137	488	512	46×16	336.7	508	47.63	93.98	8.66
49×17.0R20	32	22 860	1 450	1 500	456	383	1 277	1 123	509	537	49×17	336.7	508	47.63	92.71	8.48
50×20.0R22	26	20 500	1 220	1 270	528	476	1 314	1 240	529	556	50×20.0R22	381	558.8	47.63	80.01	7.52
50×20.0R22	32	25 900	1 520	1 580	528	476	1 314	1 240	529	556	50×20.0R22	381	558.8	47.63	80.01	7.52
50×20.0R22	34	27 910	1 620	1 680	528	476[b]	1 314	1 240[b]	529	556	50×20.0R22	381	558.8	47.63	80.01	7.52
52×21.0R22	36	30 160	1 560	1 620	555	500	1 368	1 287	549	578	52×21.0R22	406.4	558.8	53.98	95.25	8.63
1 050×395R16	28	15 510	1 310	1 370	410	361	1 083	1 016	422	446	1 050×395R16 40.5×15.5 16	292.1	406.4	44.45	88.9	7.9
1 270×455R22	30	23 090	1 510	1 570	476	381	1 310	1 234	521	547	49×18.0R22	349.3	558.8	47.63	95.25	8.84

表 6（续）

轮胎规格	层级	额定值			充气尺寸/mm				胀大静负荷半径/mm		轮辋					
		最大负荷/kg	充气内压/kPa		胀大宽度		胀大直径				轮辋规格	1——两轮缘间宽度； 2——着合直径； 3——轮缘高度； 4——最小着合宽度； 5——凹槽最小深度。				
												尺寸/mm				
			无负荷	有负荷	断面	肩部	中心线处	肩部	最小	最大		1	2	3	4	5
1 270×455R22	32	24 860	1 620	1 690	476	381	1 310	1 234	521	547	49×18.0R22	349.3	558.8	47.63	100.33	10.69
1 400×530R23	32	27 810	1 390	1 450	551	485	1 444	1 358	568	599	1 400×530R23 54×21.0-23	412.8	584.2	50.8	96.52	8.92
1 400×530R23	36	31 070	1 540	1 600	551	485	1 444	1 358	568	599	1 400×530R23 54×21.0-23	412.8	584.2	50.8	106.68	9.8
1 400×530R23	40	33990	1 720	1 790	551	485	1 444	1 358	568	599	1 400×530R23	412.8	584.2	63.5	88.9	8.03

注：上述表格中充气轮胎尺寸不包括最小间隙。

[a] 允许使用特殊用途表中的充气内压或与轮胎制造商协商，参见表 A.1。

[b] 可替代的胎肩尺寸，参见表 A.4。

表 7　航空轮胎(1 类)

轮胎规格	层级	额定值				充气尺寸/mm								公称负荷半径/mm	轮辋				
		最大负荷/kg	刹车时最大前轮负荷/kg	充气内压/kPa		宽度				直径					轮辋规格	1——两轮缘间宽度； 2——着合直径； 3——轮缘高度； 4——最小着合宽度。 尺寸/mm			
				有负荷	无负荷	断面		肩部	拨水板	中心线处		肩部	拨水板						
						最小	最大	最大	最大	最小	最大	最大	最大			1	2	3	4
5.00-5	4	360	530	230	220	120	125	105	—	345	360	320	—	145	5.00-5　4PR	88.9	127	19.1	20.3
5.00-5	6	570	830	360	340										5.00-5　6PR				
5.00-5	8	770	1 120	480	460										5.00-5　8PR				
5.00-5	14	1 410	2 040	930	900										5.00-5　14PR				21.6
5.00-5	10	980	1 420	630	610	118	126	107	—	347	361	319	—	145	5.00-5　10PR	88.9	127	19.1	21.6
6.00-6	4	520	760	210	200	150	160	135	—	425	445	390	—	175	6.00-6　4PR	127	152.4	19.1	20.3
6.00-6	6	790	1 150	310	290										6.00-6　6PR				21.6
6.00-6	8	1 070	1 550	400	380										6.00-6　8PR				22.9
6.50-8	6	1 040	1 520	370	350	160	175	150	—	485	505	450	—	205	6.50-8　6PR	133.4	203.2	20.6	21.6
6.50-8	8	1 430	2 070	550	520										6.50-8　8PR				24.1
6.50-10	6	1 260	1 820	440	420	160	170	145	—	540	560	505	—	230	6.50-10　6PR	120.7	254	20.6	21.6
6.50-10	8	1 700	2 470	580	550										6.50-10　8PR				24.1
6.50-10	10	2 155	3 125	720	690										6.50-10　10PR				27.9
6.50-10	12	2 065	—	860	830										6.50-10　12PR				33
6.50-10	14	3 510	5 265	1 180	1 130										6.50-10　14PR				38.9
7.00-6	4	570	820	170	160	165	180	150	—	455	475	420	—	185	7.00-6　4PR	157	152.4	19.1	20.3
7.00-6	6	860	1250	270	260										7.00-6　6PR				21.6
7.00-6	8	1 160	1 680	400	370										7.00-6　8PR				22.9
7.00-6	10	1 630	2 360	520	500										7.00-6　10PR				22.9
7.25-6	8	1 130	1 460	440	420	165	175	150	—	420	435	385	—	175	7.25-6　8PR	146.1	152.4	20.3	26.7

表 7（续）

轮胎规格	层级	额定值				充气尺寸/mm								公称负荷半径/mm	轮辋				
		最大负荷/kg	刹车时最大前轮负荷/kg	充气内压/kPa		宽度				直径					轮辋规格	1——两轮缘间宽度；2——着合直径；3——轮缘高度；4——最小着合宽度。尺寸/mm			
				有负荷	无负荷	断面		肩部	拨水板	中心线处		肩部	拨水板						
						最小	最大	最大	最大	最小	最大	最大	最大			1	2	3	4
7.50-10	6	1 360	1 970	340	320	185	195	165	—	590	615	550	—	245	7.50-10 6PR	139.7	254	20.6	22.9
7.50-10	8	1 760	2 550	460	440										7.50-10 8PR				
7.50-14	8	2 590	3 750	630	600	185	195	165	—	685	705	645	—	295	7.50-14 8PR	139.7	355.6	20.6	27.9
7.50-14	12	3 950	5 730	930	900										7.50-14 12PR				41.9
8.00-7	6	1 520	2 200	440	420	200	210	175	—	490	510	440	—	205	8.00—7 6PR	165.1	177.8	21.6	34.9
8.50-6	6	1 030	1 500	220	210	210	225	190	—	535	560	490	—	215	8.50-6 6PR	152.4	152.4	22.2	22.9
8.50-10	6	1 470	2 140	300	290	210	220	190	—	625	650	580	—	260	8.50-10 6PR	158.8	254	20.6	25.4
8.50-10	8	2 000	2 890	400	380										8.50-10 8PR				29.2
8.50-10	10	2 490	3 620	510	490	210	220	190	—	625	650	580	—	260	8.50-10 10PR	158.8	254	20.6	34.3
8.50-10	12	3 630	5 445	720	690										8.50-10 12PR				37.6
9.00-6	10	2 040	3 060	420	400	217	235	199	—	544	569	494	—	215	9.00-6 10PR	171.5	152.4	22.2	36.8
9.00-10	10	2 640	3 820	460	440	225	240	205	—	620	640	565	—	260	9.00-10 10PR	196.9	254	22.2	41.9
9.25-12	8	2 540	3 680	440	420	230	240	205	—	695	715	645	—	290	9.25-12 8PR	177.8	304.8	22.2	28.4
9.25-12	12	4 010	6 015	720	690										9.25-12 12PR				34
9.50-16	10	4 200	6 080	650	620	230	245	210	—	825	845	770	—	355	9.50-16 10PR	177.8	406.4	25.4	38.1
9.50-16	12	5 080	7 370	790	760										9.50-16 12PR				
10.50-16	10	4 350	6 000	540	520	255	265	225	—	860	885	800	—	365	10.50-16 10PR	209.6	406.4	28.6	40.6
10.50-16	12	5 260	7 460	650	620										10.50-16 12PR				
11.00-12	6	2 090	—	250	240	265	285	240	—	785	820	725	—	323	11.00-12 6PR	209.6	304.8	25.4	25.4
11.00-12	8	2 860	—	330	310										11.00-12 8PR				27.9

表 7（续）

轮胎规格	层级	额定值				充气尺寸/mm								公称负荷半径/mm	轮辋				
		最大负荷/kg	刹车时最大前轮负荷/kg	充气内压/kPa		宽度				直径					轮辋规格	1——两轮缘间宽度； 2——着合直径； 3——轮缘高度； 4——最小着合宽度。 尺寸/mm			
				有负荷	无负荷	断面		肩部	拨水板	中心线处		肩部	拨水板						
						最小	最大	最大	最大	最小	最大	最大	最大			1	2	3	4
11.00-12	10	3 730	—	440	420	265	285	240	—	785	820	725	—	323	11.00-12 10PR	209.6	304.8	25.4	35.6
12.50-16	10	4 810	6 970	440	420	305	325	275	—	955	975	875	—	395	12.50-16 10PR	254	406.4	31.8	45.7
12.50-16	12	5 800	8 420	540	520										12.50-16 12PR				48.3
12.50-16	14	6 800	9 870	650	620										12.50-16 14PR				61
15.00-16	10	5 530	8 020	390	370	365	390	330	—	1 050	1 070	955	—	430	15.00-16 10PR	285.8	406.4	30.2	44.5
15.00-16	14	7 760	11 250	510	490										15.00-16 14PR				
15.00-16	16	8 940	12 960	580	560										15.00-16 16PR				
15.50-20	14	9 440	13 680	650	620	380	405	345	—	1 175	1 150	1 035	—	470	15.50-20 14PR	336.6	508	41.3	55.9
15.50-20	16	10 890	15 790	760	730										15.50-20 16PR				61
15.50-20	20	13 560	19 690	970	930										15.50-20 20PR				72.4
20.00-20	22	17 640	25 310	690	660	490	510	435	—	1 380	1 420	1 255	—	566	20.00-20 22PR	393.7	508	50.8	88.9
20.00-20	26	21 090	30 620	900	860										20.00-20 26PR				

表 8 航空轮胎(2 类)

轮胎规格	层级	额定值				充气尺寸/mm								公称负荷半径/mm	轮辋				
		最大负荷/kg	刹车时最大前轮负荷/kg	充气内压/kPa		宽度				直径					轮辋规格	1——两轮缘间宽度； 2——着合直径； 3——轮缘高度； 4——最小着合宽度。 尺寸/mm			
				有负荷	无负荷	断面		肩部	拨水板	中心线处		肩部	拨水板						
						最小	最大	最大	最大	最小	最大	最大	最大			1	2	3	4
14.5×5.5-6	14	1 540	2 240	1 120	1 080	130	140	125	85	355	370	330	305	155	14.5×5.5-6 14PR	108	152.4	22.2	41.9
16×4.4(-8)	6	770	1 155	610	590	105	115	100	—	395	405	370	—	175	16×4.4-8 6PR	88.9	203.2	20.6	22.9
16×4.4(-8)	8	1 050	1 570	860	830	105	115	100	—	395	405	370	—	175	16×4.4-8 8PR	89	203.2	20.6	28.6
17.5×5.75-8	12	2 270	3 400	1 290	1 240	135	145	130	—	430	445	400	—	190	17.5×5.75-8 12PR	108	203.2	22.2	35.7
17.5×6.25-6	8	1 180	1 770	510	490	150	160	140	—	430	445	395	—	180	17.5×6.25-6 8PR	127	152.4	19.1	22.9
18×4.25-10	6	1 080	1 620	720	690	115	120	105	80	450	465	420	400	205	18×4.25-10 6PR	72.1	254	15.2	28.7
18×4.4(-10)	12	1 970	2 960	1 610	1 550	105	115	100	—	445	455	420	—	200	18×4.4-10 12PR	89	254	20.6	11.8
18×5.5(-8)	6	1 020	1 530	540	520	135	145	125	—	440	455	410	—	190	18×5.5-8 6PR	108	203.2	22.2	31.8
18×5.5(-8)	8	1 380	2 070	760	730										18×5.5-8 8PR				
18×5.5(-8)	10	1 810	2 720	1 010	970										18×5.5-8 10PR				35.6
18×5.5(-8)	12	2 290	3 430	1 220	1 170										18×5.5-8 12PR				
18×5.5(-8)	14	2 810	4 220	1 560	1 480										18×5.5-8 14PR				38.1
18×5.7(-8)	14	2 810	4 220	1 540	1 480	135	140	125	—	435	450	410	—	190	18×5.7-8 14PR	108	203.2	22.2	41.4
18×5.7-8	18	3 900	5 850	2 150	2 070	135	140	125	—	435	450	410	—	190	18×5.7-8 18PR	108	203.2	22.2	41.4
18×6.5-8	12	2 270	3 410	1 080	1 040	160	165	145	—	445	460	405	—	190	18×6.5-8 12PR	133.4	203.2	22.2	38.1
19.5×6.75-8	8	1 500	2 250	610	590	157	171	151	—	480	495	443	—	206	19.5×6.75-8(6.50-8)	133.4	203.2	20.6	31.8
19.5×6.75-8	10	1 935	2 905	790	760	157	171	151	—	480	495	443	—	206	19.5×6.75-8(6.50-8)	133.4	203.2	20.6	31.8
20×4.4(-12)	10	1 700	2 550	1 220	1 170	105	115	100	—	495	510	495	—	225	20×4.4-12 10PR	89	304.8	20.6	29.2
20×4.4(-12)	12	2 340	3 510	1 610	1 550	105	115	100	—	495	510	495	—	225	20×4.4-12 12PR	89	304.8	20.6	33
20×4.4(-12)	14	2 950	4 425	1 900	1 830										20×4.4-12 14PR				

表 8（续）

轮胎规格	层级	额定值				充气尺寸/mm								公称负荷半径/mm	轮辋				
		最大负荷/kg	刹车时最大前轮负荷/kg	充气内压/kPa		宽度				直径					轮辋规格	1——两轮缘间宽度；2——着合直径；3——轮缘高度；4——最小着合宽度。尺寸/mm			
				有负荷	无负荷	断面		肩部	拨水板	中心线处		肩部	拨水板						
						最小	最大	最大	最大	最小	最大	最大	最大			1	2	3	4
20×5.25-11	10	2 220	—	1 160	1 110	140	145	115	—	525	540	500	—	235	20×5.25-11 10PR	114.3	297.4	16.7	33.3
20.5×6.75-10	12	2 830	4 245	1 300	1 250	161	171	155	108	508	521	494	441	224	20.5×6.75-10 12PR	133.4	254	25.4	45.72
H21×7.25-8	12	2 560	3 840	760	730	174	184	166	—	517	533	500	—	213	H21×7.25-8 12PR	120.7	203.2	19.05	49.5
21×7.25-10	12	2 900	4 350	1 190	1 140	173	183	161	—	523	540	489	—	229	21×7.25-10 12PR	139.7	254	25.4	49.56
22×5.5(-12)	10	2 590	3 880	1 330	1 280	135	145	125	—	545	565	540	—	245	22×5.5-12 10PR	108	304.8	22.2	33
22×5.5(-12)	12	3 220	4 840	1 690	1 620										22×5.5-12 12PR				
22×5.75-12	8	1 980	2 730	970	930	135	145	130	—	545ª	560	515	—	245	22×5.75-12 8PR	108	304.8	22.2	31.8
22×5.75-12	10	2 590	2 960	1 290	1 240										22×5.75-12 10PR				34.3
22×6.5-10	8	1 810	2 710	680	660	159	169	144	—	542	561	505	—	234	22×6.5-10 8PR	120.7	254	20.62	39.7
22×6.75-10	8	2 020	2 930	680	650	160	170	150	—	540	560	505	—	230	22×6.75-10 8PR	120.7	254	20.6	27.9
22×6.75-10	10	2 650	—	890	860										22×6.75-10 10PR				33
22×6.75-10	12	3 310	4 970	1 090	1 050										22×6.75-10 12PR				38.1
H22×8.25-10	14	3 760	5 650	1 120	1 080	198	210	189	—	544	559	528	—	231	H22×8.25-10 14PR	133.4	254	21.59	54.48
22×8.5-11	16	4 540	6 810	1 510	1 450	205	215	190	—	545	560	500	—	240	22×8.5-11 16PR	184.2	279.4	22.2	47.8
23×7.00-12	10	3 030	—	900	860	175	185	160	—	575	590	540	—	250	23×7.00-12 10PR	158.8	304.8	16.7	42.9
23×7.00-12	12	3 540	—	1 150	1 100										23×7.00-12 12PR				
23×9.00-8	10	2 400	3 600	570	550	225	240	215	—	570	610	555	—	240	23×9.00-8 10PR	184.2	203.2	22.2	44.5
24×5.5(-14)	16	5 220	—	2 550	2 450	135	145	126	—	600	615	590	—	272	24×5.5-14 16PR	108	355.6	22.2	35.1
24×6.6(-12)	20	2 950	4 420	2 110	2 030	160	170	140	—	585	605	545	—	260	24×6.6-12 20PR	140	304.8	25.4	45.7

表 8（续）

轮胎规格	层级	额定值：最大负荷/kg	额定值：刹车时最大前轮负荷/kg	额定值：充气内压/kPa 有负荷	额定值：充气内压/kPa 无负荷	充气尺寸/mm 宽度 断面 最小	充气尺寸/mm 宽度 断面 最大	充气尺寸/mm 宽度 肩部 最大	充气尺寸/mm 宽度 拨水板 最大	充气尺寸/mm 直径 中心线处 最小	充气尺寸/mm 直径 中心线处 最大	充气尺寸/mm 直径 肩部 最大	充气尺寸/mm 直径 拨水板 最大	公称负荷半径/mm	轮辋规格	轮辋 尺寸/mm 1	2	3	4
24×7.25-12	10	3 000	4 040	870	830	185	190	165	120	610	620	565	525	265	24×7.25-12 10PR	158.8	304.8	17.8	35.4
24×7.25-12	12	3 700	5 550	180	1 130	178	190	165	—	605	622	565	—	265	24×7.25-12 12PR				45.8
24×7.7(-10)	6	1 340	2 010	400	380	185	195	170	—	590	615	545	—	255	24×7.7-10 6PR	139.7	254	23	31.9
24×7.7(-10)	8	1 880	2 820	540	520										24×7.7-10 8PR				
24×7.7(-10)	10	2 450	3 860	650	620										24×7.7-10 10PR				
24×7.7(-10)	12	3 080	4 620	790	760										24×7.7-10 12PR				35.2
24×7.7(-10)	14	3 720	5 580	970	930										24×7.7-10 14PR				40.6
24×7.7(-10)	16	4 400	6 600	1 190	1 140										24×7.7-10 16PR				43.2
24×8.00-13	18	5 670	8 510	2 050	1 970	195	205	180	—	595	610	560	—	270	24×8.00-13 18PR	146.1	330.2	25.4	52.1
24.5×8.5(-10)	10	2 590	3 880	620	590	205	215	190	—	605	620	555	—	255	24.5×8.5-10 10PR	158.8	254	20.7	34.3
24.5×8.5(-10)	12	3 360	5 040	790	760										24.5×8.5-10 12PR				
25×6.75(-14)	18	5 900	—	2 150	2 070	163	174	153	—	630	647	595	—	283	25×6.75-14 18PR	127	355.6	25.4	41.1
25.5×8.0-14	18	6 940	10 060	1 970	1 900	190	203	174	—	630	650	588	—	280	25.5×8.0-14 18PR	146.1	355.6	25.4	53.3
25.5×8.0-14	20	7 350	10 060	2 230	2 140										25.5×8.0-14 20PR	14.61	355.6	25.4	53.3
25.5×8.75-10	12	3 240	4 860	610	590	210	220	195	—	627	650	580	—	265	25.5×8.75-10 12PR	139.7	254	23	38.1
25.75×6.75-14	14	4 670	7 005	1 700	1 630	161	171	151	—	638	654	601	—	284	25.75×6.75-14 (26×6.6)14PR	127	355.6	25.4	43.2
26×6.6(-14)	8	2 410	3 610	870	830	160	170	150	125	635	655	600	560	285	26×6.6-14 8PR	127	355.6	25.4	33
26×6.6(-14)	10	3 130	4 690	1 120	1 070										26×6.6-14 10PR				35.6
26×6.6(-14)	12	3 900	5 860	1 330	1 280	160	170	150	125	635	655	600	560	285	26×6.6-14 12PR	127	355.6	25.4	38.1
26×6.6(-14)	14	4 540	6 800	1 620	1 550										26×6.6-14 14PR				43.2

轮辋尺寸说明：1——两轮缘间宽度；2——着合直径；3——轮缘高度；4——最小着合宽度。

表 8（续）

轮胎规格	层级	额定值 最大负荷/kg	额定值 刹车时最大前轮负荷/kg	充气内压/kPa 有负荷	充气内压/kPa 无负荷	宽度 断面 最小	宽度 断面 最大	宽度 肩部 最大	宽度 拨水板 最大	直径 中心线处 最小	直径 中心线处 最大	直径 肩部 最大	直径 拨水板 最大	公称负荷半径/mm	轮辋规格	尺寸/mm 1	尺寸/mm 2	尺寸/mm 3	尺寸/mm 4
26×7.75-13	8	2 540	3 310	6 20	5 90	190	200	175	125	650	670	610	565	280	26×7.75-13 8PR	168.4	330.2	17.8	38.1
26×7.75-13	10	3 290	4 280	790	760										26×7.75-13 10PR			25.4	
26×7.75-13	12	4 060	5 280	970	930										26×7.75-13 12PR				38.1
26×7.75-13	14	4 880	6 340	1 160	1 110										26×7.75-13 14PR				45.7
26×8.0-14	16	5 760	8 640	1 690	1 620	190	205	150	—	645	660	605	—	285	26×8.0-14 16PR	162.1	355.6	28.4	53.3
26×8.0-14	18	6 570	—	1 900	1 830										26×8.0-14 18PR				
26×8.75-11	12	4 570	5 000	760	730	215	225	200	—	655	675	605	—	265	26×8.75-11 12PR	184.2	279.4	22.2	40.6
26×8.75-11	16	5 020	—	900	870										26×8.75-11 16PR				47
26.5×8.0-13	12	4 300	6 450	1 070	1 030	192	203	178	—	655	673	604	—	282	26.5×8.0-13 12PR	165.1	330.2	25.4	39.4
27×7.75-15	10	3 540	4 400	1 150	1 100	185	195	175	—	670	685	630	—	300	27×7.75-15 10PR	152.4	381	25.4	41.9
27×7.75-15	12	4 380	6 570	1 440	1 380										27×7.75-15 12PR				47
28×9.00-12	8	2 700	4 050	470	450	225	240	205	—	695	720	645	—	290	28×9.00-12 8PR	168.4	304.8	19.1	35.1
28×9.00-12	10	3 250	4 870	580	550										28×9.00-12 10PR				38.1
28×9.00-12	12	4 000	—	720	690										28×9.00-12 12PR				50.8
29×7.7(-15)	16	6 260	9 390	1 660	1 590	190	200	175	—	700	720	660	—	310	29×7.7-15 16PR	152.4	381	25.4	50.8
29×8.00-15	12	4 550	6 170	1 010	970	200	205	180	—	740	755	685	—	320	29×8.00-15 12PR	174.6	381	24.1	44.5
H29×9.0-15	16	6 580	9 870	1 410	1 360	216	229	217	—	716	737	704	—	312	H29×9.0-15 16PR	152.4	381	24.13	54.61
30×7.7(-16)	12	4 270	7 080	1 190	1 140	190	200	175	—	725	745	685	—	320	30×7.7-16 12PR	152.4	406.4	25.4	42
30×7.7(-16)	14	5 440	8 170	1 340	1 280	190	200	175	—	725	745	685	—	320	30×7.7-16 14PR	152.4	406.4	25.4	42
30×7.7(-16)	18	7 490	11 240	1 940	1 860	190	200	175	—	725	745	685	—	320	30×7.7-16 18PR	152.4	406.4	25.4	54.6

轮辋尺寸：1——两轮缘间宽度；2——着合直径；3——轮缘高度；4——最小着合宽度。

表 8（续）

轮胎规格	层级	额定值				充气尺寸/mm								公称负荷半径/mm	轮辋				
		最大负荷/kg	刹车时最大前轮负荷/kg	充气内压/kPa		宽度				直径					轮辋规格	1——两轮缘间宽度； 2——着合直径； 3——轮缘高度； 4——最小着合宽度。 尺寸/mm			
				有负荷	无负荷	断面		肩部	拨水板	中心线处		肩部	拨水板						
						最小	最大	最大	最大	最小	最大	最大	最大			1	2	3	4
30×8.8(-15)	12	4 630	6 945	1 000	960	210	225	200	—	750	770	695	—	330	30×8.8-15 12PR	177.8	381	28.6	43.4
30×8.8(-15)	14	5 650	8 480	1 270	1 220	210	225	200	—	750	770	695	—	330	30×8.8-15 14PR	177.8	381	28.6	43.4
30×8.8(-15)	22	9 520	—	2 080	2 000										30×8.8-15 22PR				—
30×9.00-15	12	5 530	—	940	900	232	243	213	—	744	762	693	—	320	30×9.00-15 12PR	203.2	381	25.4	44.5
30×9.5-14	16	6 210	9 315	1270	1 220	227	241	217	—	742	762	721	—	323	30×9.5-14 16PR	177.8	355.6	28.58	57.15
H30×9.5-16	16	6 960	10 440	1 450	1 400	228	241	217	—	745	762	726	—	326	H30×9.5-16 16PR	158.8	406.4	27.94	55.88
30×11.5-14.5	20	9 510	—	1 580	1 520	280	290	270	—	730	755	725	—	310	30×11.5-14.5 20PR	247.7	368.3	31.8	69.9
30×11.5-14.5	24	11 340	17 000	1 760	1 690										30×11.5-14.5 24PR				
30×11.5-14.5	26	11 340	17 000	2 380	2 290										30×11.5-14.5 26PR				
H31×9.75-13	12	4 240	6 360	650	620	234	248	211	—	765	787	704	—	315	H31×9.75-13 12PR	161.5	330.2	25.4	52.1
31×9.75-14	12	5 030	—	820	790	235	250	225	—	765	785	745	—	325	31×9.75-14 12PR	203.2	355.6	25.4	57.2
31×10.75-14	20	8 490	11 460	1 340	1 280	265	281	247	—	777	798	718	—	335	31×10.75 -14 20PR	228.6	355.6	31.8	82.6
31×11.50-16	22	10 570	15 860	1 980	1 900	275	290	255	—	765	785	720	—	340	31×11.5-14 22PR	228.6	406.4	31.8	67.3
H31×13.0-12	20	7 800	—	1 120	1 070	312	330	291	—	765	787	701	—	323	H31×13.0-12 20PR	203.2	304.8	30.5	68.6
32×8.8(-16)	10	4 100	6 150	820	790	210	225	200	—	765	785	710	—	340	32×8.8-16 10PR	177.8	406.4	28.6	38.6
32×8.8(-16)	12	4 990	7 480	1 010	970										32×8.8-16 12PR				41.9
32×8.8(-16)	14	5 900	8 840	1 220	1 170										32×8.8-16 14PR				44.5
32×8.8(-16)	18	7 720	11 590	1 730	1 610	212	226	201	—	763	787	712	—	338	32×8.8-16 18PR			31.75	64.34
32×10.75-14	12	4 880	—	650	620	270	280	240	—	805	825	725	—	335	32×10.75-14 12PR	232	355.6	26.7	50.8
32×11.5-15	12	5 080	7 620	870	830	275	290	265	175	790	815	735	685	345	32×11.5-15 12PR	228.6	381	31.8	48.3

表 8（续）

轮胎规格	层级	额定值 最大负荷/kg	额定值 刹车时最大前轮负荷/kg	充气内压/kPa 有负荷	充气内压/kPa 无负荷	充气尺寸/mm 宽度 断面 最小	宽度 断面 最大	宽度 肩部 最大	宽度 拨水板 最大	直径 中心线处 最小	直径 中心线处 最大	直径 肩部 最大	直径 拨水板 最大	公称负荷半径/mm	轮辋规格	轮辋尺寸/mm 1	2	3	4
33.5×10.75-15	12	5 035	—	650	620	258	273	232	—	829	851	767	—	348	33.5×10.75-15 12PR	203.2	381	25.4	48.3
34×10.75-16	10	4 930	—	580	550	250	265	225	—	855	875	790	—	360	34×10.75-16 10PR	209.6	406.4	26.7	47
34×10.75-16	12	5 900	8 850	690	660	250	265	225	—	855	875	790	—	360	34×10.75-16 12PR	209.6	406.4	26.7	47
34×10.75-16	14	6 850	10 275	790	760										34×10.75-16 14PR	209.6	406.4	28.58	54.48
34×10.75-16	16	7 480	11 230	1 040	1 000										34×10.75-16 16PR				59.41
34×11(-14)	18	7 300	10 950	1 040	1 000	270	285	255	—	830	850	760	—	355	34×11-14 18PR	228.6	355.6	38.1	62.2
34×11(-14)	20	8 300	12 450	1 190	1 140										34×11-14 20PR				66
34×11(-14)	22	9 300	13 950	1 330	1 280										34×11-14 22PR				68.6
34×11.75-14	12	5 450	7 900	580	550	290	305	260	—	850	880	785	—	355	34×11.75-14 12PR	232	355.6	27.9	44.5
34×14.00-14	14	6 100	9 150	780	750	337	356	320	—	842	864	813	—	357	34×14.0-14 14PR	273	355.6	31.75	54.5
H34.5×12.0-14	14	5 940	—	680	650	290	305	270	—	855	875	785	—	350	H34.5×12.0-14 14PR	203.2	355.6	21.6	57.2
35×9.00-17	14	6 350	—	1 070	1 030	220	230	210	—	860	890	805	—	375	35×9.00-17 14PR	184.2	431.8	27.9	57.2
35×9.00-17	16	7 400	—	1 220	1 170										35×9.00-17 16PR				
35×9.00-17	18	8 500	—	1 370	1 310										35×9.00-17 18PR				64
35×10.00-17	26	12 430	—	1 865	1 790	245	260	230	—	880	905	820	—	380	35×10.00-17 26PR	219.2	431.8	34.9	63.5
H35×11.0-18	18	9 410	14 120	1 380	1 320	264	279	251	—	867	889	846	—	376	H35×11.0-18 18PR	177.8	457.2	30.48	66.04
H35×11.0-18	20	10 610	15 920	1 550	1 490										H35×11.0-18 20PR				69.27
36×10.00-18	16	8 170	—	1 190	1 140	250	260	230	—	910	930	845	—	395	36×10.00-18 16PR	219.2	457.2	27.9	60.5
36×10.00-18	18	9 930	—	1 370	1 310										36×10.00-18 18PR				63.5
36×10.00-18	20	10 730	—	1 480	1 420										36×10.00-18 20PR				68.6

注：轮辋尺寸：1——两轮缘间宽度；2——着合直径；3——轮缘高度；4——最小着合宽度。

表 8（续）

轮胎规格	层级	额定值				充气尺寸/mm								公称负荷半径/mm	轮辋				
		最大负荷/kg	刹车时最大前轮负荷/kg	充气内压/kPa		宽度				直径					轮辋规格	1——两轮缘间宽度； 2——着合直径； 3——轮缘高度； 4——最小着合宽度。			
				有负荷	无负荷	断面		肩部	拨水板	中心线处		肩部	拨水板			尺寸/mm			
						最小	最大	最大	最大	最小	最大	最大	最大			1	2	3	4
36×11(-16)	22	10 570	15 850	1 440	1 380	275	290	255	—	865	890	805	—	380	36×11-16 22PR	228.6	406.4	34.9	71.1
36×13.0-12	6	2 880	—	260	200	316	334	284	—	902	927	815	—	395	36×13.00-12 6PR	210	304.8	25.4	27.9
37×11.75-16	10	4 730	7 100	470	450	285	300	265	—	920	940	845	—	380	37×11.75-16 10PR	255	406.4	25.4	41.4
37×11.75-16	12	6 760	9 390	680	650	285	300	265	—	920	940	845	—	380	37×11.75-16 12PR	255	406.4	25.4	41.4
37×11.75-16	14	7 300	10 950	830	790										37×11.75-16 14PR	209.6			49.9
H36×12.0-18	18	9 760	14 640	1 270	1 220	289	305	274	—	894	914	869	—	305	H36×12.0-18 18PR	196.9	457.2	30.48	60.96
37×13.0-16	20	10 070	15 110	1 190	1 140	310	330	290	—	920	940	845	—	390	37×13.0-16 20PR	228.6	406.4	34.9	66
37×13.0-16	26	13 290	19 930	1 580	1 520										37×13.0-16 26PR				81.3
37×13.0-16	28	14 520	21 780	1 710	1 650										37×13.0-16 28PR				85.1
37×14.0-14	22	10 180	15 270	1 061	1 020	338	356	305	—	916	940	834	—	384	37×14.0-14 22PR	279.4	355.6	38.1	71.12
37×14.0-14	24	11 340	17 010	1 150	1 110	338	356	305	—	916	940	834	—	384	37×14.0-14 24PR	279.4	355.6	38.1	76.2
H37×14.0-15	22	10 930	—	1 190	1 140	340	355	312	—	917	940	839	—	386	H37×14.0-15 22PR	228.6	381	33	71.1
H37×14.0-15	24	12 110	18 165	1 290	1240										H37×14.0-15 24PR				
38×11(-18)	14	6 950	10 430	940	900	274	292	257	—	914	942	855	—	399	38×11-18 14PR	228.6	457.2	34.9	55.9
H38×12.0-19	18	10 260	15 390	1 230	1 180	289	305	274	—	944	965	917	—	405	H38×12.0-19 18PR	196.9	482.6	30.48	60.96
H38×12.0-19	20	11 460	11 720	1 380	1 320										H38×12.0-19 20PR				
H38×13.0-18	18	10 090	15 130	1 100	1 060	313	330	297	—	944	965	914	—	401	H38×13.0-18 18PR	215.9	457.2	30.48	60.96
H38×13.0-18	20	11 380	17 070	1 233	1 186										H38×13.0-18 20PR				
39×13(-16)	14	6 810	10 210	720	690	310	330	290	195	945	970	870	805	400	39×13-16 14PR	254	406.4	31.8	55.9
39×13(-16)	16	7 800	11 700	840	800										39×13-16 16PR				58.4

表 8（续）

轮胎规格	层级	额定值				充气尺寸/mm								公称负荷半径/mm	轮辋				
		最大负荷/kg	刹车时最大前轮负荷/kg	充气内压/kPa		宽度				直径					轮辋规格	1——两轮缘间宽度；2——着合直径；3——轮缘高度；4——最小着合宽度。尺寸/mm			
				有负荷	无负荷	断面		肩部	拨水板	中心线处		肩部	拨水板						
						最小	最大	最大	最大	最小	最大	最大	最大			1	2	3	4
39×13(-16)	18	8 800	—	940	900	310	330	290	195	945	970	870	805	400	39×13-16 18PR	254	406.4	31.8	63.5
39×13(-16)	20	10 120	15 190	1 080	1 040										39×13-16 20PR				69.9
39×13(-16)	22	11 160	16 740	1 190	1 140	310	330	290	—	945	970	870	—	400	39×13-16 22PR	254	406.4	34.9	69.8
39×13(-16)	24	12 430	18 645	1 330	1 280	310	330	290	—	945	970	870	—	400	39×13-16 24PR	254	406.4	34.9	79.1
40×12(-18)	16	8 390	12 590	940	900	300	315	275	—	975	1 000	900	—	420	40×12-18 16PR	254	457.2	38.1	61
40×12(-18)	18	9 530	1 429	1 080	1 040										40×12-18 18PR				63.5
40×12(-18)	20	10 840	16 260	1 220	1 170										40×12-18 20PR				66
40×12(-18)	22	12 120	18 180	1 370	1 310										40×12-18 22PR				69.9
40×14(-16)	14	6 760	10 150	670	620	335	355	305	—	990	1 010	890	—	420	40×14-16 14PR	279.4	406.4	41.3	58.4
40×14(-16)	16	7 850	11 795	760	730										40×14-16 16PR				61
40×14(-16)	20	10 210	15 200	970	930										40×14-16 20PR				67.3
40×14(-16)	22	11 340	17 000	1 120	1 070										40×14-16 22PR				71.1
40×14(-16)	24	12 560	19 300	1 220	1 170										40×14-16 24PR				74.9
40×14(-16)	28	15 010	—	1 440	1 380										40×14-16 28PR				81.3
H40×14.0-19	18	10 930	16 395	1 040	1 000	335	355	305	—	993	1 016	921	—	422	H40×14.0-19 18PR	228.6	482.6	30.5	63.5
H40×14.0-19	20	12 290	18 435	1 190	1 140										H40×14.0-19 20PR				73.7
H40×14.5-19	22	13 650	—	1 290	1 240	349	368	325	—	993	1 016	921	—	424	H40×14.5-19 22PR	241.3	482.6	35.6	73.7
H40×14.5-19	24	15 060	—	1 440	1 380										H40×14.5-19 24PR				
H40×14.5-19	26	16 700	—	1 580	1 520										H40×14.5-19 26PR				78.7
B40×15.5-16	26	16 470	24 700	1 290	1 240	375	395	345	—	990	1 020	905	—	410	40×15.5-16 26PR	254	406.4	31.8	81.3

表 8（续）

轮胎规格	层级	额定值				充气尺寸/mm								公称负荷半径/mm	轮辋				
		最大负荷/kg	刹车时最大前轮负荷/kg	充气内压/kPa		宽度				直径					轮辋规格	1——两轮缘间宽度；2——着合直径；3——轮缘高度；4——最小着合宽度。尺寸/mm			
				有负荷	无负荷	断面		肩部	拨水板	中心线处		肩部	拨水板						
						最小	最大	最大	最大	最小	最大	最大	最大			1	2	3	4
B40×15.5-16	28	17 910	26 860	1 400	1 350	375	395	345	—	990	1 020	905	—	410	40×15.5-16 28PR	254	406.4	31.8	78.7
40.5×15.5-16	28	15 510	23 270	1 370	1 310	375	394	354	—	1 005	1 029	967	—	425	40.5×15.5-16 28PR	292.1	406.4	44.5	90.2
41×15.0-18	22	12 890	19 480	1 220	1 170	360	380	335	—	1 015	1 040	935	—	435	41×15.0-18 22PR	323.9	457.2	41.3	73.7
41×15.0-18	24	14 260	21 830	1 370	1 310	360	380	335	—	1 015	1 040	935	—	435	41×15.0-18 24PR	323.9	457.2	41.3	76.2
H41×15.0-19	24	15 260	22 890	1 340	1 290	362	381	343	—	1 019	1 041	986	—	432	H41×15.0-19 24PR	247.7	482.6	35.56	76.2
H41×16.0-20	22	14 890	22 335	1 340	1 290	386	406	366	—	1 020	1041	988	—	437	H41×16.0-20 22PR	266.7	508	35.56	71.12
42×15(-16)	18	9 700	—	750	720	365	390	340	—	1 050	1 075	955	—	440	42×15-16 18PR	292.1	406.4	38.1	69.9
42×15(-16)	20	10 660	15 990	860	830			345							42×15-16 20PR				
42×15(-16)	22	11 930	17 895	970	930	365	390								42×15-16 22PR				73.7
H42×16-19	24	15 600	—	1 250	1 210	385	405	360	—	1 045	1 065	960	—		H42×16-19 24PR	241.3	482.6	35.6	78.7
H42×16-19	26	17 150	—	1 360	1 310										H42×16-19 26PR				
43×15.5-17	22	12 480	18 720	1 018	979	374	394	354	—	1 068	1 092	1026	—	450	43×15.5-17 22PR	304.8	431.8	41.28	71.12
H43.5×16.0-21	24	16 647	24 971	1 370	1 320	386	406	366	—	1 081	1 105	1 048	—	464	H43.5×16.0-21 24PR	266.7	533.4	40.64	84
44×16(-18)	18	9 230	—	720	690	380	405	350	—	1 075	1 100	970	—	455	44×16-18 18PR	241.3	482.6	34.9	76.2
44×16(-18)	28	17 420	26 130	1 440	1 380										44×16-18 28PR	241.3	482.6	34.9	82.6
44×16(-18)	30	18 910	28 370	1 510	1 450										44×16-18 30PR	336.6	457.2	41.3	78.7
44×16(-18)	32	20 420	30 640	1 620	1 550										44×16-18 32PR	336.6	457.2	41.3	90.2
44.5×16.5-18	30	19 280	28 920	1 410	1 350	400	420	370	—	1 105	1 130	1 010	—	466	44.5×16.5-18 30PR	336.6	457.2	41.3	90.2
44.5×16.5-18	32	20 780	31 170	1 500	1 450										44.5×16.5-18 32PR				94.8
H44.5×16.5-20	24	16 420	—	1 190	1 140	400	420	370	—	1 105	1 130	1 020			H44.5×16.5-20 24PR	266.7	508	38.1	82.6

表 8（续）

轮胎规格	层级	额定值 最大负荷/kg	额定值 刹车时最大前轮负荷/kg	充气内压/kPa 有负荷	充气内压/kPa 无负荷	宽度 断面 最小	宽度 断面 最大	宽度 肩部 最大	宽度 拨水板 最大	直径 中心线处 最小	直径 中心线处 最大	直径 肩部 最大	直径 拨水板 最大	公称负荷半径/mm	轮辋规格	尺寸/mm 1	尺寸/mm 2	尺寸/mm 3	尺寸/mm 4
H44.5×16.5-20	26	17 960	—	1 310	1 250	400	420	370	—	1 105	1 130	1 020	—	466	H44.5×16.5-20 26PR	266.7	508	38.1	87.6
H44.5×16.5-20	28	19 420	29 130	1 400	1 350										H44.5×16.5-20 28PR				91.4
H44.5×16.5-21	28	20 276	30 414	1 530	1 470	399	419	376	—	1 105	1 130	1 072	—	470	H44.5×16.5-21 28PR	266.7	533.4	40.64	86.4
H44.5×16.5-21	30	32 928	49 392	1 650	1 590	399	419	376	—	1 105	1 130	1 072	—	470	H44.5×16.5-21 30PR	266.7	533.4	40.64	86.4
46×16(-20)	20	13 550	20 400	1 040	1 000	380	405	360	—	1 125	1 150	1 030	—	485	46×16-20 20PR	336.6	508	41.3	72.4
46×16(-20)	22	14 750	22 120	1 110	1 070	380	405	360	—	1 125	1 150	1 030	—	485	46×16-20 22PR	336.6	508.0	41.3	74.8
46×16(-20)	24	16 200	24 300	1 220	1 170										46×16-20 24PR			44.5	76.4
46×16(-20)	26	17 370	26 060	1 340	1 280										46×16-20 26PR				78.7
46×16(-20)	28	18 960	28 440	1 510	1 450										46×16-20 28PR				82.6
46×16(-20)	30	20 320	30 480	1 620	1 550										46×16-20 30PR			47.6	86.4
46×16(-20)	32	21 770	32 660	1 760	1 690										46×16-20 32PR				90.2
H46×18.0-20	26	18 820	—	1 370	1 310	436	457	403	—	1 143	1 168	1 049	—	488	H46×18.0-20 26PR	279.4	508	40.6	85.1
H46×18.0-20	28	20 250	30 075	1 430	1 380										H46×18.0-20 28PR				90.2
H46×18.0-20	32	23 180	34 770	1 650	1 580										H46×18.0-20 32PR				96.5
49×17(-20)	26	17 960	26 940	1 190	1 140	415	440	370	—	1 210	1 240	1 090	—	515	49×17-20 26PR	336.6	508	44.5	82.6
49×17(-20)	28	19 610	29 420	1 290	1 240										49×17-20 28PR				85.1
49×17(-20)	30	21 100	31 600	1 370	1 310										49×17-20 30PR			47.6	88.9
49×17(-20)	32	22 860	34 300	1 510	1 450										49×17-20 32PR				92.7
49×17(-20)	34	24 450	36 670	1 580	1 520	415	440	370	—	1 210	1 240	1 090	—	515	49×17-20 34PR				96.5
49×19.0-20	32	23 550	35 300	1 400	1 350	465	485	425	—	1 220	1 245	1 115	—	515	49×19.0-20 32PR	336.6	508	47.6	95.3

轮辋尺寸：1——两轮缘间宽度；2——着合直径；3——轮缘高度；4——最小着合宽度。

表 8（续）

轮胎规格	层级	额定值				充气尺寸/mm								公称负荷半径/mm	轮辋				
		最大负荷/kg	刹车时最大前轮负荷/kg	充气内压/kPa		宽度				直径					轮辋规格	1——两轮缘间宽度；2——着合直径；3——轮缘高度；4——最小着合宽度。尺寸/mm			
				有负荷	无负荷	断面		肩部	拨水板	中心线处		肩部	拨水板						
						最小	最大	最大	最大	最小	最大	最大	最大			1	2	3	4
49×19.0-20	34	25 270	37 900	1 540	1 480	465	485	425	—	1 220	1 245	1 115	—	515	49×19.0-20 34PR	336.6	508	47.6	100.3
H49×19.0-22	32	25 670	38 505	1 470	1 410	461	483	434	—	1 219	1 244	1 176	—	513	H49×19.0-22 32PR	304.8	558.8	43.2	100.3
50×18(-20)	26	18 950	28 420	1 120	1 070	425	445	390	—	1 230	1 255	1 120	—	520	50×18-20 26PR	362	508	44.5	88.9
50×20.0-20	26	18 960	28 440	1 080	1 040	485	510	445	—	1 245	1 270	1 135	—	525	50×20.0-20 26PR	412.8	508	47.8	88.9
50×20.0-20	30	22 500	33 610	1 260	1 210	485	510	445	—	1 245	1 270	1 135	—	525	50×20.0-20 30PR	412.8	508	47.8	95.3
50×20.0-20	32	24 410	36 610	1 370	1 310	485	510	445	—	1 245	1 270	1 135	—	525	50×20.0-20 32PR	412.8	508	47.8	100.3
50×20.0-20	34	25 860	—	1 470	1 420										50×20.0-20 34PR				105.4
50×20.0-20	36	27 530	41 290	1 530	1 480										50×20.0-20 36PR				109.3
50×21.0-20	28	21 190	31 780	1 090	1 040										50×21.0-20 28PR				88.9
50×21.0-20	30	22 230	33 340	1 160	1 110	510	535	470	—	1 245	1 270	1 135	—	525	50×21.0-20 30PR	336.6	508	44.5	91.4
52×20.5-20	34	26 220	39 330	1 340	1 280										52×20.5-20 34PR				100.3
52×20.5-20	36	28 350	—	1 440	1 380	500	520	460	—	1 295	1 320	1 175	—	540	52×20.5-20 36PR	412.8	508	47.6	106.7
B52×20.5-23	26	24 950	37 420	1 190	1 140	500	520	460	—	1 295	1320	1 175	—	540	52×20.5-23 26PR				82.6
B52×20.5-23	28	26 990	40 480	1 300	1 250	500	520	460	—	1 295	1 320	1 190	—	540	52×20.5-23 28PR	330.2	584.2	38.1	82.6
B52×20.5-23	30	28 890	—	1 400	1 350										52×20.5-23 30PR				
54×21.0-23	32	27 860	41 731	1 450	1 390										54×21.0-23 32PR				96.5
54×21.0-23	36	31 072	46 630	1 600	1 530	510	533	480	—	1 346	1 372	1 293	—	572	54×21.0-23 36PR	412.8	584.2	50.8	106.7
H54×21.0-24	34	30 890	46 335	1 440	1 380										H54×21.0-24 34PR				108
H54×21.0-24	36	32 750	49 125	1 520	1 460	510	533	480	—	1 346	1 372	1 295	—	564	H54×21.0-24 36PR	330.2	609.6	45.7	108
56×20.0-20	24	17 470	—	790	760										56×20.0-20 24PR				86.4

表 9　航空轮胎(3 类)

轮胎规格	层级	额定值				充气尺寸/mm								公称负荷半径/mm	轮辋				
		最大负荷/kg	刹车时最大前轮负荷/kg	充气内压/kPa		宽度				直径					轮辋规格	1——两轮缘间宽度； 2——着合直径； 3——轮缘高度； 4——最小着合宽度。 尺寸/mm			
				有负荷	无负荷	断面		肩部	拨水板	中心线处		肩部	拨水板						
						最小	最大	最大	最大	最小	最大	最大	最大			1	2	3	4
175×254×545	10	2 400	—	790	760	171	179	156	—	537	553	480	—	228	175×254×545　10PR	159	254	19	35
175×254×545	12	2 855	—	950	910										175×254×545　12PR				
355×120-5	8	800	1 160	520	500	118	126	107	—	347	361	319	—	145	355×120-5　8PR	88.9	127	19.1	20.3
360×135-6	12	1 355	2 140	1 110	1 070	131	139	125	—	355	367	332	—	169	360×135-6　12PR	108	152.4	22.2	38
360×135-6	14	1 590	—	1 290	1 240										360×135-6　14PR				
380×150-4	6	630	940	270	260	145	155	140	192	375	392	346	310	152	380×150-4　6PR	128	101.6	18	25
380×150-4	8	856	1 250	420	400										380×150-4　8PR				
380×150-5	6	725	1 050	330	310	140	150	135	—	371	387	346	—	150	380×150-5　6PR	95	127	13.3	18
420×150-6.5	6	510	1 600	260	250	134	150	135	—	420	437	394	—	178	420×150-6.5　6PR	96.2	165.1	18.4	19
450×190-5	10	1 590	2 300	540	520	185	195	175	—	445	465	405	—	180	450×190-5　10PR	160	127	18	35
550×250-6	8	1 440	2 160	300	290	245	255	205	—	540	560	500	—	220	550×250-6　8PR	210	152.4	22	42
550×250-6	10	1 890	2 850	430	410										550×250-6　10PR				
550×250-6	12	2 400	3 560	520	500										550×250-6　12PR				
605×155-13	10	2 940	—	1 170	1 130	153	164	148	—	594	613	566	—	260	605×155-13　10PR	138	330.2	20.3	40
615×225-10	10	2 630	—	660	630	220	230	195	—	605	625	540	—	260	615×225-10　10PR	200	254	22.5	40
615×225-10	12	3 240	—	800	770										615×225-10　12PR				
640×170-14	14	3 540	—	1 300	1 250	165	175	155	—	630	650	595	—	285	640×170-14　14PR	127	355.6	25.4	42
670×210-12	8	1 930	—	590	570	200	215	190	—	655	680	615	—	290	670×210-12　8PR	176	304.8	20	52

表 9（续）

轮胎规格	层级	额定值				充气尺寸/mm								公称负荷半径/mm	轮辋				
		最大负荷/kg	刹车时最大前轮负荷/kg	充气内压/kPa		宽度				直径					轮辋规格	1——两轮缘间宽度；2——着合直径；3——轮缘高度；4——最小着合宽度。			
				有负荷	无负荷	断面		肩部	拨水板	中心线处		肩部	拨水板			尺寸/mm			
						最小	最大	最大	最大	最小	最大	最大	最大			1	2	3	4
670×210-12	10	3 040	—	770	740	200	215	190	—	655	680	615	—	290	670×210-12 10PR	176	304.8	20	52
750×230-15	12	4 940	—	1 030	990										750×230-15 12PR				
750×230-15	14	5 965	8 950	1 230	1 180	220	235	190	—	745	765	710	—	325	750×230-15 14PR	178	381	24	55
750×230-15	18	7 620	—	1 600	1 550										750×230-15 18PR				
790×275-15	20	8 650	—	1 530	1 470	265	285	255	—	775	800	764	—	345	790×275-15 20PR	228.6	381	31.8	65
960×354-18	26	12 240	—	1 310	1 170	330	350	315	—	948	978	870	—	418	960×354-18 26PR	275	457.2	30	90

表 10　子午线航空轮胎

轮胎规格	最大静负荷/kg	刹车时最大前轮负荷/kg	充气内压/kPa		最大胀大尺寸/mm				胀大静负荷半径/mm		轮辋				
			无负荷	有负荷	直径	宽度	肩部直径	肩部宽度	最小	最大	轮辋规格	1—两轮缘间宽度；2—着合直径；3—轮缘高度；4—最小着合宽度。尺寸/mm			
												1	2	3	4
1 050×395R16　28PR	15 510	23 270	1 310	1370	1 083	410	1 016	361	422	446	1 050×395R16　28PR	292.1	406.4	44.5	91.4
1 270×455R22　30PR	23 090	34 640	1 510	1 570	1 311	476	1 235	419	521	547	1 270×455R22　30PR	349.3	558.8	47.66	95.25
1 400×530R23　32PR	27 810	41 730	1 390	1 450	1 444	551	1 358	485	558	599	1 400×530R23　32PR	412.8	584.2	50.8	96.5
1 400×530R23　36PR	31 070	46 630	1 530	1 600	1 444	551	1 358	485	558	599	1 400×530R23　36PR	412.8	584.2	50.8	106.7
1 400×530R23　40PR	33 990	50 985	1 720	1 790	1 444	551	1 358	485	568	599	1 400×530R23　40PR	412.8	584.2	63.5	88.9
16×4.4R8　12PR	1 600	2 400	1 430	1 480	417	118	378	104	175	182	16×4.4R8　12PR	88.9	203.2	20.6	30.5
18×5.5R8　8PR	1 380	2 080	720	750	468	152	423	133	191	200	18×5.5R8　8PR	108	203.2	22.2	31.8
20×4.4R12　14PR	2 720	4 080	1 830	1 900	518	118	503	104	223	230	20×4.4R12　14PR	88.9	304.8	20.6	33
23.5×8.0R12　14PR	4 280	6 420	1 460	1 520	615	212	584	191	257	267	23.5×8.0R12　14PR	158.8	304.6	25.4	54.48
24×7.7R10　16PR	4 410	6 620	1 140	1 180	630	203	561	178	253	266	24×7.7R10　16PR	139.7	254	23	43.2
26×6.6R14　14PR	4 540	6 800	1 550	1 610	669	176	610	154	283	295	26×6.6R14　14PR	127	355.6	25.4	43.18
26×7.75R13　10PR	3 675	5 510	860	900	685	211	621	184	269	283	26×7.75R13　10PR	165.1	330.2	17.78	38.1
26×8.75R11　16PR	5 020	7 530	930	970	695	236	620	208	262	278	26×8.75R11　16PR	184.2	279.4	22.22	40.64
27×7.75R15　12PR	4 380	6 570	1 380	1 430	704	206	645	182	298	310	27×7.75R15　12PR	152.4	381	25.4	41.91
30×8.8R15　16PR	6 440	9 660	1370	1 430	790	236	749	212	328	343	30×8.8R15　16PR	117.8	381	28.58	53.34
32×8.8R16　10PR	4 080	6 120	790	820	808	235	729	208	330	345	32×8.8R16　10PR	177.8	406.4	28.58	38.1
32×8.8R16　12PR	4 990	7 480	970	1 010	808	235	729	208	330	345	32×8.8R16　12PR	177.8	406.4	28.58	41.91

表 10（续）

轮胎规格	最大静负荷/kg	刹车时最大前轮负荷/kg	充气内压/kPa		最大胀大尺寸/mm				胀大静负荷半径/mm		轮辋				
											轮辋规格	1—两轮缘间宽度；2—着合直径；3—轮缘高度；4—最小着合宽度。尺寸/mm			
			无负荷	有负荷	直径	宽度	肩部直径	肩部宽度	最小	最大		1	2	3	4
H34×10.0R16 14PR	6 080	9 120	900	920	885	264	837	237	356	375	H34×10.0R16 14PR	177.8	406.4	28.58	54.61
40×14.0R16 24PR	12 560	18 850	1 170	1 220	1 042	370	916	317	417	439	40×14.0R16 24PR	279.4	406.4	41.28	74.93
40×16.0R16 26PR	14 270	21 410	1 240	1 290	1 052	423	988	381	419	442	40×16.0R16 26PR	317.5	406.4	44.45	75.18
H41×16.0R20 22PR	14 890	—	1 290	1 340	1 077	423	1 020	381	434	455	H41×16.0R20 22PR	266.7	508	35.56	71.12
42×17.0R18 26PR	16 370	24 580	1 340	1 390	1 105	450	1 040	405	442	466	42×17.0R18 26PR	355.6	457.2	41.3	83.6
43×17.5R17 32PR	20 190	30 285	1 460	1 520	1 132	463	1 062	417	448	473	43×17.5R17 32PR	336.6	431.8	44.45	96.52
46×17.0R20 30PR	20 870	31 300	1 530	1 590	1 207	450	1 137	405	488	512	46×17.0R20 30PR	336.6	508	47.63	93.98
50×20.0R22 26PR	20 500	30 750	1 220	1 270	1 314	528	1 240	476	529	556	50×20.0R22 26PR	381	558.8	47.63	80.01
50×20.0R22 32PR	25 900	38 850	1 520	1 580	1 314	528	1 240	476	529	556	50×20.0R22 32PR	381	558.8	47.63	80.01
50×20.0R22 34PR	27 910	41 865	1 620	1 680	1 314	528	1 240	476	529	556	50×20.0R22 34PR	381	558.8	47.63	80.01
52×21.0R22 36PR	30 160	45 240	1 560	1 620	1 368	555	1 287	500	549	578	52×21.0R22 36PR	406.4	558.8	53.98	95.25

表 11　目前国内保留生产的航空轮胎规格系列

轮胎规格	轮胎类型	帘布种类	帘布层数	胎面花纹类型	胎面结构类型	单胎负荷/kg	充气压力/kPa	爆破压力（最小）/kPa	轮胎质量（最大）/kg	充气外直径/mm	充气断面宽/mm	胎圈着合直径/mm	胎圈宽度/mm	胎面胶厚度（最小）/mm	胎侧胶厚度（最小）/mm
400×150	TT	N	4	无花纹	普通	650	294	1 570	4.8	395±5	155±5	114	21±4	4.5	1.5
400×150						228	226								
470×210			8			1 150	343	1 373	8.5	464±5	210±5	125	22±4	5	
610×185	TL	N	8	纵沟		1 021	618	2 472	14	614±10	186±5	303.5	33±5	—	—
700×250	TT					2 970	392	2 352	16	700±10	238±5	354.5	29±5	7	1.5
700×250						1 525	588								
700×250						1 500	343								
715×240-305Ⅱ	TL		4	无花纹/纵沟		2 550	490	1 961	17	706±10	235±6	305	41	8	1.5
715×240-305Ⅳ						2 620	470	1 880							
770×330	TT		10			1 925	392	2 450	22.5	720±10	328±5	249	39±5	7	2
800×225					补强	5 500	1 079	4 119	26.5	785±10	225±5	405	40±5	5	1.5
800×260			6	纵沟		2 140	245～294	2 158	28	795±10	256±5	328.5	24±5	18	—
800×260						2 800	441								
840×300			8			3 655	510+30	2 942	31	810±10	278±5	417.5	34±5	17	2
865×280						4 300	686	2 744	28	830±10	265±5	429	33±5	18	—
865×280						4 085	539								
890×300	TL		12		补强	5 449	560	2 240	31	863.5±16.5	291±7.5	354	45±5	7	2
900×300	TT		8		普通	3 830	461	2 354	30	870±7	295±6	368.5	35±5		
910×275	TL		12			6 680	686+98	3 608	38	880±10	269±5	418	53±5	10	2.5
910×275						7 712	902								

表 11（续）

轮胎规格	轮胎类型	帘布种类	帘布层数	胎面花纹类型	胎面结构类型	单胎负荷/kg	充气压力/kPa	爆破压力(最小)/kPa	轮胎质量(最大)/kg	充气外直径/mm	充气断面宽/mm	胎圈着合直径/mm	胎圈宽度/mm	胎面胶厚度(最小)/mm	胎侧胶厚度(最小)/mm
930×305	TT	N	12	无花纹/纵沟	补强	8 000	1 079	4 316	42	895±10	290±6	405	48	—	—
930×305											285.5±7.5				
930×305	TL		10			7 244	785	3 923	35	928±10	275±5	468.6	38±5	10	1.5
950×300						8 000	1 079	—	47		268±6		70	—	—
950×300						7 200									
950×350	TT				普通	1 320	343	2 942	35	930±10	330±5	450	46±2	11	2
950×350						1 600	353								
950×350						2 100	392								
1 050×300					补强	8 000	588～637		48	1 012±10	296±5	507	36±5	18	—
1 050×400	TT		8	纵沟	普通	5 625	441	1 961	42	1 008±10	384±6	369	38±5	10	2
1 200×450			14			6 000	373	1 569	75	1 185±15	448±6	430	39±6	11	
1 400×485		M	16			10 550	412	1 765	125	1 380±15	485±10	583	58±6	14	2.5
1 450×520		N	18	条块		14 850	540	2 746	140	1 405±15	495±10	684.5	63±5		2
1 450×485			20	纵沟	补强	19 985	1 078	4 900	149	1 414±15	445±10	629.5	71±5	18	—

注 1：TT 为有内胎轮胎，TL 为无内胎轮胎。

注 2：M 为棉帘线，N 为尼龙帘线。

附 录 A
（资料性附录）
航空轮胎特殊用途表

表 A.1～表 A.3 给出了航空轮胎特殊用途时的最大负荷和充气内压。表 A.4 给出了子午线轮胎可替代的胎肩尺寸。

表 A.1 用于低承载强度跑道

轮胎规格	层级	最大负荷 kg	充气内压 kPa	
			无负荷	有负荷
22×6.5-10	6	1 270	420	430
25.75×6.75-14	14	4 670	1 370	1 430
26×6.75-14	14	4 260	1 230	1 280
50×21.0-20	30	20 640	930	970
25.75×6.75R14	14	4 670	1 370	1 430

表 A.2 用于较高工作压力时

轮胎规格	层级	最大负荷 kg	充气内压 kPa	
			无负荷	有负荷
H31×13.0-12	20	7 800	1 070	1 110
H37×14.0-15	20	9 980	1 030	1 080
H37×14.0-15	22	10 930	1 140	1 190
H37×14.0-15	24	12 110	1 240	1 290
H45×17.0-20	26	18 140	1 340	1 400
H46×18.0-20	26	18 820	1 310	1 370
H46×18.0-20	28	20 050	1 380	1 430
H46×18.0-20	32	23 180	1 590	1 650

表 A.3 特殊用途

轮胎规格	层级	最大负荷 kg	充气内压 kPa		备注
			无负荷	有负荷	
19.5×6.75-8	10	1 500	560	580	用于 18×5.5 轮辋 （Swearingen SA226）
19.5×6.75-8	10	1 810	760	790	用于 18×5.5 轮辋
29×11.0-10	10	3 210	480	500	用于 Alenia C-27-J
34×9.25-16	16	5 080	780	800	用于 34×9.9 轮辋 （Boeing720/720B）

表 A.4 子午线轮胎可替代的胎肩尺寸

规格	层级	胀大胎肩宽度 mm	胀大胎肩直径 mm	备注
50×20.0R22	34	465	1 165	用于 BoeingB747-400ER

附　录　B
（资料性附录）
允许代用轮辋

表 B.1、表 B.2、表 B.3 分别给出了表 2、表 3、表 4 中允许代用的轮辋。

表 B.1　航空轮胎允许代用轮辋

轮胎规格	层级	允许轮辋	轮缘高度 mm
18×5.75-8	8	18×5.5	22.23
22×8.0-10	10	22×8.0-10	12.70
28×9.0-12	8	9.25-12	22.23
29×11.0-10	10	7.50-10	20.62
37×13.0-16	26,28	36×11	34.93
H44.5×16.5-20	26	H44.5×16.5-20	40.64
H46×18.0-20	32	H46×18.0-20	40.64
49×19.0-20	32	49×17	44.45

表 B.2　航空轮胎（Ⅶ型）允许代用轮辋

轮胎规格	层级	允许轮辋	轮缘高度 mm
39×13	14,16	12.50-16	31.75
46×16	20	17.00-20	41.28
46×16	26,28	17.00-20,49×17	44.45
46×16	26,28,30	49×17	47.63
46×16	30	46×16	44.45
49×17	26,28,30	46×16	44.45
49×17	26,28	49×17	47.63
49×17	30,32	49×17	44.45

表 B.3　航空轮胎（Ⅲ型）允许代用轮辋

轮胎规格	层级	允许轮辋
6.50-8	6,8	7.00-8
6.50-10	6,8,10	7.50-10
7.00-8	10	6.50-8
8.50-10	6,8,10	7.50-10,24×7.7

ICS 53.040.20
G 42

中华人民共和国国家标准

GB/T 9770—2013
代替 GB/T 9770—2001

普通用途钢丝绳芯输送带

Steel cord conveyor belts for general use

(ISO 15236-1:2005,Steel cord conveyor belts—Part 1:Design, dimensions and mechanical requirements for conveyor belts for general use,NEQ)

2013-12-17 发布　　　　2014-10-01 实施

中华人民共和国国家质量监督检验检疫总局
中国国家标准化管理委员会　发布

前言

本标准按照 GB/T 1.1—2009 给出的规则起草。

本标准代替 GB/T 9770—2001《普通用途钢丝绳芯输送带》，与 GB/T 9770—2001 相比，主要技术变化如下：

——修改了规范性引用文件(见第 2 章，2001 年版的第 2 章)；
——删除了产品分类(见第 3 章)；
——修改了产品结构(见第 3 章，2001 年版的 4.1)；
——增加了带型(见表 1，2001 年版的表 1 和表 2)；
——修改了产品标记(见第 5 章，2001 年版的 3.2)；
——修改了有接头的钢丝绳根数(见 6.1.2.2，2001 年版的 4.2.2.2)；
——修改了带宽度的偏差(见 6.2.1，2001 年版的 4.3.1)；
——删除了带厚度的极限偏差(见 2001 年版的 4.3.3.1)；
——修改了带长度的极限偏差(见 6.2.7，2001 年版的 4.3.1)；
——修改了覆盖层性能要求(见 6.3.1，2001 年版的 4.4.1)；
——修改了钢丝绳的黏合强度(见 6.5，2001 年版的 4.4.4)；
——修改了检验要求(见第 7 章，2001 年版的第 6 章)；
——删除了直线运行性(见 2001 年版的 4.4.6)；
——增加了钢丝绳的动态黏合强度(见 6.7)；
——修改了钢丝绳间距的测量方法(见 7.3.4，2001 年版的附录 A)；
——修改了检验方法(见 7.3，2001 年版的第 5 章)；
——增加了不合格品判定规则(见 7.4)；
——修改了钢丝绳芯输送带的硫化接头(见附录 A，2001 年版的第 8 章)；
——增加了买方需提供的有用信息(见附录 B)。

本标准的附录 A 为规范性附录，附录 B 为资料性附录。

本标准使用重新起草法参考国际标准 ISO 15236-1:2005《钢丝绳芯输送带　第 1 部分：普通用途输送带的设计、尺寸和机械要求》编制，与 ISO 15236-1:2005 的一致性程度为非等效。

本标准由中国石油和化学工业联合会提出。

本标准由全国带轮与带标准化技术委员会输送带分技术委员会(SAC/TC 428/SC 1)归口。

本标准起草单位：青岛橡六集团有限公司、浙江双箭橡胶股份有限公司、浙江三维橡胶制品股份有限公司、山东亿和橡胶输送带有限公司、青岛巨航胶带有限公司、青岛华夏橡胶工业有限公司、山东祥通橡塑集团有限公司、青岛新干线技术咨询有限公司。

本标准主要起草人：张墩、沈会民、张国方、邢连营、封常升、李明霞、刘生平、吕桂芹、张静、朱汉华。

本标准所代替标准的历次版本发布情况为：

——GB/T 9770—1988、GB/T 9770—2001。

普通用途钢丝绳芯输送带

1 范围

本标准规定了普通用途钢丝绳芯输送带(以下简称"带")的结构、带型、标记、技术要求、检验、标志、包装、贮存、运输和带的硫化接头(见附录A)。

本标准适用于工作环境温度为−20 ℃～40 ℃的钢丝绳芯输送带。

2 规范性引用文件

下列文件对于本文件的应用是必不可少的。凡是注日期的引用文件,仅注日期的版本适用于本文件。凡是不注日期的引用文件,其最新版本(包括所有的修改单)适用于本文件。

GB/T 528 硫化橡胶或热塑性橡胶 拉伸应力应变性能的测定(GB/T 528—2009,ISO 37:2005,IDT)

GB/T 3512 硫化橡胶或热塑性橡胶 热空气加速老化和耐热试验(GB/T 3512—2001,eqv ISO 188:1998)

GB/T 5752 输送带 标志(GB/T 5752—2013,ISO 433:1991,MOD)

GB/T 5753 钢丝绳芯输送带 总厚度和覆盖层厚度的测定方法(GB/T 5753—2013,ISO 7590:2009,IDT)

GB/T 5754.2 钢丝绳芯输送带 纵向拉伸试验 第2部分:拉伸强度的测定(GB/T 5754.2—2005,ISO 7622-2:1984,IDT)

GB/T 5755 钢丝绳芯输送带 绳与包覆胶粘合试验 原始状态下和热老化后试验(GB/T 5755—2013,ISO 7623:1996,IDT)

GB/T 7983 输送带 横向柔性(成槽性) 试验方法(GB/T 7983—2013,ISO 703:2007,MOD)

GB/T 9867—2008 硫化橡胶或热塑性橡胶耐磨性能的测定(旋转辊筒式磨耗机法)(ISO 4649:2002,IDT)

GB/T 17044 钢丝绳芯输送带 覆盖层与带芯层粘合强度试验(GB/T 17044—2013,ISO 8094:1984,IDT)

GB 21352—2008 矿井用钢丝绳芯阻燃输送带

HG/T 3056 输送带贮存和搬运通则(HG/T 3056—2006,ISO 5285:2004,IDT)

BS EN 13827:2003 钢丝绳芯输送带 钢丝绳横向和纵向位置的测定(Steel cord conveyor belts—Determination of the lateral and vertical displacement of steel cords)

3 结构

钢丝绳芯输送带由上覆盖层、下覆盖层、钢丝绳芯和黏合胶层构成,见图1。

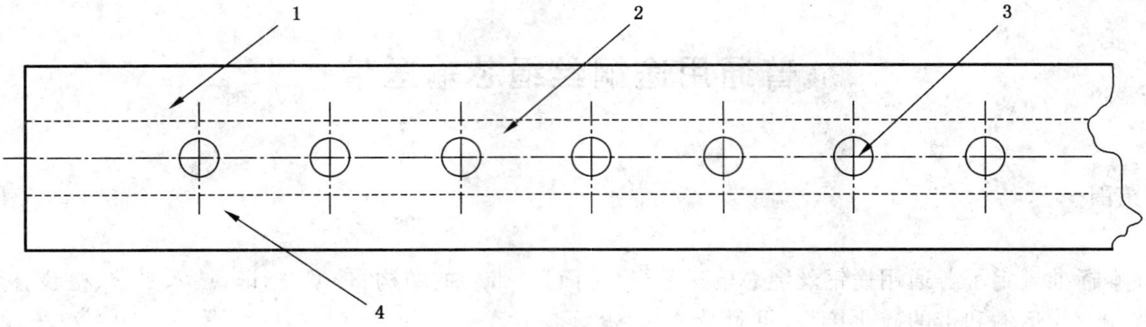

说明：

1——上覆盖层；

2——黏合层；

3——钢丝绳芯；

4——下覆盖层。

图 1 钢丝绳芯输送带的横截面

4 带型

钢丝绳芯输送带的带型见表 1。

5 标记

钢丝绳芯输送带的标记包含订货长度、执行标准、宽度、纵向拉伸强度、上覆盖层厚度、下覆盖层厚度和覆盖层性能。

在标记中以符号 ST 表示纵向抗拉体材料——钢丝绳。在该符号之后以牛顿每毫米(N/mm)为单位表示出带的标称拉断强度。

示例：一条钢丝绳芯输送带(ST)，长 1 400 m，宽 2 200 mm，最小拉断强度 3 500 N/mm，上覆盖层厚度 10 mm，下覆盖层厚度 7 mm，覆盖层橡胶性能类型代号 H，其标记如下：

1 400 m 钢丝绳芯输送带，GB/T 9770-2200 ST 3500/10＋7 H

6 技术要求

6.1 钢丝绳的配置

6.1.1 钢丝绳捻向的配置

带芯的左捻钢丝绳和右捻钢丝绳应交替配置，钢丝绳的根数应符合表 1 的规定。

6.1.2 有接头钢丝绳的配置

6.1.2.1 两边部各 1 根钢丝绳不得有接头。

6.1.2.2 有接头的钢丝绳根数不得多于总根数的 5%。

6.1.2.3 1 根钢丝绳的接头，不得多于一处，且应距带端 10 m 以上。

表 1 钢丝绳芯输送带带型系列表

带型号		500	630	800	1000	1250	1400	1600	1800	2000	2250	2500	2800	3150	3500	4000	4500	5000	5400	6300	7000	7500
最小拉断强度 K_{Nmin} (N/mm)		500	630	800	1000	1250	1400	1600	1800	2000	2250	2500	2800	3150	3500	4000	4500	5000	5400	6300	7000	7500
钢丝绳最大直径 d_{max} mm		3.0	3.0	3.5	4.0	4.5	5.0	5.0	5.6	6.0	5.6	7.2	7.2	8.1	8.6	8.9	9.7	10.9	11.3	12.8	13.5	15.0
钢丝绳最小拉断力 $F_{bs\ min}$ kN		7.6	7.0	8.9	12.9	16.1	20.6	20.6	25.5	25.6	26.2	40.0	39.6	50.5	56.0	63.5	76.3	91.0	98.2	130.4	142.4	166.7
钢丝绳间距 t mm		14.0	10.0	10.0	12.0	12.0	14.0	12.0	13.5	12.0	11.0	15.0	13.5	15.0	15.0	15.0	16.0	17.0	17.0	19.5	19.5	21.0
覆盖层最小厚度 s_{min} mm		4.0	4.0	4.0	4.0	4.0	4.0	4.0	4.0	4.0	4.0	5.0	5.0	5.5	6.0	6.5	7.0	7.5	8.0	10.0	10.0	10.0
带宽 B mm	极限偏差 mm	钢丝绳根数 n																				
500	+10/−5	33	45	45	39	39	34	39	N/A	N/A	N/A	N/A	N/A	N/A	N/A	N/A	N/A	N/A	N/A	N/A	N/A	N/A
650	+10/−7	44	60	60	51	51	45	51	46	52	56	41	46	41	41	41	39	36	N/A	N/A	N/A	N/A
800	+10/−8	54	75	75	63	63	55	63	57	63	69	50	57	50	50	51	48	45	45	N/A	N/A	N/A
1000	±10	68	95	95	79	79	68	79	71	79	86	64	71	64	64	64	59	55	55	N/A	N/A	N/A
1200	±10	83	113	113	94	94	82	94	85	94	104	76	85	76	77	77	71	66	66	58	59	54
1400	±12	96	133	133	111	111	97	111	100	111	122	89	99	89	90	90	84	78	78	68	69	64
1600	±12	111	151	151	126	126	111	126	114	126	140	101	114	101	104	104	96	90	90	78	80	73
1800	±14	125	171	171	143	143	125	143	129	143	159	114	128	114	117	117	109	102	102	89	90	83
2000	±14	139	191	191	159	159	139	159	144	159	177	128	143	128	130	130	121	113	113	99	100	92
2200	±15	153	211	211	176	176	154	176	159	176	195	141	158	141	144	144	134	125	125	109	110	102
2400	±15	167	231	231	193	193	168	193	174	193	213	155	173	155	157	157	146	137	137	119	119	110
2600	±15	181	251	251	209	209	182	209	189	209	231	168	188	168	170	170	159	149	149	129	129	120
2800	±15	196	271	271	226	226	197	226	203	226	249	181	202	181	183	183	171	161	161	139	139	129
3000	±15	210	291	291	243	243	211	243	218	243	268	195	217	195	195	195	183	172	172	149	149	139
3200	±15	224	311	311	260	260	225	260	233	260	286	208	232	208	208	208	196	184	184	160	160	149

注：N/A——由于成槽性的缘故而不适用。

6.1.2.4　任意两根钢丝绳的接头，在长度方向上的距离不得小于10 m。

6.2　尺寸偏差

6.2.1　带的宽度及极限偏差应符合表2的要求。

表2　带宽(B)及极限偏差

单位为毫米

B														
500^{+10}_{-5}	650^{+10}_{-7}	800^{+10}_{-8}	1 000 ±10	1 200 ±10	1 400 ±12	1 600 ±12	1 800 ±14	2 000 ±14	2 200 ±15	2 400 ±15	2 600 ±15	2 800 ±15	3 000 ±15	3 200 ±15

6.2.2　覆盖层厚度，下偏差为0.5 mm。

6.2.3　带厚度的均匀性，即带厚度的最大测定值与最小测定值之差不大于平均厚度的10%。

6.2.4　带芯钢丝绳在带厚度方向的偏心值不得大于1.5 mm。偏心值大于1.0 mm但不大于1.5 mm的钢丝绳根数不超过钢丝绳总根数的5%。

6.2.5　钢丝绳平均间距极限偏差应为±1.5 mm，单个钢丝绳间距大于±1.5 mm的钢丝绳根数不得大于钢丝绳总根数的5%。

6.2.6　带的边胶宽度应不小于15 mm。

6.2.7　带长度的极限偏差应符合表3的要求。

表3　带长度的极限偏差

带的交货条件	带的供货长度与订货长度之间的最大容许差值
提供的带是整根带	$^{+2.5\%}_{0}$
提供的带是几段带	每段带的长度极限偏差为±5%，各段带长度之和的总极限偏差为$^{+2.5\%}_{0}$

用户提供的订货长度应包括制作带接头及外部试验所需要的长度。

6.3　覆盖层物理性能

6.3.1　覆盖层物理性能(老化前)

覆盖层物理性能(老化前)应满足表4的要求。

表4　覆盖层物理性能(老化前)

性能 类型	拉伸强度/MPa ≥	拉断伸长率/% ≥	磨耗量/mm^3 ≤
H	24	450	120
D	18	400	100
L	15	350	200
注：H用于输送对带子有强烈损害的尖利磨损性物料；D用于输送高磨损性物料；L用于输送中度磨损物料。			

6.3.2　覆盖层老化性能

覆盖层在70 ℃老化箱中按GB/T 3512进行7天加速老化后，其拉伸强度和拉断伸长率的中值应不低于老化前相应值的 75%。

6.4 覆盖层与带芯层间的黏合强度

当试验按 GB/T 17044 进行时，覆盖层与带芯层间的黏合强度应不小于 12 N/mm。

6.5 钢丝绳的黏合强度

当试验按 GB/T 5755 进行时，钢丝绳的黏合强度应满足表 5 的要求。

表 5 钢丝绳的黏合强度

单位为牛顿每毫米

带型号	500	630	800	1000	1250	1400	1600	1800	2000	2250	2500	2800	3150	3500	4000	4500	5000	5400	6300	7000	7500
老化前≥	60	60	67.5	75	82.5	90	90	99	105	99	123	123	136.5	144	148.5	160.5	178.5	184.5	207	217.5	240
老化后≥	50	50	57.5	65	72.5	80	80	89	95	89	113	113	126.5	134	138.5	150.5	168.5	174.5	197	207.5	230

6.6 成槽性

成槽性的指标是试验中带的挠度 F 与带宽度 L 之比，应符合表 6 的要求。

表 6 三等长托辊输送机上使用的输送带的 F/L 最小值

侧托辊槽形角/(°)	F/L
20	0.08
25	0.10
30	0.12
35	0.14
40	0.16
45	0.18
50	0.20
55	0.23
60	0.26

6.7 钢丝绳的动态黏合强度

当试验按 GB 21352—2008 的附录 A 进行时，在经受 10 000 次周期性变负荷循环试验后不出现钢丝绳被拔脱现象。

7 检验

7.1 检验项目

7.1.1 产品出厂时，应检验带的断面尺寸、覆盖层物理性能（不包括老化性能）、钢丝绳的拉断力和黏合强度、覆盖层与带芯层间的黏合强度。

7.1.2 型式检验时，应检验第 6 章规定的全部技术要求（6.1 除外）。

7.2 取样

取样数量见表 7,每个样品长度不小于 450 mm,宽度为带的全宽度。

表 7 取样数量

带长度	取样数量
≤200 m	1(如果被请求)
≥200 m ≤500 m	1
>500 m ≤1 000 m	2
>1 000 m ≤2 000 m	3
>2 000 m ≤3 500 m	4
>3 500 m ≤5 000 m	5
>5 000 m ≤7 000 m	6
>7 000 m ≤10 000 m	7
>10 000 m	每增加 5 000 m 增加一个样品

7.3 检验方法

7.3.1 带长度的测量,将带平放成松弛状态,采用测量误差不大于 1 mm 的钢尺测量带长。

7.3.2 带的宽度采用测量误差不大于 1 mm 的钢尺进行测量,每个尺寸取 3 个测量值,取中位数为测量结果。

7.3.3 带边胶宽度的测定,是在带的断面上测量从靠边胶的钢丝绳外侧到带边缘的距离。

7.3.4 带的钢丝绳间距按 BS EN 13827:2003 方法 A 进行检验。

7.3.5 带厚度、带厚度的均匀性和覆盖层厚度按 GB/T 5753 的规定进行检验。

7.3.6 带的纵向拉断强度按 GB/T 5754.2 的规定进行检验。

7.3.7 钢丝绳在带厚度方向的偏心值按 BS EN 13827:2003 方法 B 进行检验。

7.3.8 钢丝绳黏合强度按 GB/T 5755 的规定进行检验。

7.3.9 带的覆盖层拉伸性能试验按 GB/T 528 的规定进行检验。试样尺寸采用 2 型(狭小平行部分宽 4.0 mm±0.1 mm)哑铃状裁刀裁切试样。

7.3.10 带的覆盖层耐磨耗性能按 GB/T 9867—2008 方法 A 进行检验。

7.3.11 带的覆盖层的热空气老化试验按 GB/T 3512 的规定进行检验。

7.3.12 带的覆盖层与带芯层间的黏合强度,按 GB/T 17044 的规定进行检验。

7.3.13 带的成槽性按 GB/T 7983 的规定进行检验。

7.3.14 钢丝绳的动态黏合强度按 GB 21352—2008 的附录 A 进行检验。

7.4 不合格品判定规则

对 7.1 检验出现的不合格项目,应在该批带中抽取双倍试样,对不合格项目复试,若复试结果里有一项不合格,则该批产品判为不合格品。

8 标志、包装、贮存与运输

8.1 带的标志按 GB/T 5752 执行。

8.2 带的包装:在芯轴上卷缠整齐,用覆盖物包扎牢固,包装中应附有质量检验合格证。

8.3 带的贮存和运输按 HG/T 3056 执行。

附 录 A
（规范性附录）
钢丝绳芯输送带的硫化接头

A.1 范围

本附录规定了钢丝绳芯输送带阶梯式硫化接头的设计原则、结构、阶梯、接头材料要求、环境要求、接头制作方法、硫化、接头工具和接头标志。

A.2 术语和定义

下列术语和定义适用于本附录。

A.2.1

硫化接头 vulcanized joint

钢丝绳芯输送带上的一个区域，该区域是通过将两段带在长度上进行接合并对钢丝绳周围的包覆橡胶进行硫化而形成的。

A.3 符号和单位

本附录使用的符号和单位如表A.1所示。

表 A.1 符号和单位

符号	意 义	单 位
d	钢丝绳直径	mm
d_{max}	钢丝绳最大直径	mm
K_N	带的拉断强度标称值	N/mm
l_p	钢丝绳末端错开长度	mm
l_q	钢丝绳过渡长度	mm
l_s	绳端间隙	mm
n_{st}	阶梯数目	—
S_G	接头部位绳间橡胶厚度	mm
S_{Gmin}	接头部位绳间橡胶最小厚度	mm
t	钢丝绳间距	mm
F_{bsmin}	钢丝绳最小拉断力	kN
F_{bs}	钢丝绳拉断力	kN
S_{min}	覆盖层最小厚度	mm
B	带宽	mm
b_k	边胶宽度	mm
S_1	带的厚度	mm
S_2	上覆盖层厚度	mm

表 A.1（续）

符号	意　义	单　位
S_3	下覆盖层厚度	mm
b_t	带的增强宽度	mm
l_{Anb}	黏合长度	mm
n_b	分级黏合的数目	—
S_v	接头梯级数的安全因子	—
F_a	钢丝绳的黏合强度	N/mm
l_v	接头长度	mm
l_u	制作接头的长度	mm
l_{st}	最小的阶梯长度	mm

A.4　接头部位的绳间橡胶

填入接头中两边钢丝绳之间的橡胶在胶带工作时承受最大的应力，发生最大的应变。因此，接头部位绳间橡胶最小厚度 S_{Gmin} 应符合式(A.1)的要求：

$$S_{Gmin} \geqslant 1.2 + (0.1 \times d) \qquad \cdots\cdots\cdots\cdots(\text{A.1})$$

A.5　绳端间隙

被接合两端的对应钢丝绳之间的最小绳端间隙 l_s 应符合式(A.2)的要求：

$$3d \leqslant l_s \leqslant 4d \qquad \cdots\cdots\cdots\cdots(\text{A.2})$$

A.6　接头结构

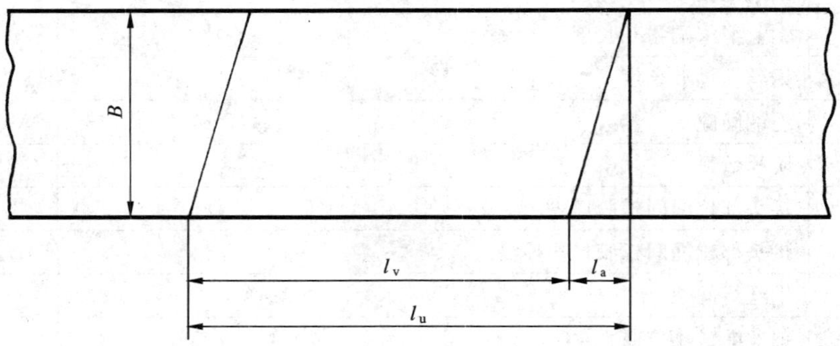

说明：

B ——带的宽度；

l_v ——接头长度；

l_u ——制作接头的长度；

$l_a = 0.3B$。

图 A.1　接头长度和制作接头的长度

接头长度和几何结构的设计取决于钢丝绳直径 d；钢丝绳间距 t；钢丝绳的拉伸强度 F_{bs}；钢丝绳黏合强度 F_a。

为了带在辊筒上弯曲时，减轻带接头处的应力，钢丝绳端部应错位。通常采用斜接头，但也允许直接头。

接头长度 l_v 中包含以下几种长度(见图 A.2)：

——钢丝绳偏移长度 l_q；

——不同组阶梯的错位长度 l_p；

——最小的阶梯长度 l_{ST}。

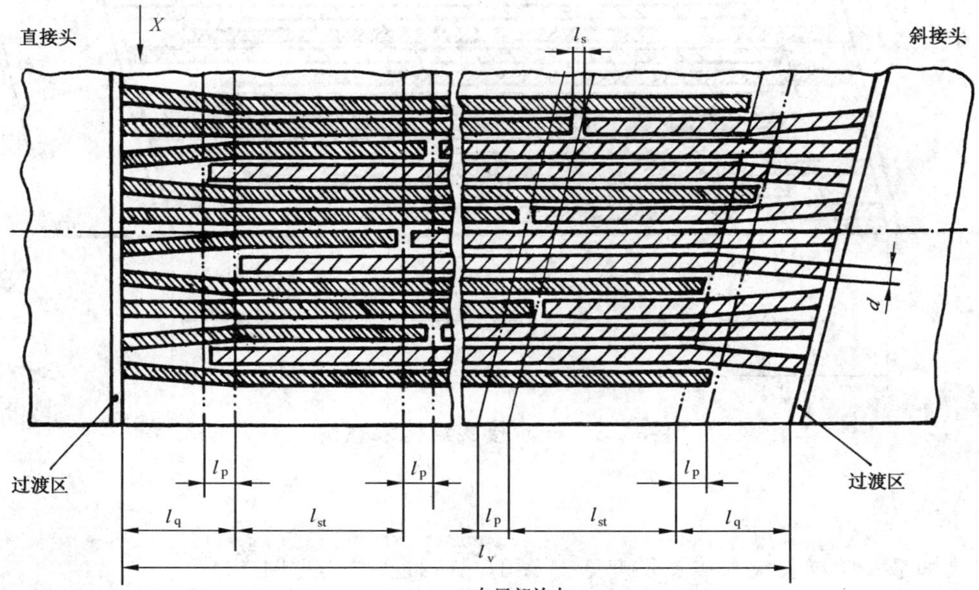

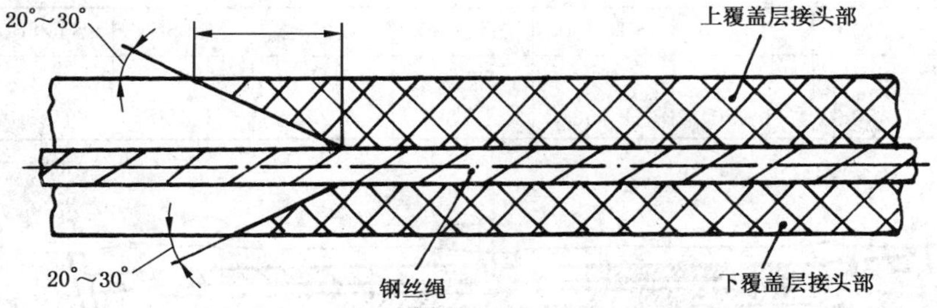

图 A.2　接头示意图(以 3 阶接头为例)

A.7　阶梯

根据胶带强度的不同分为一阶接头、二阶接头、三阶接头、四阶接头，更高的阶梯数目也是允许的。

A.7.1　一阶接头

一阶接头的最小阶梯长度和接头长度见表 A.2，一阶接头结构见图 A.3。

表 A.2

单位为毫米

带强度规格	ST500	ST630	ST800	ST1000	ST1250
最小阶梯长度 l_{ST}	250	250	300	300	350
接头长度 l_v	550	550	600	600	650

单位为毫米

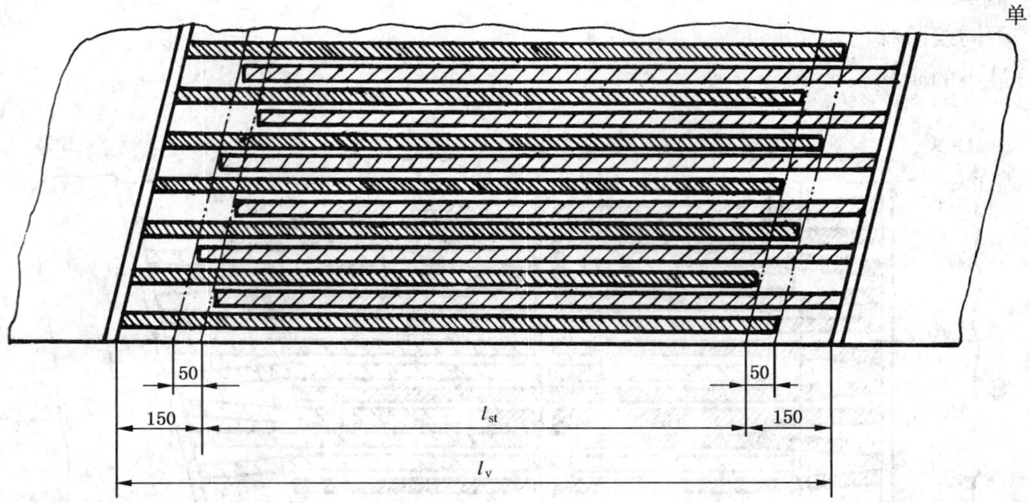

图 A.3 一阶接头结构示意图

A.7.2 二阶接头

二阶接头的最小阶梯长度和接头长度见表 A.3,二阶接头结构见图 A.4。

表 A.3

单位为毫米

带强度规格	ST1400	ST1600	ST1800	ST2000	ST2250	ST2500	ST2800	ST3150
最小阶梯长度 l_{ST}	350	350	400	400	450	500	600	650
接头长度 l_v	1 050	1 050	1 150	1 150	1 250	1 350	1 550	1 650

单位为毫米

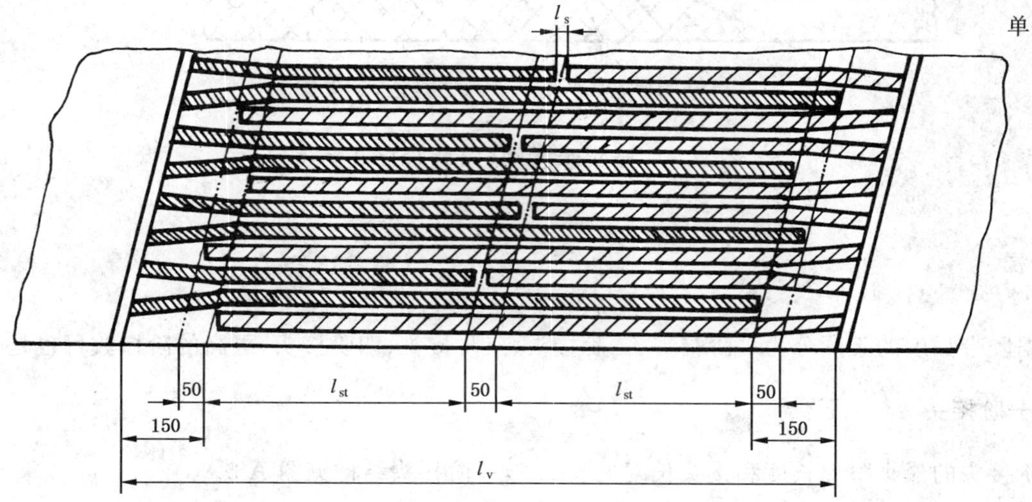

图 A.4 二阶接头结构示意图

A.7.3 三阶接头

三阶接头的最小阶梯长度和接头长度见表 A.4，三阶接头结构见图 A.5。

表 A.4

单位为毫米

带强度规格	ST3500	ST4000	ST4500
最小阶梯长度 l_{ST}	650	750	800
接头长度 l_v	2 350	2 650	2 800

单位为毫米

图 A.5 三阶接头结构示意图

A.7.4 四阶接头

四阶接头的最小阶梯长度和接头长度见表 A.5，四阶接头结构见图 A.6。

表 A.5

单位为毫米

带强度规格	ST5000	ST5400
最小阶梯长度 l_{ST}	900	1 000
接头长度 l_v	4 050	4 450

单位为毫米

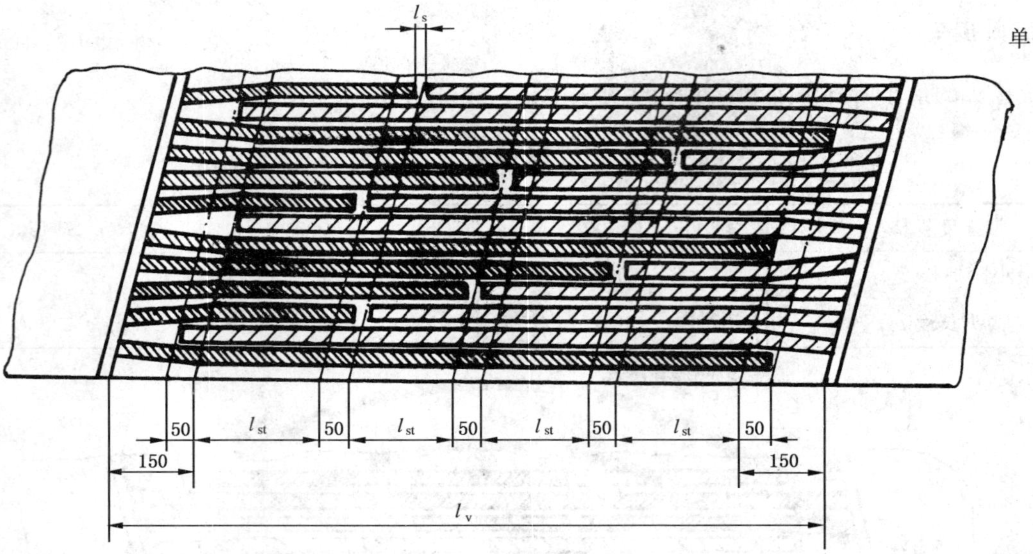

图 A.6 四阶接头结构示意图

A.7.5 其他接头设计

只要按下述带接头计算方法,就可设计与本标准给出的结构图和阶梯长度不同的带接头,设计不同的带接头需要接头制作者与使用者之间协商。在采用与本标准给出的结构图不同的接头设计时,应通过对钢丝绳黏合长度的计算或通过动态试验对接头设计可用性加以验证。计算方法见下面公式。

计算钢丝绳黏合长度 l_{Anb}时应注意:在一根钢丝绳两侧与相邻钢丝绳黏合的试样上,测出钢丝绳的黏合强度 F_a。在带接头中也有一根钢丝绳一侧与另一根钢丝绳相黏合的情形。假定一侧黏合的钢丝绳所能传递的力仅为两侧黏合的钢丝绳的一半;再假定一根钢丝绳的两侧与相邻钢丝绳的黏合长度不一致,而其黏合长度取决于每个阶梯组中黏合长度的总和(见图 A.7),根据总和与测出的钢丝绳有效黏合强度的乘积不小于每个阶梯组中钢丝绳拉伸强度的总和。

阶梯长度 l_{st}和接头长度 l_v 分别按式(A.3)和式(A.4)计算:

$$l_{st}=\frac{\sum l_{Anb}}{n_b}S_v \quad \cdots\cdots(A.3)$$

$$l_v=n_{st}\cdot l_{st}+(n_{st}-1)l_p+2l_q \quad \cdots\cdots(A.4)$$

$$\sum l_{Anb}=\frac{2\cdot F_{bs}\cdot n_{st}\cdot 10^3}{F_a\cdot \varphi} \quad \cdots\cdots(A.5)$$

式中:

l_{st} ——黏合长度,单位为毫米(mm);

n_b ——分级黏合的数目;

S_v ——接头梯级数的安全因子;

n_{ST} ——梯级数;

F_{bs} ——钢丝绳的拉伸强度,单位为千牛(kN);

F_a ——钢丝绳的黏合强度,单位为牛顿每毫米(N/mm)。

式(A.5)中的 φ 是考虑钢丝绳拉伸强度 F_a 与填充胶条宽度 S_G 之间关系的因子,S_G 按式(A.6)计算,其最大值为 5 mm。

$$S_G=\frac{t}{\frac{n_{st}+1}{n_{st}}}-d \quad \cdots\cdots(A.6)$$

S_G 值不得小于 1.5 mm。有效黏合强度等于黏合强度 F_a 乘以因子，而 φ 可按式(A.7)计算：

$$\varphi = 0.4 + 0.2S_G - 0.018S_G^2 \quad\cdots\cdots\cdots\cdots\cdots\cdots\cdots\cdots\text{(A.7)}$$

接头安全因子 S_v 的取值随一个阶梯组中所含阶梯数的不同而不同，即一阶和二阶接头，$S_v=1.1$；三阶接头，$S_v=1.2$；四阶接头，$S_v=1.3$。

阶梯长度 l_{st} 应圆整为与之最接近 50 mm 的下一个整倍数。

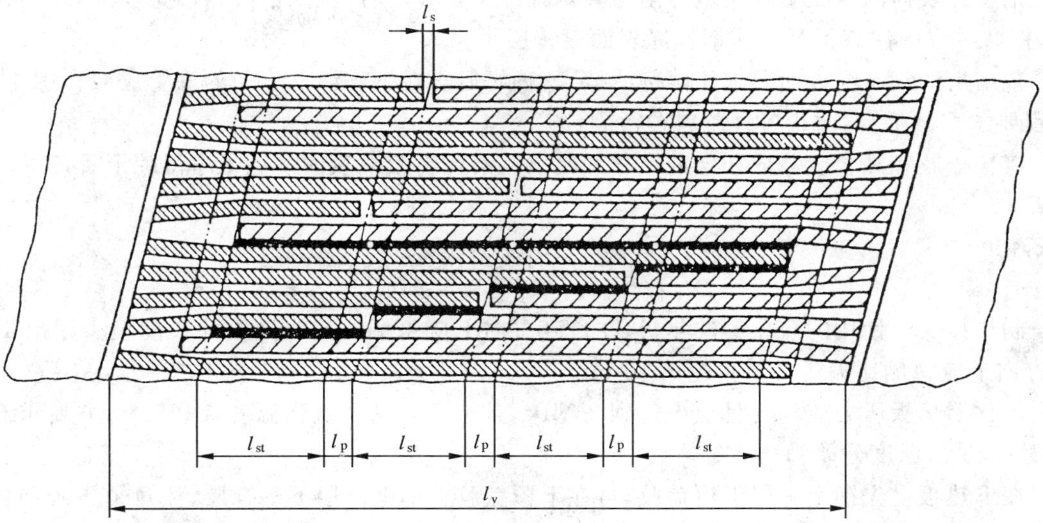

图 A.7　以四阶接头为例，一个阶梯组中有 8 处黏合

A.8　接头材料技术要求

A.8.1　接头胶料

A.8.1.1　接头胶片有覆盖胶及黏合胶两种，与胶带所使用的胶种一致；封口胶片使用覆盖胶。

A.8.1.2　钢丝绳间如用填充胶条填充，胶种与胶带黏合胶一致。

A.8.1.3　各种胶料要求包严，不允许裸露。

A.8.1.4　接头材料应适合于被接合的带，并应确保接头材料没有因老化而降低质量。

A.8.2　接头胶浆

A.8.2.1　胶浆应使用输送带生产者认可的接头胶浆。

A.8.2.2　胶浆使用注意事项：胶浆使用前要检查是否能够搅拌均匀，并成均匀粘稠状液体，无胶颗粒。胶浆存放时密封好，保持浓度不变，无沉淀，无凝块。

A.8.3　溶剂

A.8.3.1　推荐用 120＃溶剂汽油。

A.8.3.2　汽油存放时应密封好，并要求按易燃品安全要求存放规定存放。

A.9　环境要求

A.9.1　温度要求在 10 ℃以上，湿度要求在 70％以下。

A.9.2　接头时在相对封闭的环境中，减少对胶带的污染。

A.10 接头制作方法

A.10.1 接头前检查所用工具是否齐全，将胶带两端分别清擦干净，两端的胶带按照上述尺寸测量并画好线，根据画线位置用裁刀将上下覆盖胶裁掉，剔出钢丝绳。

A.10.2 钢丝绳表面的橡胶要求用裁刀削至离钢丝绳 1 mm 左右，注意不要露出钢丝绳，再用粗砂纸打磨一遍，打磨过程中注意不要损伤钢丝绳表面镀锌层。

A.10.3 裁出后的钢丝绳表面要求用溶剂清擦，整理好后再在钢丝绳上均匀的涂上胶浆待晾干后备用。整个过程要求配戴手套，防止各种胶料被污染。

A.10.4 将覆盖胶和黏合胶裁成相应的尺寸并要求用溶剂将胶片表面清擦干净待晾干后备用。

A.11 硫化

A.11.1 制作接头时使用的硫化器的热板，在长度方向上应每侧比接头处胶片长度至少超出 150 mm，在宽度方向上应每侧比输送带至少超出 50 mm。

A.11.2 硫化器热板压力应均匀且至少达到 2 MPa，且十分均衡。硫化温度≤165 ℃，并要求有显示压力及温度的装置，温度公差为±2 ℃。

A.11.3 在下热板上先铺上一层下覆盖胶，再在下覆盖胶上铺上一层下黏合胶，注意覆盖胶和黏合胶之间不要存气，并将两层胶片压实；将扒好的钢丝绳裁成相应的尺寸并在复合胶片上摆好，摆前要求找出胶带的中心位置，从中间往两侧依次排列，注意保证带体的直线度。

A.11.4 在摆好的钢丝绳与钢丝绳之间要求用填充胶填满，压实，不允许闪缝，有多余或欠缺的地方要及时修补(填充式)。

A.11.5 在钢丝绳上铺上一层黏合胶并用手轮压实，最后将覆盖胶铺上即可；贴合后要将带子用手轮压实。

A.11.6 胶接头处要用封口胶修补完善。

A.11.7 带接头若有缺胶或闪缝的位置要及时填充。接头部位厚度比原带体厚度厚出 0.5 mm～1 mm。

A.11.8 为防止接头处粘硫化器平板，硫化前要采取报纸隔离等适当的隔离方法。

A.11.9 硫化过程中若出现温度不足的情况，可适当延长硫化时间。硫化完毕要求胶带降温至 70℃以下再开模，开模后要及时对胶带接头处进行修剪。

A.11.10 硫化压力为 1.2 MPa～2.0 MPa。

A.11.11 不使带边部位的钢丝绳对接。

A.11.12 在不得不使一根钢丝绳不符合既定的排列方式时，应尽量将其安排在带的中央部位。

A.12 接头工具及辅助材料清单

钢丝绳芯输送带接头工具及材料清单见表 A.6。

表 A.6 钢丝绳芯输送带接头工具及材料清单(示例)

序号	名 称	数 量	备 注
1	硫化器	根据接头长度和宽度定	
2	硫化用垫铁，宽 50 mm	2 根	厚度和长度根据输送带的厚度和接头长度定

表 A.6（续）

序号	名　称	数　量	备　注
3	搭建操作台用木板，厚度 30 mm	2 块	宽度和长度根据输送带的厚度和接头长度定
4	120＃溶剂汽油	5 kg	
5	裁纸刀、刀片	4 把	剥胶用
6	温度计	4 根	
7	打毛机	2 台	
8	弹线	1 个	定中心用
9	刷子	4 把	新的
10	胶浆	5 kg	接钢丝绳胶带用
11	手拉葫芦		
12	手轮	4 把	
13	报纸	10 张	
14	其他接头用通用工具		如卡尺、钳子、粗砂纸等
15	接头用胶片（单位：mm）	根据接头长度和宽度确定	

A.13　接头的标志

带上应具有关于接头的、易读而牢固的标志。标志中字母和数字的高度应至少为 20 mm，字线宽度应至少为 3 mm。

标志内容和顺序的示例如下：

6/94　NN　15　21

接头制作时间（月／年）——6/94

接头制作厂家——NN

接头数目——15

硫化者编号——21

附 录 B
（资料性附录）
买方需提供的有用信息

B.1 适用性

订货时，买方宜向卖方提供对带的设计和选择有用的信息。

B.2 替换带

当给输送机更换新带而订货时，宜提供下列信息：

a) 被替换带的详细特征，即钢丝绳直径、间距、钢丝绳根数、覆盖层厚度、横向增强体、覆盖层类型；
b) 带宽，单位为毫米；
c) 带速，单位为米每秒；
d) 滚筒直径，单位为毫米，标出中凸滚筒的位置；
e) 张紧方法和张紧装置数量；
f) 驱动装置类型，包括其布置和连接方法；
g) 驱动滚筒是绝缘的还是导电的；
h) 托辊的间距、长度和角度；
i) 轮廓草图，指明传动装置、张紧装置、卸料机等的位置，以及运行线路的垂直/水平弯曲部的曲线半径；
j) 带长度，单位为米；
k) 带接头类型；
l) 安装的电机功率；
m) 起动类型；
n) EN 12882 要求的安全类别，即 1、2A、2B、3A、3B、4、5A、5B 或 5C；
o) 头部和尾部的过渡距离；
p) 裂口预防/探测系统。

B.3 用于新装置的附加信息

在适当并且可能的情况下，宜提供下列附加信息：

a) 被输送的物料；
b) 物料状况：潮湿的、干燥的、黏性的、油腻的或磨蚀性的，如果是热的或者冷的，在温度可知的情况下说明温度或者描述状况，是否需要清扫器；
c) 物料的容积密度；
d) 大块物料的尺寸(三维)，单位为毫米；
e) 物料尺寸的平均值，单位为毫米；
f) 物料的近似筛选分析(见 GB/T 10061[1] 和 GB/T 15602[2])；
g) 在将物料放到输送带上之前的物料搬运方法；

h) 给料过程中是否需要对其进行调节，首选的给料机类型；
i) 输送机的日工作量和小时工作量，每日工作小时数；
j) 输送机卸料方法；
k) 提升和下降的高度，单位为米；
l) 初始输送距离（头部滚筒与尾部滚筒的中心距），单位为米；
m) 驱动位置；
n) 电源信息，即电压是交流还是直流；
o) 输送机装置的轮廓草图；
p) 首选的托辊布置图和槽角；
q) 环境条件；
r) 其他特性要求或试验要求。

参 考 文 献

[1] GB/T 10061 筛板筛孔的标记方法
[2] GB/T 15602 工业用筛和筛分 术语

ICS 87.040
Q 18

GB

中华人民共和国国家标准

GB/T 9780—2013
代替 GB/T 9780—2005

建筑涂料涂层耐沾污性试验方法

Test method for dirt pickup resistance and stain remvoal of film of architectural coatings and paint

2013-11-27 发布　　2014-08-01 实施

中华人民共和国国家质量监督检验检疫总局
中国国家标准化管理委员会　发布

前言

本标准按照 GB/T 1.1—2009 给出的规则起草。

本标准代替 GB/T 9780—2005《建筑涂料涂层耐沾污性试验方法》。本标准与 GB/T 9780—2005 相比主要技术变化如下：

——增加了内墙涂料涂层耐沾污性的试验方法(见第 6 章)；

——增加了外墙涂料涂层耐沾污性的烘箱快速法(见 5.4.3,5.5.3)；

——试验用污染源采用《建筑涂料涂层耐沾污性试验用灰标准样品》国家标准样品代替原标准中使用的配置灰(见 5.2,2005 版的第 5 章)；

——试验底材石棉水泥板改为无石棉纤维水泥平板(见 5.1.9,2005 版的 7.2.1)。

本标准由中国建筑材料联合会提出。

本标准由全国轻质与装饰装修材料标准化技术委员会(SAC/TC 195)归口。

本标准负责起草单位：上海市建筑科学研究院(集团)有限公司、陶氏化学(中国)有限公司、广州市建筑材料工业研究所有限公司、立邦涂料(中国)有限公司、上海市涂料研究所、庞贝捷涂料(上海)有限公司、塞拉尼斯(中国)投资有限公司、上海建科检验有限公司。

本标准参加起草单位：巴斯夫(中国)有限公司、江苏省建工建材质量检测中心、广东龙湖科技股份有限公司、杜邦(中国)研发管理有限公司、亚士漆(上海)有限公司、乐意涂料(上海)有限公司、上海曹杨建筑粘合剂厂、阿克苏诺贝尔太古漆油(上海)有限公司、巴斯夫应用化工有限公司、上海中南建筑材料有限公司、北京金隅涂料有限责任公司、中海油常州涂料化工研究院、中国建材检验认证集团股份有限公司、中国建筑科学研究院、三颗树涂料股份有限公司、广州标格达实验室仪器用品有限公司、黑龙江省质量监督检测研究院、上海汇丽涂料有限公司。

本标准主要起草人：楼明刚、胡晓珍、杨勇、徐宴华、孙立德、吕菡、高继东、裴道海、史轶芳、洪波、杨卫疆、王玫玫、徐振伟、徐志新、刘双华、姚丽峰、苏引龙、郭亚菊、王燕、林惠赐、李刚、徐金枝、敖耀珍、彭洪均、乔亚玲、彭菊芳、王连盛、王崇武、朱明、孙国妹、任彬彬。

本标准所代替标准的历次版本发布情况为：

——GB/T 9780—1988、GB/T 9780—2005。

建筑涂料涂层耐沾污性试验方法

1 范围

本标准规定了建筑内、外墙涂料涂层耐沾污性的试验方法。

本标准适用于建筑物和构筑物等内、外墙表面及屋顶表面等装饰和防护涂层耐沾污性的测定。

2 规范性引用文件

下列文件对于本文件的应用是必不可少的。凡是注日期的引用文件，仅注日期的版本适用于本文件。凡是不注日期的引用文件，其最新版本(包括所有的修改单)适用于本文件。

GB/T 250 纺织品 色牢度试验 评定变色用灰色样卡

GB 1790 医药凡士林

GB/T 3186 色漆、清漆和色漆与清漆用原材料 取样

GB/T 6682 分析实验室用水规格和试验方法

GB/T 7044 色素炭黑

GB/T 9266 建筑涂料 涂层耐洗刷性的测定

GB/T 9271—2008 色漆和清漆 标准试板

GB/T 9761—2008 色漆和清漆 色漆的目视比色

GB/T 13171.2 洗衣粉(无磷型)

GB/T 18623 地理标志产品 镇江香醋

GB/T 23981—2009 白色和浅色漆对比率的测定

GB/T 24690 袋泡茶

JC/T 412.1—2006 纤维水泥平板 第1部分：无石棉纤维水泥平板

QB/T 1745.1 自来水笔用墨水 第1部分：非颜料型墨水

YY 0331 脱脂棉纱布、脱脂棉粘胶混纺纱布的性能要求和试验方法

3 原理

外墙涂料涂层耐沾污性试验采用试验用灰标准样品作污染源，将其制成悬浮液，用涂刷法或浸渍法将其附着在涂层试板上，通过测定试验前后反射系数的变化或根据基本灰卡的色差等级评定涂层试板的耐沾污性。外墙涂料涂层耐沾污性试验方法分为涂刷法和浸渍法。涂刷法适用平涂层，浸渍法适用于凹凸状或表面粗糙的涂层。

内墙涂料涂层耐沾污性试验采用常用的生活污渍作污染源，用浸敷法或刮涂法将其附着在涂层试板上进行试验。通过对不同生活污渍的耐沾污性进行加权来评价涂层试板的耐沾污综合能力。

4 通则

4.1 标准试验条件

标准试验条件为温度(23±2)℃，相对湿度(50±5)%。

4.2 取样

产品按 GB/T 3186 的规定进行取样。

5 外墙涂料涂层耐沾污性试验方法

5.1 试验仪器和材料

5.1.1 冲洗装置：由水箱、水管和样板架组成，所用材质均为防锈材料，见图 1。

单位为毫米

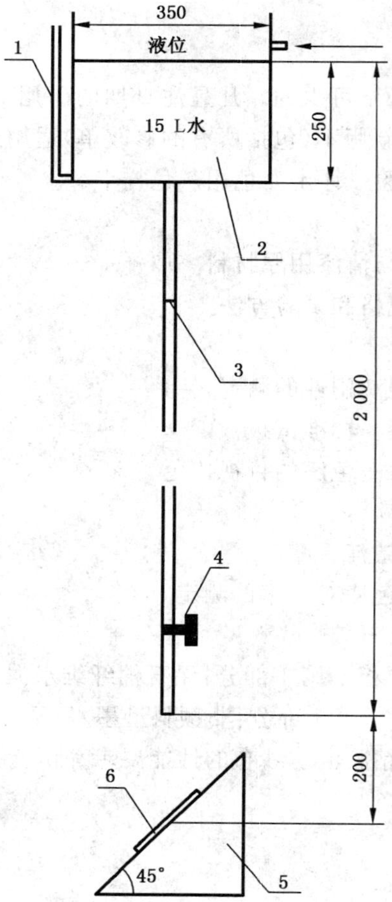

说明：

1——液位计；

2——水箱；

3——内径 $\phi 8$ 水管；

4——阀门；

5——试板架；

6——试板。

图 1 冲洗装置示意图

5.1.2 反射率仪：符合 GB/T 23981—2009 中 4.1 规定。

5.1.3 电子天平：感量不大于 0.1 g。

5.1.4 电热鼓风干燥箱：精度±2 ℃。

5.1.5 线棒涂布器：规格为 80 μm、120 μm。

5.1.6 基本灰卡：符合 GB/T 250 规定。

5.1.7 平底托盘：尺寸不小于 200 mm×120 mm，深度不小于 10 mm。

5.1.8 软毛刷：宽度为 25 mm～50 mm。

5.1.9 试验用底材：符合 JC/T 412.1—2006 中 NAF H V 级要求的无石棉纤维水泥平板，尺寸为 150 mm×70 mm×4 mm～150 mm×70 mm×6 mm。

5.2 试验用污染源

5.2.1 污染源

采用国家标准样品《建筑涂料涂层耐沾污性试验用灰标准样品》。

5.2.2 污染源悬浮液配制

称取适量试验用灰标准样品，试验用灰标准样品与水的质量比为 1∶1，充分搅拌均匀制成悬浮液，每次试验前应现配现用。

5.3 试板制备和养护

5.3.1 将符合 5.1.9 要求的底材表面按 GB/T 9271—2008 中 10.2 的规定进行处理。

5.3.2 涂层试板制备和养护按相关产品标准要求进行，至少制备三块试板。

5.3.3 如无相关产品标准，采用线棒涂布器在无石棉纤维水泥平板上制板。试板尺寸、采用的涂布器规格、涂布道数和养护时间应符合表 1 的规定。涂布两道的时间间隔为水性产品 6 h，溶剂型产品 24 h。若产品注明涂布量，则选择适宜的涂布器按照注明的涂布量分两道进行制板。

表 1 制板要求

检验项目	线棒涂布器规格/μm		养护期/h
	第一道	第二道	
耐沾污性	120	80	168

5.4 涂刷法

5.4.1 试验步骤

5.4.1.1 取按 5.3 养护后的涂层试板，在上、中、下三个位置测试涂层试板的初始反射系数，取其平均值，记为 A。用软毛刷将污染源悬浮液按先横向、后竖向均匀涂刷在涂层试板的表面，污染源悬浮液涂刷量为每块试件(0.7±0.1)g。涂刷好的试板按 A 法(标准状态法)或 B 法(烘箱快速法)进行试验，仲裁检验时应采用 A 法。

5.4.1.2 A 法(标准状态法)

5.4.1.2.1 将 5.4.1.1 的试板在标准试验条件下，放置 2 h 后，置于冲洗装置的试板架上，将已注满 15 L 水的冲洗装置阀门打开至最大，冲洗涂层试板。冲洗时应不断移动涂层试板，使水流能均匀冲洗各部位，冲洗 1 min 后关闭阀门，将涂层试板在标准试验条件下放置至第二天，此为一个循环，整个循环约 24 h。

5.4.1.2.2 按 5.4.1.1 和 5.4.1.2.1 继续进行试验至五次循环后，在涂层试板的上、中、下三个位置测试反射系数，取其平均值，记为 B。每次冲洗涂层试板前均应将水箱中的水添加至 15 L。

5.4.1.3 B 法(烘箱快速法)

5.4.1.3.1 将 5.4.1.1 的试板先放入(60±2)℃烘箱中 30 min，取出在标准试验条件下放置 2 h 后，置于冲洗装置的试板架上，将已注满 15 L 水的冲洗装置阀门打开至最大，冲洗涂层试板。冲洗时应不断移动涂层试板，使水流能均匀冲洗各部位，冲洗 1 min 后关闭阀门，将涂层试板在标准试验条件下放至第二天，此为一个循环，整个循环约 24 h。

5.4.1.3.2 按 5.4.1.1 和 5.4.1.3.1 继续进行试验至二次循环后，在涂层试板的上、中、下三个位置测试反射系数，取其平均值，记为 B。每次冲洗涂层试板前均应将水箱中的水添加至 15 L。

5.4.2 结果计算

外墙涂料涂层耐沾污性按式(1)计算：

$$X_{外} = \frac{|A - B|}{A} \times 100\% \qquad \cdots\cdots(1)$$

式中：

$X_{外}$——外墙涂料涂层的反射系数下降率；

A ——涂层初始平均反射系数；

B ——涂层经沾污试验后的平均反射系数。

结果取三块试板的算术平均值，保留 2 位有效数值，三块试板的平行测定相对误差应不大于 15%。

5.5 浸渍法

5.5.1 试验步骤

5.5.1.1 将按 5.2.2 配制的污染源悬浮液倒入平底托盘中。取按 5.3 制备和养护的涂层试板，将涂层面朝下，水平放入盘中浸渍 5 s 后取出，涂层面朝上。将浸渍好的试板按 A 法(标准状态法)或 B 法(烘箱快速法)进行试验，仲裁检验时应采用 A 法。

5.5.1.2 A 法(标准状态法)

将 5.5.1.1 的试板按 5.4.1.2 的规定进行试验。

5.5.1.3 B 法(烘箱快速法)

将 5.5.1.1 的试板按 5.4.1.3 的规定进行试验。

5.5.2 结果评定

采用 0～4 级共五个等级评定试验结果，分别与基本灰卡(GB/T 250)5、4、3、2、1 共五个等级相对应(见表 2)。

取二块试验后的涂层试板，分别与一块未经试验的涂层试板按 GB/T 9761—2008 中 8.2b)项常规法比色箱与基本灰卡的色差进行比色评定等级。

表 2 评定等级

耐沾污性等级/级	污染程度	观感色差	灰卡等级/级
0	无污染	无可觉察的色差	5
1	很轻微	有刚可觉察的色差	4
2	轻微	有较明显的色差	3
3	中等	有很明显的色差	2
4	严重	有严重的色差	1

6 内墙涂料涂层耐沾污性试验方法

6.1 试验仪器和材料

6.1.1 内墙涂料耐沾污性试验仪：符合 GB/T 9266 规定的耐洗刷仪，其中试验用磨头总质量为(1 500±10)g，见图 2。

单位为毫米

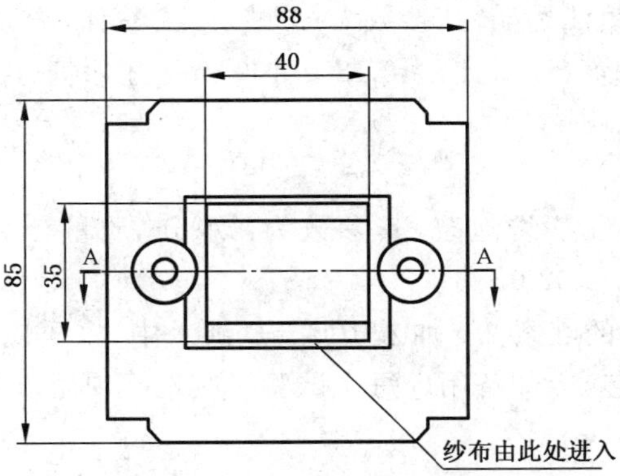

内墙涂料耐沾污性试验仪磨头

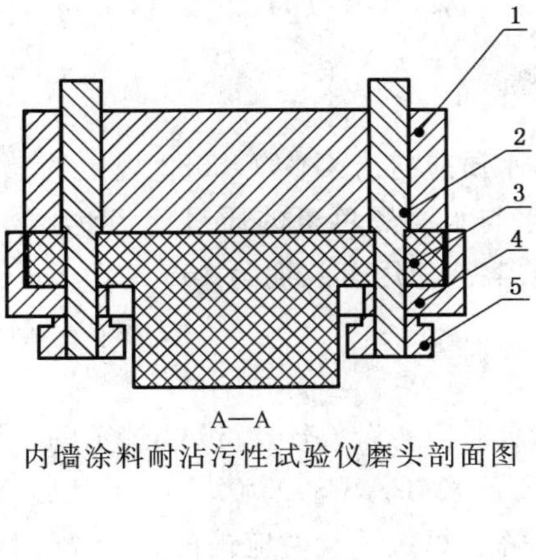

A—A

内墙涂料耐沾污性试验仪磨头剖面图

说明：
1——砝码；
2——固定螺钉；
3——打磨头；
4——打磨头座；
5——收紧螺母。

图 2 内墙涂料耐沾污性试验仪磨头示意图

6.1.2 反射率仪：应符合 GB/T 23981—2009 中 4.1 的规定。

6.1.3 电子天平：感量为 0.1 g。

6.1.4 湿膜制备器：由不锈钢制成，其规格为 150 μm 的间隙式湿膜制备器，所制备的涂层宽度为 100 mm。

6.1.5 刮刀：可以是任何合适的形状和大小，刀片由合适的材料制成，如不锈钢或塑料。

6.1.6 测试用纱布：符合 YY 0331 规定的脱脂棉纱布。

6.1.7 试验用底材：采用光泽(60°) ≤10.0，反射率≤4.0%的黑色聚烯烃塑料片，尺寸为 432 mm×165 mm×(0.25±0.02)mm。

6.2 试验用清洗介质和污渍

6.2.1 试验用清洗介质

将符合 GB/T 13171.2 规定的无磷洗衣粉溶于符合 GB/T 6682 规定的三级水中，配制成质量分数为 2%的洗衣粉溶液，其 pH 值为 9.5～11.0。

6.2.2 试验用污渍

6.2.2.1 食用醋

符合 GB/T 18623 规定的镇江香醋，其参数为：总酸(以乙酸计)≥5.00 g/100 mL，不挥发酸(以乳酸计)≥1.20 g/100 mL，氨基酸态氮(以氮计)≥0.12 g/100 mL，还原糖(以葡萄糖计)≥2.20 g/100 mL。

6.2.2.2 红茶

符合 GB/T 24690 规定的红茶袋泡茶，其参数为：水分(质量分数)≤7.5%，总灰分(质量分数)≤7.5%，水浸出物(质量分数)≥32.0%。

取符合 GB/T 24690 规定的红茶 2 g 加入 100 mL 沸水中，水质应符合 GB/T 6682 规定的三级用水规定。浸泡 30 min 取出茶包，冷却备用。每次试验时应现配现用。

6.2.2.3 蓝黑墨水

符合 QB/T 1745.1 规定的蓝黑墨水，其参数为：色度(吸光度)≥0.26，不溶物≤2.5 mm，pH≥1.5。

6.2.2.4 水溶黑色素溶液

按规定配比将水加入容器中，水质应符合 GB/T 6682 规定的三级用水，在搅拌条件下缓慢加入水溶黑色素(CAS 8005-03-6)，其中水与水溶黑色素的质量比为 97∶3，充分搅拌至黑色素完全溶解。每次试验时应提前 24 h 配制，配制的溶液使用有效期为 168 h。

6.2.2.5 醇溶黑色素溶液

按规定配比将水加入容器中，水质应符合 GB/T 6682 规定的三级用水，在搅拌条件下加入乙醇(分析纯)，混合均匀后缓慢加入醇溶黑色素(CAS 8005-02-5)，其中水、乙醇、醇溶黑色素的质量比为 63∶27∶10，充分搅拌至黑色素完全溶解。每次试验时应提前 24 h 配制，配制的溶液使用有效期为 168 h。

6.2.2.6 凡士林碳黑混合物

符合 GB/T 7044 规定的中色素碳黑(CAS 1333-86-4)，其参数为：吸油值(95±5)mL/100 g，粒径(20±2)nm，比表面积(180±20)m^2/g，着色力≥128%。

凡士林碳黑混合物由中色素碳黑、干洗溶剂油和医药凡士林油脂组成。按规定配比在容器中加入干洗溶剂油(CAS 8052-41-3)和符合上述规定的中色素碳黑,用磁力搅拌器充分搅拌均匀,再将符合GB 1790 规定的医药凡士林油脂放置在(70±2)℃的烘箱中加热 30 min 直至熔融成液体,取出后加入上述干洗溶剂油和碳黑的混合浆,用分散设备以 500 r/min~600 r/min 的转速搅拌至混合均匀。其中干洗溶剂油、中色素碳黑、医药凡士林油脂的质量比为 8∶2∶90。将混合均匀的污渍放置在标准试验条件下直至污渍凝成固态即可。配制好的混合物使用有效期为 168 h。

6.3 试板制备和养护

试样应在 6.1.7 规定的底材上,用符合 6.1.4 规定的湿膜制备器一次均匀涂布。每种污渍至少制备一块试板。

除另有规定外,试板应在标准试验条件下养护 168 h。

6.4 试验步骤

6.4.1 试验区域划分

取按 6.3 养护后的试板,在其中间部分用 2B 铅笔划出三段试验区域,用于内墙涂料涂层耐沾污性试验。每段试验区域宽度(25±2)mm,间隔(20±2)mm,见图 3。

单位为毫米

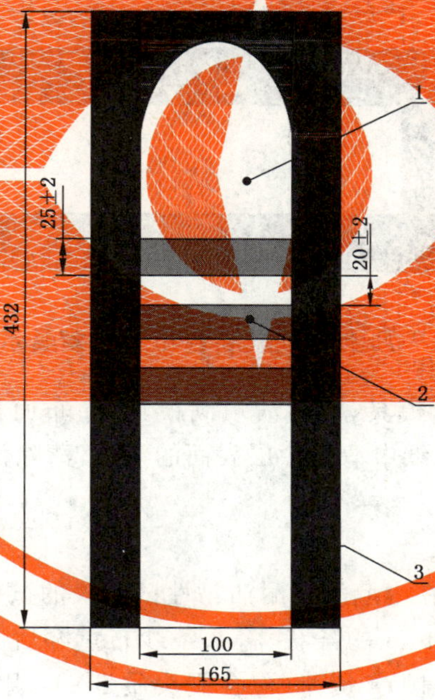

说明:

1——涂料涂层;

2——试验区域;

3——黑色聚烯烃塑料片。

图 3 涂布测试污渍后的涂层试板示意图

6.4.2 试验区域初始反射系数测定

在三段试验区域用反射率仪测试涂层初始反射系数,每段试验区域测试三次,取其平均值,记为 Y_0。

6.4.3 污渍涂布

6.4.3.1 液态污渍涂布

液态污渍包括:食用醋、红茶、蓝黑墨水、配制好的水溶黑色素溶液和醇溶黑色素溶液。

液态污渍涂布方法:将符合6.1.6规定的纱布裁成(120±2)mm×(25±2)mm的条状,共六条,在三段试验区域上各覆盖两条纱布。涂布前,将污渍搅拌均匀,用吸管吸取约3 mL的液体污渍,滴于一段试验区域纱布上,充分浸润纱布。在标准试验条件下静置2 h,然后将纱布小心移除。注意不应污染试验区域以外的涂层或破坏试验区域涂层。用流动的自来水冲洗涂层试板,沥干待用。

6.4.3.2 固态污渍涂布

固态污渍:凡士林碳黑混合物。

凡士林碳黑混合物涂布方法:将符合6.1.7规定的黑色聚烯烃塑料片切成外围尺寸为(160±2)mm×(50±2)mm,内腔尺寸为(100±2)mm×(25±2)mm的长方形模具,见图4。

单位为毫米

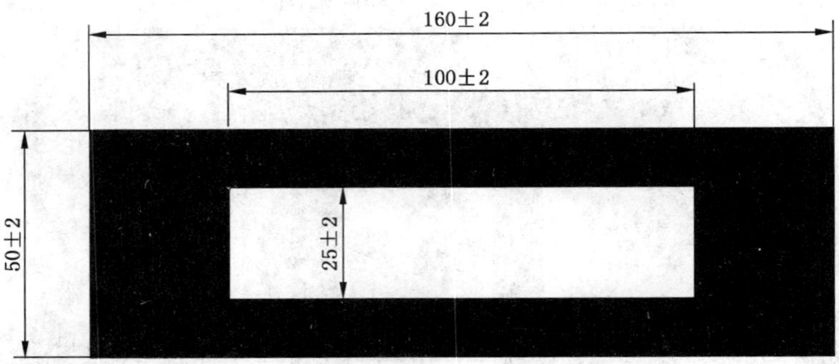

图4 凡士林碳黑混合物涂布模具示意图

在涂层试验区域放置图4所示模具,将污渍填满模具(涂布面积25mm×100mm),用刮刀平整表面,立即除去模具。放置2 h后,用纸巾清除涂层表面的污渍,清除污渍时应注意不得破坏涂层。

6.4.4 污渍清洗

将试板涂层面向上,水平固定在内墙涂料耐沾污性试验仪的试验台板上,将符合6.1.6规定的纱布裁成尺寸为(90±2)mm×(50±2)mm的条状,将八条纱布重叠后固定在图2所示内墙耐沾污性试验仪的磨头上进行试验。在(1 500±10)g负荷(包含刷头质量)下,用浸泡了清洗介质(2%洗衣粉溶液)的纱布按(37±2)次/min的速率连续往返擦洗200次,其间每擦洗50次添加(5±1)mL清洗介质。

擦洗完成后用流动的自来水冲洗涂层试板,在标准试验条件下放置至干燥。

6.4.5 试验区域经耐沾污性试验后反射系数测定

经耐沾污性试验后三段试验区域用反射率仪测试涂层反射系数,每段区域测试三次,取其平均值,记为Y_1。

6.4.6 每段试验区域污渍的耐沾污性计算

内墙涂料涂层对每段试验区域污渍的耐沾污性按式(2)计算:

$$X=\frac{Y_1}{Y_0}\times 100\% \qquad \cdots\cdots(2)$$

式中：

X ——内墙涂料涂层对每段试验区域污渍的耐沾污性，保留2位有效数值；

Y_1 ——试验区域经沾污试验后的平均反射系数；

Y_0 ——试验区域初始平均反射系数。

6.4.7 每种污渍的耐沾污性计算

结果取三段试验区域污渍耐沾污性的算术平均值，记为 $X_{内}$，保留3位有效数值。平行测定的相对误差应不大于5%，否则应重新试验。

6.5 内墙涂料涂层耐沾污能力综合评价

6.5.1 内墙涂料涂层耐沾污能力综合评价：根据涂层对各种污渍的去除能力，将涂层抗单种污渍能力分为十个等级，1～10级（即评分值1～10分）。其中1级所对应的 $X_{内}$ 值是各污渍涂布在涂层上的初始值，也即对该污渍没有任何的去除能力。10级代表最高的污渍去除率，相当于能去除绝大部分污渍。同时，依照污渍的深浅进行分级，即当污渍相对颜色较深时，级差相对较大；当污渍相对颜色较浅时，级差相对较小。

综合涂层对六种污渍去除能力的分级结果，来最终评价内墙涂料涂层的耐沾污综合能力。

6.5.2 根据6.4.7得出的内墙涂料涂层对单种污渍的耐沾污性 $X_{内}$ 按照表3查得涂层对该种污渍的评分值 R。如试验过程中，试验区域内三条污渍中有一条及以上被擦破或有明显磨损现象出现的，则该单种污渍的评分值 R 为0分。

表3 内墙涂料六种污渍评分标准

评分值 R	单种污渍的内墙耐沾污性/%					
	食用醋	红　茶	蓝黑墨水	水溶黑色素	醇溶黑色素	凡士林碳黑混合物
10	$99<X_{内}\leqslant100$	$98<X_{内}\leqslant100$	$96<X_{内}\leqslant100$	$96<X_{内}\leqslant100$	$95<X_{内}\leqslant100$	$99<X_{内}\leqslant100$
9	$98<X_{内}\leqslant99$	$95<X_{内}\leqslant98$	$91<X_{内}\leqslant96$	$91<X_{内}\leqslant96$	$89<X_{内}\leqslant95$	$98<X_{内}\leqslant99$
8	$97<X_{内}\leqslant98$	$91<X_{内}\leqslant95$	$85<X_{内}\leqslant91$	$85<X_{内}\leqslant91$	$82<X_{内}\leqslant89$	$97<X_{内}\leqslant98$
7	$96<X_{内}\leqslant97$	$86<X_{内}\leqslant91$	$78<X_{内}\leqslant85$	$78<X_{内}\leqslant85$	$74<X_{内}\leqslant82$	$96<X_{内}\leqslant97$
6	$95<X_{内}\leqslant96$	$80<X_{内}\leqslant86$	$70<X_{内}\leqslant78$	$70<X_{内}\leqslant78$	$65<X_{内}\leqslant74$	$95<X_{内}\leqslant96$
5	$93<X_{内}\leqslant95$	$73<X_{内}\leqslant80$	$61<X_{内}\leqslant70$	$61<X_{内}\leqslant70$	$55<X_{内}\leqslant65$	$93<X_{内}\leqslant95$
4	$90<X_{内}\leqslant93$	$65<X_{内}\leqslant73$	$51<X_{内}\leqslant61$	$51<X_{内}\leqslant61$	$44<X_{内}\leqslant55$	$90<X_{内}\leqslant93$
3	$86<X_{内}\leqslant90$	$56<X_{内}\leqslant65$	$40<X_{内}\leqslant51$	$40<X_{内}\leqslant51$	$32<X_{内}\leqslant44$	$86<X_{内}\leqslant90$
2	$81<X_{内}\leqslant86$	$46<X_{内}\leqslant56$	$28<X_{内}\leqslant40$	$28<X_{内}\leqslant40$	$19<X_{内}\leqslant32$	$81<X_{内}\leqslant86$
1	$X_{内}\leqslant81$	$X_{内}\leqslant46$	$X_{内}\leqslant28$	$X_{内}\leqslant28$	$X_{内}\leqslant19$	$X_{内}\leqslant81$

6.5.2.1 内墙涂料涂层耐沾污综合能力

内墙涂料涂层耐沾污综合能力评价按式(3)计算：

$$R'=\frac{\sum_{i=1}^{n=6}R_i}{n}\times10 \qquad \cdots\cdots(3)$$

式中：

R'——内墙涂料涂层耐沾污综合能力，保留整数位；

R_i——内墙涂料涂层对第 i 种污渍的评分值；

n ——测试污渍总数 6 种。

7 试验报告

试验报告至少应包含以下内容：

a) 本标准号；

b) 试验样品的名称、类型、批次、生产日期及生产厂名；

c) 外墙涂料涂层耐沾污性注明 A 法(标准状态法)或 B 法(烘箱快速法)；

d) 内墙涂料涂层耐沾污性注明污渍牌号；

e) 内墙涂料涂层耐沾污性试验结果：单种污渍的耐沾污性和内墙涂料涂层耐沾污综合能力；

f) 外墙涂料涂层耐沾污性试验结果；

g) 试验日期；

h) 可能影响结果的任何因素。

ICS 29.120.50
K 31

中华人民共和国国家标准

GB 9816.1—2013
代替 GB 9816—2008

热熔断体 第1部分:要求和应用导则

Thermal-links—Part 1:Requirements and application guide

(IEC 60691:2002,Thermal-links—Requirements and application guide,MOD)

2013-12-31 发布 2015-07-13 实施

中华人民共和国国家质量监督检验检疫总局
中国国家标准化管理委员会 发布

前　言

本部分的全部技术内容为强制性。

GB 9816《热熔断体》分为两个部分：

——第1部分：要求和应用导则

——第2部分：特殊要求[1)]

本部分为GB 9816的第1部分。

本部分按照GB/T 1.1—2009给出的规则起草。

本部分代替GB 9816—2008《热熔断体的要求和应用导则》。

本部分与GB 9816—2008相比，主要变化如下：

——第5章明确了对测试机构试验环境的要求；

——根据产品的实际电气参数调整了10.6.2的表5；

——为了确保热熔断体产品质量，11.1保持温度试验由在制造商需要时进行改为必须进行试验，并规定了具体的测试要求；

——根据热熔断体产品实际使用情况，增加了11.2.2额定负载条件下的动作温度；

——标准正文及附录中涉及美国等国家的技术要求的内容，均改为注释内容。

本部分使用重新起草法修改采用IEC 60691：2002《热熔断体的要求和应用导则》及其2006年的修订件1和2010年的修订件2。

本部分与IEC 60691：2002的技术性差异及其原因如下：

——关于规范性引用文件，本部分做了具有技术性差异的调整，以适应我国的技术条件，调整的情况集中反映在第2章"规范性引用文件"中，具体调整如下：

- 用GB/T 4207—2012　固体绝缘材料耐电痕化指数和相比电痕化指数的测定方法(IEC 60112：2009，IDT)代替IEC 60112：2003；
- 用GB/T 5169.16—2008　电工电子产品着火危险试验　第16部分：试验火焰50 W水平与垂直火焰试验方法(IEC 60695-11-10：2003，IDT)代替IEC 60695-11-10：1999＋A1：2003；
- 用GB/T 5169.17—2008　电工电子产品着火危险试验　第17部分：试验火焰500 W火焰试验方法(IEC 60695-11-20：2003，IDT)代替IEC 60695-11-20：1999；
- 用GB 8898—2011　音频、视频及类似电子设备　安全要求(IEC 60065：2005，MOD)代替IEC 60065：2001＋A1：2005；
- 用GB 14536.1—2008　家用和类似用途电自动控制器　第1部分：通用要求(IEC 60730-1：2003，IDT)代替IEC 60730-1：1999＋A1：2003；
- 用GB/T 16935.1—2008　低压系统内设备的绝缘配合　第1部分：原理、要求和试验(IEC 60664-1：2007，IDT)代替IEC 60664-1：1992＋A1：2000＋A2：2002；

——为了确保热熔断体产品质量，11.1保持温度试验由在制造商需要时进行改为必须进行试验，并规定了具体的测试要求；

——根据热熔断体产品实际使用情况，增加了11.2.2额定负载条件下的动作温度。

本部分做了下列编辑性修改：

1）正在申请立项，并在制定中。

——为适应热熔断体技术的发展，计划今后制定特殊要求的标准，本部分的标准名称由《热熔断体的要求和应用导则》修改为《热熔断体　第1部分：要求和应用导则》；

——根据GB/T 1.1有关规定，在第1章“范围”中第1段补充了“GB 9816的本部分规定了热熔断体的分类、标志、机械要求、电气要求、温度试验、防锈的技术要求。”；

——因为增加了11.2.2额定负载条件下的动作温度，所以将IEC 60691：2002中11.2改为11.2.1额定动作温度 T_f；

——根据GB/T 1.1有关规定，将IEC 60691：2002中9.4后的表2移到首次引用该表的9.2中。

本部分由全国熔断器标准化技术委员会(SAC/TC 340)归口。

本部分起草单位：中国电器科学研究院有限公司、厦门赛尔特电子有限公司、南京萨特科技发展有限公司、漳州雅宝电子有限公司、旭程电子(深圳)有限公司、泰科电子瑞侃电路保护部、艾默生电气(深圳)有限公司、东莞市万成保险丝有限公司、华德电子有限公司、好利来(中国)电子科技股份有限公司、威凯检测技术有限公司、佛山市顺德区金驭电子有限公司、江阴市志翔电子科技有限公司、中山市兢科电子有限公司、中山市龙德电器有限公司、廉江市石岭佳保电器元件厂、洪湖市蓝光电子有限责任公司、AEM科技(苏州)股份有限公司、佛山市南海区昌才电器元件厂、力特保险丝有限公司、深圳市百胜电气有限公司、深圳市良胜电子有限公司。

本部分主要起草人：孔睿迅、蔡军、许由生、南西荣、张序星、施明木、黄奇波、刘建勇、李勤伟、胡汝财、颜琼章、林文渊、袁曲、张军、马志军、李志强、李钟强、陈培广、代柏林、郑索平、黎志强、张军衍、刘杰、罗新旭、董湧、赖文辉。

本部分所代替标准的历次版本发布情况为：

——GB 9816—1988、GB 9816—1998、GB 9816—2008。

引　言

热熔断体——定义为一次性动作而不可复位的装置——广泛应用于设备的热保护，在故障条件下防止一个或多个部位达到危险的温度。

由于这些元器件与小型熔断体有若干相同之处，且可达到相近的保护等级，因此本系列标准力图为此类器件制定出一系列的基本要求。

热熔断体
第1部分:要求和应用导则

1 范围

GB 9816的本部分规定了热熔断体的分类、标志、机械要求、电气要求、温度试验、防锈的技术要求。

本部分适用于安装在一般户内环境下使用的电器、电子设备及类似的组件中,用以防止它们在故障情况下出现超温的热熔断体。

注1:设备不一定是设计用来产生热量的。

注2:防止超温的有效性与热熔断体的安装位置和安装方法以及所承载的电流大小有关。

注3:应注意表3规定的外部爬电距离和电气间隙在某些情况下可能小于某些电器或设备标准规定的要求。在此情况下,当此类设备在安装热熔断体时,应考虑采取措施使爬电距离和电气间隙达到相应设备标准的规定值。

如果热熔断体所处环境的气候和其他条件和本部分所规定的相类似,则本部分也可用于非室内条件下使用的热熔断体。

本部分也适用于简单形状的热熔断体(如熔断片或熔断丝),只要其工作时排出的熔融材料不会影响设备的安全使用,尤其对于手持式或便携式设备,无论其位置如何,均不会影响它们的安全使用。

本部分适用于额定电压不超过交直流690 V、额定电流不超过63 A的热熔断体。

本部分的目的是:

a) 制定对热熔断体的要求;

b) 定义试验的方法;

c) 为热熔断体在设备中的应用提供有用的信息。

本部分不适用于腐蚀性或爆炸性大气等极端条件下使用的热熔断体。

本部分不适用于用在频率低于45 Hz或高于62 Hz的交流电路上的热熔断体。

2 规范性引用文件

下列文件对于本文件的应用是必不可少的。凡是注日期的引用文件,仅注日期的版本适用于本文件。凡是不注日期的引用文件,其最新版本(包括所有的修改单)适用于本文件。

GB/T 4207—2012 固体绝缘材料耐电痕化指数和相比电痕化指数的测定方法(IEC 60112:2009,IDT)

GB/T 5169.11—2006 电工电子产品着火危险试验 第11部分:灼热丝/热丝基本试验方法 成品的灼热丝可燃性试验方法(IEC 60695-2-11:2000,IDT)

GB/T 5169.16—2008 电工电子产品着火危险试验 第16部分:试验火焰 50 W水平与垂直火焰试验方法(IEC 60695-11-10:2003,IDT)

GB/T 5169.17—2008 电工电子产品着火危险试验 第17部分:试验火焰 500 W火焰试验方法(IEC 60695-11-20:2003,IDT)

GB/T 5169.19—2006 电工电子产品着火危险试验 第19部分:非正常热 模压应力释放变形试验(IEC 60695-10-3:2002,IDT)

GB/T 5169.21—2006 电工电子产品着火危险试验 第21部分:非正常热 球压试验(IEC 60695-10-2:2003,IDT)

GB 8898—2011 音频、视频及类似电子设备 安全要求(IEC 60065:2005,MOD)

GB/T 11021—2007 电气绝缘 耐热性分级(IEC 60085:2004,IDT)

GB/T 11026.1—2003 电气绝缘材料 耐热性 第1部分:老化程序和试验结果的评定(IEC 60216-1:2001,IDT)

GB 14536.1—2008 家用和类似用途电自动控制器 第1部分:通用要求(IEC 60730-1:2003,IDT)

GB/T 16935.1—2008 低压系统内设备的绝缘配合 第1部分:原理、要求和试验(IEC 60664-1:2007,IDT)

GB 17196—1997 连接器件 连接铜导线用的扁形快速连接端头 安全要求(idt IEC 61210:1993)

3 术语和定义

下列术语和定义适用于本文件。

3.1

电气间隙 clearance

两导电部件之间通过空气测得的最短距离。

3.2

爬电距离 creepage distance

两导电部件之间沿绝缘材料表面测得的最短距离。

3.3

保持温度 holding temperature

T_h

热熔断体在规定条件下,规定时间内不改变其导通状态的最高温度。

3.4

(热熔断体的)同质系列 homogeneous series (of thermal-links)

具有相同整体结构的一个系列的热熔断体,这一系列中的热熔断体的差异体现在如下所述的特性中:对于一个指定的试验,对此系列中的某种或不是全部的几种产品进行试验便能代表此系列中的全部产品。

3.5

断开电流 interrupting current

I_b

在额定电压和规定的电路条件下,热熔断体能够安全断开的电流值。

3.6

最高极限温度 maximum temperature

T_m

由制造厂规定的温度。在此温度下,热熔断体导电状态已改变,但其机械性能和电气性能在规定时间内不至于减弱。

3.7

辅助工作制 pilot duty

切换装置的指定的额定值。此切换装置是用来控制另外一个诸如螺线管、继电器或接触器之类电磁装置的线圈的。

3.8

便携式设备　portable equipment

操作时可以移动或当连接电源时能方便地从一处移动到另一处的设备。

3.9

额定电流　rated current

$\boldsymbol{I}_{\mathrm{r}}$

用来对热熔断体进行分类的电流。

3.10

额定动作温度　rated function temperature

$\boldsymbol{T}_{\mathrm{f}}$

在仅通以不超过 10 mA 的探测电流的条件下，测得的使热熔断体导电状态改变的温度。

3.11

额定电压　rated voltage

$\boldsymbol{U}_{\mathrm{r}}$

用来对热熔断体进行分类的电压。

3.12

热元件　thermal element

构成热熔断体一部分的金属或非金属的可熔性材料，可通过自身状态的改变——例如由固体变为液体——来响应某一已确定的温度值。

3.13

热熔断体　thermal-link

装有热元件的不可复位的器件，当它被暴露在超过所设计的温度下达到一个足够长的时间时会将电路断开。

3.14

瞬时过载电流　transient overload current

$\boldsymbol{I}_{\mathrm{p}}$

在不削弱其特性的情况下，热熔断体能够承受的直流脉冲序列。

3.15

型式试验　type test

基于一个或多个样品的、代表实际生产的符合性试验。

3.16

扩展保持温度　extended holding temperature

$\boldsymbol{T}_{\mathrm{h100}}$

在额定电压下、通以额定电流时，热熔断体能够在 100 周时间内保持导通状态而不动作的最高温度，符合扩展保持温度的评估(见附录 D)。

注：可作为用户在考察终端产品时所考虑的一个额定值。

3.17

导热老化试验　conductive heat ageing test;CHAT

评估使用于器具的热熔断体的试验(见附录 C)。

注：如果试验结果符合要求，热熔断体将被指派一个 CHAT 额定值。这一额定值作为整机用户考察终端产品之依据。

4　通用要求

设备的可靠热保护不仅取决于热熔断体的性能，而且在很大程度上取决于热熔断体在设备中的安装情况，因此，除了好的工程实践之外，也应考虑附录A中有关应用导则的要求。

热熔断体应具有足够的电气和机械强度，且当在本部分所规定的要求下使用时，其结构应保证能承受在安装和正常使用时遇到的各种情况下的可能的操作。

当热熔断体改变其导电状态时，应无持续的电弧或火焰产生，也不应排出可能危及周围环境或是导致电击或着火危险的物质。

注：对于使用片状或丝状的热熔断体，应注意防止熔融材料造成短路或缩短爬电距离及电气间隙，以至于削弱设备的绝缘系统。

在热熔断体动作后，在当其所处环境温度不超过最高极限温度 T_m 的情况下，热熔断体不会产生使设备防电击和电击穿性能削弱的损坏。

5 试验的一般说明

除非另有规定，只有那些不要求在环境试验箱和/或烘箱中进行的试验才要求在下述大气条件下进行：

温度：15 ℃～35 ℃；

相对湿度：25%～75%；

气压：8.6×10^4 Pa～1.06×10^5 Pa。

注1：在进行试验及整个试验过程中，需满足上述所要求的大气条件。当不进行试验时，测试机构所在之处不需保持所要求的大气条件。

当上述涉及条件对试验的影响较大时，则这些条件在试验期间应保持不变。

如果本条款规定的温度范围对某些试验而言过宽，则在对试验结果有疑问的情况下，在23 ℃±1 ℃的温度下重复进行这些试验。

在每份试验报告中，均应注明试验的环境温度。如在试验期间未能满足本部分对相对湿度或气压的要求，则应在报告中予以说明。

如果试验的结果在一个可评估的范围内受到样品的安装位置和安装方法的影响，则应选择最不利的条件进行相关试验并予以记录。

如果热熔断体是专门设计并用于特殊类型的设备且不能被单独试验的，则本部分的试验需在此设备中，或是此设备的相关的部件上或类似的部件上进行。

当对同质系列的热熔断体进行试验时，最低和最高额定动作温度 T_f 的热熔断体应进行所有试验项目的测试。对额定动作温度 T_f 居中的热熔断体只需进行10.6、11.2、11.3和11.4的试验。

所需要样品的总数为45个。在45个样品中选取15个以备某些试验的重复进行。剩下30个样品分为10组，每组3个样品，并以字母标记为A到J。一般来说，试验要按照表1所示的顺序进行，但当有要求时，试验可以重复，例如对于标志的试验（见第7章）。按照表1注2的要求可能需要额外的样品。

注2：对于可选试验，根据附录的要求需要增加附加样品。

如果任意章节中的任意一个试验出现了不合格的情况，则必须明确出现不合格情况的原因并采取相应的整改措施。基于不合格情况的分析报告和所采取的整改措施，最低限度应取2倍数量的已整改的样品重复进行相关的试验，且不允许再出现不合格。

附录C的导热老化试验在制造商声明时适用。

例外：如果热熔断体是无触头的结构，则导热老化试验不必进行。

对于使用易熔合金作为感温体的热熔断体的确认要求（如适用）见附录F。

表 1　试验程序

标准章条	试验项目	样品组别									
		A	B	C	D	E	F	G	H	I	J
7*	标志(擦拭试验)	×	×								
9	机械要求										
9.2*	拉力	×									
9.3*	推力		×								
9.4*	弯折/扭曲			×							
10	电气要求										
10.1*	爬电距离和电气间隙						×	×			
10.2*	温度和湿度循环处理	×	×	×			×	×			
12*	防锈(仅铁质部件)	×	×	×							
10.3*	电气强度(如适用)	×	×	×			×	×			
10.4*	绝缘电阻(如适用)	×	×	×			×	×			
10.5*	耐电痕化				×	×					
10.6	断开电流						×	×			
10.7*	瞬时过载电流	×	×						×		
11	温度试验										
11.2	检查 T_f	×		×							
11.3	检查 T_m 并接以电气强度和绝缘电阻试验			×	×						
11.4	老化		×			×			×	×	×
	第 1 步(选择性)　21 d										
	第 2 步(强制性)　21 d										
	第 3 步(强制性)　14 d										
	第 4 步(强制性)　7 d										
	第 5 步(强制性)　7 d										
	第 6 步(强制性)　24 h										
10.3	电气强度	×	×			×	×	×	×	×	×
10.4	绝缘电阻	×	×			×	×	×	×	×	×
7*	标记(仅视检)	×	×								

注 1：对同质系列中间额定值的样品，带"*"的项目可不做。

注 2：如果 10.6.2 中 c)、d)、e)中所述的电压、功率和电流条件不能在一次试验内被涵盖，那么在每个测试条件下进行的测试应至少包含有 3 个样品。

6 分类

6.1 电气条件

对于电气条件，以下术语适用：

——电压

- AC
- DC

——电流

- 电阻性
- 电感性
  - 电动机
  - 辅助工作制
  - 放电灯

6.2 热条件

对于热条件，下列符号和简写适用：

——T_f

——T_h

——T_m

——CHAT

——$T_{h\text{-}100}$

6.3 耐电痕化

对于耐电痕化，下列范围适用：

——耐电痕化指数为120～174；

——耐电痕化指数为175～249；

——耐电痕化指数大于或等于250。

注：耐电痕化试验方法按标准GB/T 4207的规定。

7 标志

每个热熔断体应有如下标志：

a) 类型或参考目录；

b) 制造厂名或商标；

c) 额定动作温度 T_f，以 T_f 开始并接以摄氏温度为单位的数字（标以℃或C），T_f 也可以忽略不标；

d) 识别产品的生产日期并且至少在10年内不重复的日期代码和生产厂地址或代码，这些标识可以标注在热熔断体本体或最小包装上。

注1：如果只有一个生产厂，生产厂地址可省略。

如果对于每一个不同的额定动作温度都用不同的类型或参考目录来表示，则额定动作温度 T_f 标识可省略。

如果尺寸允许，诸如接以字母V的额定电压值、接以字母A的额定电流值和一些需要的可选标记可以标识在热熔断体上。

标志应是清晰且耐磨的。

标志的耐磨性是通过用一块浸水的布片轻轻擦拭 15 s 时间、试着除去标志来进行检验的。清晰度通过视检确定。进行完 11.4 的老化试验后，标志是否符合要求通过视检确定。

注 2：图 G.1 中所示的设备可替代“轻轻擦拭”来进行标志耐磨性试验。

如果样品的尺寸过小且预定不做更换，则上述 a)、b)、c) 和 d) 中规定的标志可以和本标准号一同印在包装袋上。

是否符合要求，通过视检确定。

8 文档

制造商应在其技术文档、目录或是安装手册中提供除第 7 章中所需之外的如下的信息：

a) 按第 6 章的分类；

b) 对于每一种分类

  1) 特性温度 T_f、T_h、T_m；

  2) 特性电流 I_r、I_b、I_p；

  3) 额定电压 U_r；

c) 密封、使用浸渍液体或清洁剂的适用性；

d) 在设备中安装热熔断体的相关信息；

e) 尺寸较小且预定不做更换的热熔断体。

注 1：为了避免对热熔断体的可能的损坏，如果终端设备涉及到密封或使用清洁剂，则应向制造商进行咨询。

注 2：为安全起见，应在文档中清楚地标明：热熔断体为不可修复的元件；在进行更换时，应使用同一厂家相同参考目录的相同的产品，并以相同的方式进行安装。

注 3：目录或是参考编号应定义那些诸如温度、电流和电压等联合在一起可以确定热熔断体分类的参数。

9 机械要求

热熔断体应具有足够的机械强度和稳定性，以便承受在操作、正常使用，以及相应的终端设备的故障条件下可能遇到的各种作用力。

插片端子的结构应符合 GB 17196 的要求。

除了陶瓷及其他那些在预期的温度范围内有足够的尺寸稳定性的材料外，载流部件的接触压力不应通过绝缘材料传递，除非相应的金属部件有足够的弹性来补偿非金属材料产生的收缩或变形。

载流部件应有足够的机械强度以承载额定电流，且其材料对于特定的应用应是可接受的。

对于载流部件，其温升限值应参考 GB 14536.1—2008 中表 14.1 的规定。

如果未绝缘的带电部件(包括端子)存在由于旋转或移动位置而导致相应的间隙减小到不满足本部分其余章节要求的危险的话，则不应依靠摩擦力来固定这些未绝缘的带电部件并使之用来支撑表面。触头装配的安全性应使触头对齐在位。

引线和端子部分应予以固定，使得在安装和正常使用中作用于其上的力不会影响到热熔断体的动作。用在器具或部件中的带有成型引线并密封的热熔断体，其引线的弯曲离密封处的距离不应小于 3 mm。

例外：如果满足下列条件，则引线的弯曲离密封处可以小于 3 mm：

a) 热熔断体制造商的弯曲设备和工序不会将外力传递到热熔断体的动作机构上，并且

b) 成型的试验样品应承受 9.4 所要求的引线牢固性的弯折/扭曲试验和按照 11.2 所要求的额定动作温度试验。

引线截面积小于 0.21 mm^2 的热熔断体应提供使用说明以指导使用者在考虑到热熔断体的温度响应的前提下如何在设备中进行安装。说明书还应包括器具内的移动和振动可能会作用于热熔断体的端子、连接处和其他安装部件上的指导。

用于锡焊连接的端子应提供诸如孔之类的手段，使得导体可以不依靠焊锡而保持在位。

如果可行，须提供牢固固定热熔断体的装置。

例外：预定嵌入绕组和类似用途的热熔断体不必提供安装装置。

螺钉、螺母或其他用来安装带有热熔断体的部件的紧固件应和那些用来固定此部件上的元件的紧固件相独立。

是否符合要求通过进行 9.1 的引线牢固性测试来判定。应随热熔断体向终端设备制造商提供符合附录 A 要求的安装和固定说明书。

9.1 引线牢固性测试

如果在热熔断体的引线上施加力会导致一个或多个部件的损坏，而这些部件的损坏会直接或间接地将应力传递到动作机构，那么热熔断体需要进行 9.2、9.3 和 9.4 的试验。进行完 9.2 和 9.3 的试验后，应不会产生使热熔断体重新接通或减小爬电距离或电气间隙的部件的移位。进行完 9.4 的试验后，除了引线外的其他部分不能有移位。

9.2 拉力试验

在任何方便且不会损坏热熔断体的方式下安装好样品，在每条引线上施加表 2 规定的拉力 1 min。

表 2 端子强度——拉力推力试验所需的最小力

端子标称横截面积 A/mm^2	拉力/N	推力/N
不大于 0.05	1	0.25
大于 0.05 且不大于 1.2	$20 \times A$	$5 \times A$
1.2 以上	40	8
注：A 代表端子的标称横截面积，单位为 mm^2。		

9.3 推力试验

在任何方便且不会损坏热熔断体的方式下安装好样品，在每条引线距热熔断体本体 2 mm 处施加表 2 规定的推力 1 min。

9.4 弯折/扭曲试验

热熔断体应有足够的刚性而不至于损坏。在距离热熔断体本体 10 mm 处，每条引线应被弯折 90°之后，再将引线扭曲 180°，如图 1 所示。

注：若引线短于 10 mm，弯折处距热熔断体本体的测试位置由制造商给出。

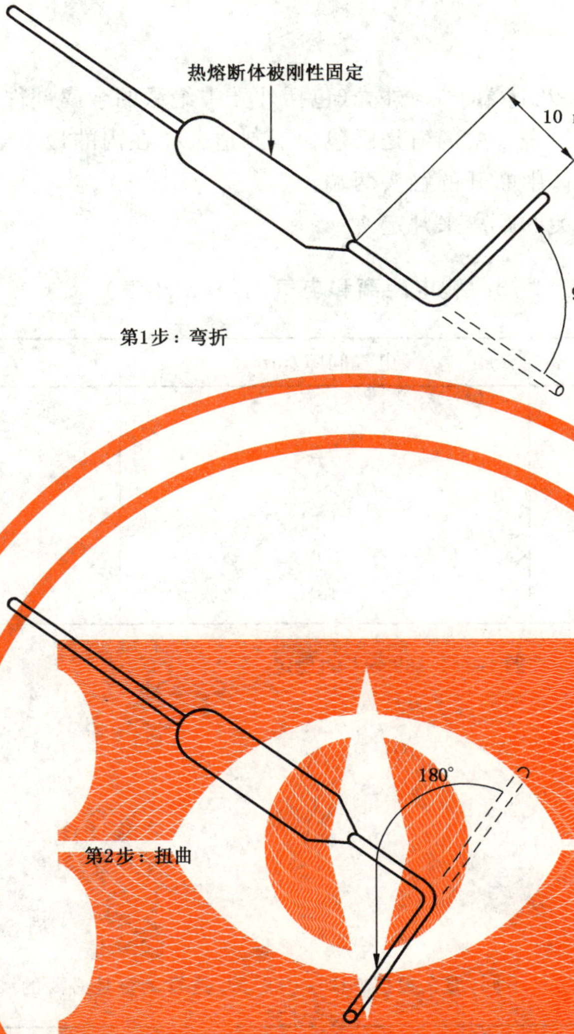

图 1　弯折/扭曲试验

10　电气要求

热熔断体应符合本章对试验电压、电流、绝缘电阻、爬电距离和电气间隙的相应要求。

热熔断体中用于电流路径的触头应能承受电路中电源电压所产生的电压应力。与端子连为一体的载流部件或触头通常用绝缘材料与诸如装配架、金属外壳等类似的金属部件相隔开。

如果热熔断体的装配架或外壳的金属部件是易触及的，或者是通过低阻抗连接至设备的可被使用者从外部触及的金属外壳上的，则热熔断体的载流部件与这些可导电的外壳之间在给定的环境温度和湿度条件下应有足够的绝缘。

如果有必要对绝缘材料进行评估，则应使用下述标准：GB/T 11021、GB/T 5169.16、GB/T 5169.11、GB/T 5169.17、GB/T 5169.19、GB/T 5169.21、GB/T 11026.1。

例外：不是用来定位触头或是固定引线的密封胶和合成化合物，可按照附录 E 的规定进行密封老化试验。

注 1：制造厂声明的额定电压 U_r，用来确定试验电压的相关的值。

注 2：热熔断体的电压额定值必须由电路的电源电压来确定。可通过增加绝缘，例如用绝缘材料包裹热熔断体，来提高热熔断体载流部件和外壳之间绝缘的电压等级。

10.1 爬电距离和电气间隙

热熔断体的载流部件(触头及其端子)与外壳(包括外壳中绝缘的金属部件)之间的爬电距离和电气间隙应不小于表3中的规定值。表3中的值是已包含了制造公差在内的最小绝对值。

爬电距离不适用于热熔断体中断开的触头两端。

是否符合要求通过测量相关的距离来判定。

表3 爬电距离和电气间隙(最小值)

额定电压 U_r/V	电气间隙/mm	爬电距离/mm
0～32	0.2	0.53
33～50	0.2	1.2
51～125	0.5	1.5
126～250	1.5	2.5
251～400	3.0	4.0
401～690	4.0	6.9

注1:电气间隙和爬电距离的值按照GB/T 16935.1的规定。

注2:所确定的值是针对热熔断体的典型应用且假定:

a) 持续电压应力;

b) 海拔高度2 000 m;

c) 基本绝缘;

d) 不同范围;

e) 过电压类别Ⅱ;

f) 污染等级2;

g) 材料组别Ⅲa。

注3:如果条件和注2中的规定的不同,那么根据GB/T 16935.1进行调整是必要的。

10.2 潮湿处理

热熔断体不应在预期使用的环境条件下受到潮湿的影响。是否符合要求通过对试样按下述要求进行试验,并在试验之后立即进行电气强度试验(见10.3)和绝缘电阻试验(见10.4)来确定。

对于温度和湿度循环处理,热熔断体样品应经受3个完整的处理周期。每个周期包括在T_h温度下保持24 h,紧接着(在15 min内)在35 ℃±5 ℃和90%±5%相对湿度的环境下放置至少24 h,最后在0 ℃±2 ℃下放置8 h。

注:电气强度和绝缘电阻试验在样品从试验箱内取出后进行。

10.3 电气强度

无论是在热熔断体动作前后,还是在经受10.2规定的试验之后,热熔断体均应有足够的电气强度。

是否符合要求通过在完成了10.2的试验后立即进行下述的电压试验来确定,如果适用,亦通过在第11章的温度试验之后进行相同的电压试验来确定。

试验电压值应符合表4的规定。

绝缘经受频率在45 Hz～62 Hz之间的基本正弦波的试验电压。

先施加不超过规定值一半的电压,然后以约500 V/s的速度升至全值。

潮湿试验后,立即用金属箔包裹热熔断体的外壳,并在断开的触头之间、带电部件与金属箔之间施加试验电压 1 min。

如无闪络或击穿发生,则认为样品满足要求。[2)]

注:推荐使用输出功率不小于 100 VA 的电力变压器用于此试验。

表 4 电气强度的试验电压

施加电压部位	试验电压
带电部件与外壳之间	$2U_r + 1\,000$ V
断开的触头端子之间	$2U_r$

10.4 绝缘电阻

热熔断体在其导电状态改变前后及经受了 10.2 的试验之后均应有足够的绝缘电阻。

是否符合要求通过在潮湿试验后及在第 11 章的温度试验热熔断体动作前后测量其绝缘电阻来确定。应在导电路径与包裹金属箔的外壳之间(如适用)及断开的触头端子之间施加 2 U_r 的直流电压来测量绝缘电阻。

注:使用直流电压测量是为了消除电容电流的影响。

如在导电路径与外壳之间测得绝缘电阻不小于 2 MΩ,在断开的触头端子之间测得绝缘电阻不小于 0.2 MΩ,则认为样品满足要求。

10.5 耐电痕化

如果用于支承载流元件、触头和端子的绝缘材料在正常使用过程中暴露在潮气或灰尘沉积的条件下,则其应能耐电痕化。

除陶瓷材料外,是否符合要求通过按照 GB/T 4207 在试样或相同绝缘材料制成的平整的试片上进行电痕化试验来确定。PTI 值应由厂家声明。

10.6 断开电流

10.6.1 通则

在 10.6.2 中 a)~i)项规定的条件下,施加额定电压 U_r 的 1.1 倍,热熔断体应能分断表 5 中规定的适用的试验电流。热熔断体的引线不应损坏。密封元件的外壳应保持完整。10.6.2 中 a)和 b)项提及的 3 A 熔断器不应动作(断开)。裸露部件和邻近的金属部件之间不应产生飞弧,不应有会对周围环境产生有害影响的物质排出。

10.6.2 规定条件

a) 属于热熔断体的固有部件的、且可能与终端设备暴露在外的正常情况下接地的部件有电气上的连接的非载流的金属部分,应该通过一个 3 A 熔断器接地。

b) 对于有元件暴露在外的热熔断体,应在距离热熔断体带电部件 12.7 mm 远处放置一金属板。金属板通过一个 3 A 的熔断器接至测试电路的另一极。距离的测量是当元件处于断开位置时、在金属板和元件的最近点之间测量所得。

例外:在基于热熔断体的实际应用的前提下,当制造商和终端用户都可接受时,金属板和元件

2) 采用说明:进行电气强度试验时,一般情况下推荐整定电流为 100 mA。特殊情况可由测试机构和制造商协商解决。

之间的距离可以选取不同于 12.7 mm 的其他值。

c) 测试电路的开路电压值应在规定电压值的 100%～105%之间，除非制造商和终端用户都同意采用更高的电压值。当测试电路以试样的额定电流闭合时，其闭路电压值应在规定的测试电压的 2.5%以内。

d) 如果热熔断体同一个电流额定值对应多于一个的电压值，则在最高电压下的测试认为可以代表其余较低电压下的测试。

e) 如果热熔断体在一个特定的功率因数范围内有多于一个的电压额定值，测试应该覆盖最大电压、功率和电流的各种条件。一个测试可以覆盖这些条件中的两个。

f) 对于有辅助工作制负载的热熔断体，测试负载应包括一个热熔断体预定要控制的具有代表性的电磁线圈。测试电流应是通过热熔断体的电压和伏安来确定的常态电流。对于用于交流电路的热熔断体功率因数应为 0.35 或更小，且线圈的浪涌电流的特性应该 10 倍于常态电流。测试应在线圈衔铁闭合的情况下进行。

g) 是否符合要求通过下述试验确定。对于额定动作温度小于或等于 249 ℃的热熔断体，将样品置于烘箱内，烘箱内的温度保持在 T_f-12 K 或是制造商声明的温度下，但不高于动作温度公差范围下限值减 2 K。对于额定动作温度大于或等于 250 ℃且动作温度公差范围为 $T_{f}{}_{-20}^{\ 0}$ 的热熔断体，将样品置于烘箱内，烘箱内的温度保持在 T_f-22 K 或是制造商声明的温度下，但不高于动作温度公差范围下限值减 2 K。之后，所有的热熔断体，包括额定动作温度小于或等于 249 ℃和大于或等于 250 ℃的，应通电并使烘箱的温度以 2 K/min±1 K/min 的速率上升，直到热熔断体动作或是烘箱温度高于额定动作温度 30 K 为止。

注 1： 热熔断体可能会在通电后即刻动作，在这种情况下，没有必要再让烘箱以 2 K/min±1 K/min 的速率升温，试验亦可停止。

h) 烘箱的温度可以通过附着于一个不通电的、靠近被测样品的同类型的热熔断体上的热电偶来监控。

i) 如果热熔断体在原先的断开电流的测试中，测试的功率因数为 0.5 或更小且在同一电压下的浪涌电流值不大于额定堵转电流(LRA)的 67%，则其用于交流电动机负载时的试验结果可代表辅助工作制的试验而无需进一步的试验。

注 2： 本试验的主要目的是评估热熔断体在分断特定负载时的机械和电气完整性。

进行完这些试验后，热熔断体的绝缘电阻应满足 10.4 的要求。

表 5　断开电流试验的试验电流

负载类型	额定值类型	试验电流	功率因数
阻性	AC 电流值	1.5 倍额定电流	0.95～1.0
	DC 电流值	1.5 倍额定电流	—
感性	AC 电流值	1.5 倍额定电流	0.60
电动机	AC 堵转电流(LRA)	6 倍满载电流[a]	0.4～0.5
	DC 电流值	10 倍满载电流	—
辅助工作制	AC 伏安值	[b]	0.35
电子放电灯	AC 电流值	4 倍额定电流	0.4～0.5

[a] 如果堵转电流未指明，可为其他指定值，例如马力。

[b] 见 10.6.2 中 f)。

10.7 瞬时过载电流

热熔断体应能经受在绝大部分应用中作为正常情况出现的浪涌电流的反复作用。

是否符合要求通过在第5章中规定的正常条件下(例如室温条件下)进行下述试验来确定。

在热熔断体的电流路径上连续施加宽度为3 ms、幅值为$15I_r$、间隔时间为10 s的直流电流脉冲100周期。

试验后,热熔断体不应动作且无本部分含义的任何损坏。

10.8 限定短路试验

10.8.1 通则

当制造商有要求时,热熔断器应按照10.8.2和10.8.3的规定进行试验,无论在试验过程中还是试验结束后,10.8.2中所述的棉花不应被点燃,也不应有着火或电击危险的迹象。

如果热熔断体已进行了本试验且结果合格,则在终端产品的验证中本试验可不必重复进行。

10.8.2 试验方法

取3个试样进行限定短路试验。测试应在额定电压的±5%的公差范围内进行。试样应和一个按照10.8.3的规定正确选择的不可复位的保险丝串联。此电路应将电流限制在表6中规定的适用值以内,且此电流值的确定是在试样未接入电路时进行的。此电路的功率因数值应在0.9~1.0的范围内,除非制造商和终端用户都同意采用更低的功率因数值。试样应以两根长度为915 mm的具有GB 14536.1—2008中表10.2.1所规定的截面积的铜线接入电路。在整个测试期间,应以棉花包裹试样,或以一铜制掩饰物定位于试样周围50 mm处;在制造商和终端用户都接受的前提下,此距离可比50 mm更近。每个试样进行一次测试。

表6 限定短路测试容量

热熔断体的组合额定值					短路容量[a]/A	
VA,单相	VA,三相	VA,直流	马力	kW	0 V~250 V	251 V~690 V
0~1 176	0~832	0~648	0~0.5	0~0.375	200	1 000
1 177~1 920	833~1 496	649~1 140	大于0.5~1	大于0.375~0.75	1 000	1 000
1 921~4 080	1 497~3 990	1 141~3 000	大于1~3	大于0.750~2.250	2 000	5 000
4 081~9 600	3 991~9 145	3 001~6 960	大于3~7.5	大于2.250~5.600	3 500	5 000
9 601或更大	9 146或更大	6 961或更大	大于7.5	大于5.600	5 000	5 000

[a] 对于荧光灯镇流器,限定短路测试容量应为200 A。

10.8.3 熔断器规格(额定值)

用于限定短路试验的熔断器的规格应满足如下要求:

a) 对于额定电压值为0 V~125 V的热熔断体,选用20 A的熔断器;对于额定电压值为126 V~690 V的热熔断体,选用15 A的熔断器,除非在b)~f)中表明更大电流的熔断器是必须的。

b) 对于用于荧光灯镇流器的热熔断体,选用20 A的熔断器。此熔断器的特性应保证当它在承载40 A的电流时,在12 s内不会分断。

c) 对于有电动机额定值的热熔断体，如果电动机是非密封式的，熔断器的规格应取300%～400%满载电流之间的最大标准额定值；如果电动机是制冷用密封式的，则熔断器的规格应取175%～225%满载电流之间的最大标准规格。

d) 对于用于电动机群组电路的热熔断体，如果电动机是非密封式的，熔断器的规格应取除了最大额定值的电动机外其他所有电动机的满载电流之和与300%～400%最大额定值电动机的满载电流两者之和范围内最大的标准规格；如果电动机是制冷用密封式的，则熔断器的规格应取除了最大额定值的电动机外其他所有电动机的满载电流之和与175%～225%最大额定值电动机的满载电流两者之和范围内最大的标准规格。

e) 对于用于电空间加热设备的热熔断体，熔断器的额定值为125%的安培额定值。如果对于125%的安培额定值没有对应的标准熔断器规格，则选取比125%安培额定值大的下一档规格的熔断器。

f) 对于有其他额定值的热熔断体，熔断器的额定值为比125%安培额定值大的下一档规格。

g) 如果终端产品的标准允许，则熔断器的额定值可以选取的比a)～f)中的小。

11 温度试验

热熔断体的温度特性应符合制造商声明的参数和容差并满足本部分的要求。

额定动作温度 T_f 不应受到热老化的影响。

是否符合要求通过按表1的顺序进行下述的一个或多个试验来确定。

用适当的信号装置显示热熔断体的动作，例如，可用发光二极管串联电阻限制信号电流应不超过10 mA来实现。

应在试验每一步之后都检查热熔断体是否动作。

为了确保温度设定的精确度，在测试不高于100 ℃的温度时试验设备的精确度为±1 K，在测试高于100 ℃的温度时试验设备的精确度为标称温度的±1%。

尤其应该注意的是，烘箱内放置样品区域的温差不应超过下述范围：

——标称温度大于200 ℃时，为标称温度的±0.5 %；

——标称温度不超过200 ℃时，为±1 K。

注：为了达到上述要求，可将试样放在一个厚壁铝盒里并防止铝盒与烘箱内壁直接接触。

11.1 保持温度 T_h

将试样封闭在试验箱内通以额定电流，施加的电压应不超过额定电压，试样的温度应保持在 $T_{h}{}_{-6}^{\ 0}$ ℃范围内，历时7 d(168 h)或制造商声明的更长的时间。

试验结束时，试样应不改变其导电状态，且无本部分含义上的损坏。

用于电熨斗的保持温度 T_h 大于250 ℃热熔断体的替代性老化试验，见附录B。

11.2 动作温度

11.2.1 额定动作温度 T_f

热熔断体应被置于烘箱或油槽中，对于额定动作温度不大于250 ℃的，烘箱或油槽的温度保持在 T_f-12 K或是制造商声明的温度下，但不高于动作温度公差范围下限值减2 K，直到相隔5 min连续读取的2个温度值相差不超过1 K也即温度稳定时为止。对于额定动作温度大于或等于250 ℃的热熔断体，烘箱或油槽的温度保持在 T_f-22 K或是制造商声明的温度下，但不高于动作温度公差范围下限值减2 K，直到相隔5 min连续读取的2个温度值相差不超过1 K也即温度稳定时为止。之后，烘箱或油槽的温度以0.5 K/min～1 K/min的速率稳定上升,直至所有样品动作为止。对于额定动作温度小于250 ℃样品,所记录的每个样品的动作温度值不应小于制造商所声明的值,而在制造商未声明时不小于T_f－10 K。对于额定动作温度大于或等于250 ℃的样品,所记录的每个样品的动作温度值不应小于制造商所声明的值,而在制造商未声明时不小于T_f－20 K。无论额定动作温度值小于250 ℃还是大于或等于250 ℃,所测得的动作温度值都不应大于T_f。

注:推荐用来进行11.2试验的设备见C.6所示。

11.2.2 额定负载条件下的动作温度

正在考虑中。

11.3 最高极限温度T_m

样品应置于$T_{m}{}_{-5}^{\ 0}$℃的温度下达10 min。在样品温度还保持在$T_{m}{}_{-5}^{\ 0}$℃的情况下,按照10.3和10.4的要求分别进行电气强度试验和绝缘电阻试验。

应不发生闪络、击穿或重新动作。试验结束时,所有的样品应均已动作。

注1:如果认为有必要克服样品和相关连接部件可能的热惯性的影响且利于将样品放置于合适的烘箱中的话,推荐可能的时候将试样放入一个温度保持在T_m的砂箱内进行。

注2:T_f和T_m的试验可以在不同的设备上进行,允许样品在由T_f试验转T_m试验的过程中冷却。

11.4 老化

为了验证高温下的老化试验是否会对热熔断体产生有害的影响,样品应经受如下所述的一系列试验。温度应在±1 K范围内保持恒定。每一阶段试验结束后尚未动作的样品要继续进行下一阶段的试验。如果所有试样在进行完前两阶段的试验之后均已发生动作,则被认为是符合要求的。

第一阶段:在制造商有要求时进行。将试样放在T_f－15 K～T_h之间的某一温度下历时3周。试验结束时,至少应有50%的试样仍未动作。

下述试验是强制性的:

第二阶段:样品在T_f－15 K下放置3周。试验结束时应至少有50%的试样未动作。除非已经过第一阶段的试验,在此情况下,允许所有试样都动作。

第三阶段:在T_f－10 K下放置2周。

第四阶段:在T_f－5 K下放置1周。

第五阶段:在T_f－3 K下放置1周。

第六阶段:在T_f＋3 K下放置24 h。

上述试验完成后,样品在试验箱内冷却到T_f-35 K以下。

如果所有的样品均已动作,则认为试验是成功的。

12 防锈

铁质部件应该用涂瓷漆、镀锌、电镀或其他相当的方法使之避免受到腐蚀。

例外:不锈钢部件不需进行防腐蚀处理。

带有一个或多个铁质部件的热熔断体,不应受到铁质部件锈蚀的影响。

是否符合要求通过对进行完10.2温度和湿度循环处理试验的A、B、C三组样品进行视检确定。

试验后,在合适温度的空气中使样品干燥,铁质部件不应出现本部分含义内的任何可能影响热熔断体性能的锈迹。

13 制造商的确认程序

制造商应执行用于产品控制的常规检查，并按 13.1 和 13.2 的要求开展确认试验。

13.1 制造商应每两年对每个温度额定值各取 3 个样品进行 10.6 的断开电流、11.2 的额定动作温度和 11.3 的最高极限温度的试验，并紧接着 11.2 和 11.3 的试验进行 10.3 的电气强度和 10.4 的绝缘电阻试验。之前的第 9 章(机械要求)的预处理试验可以省略。

13.2 10.6 的试验应在以下规格的样品上进行：

a) 最高电压额定值；

b) 最大电流额定值；

c) a)和 b)的阻性和感性额定值。

任意一项试验出现不合格都要按照第 5 章的规定进行处理。

附 录 A
（规范性附录）
应用导则

应遵循热熔断体制造厂家规定的安装说明，特别是有涂层或用于浸渍绕组内的热熔断体。

选择热熔断体时，应使所有有关绝缘电阻、电气强度、空气中的爬电距离和电气间隙等主要的电气要求在正常工作和非正常工作条件下均满足相关标准特别是相应的设备标准的要求。例如，对电网电源供电的家用和类似一般用途的电子及有关设备，相应的电气要求可参见 GB 8898。

所选用的热熔断体处在安装位置上时，不应由于设备故障时产生的热过冲效应而使其电气和热绝缘性能减弱。

当热熔断体是采用熔片和熔丝形式时，应提供挡板防止熔片和熔丝的下垂及可能的金属熔融物的滴落或溅射以避免发生危险。

如用螺钉、铆钉或端子将熔片、熔丝夹紧或压紧，应保证机械蠕变现象不应导致不可接受的电气接触。

注：本条要求对手持式或便携式设备适用而不考虑其位置。

当暴露于设备中的预计的温度范围时，电气连接应有预期的功能。

连接器和端子不应由于振动、冲击、热循环或其他类似应力的作用而易于松脱。

焊接连接的机械刚性不能仅依靠焊接合金，而应包括相应的机械固定措施，例如，可将弯曲的引出线穿入端子的孔中来固定。

用来安装热熔断体的部件应具有足够的机械强度和刚性。用来安装热熔断体的支架、夹紧装置或螺钉应能承受设备在正常运行情况下可能遇到的推力、拉力、扭矩、振动和周期性温度变化的作用。

安装好的热熔断体应有足够的保护以防止设备的可能的液体的溢出带来的有害影响。

附 录 B
（规范性附录）
用于电熨斗的保持温度 T_h 大于 250 ℃ 的热熔断体的替代性老化试验

用于保护一旦发生故障时工作温度会很快上升到 300 ℃甚至更高的电熨斗的、其保持温度 T_h 为 250 ℃或以上的热熔断体，不要求按本部分 11.4 进行老化试验。

替代性的老化试验按照制造商的要求进行。

此外，本部分 11.2 规定的 T_f 允许偏差可由 −10 K 放宽至 −20 K。

为保持与本部分一致，标准的其他各项要求均需满足。

附 录 C
（规范性附录）
导热老化试验

在申请人声明时，本条款适用。

注：在美国，本附录需被声明。

C.1 导热老化试验

下述导热老化试验应对 T_f 额定值为 175 ℃或以上的热熔断体上进行。对于 T_f 额定值小于 175 ℃的热熔断体，本附录的试验为可选。

例外：对于易熔合金类且无触头结构的热熔断体，本导热老化试验可忽略。

C.2 方法

30 个试样用于本试验。试样分为 3 组，每组各 10 个样品。试样应被固定在测试固定装置上并安放于按 C.6 中所示结构制作的电加热的静止空气的烘箱内。进行 C.2.1～C.4 中所示的试验。如图 C.2 所示的测试烘箱的盖应被如图 C.1 所示测试固定装置所替代。如图 C.2 所示的铝质测试部件和陶瓷衬垫应从测试烘箱中移除。

C.2.1 典型测试固定装置

如图 C.1 所示的典型测试固定装置是由一块 228.6 mm×228.6 mm、厚 6.4 mm 的铝板加上置于其上的 10 个用来固定热熔断体的夹子所组成。夹子放置在铝板的四周用以将热熔断体固定在其表面上。两层厚为 0.075 mm 的聚酰胺薄片构成一标称厚度为 0.15 mm 的绝缘层包裹于热熔断体外，用以提供热熔断体和铝板之间的电气绝缘。每一个相邻的热熔断体的导线焊接在一起以串联成一个电路。将热熔断体连接至电气负载的导线的尺寸、类型，以及端接的方式应不会明显影响连接至电气负载的热熔断体的温度。可对此测试设备进行适当的改动，以便使全部 30 个样品可以在同一测试装置上进行测试。可将样品分成多组并用多个测试装置进行试验。

C.2.2 温度设定

测试固定装置应作为上盖放置在热熔断体测试烘箱上，而热熔断体则被固定在铝板的外表面上。测试烘箱应对铝板进行加热，通过热传导对热熔断体本体进行加热。测试烘箱的额定值应为 10 A，120 V a.c.或 230 V a.c.。

C.2.3 温度控制

铝板和热熔断体上的温度应通过测试烘箱加热元件的通电时间的长短来控制。在测试烘箱的加热元件通电的同时，因为热熔断体是和其串联在一起的，故热熔断体因在承载 10 A 120 V a.c.的负载而被加热。

例外：如果热熔断体的额定值小于 10 A，则热熔断体应连接至一个外部的独立的、且额定值为其额定电流的负载上。负载电流的通断应和测试烘箱的加热元件同时通断循环。只要热熔断体动作，测试烘箱的加热元件应一直保持断电状态直到已动作的热熔断体被移除且热熔断体测试固定装置被旁路。

C.2.4 温度监控

每个热熔断体的温度应通过一个焊接在其本体上的热电偶来监控。所测得的温度为最高的热熔断体被用来控制测试烘箱加热元件的加电时间的长度。热熔断体本体上温度是否稳定应在测试开始后 24 h 后确定。在进行确定时,80%的热熔断体的温度应该在监控到的最高温度的 $_{-12}^{\ 0}$ K 的范围内。

C.3 老化

热熔断体应按如下步骤进行老化试验,试验时间为 8 周加 1 d 或是到热熔断体全部动作为止:

步骤 A　336 h(2 周)　T_f-35 K;

步骤 B　336 h(2 周)　T_f-25 K;

步骤 C　168 h(1 周)　T_f-20 K;

步骤 D　168 h(1 周)　T_f-15 K;

步骤 E　168 h(1 周)　T_f-10 K;

步骤 F　168 h(1 周)　T_f-5 K;

步骤 G　24 h(1 天)　T_f+5 K。全部 30 个热熔断体应进行本步骤的试验。

T_f是热熔断体的额定动作温度。对于每一步骤,在测试烘箱的加热和不加热期间烘箱内的温度保持在 $_{-6}^{\ 0}$ K 的公差范围内。

通过测试装置的负载电流的接通时间应按照制造商的声明保证至少 5 s 且不大于 10 s。在升温过程中这些接通时间的值可以被超过,只要用来控制测试烘箱加电时间长短的具有最高温度的热熔断体上的温度不超过此步骤(步骤 A～步骤 G 允许 $_{-6}^{\ 0}$K 的公差)所规定的温度值即可。在升温过程中,热熔断体可通电也可不通电。

C.3.1 冷却操作

每周 2 次,测试烘箱断电且其中的测试机构冷却至室温。冷却时间为 12 h 且选定在每周的第 3 d 和第 5 d。每一步骤的总的老化时间应不包括冷却时间或测试烘箱由于热熔断体动作而导致的断电时间。

C.3.2 提前动作

如果有热熔断体在进行完所有老化步骤前已动作,此热熔断体应被旁路已保证串联电路的连续性。在进行电路重新连接的过程中,对剩余的未动作的热熔断体应不产生影响。新增加的导线的尺寸和类型应符合要求。

C.4 结果

试验结束后,热熔断体都应按预期那样的动作,提供电气上的断开;且按 C.5 进行电气强度试验时不发生击穿。

C.5 电气强度测试

如 C.4 中所述,每个热熔断体应按 10.3 的电气强度试验进行测试,测试在室温下进行,测试电压施加在已动作热熔断体的引线或端子之间。

单位为毫米

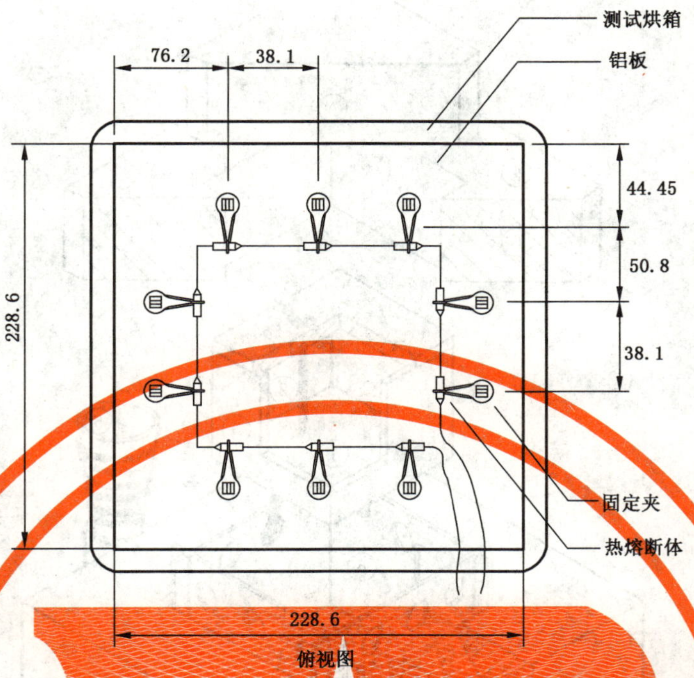

图 C.1 典型测试固定装置

C.6 测试烘箱

测试装置应是一个电加热的、静止空气的烘箱。一个此种烘箱的实例可以参见图 C.2。测试烘箱应置于无空气对流的空间内，且此空间的温度应在试验期间保持一定的稳定性。

图 C.2 中的烘箱的核心部分是由一个非金属的烘箱衬垫和一个金属测试盒构成。

图 C.2 中的烘箱的内壁由耐火砖或是类似的能够抵挡热辐射以减小热量损失的材料构成。热熔断体四周的温度应通过放置在金属测试盒内的热电偶进行监控。

烘箱的温度调节系统应保证测试点的温度的波动在 0.5 K 的范围内。

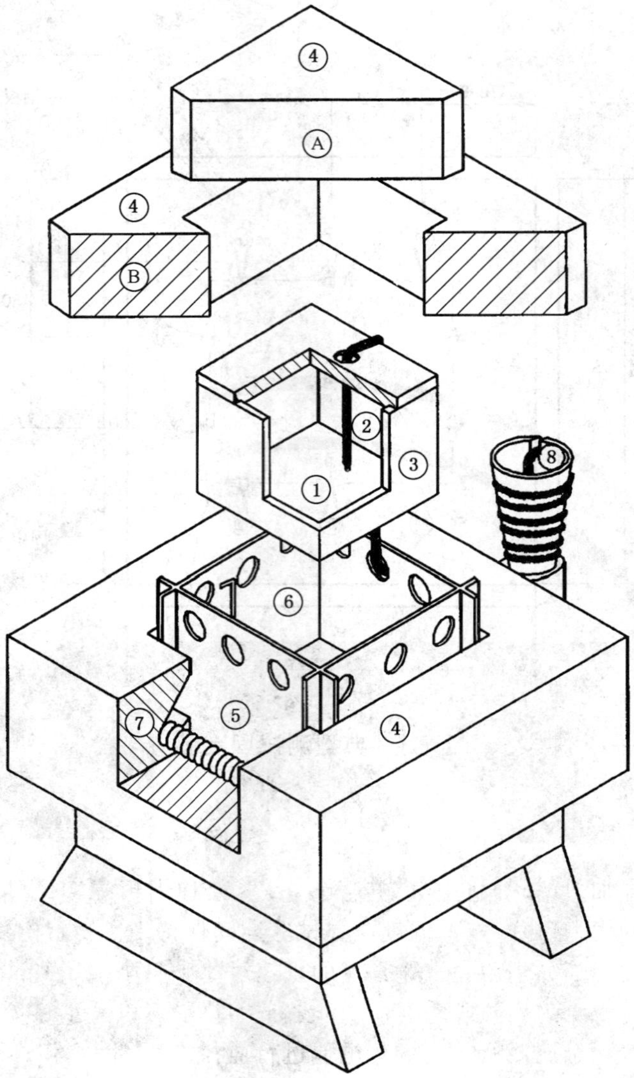

说明：

1——测试样品空间；

2——温度监控和记录用热电偶；

3——铝制测试盒，由4个陶瓷柱支撑；

4——低密度耐火砖烘箱；

5——陶瓷烘箱衬垫层；

6——用来控制温度的热电偶插入到烘箱底面的测试盒和衬垫层之间；

7——加热元件嵌置于烘箱的内表面；

8——加热元件和烘箱加热器串联作为稳流电阻器；

A——烘箱上盖：6.35 cm×6.35 cm×11.45 cm；

B——耐火砖：6.35 cm×22.85 cm×22.85 cm，孔的尺寸 8.25 cm×8.25 cm。

图 C.2　典型的热熔断体测试烘箱

附 录 D
（资料性附录）
扩展保持温度

当制造商声明时，本附录适用。

D.1 扩展保持温度试验

25个样品在额定电压下通以额定电流并放置在电加热的、静止空气的烘箱内100周。测试烘箱的结构符合C.6和图C.2的要求，烘箱的整体尺寸和测试装置上用于固定热熔断体的端子座可以按具体情况作相应调整。一个典型的端子座固定装置可参考图D.1。

应将每个热熔断体均串联起来并接至如图D.1所示的测试装置的端子上。测试烘箱内部空间应被加热，保证其间的每个热熔断体的本体温度保持在额定的$T_{h\text{-}100}$值下。每个热熔断体上应都粘附有热电偶以监控本体温度。

试验的前2周所有25个试样的温度应保持在规定值的$_{-10}^{\ 0}$ K的公差范围内，而在试验的其余阶段要保证25个试样中的至少20个的温度保持在$T_{h\text{-}100}$(以℃表示)值的±10%的范围内。

温度没有超过$T_{h\text{-}100}$额定值+10%的所有样品在试验结束后不应动作。试验结束后，23个试样应进行D.2的负载电流分断试验。剩下的2个试样进行11.2的额定动作温度试验。

D.2 负载电流分断试验

样品应被放置于温度已经稳定在额定动作温度T_f减10 K的测试烘箱中。之后每个热熔断体通电且烘箱温度以2 K/min±1 K/min的速率上升，试验持续到热熔断体动作或烘箱温度超过T_f达30 K为止。

每个热熔断体应在规定的电压下分断规定的负载电流。热熔断体的引线应不发生损坏。在分断试验后应对每个试样的内部机构进行视检。其触头和机械结构应无熔接、非预期的燃炙或凹陷。

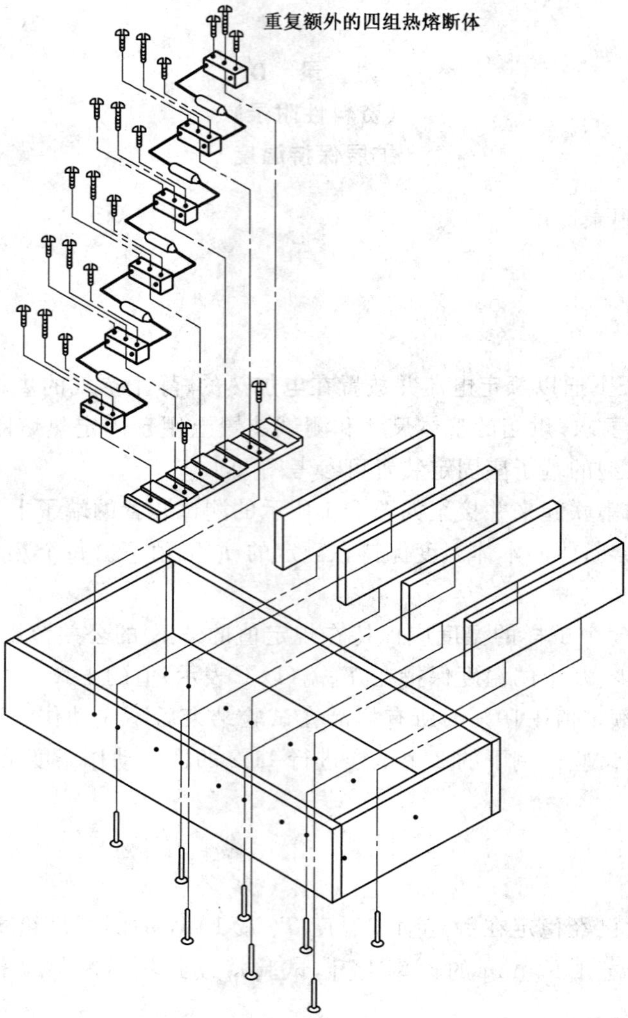

注 1：各组热熔断体样品之间的互联及通过盖板上的孔引入和导出电流均使用截面积为 3.3 mm^2 的铜导线。

注 2：热电偶固定在热熔断体本体上，在盖板离烘箱最近的孔处引出。

图 D.1　典型的测试装置的端子固定装置

附 录 E
（规范性附录）
密封老化试验

在申请人声明时，本条款适用。

注：在美国，本附录需被声明。

本测试适用于密封胶和合成化合物。在按下述要求进行完测试后，还要通过试验确定样品的关键的电气和机械特性有否改变。进行过老化试验的样品的测得的各个性能的平均值应不低于未经老化试验样品的相应值的50%。

例外：如果密封胶和合成化合物已满足相关标准的要求，则不需要进行测试。

对于每种需要评估的特性，取10个样品在按照图E.1中相应的热老化曲线确定的温度下放置1 000 h。温度系数通常通过动作温度或 T_h 来确定，但不应小于60 ℃。试验后样品应置于室温下。

例外：对于图E.1中的同一条热老化曲线，如果制造商和终端用户同意，可在较高温度下采用较短的时间进行试验，也可在较低的温度下采用较长的时间进行试验；但试验时间不能低于300 h。

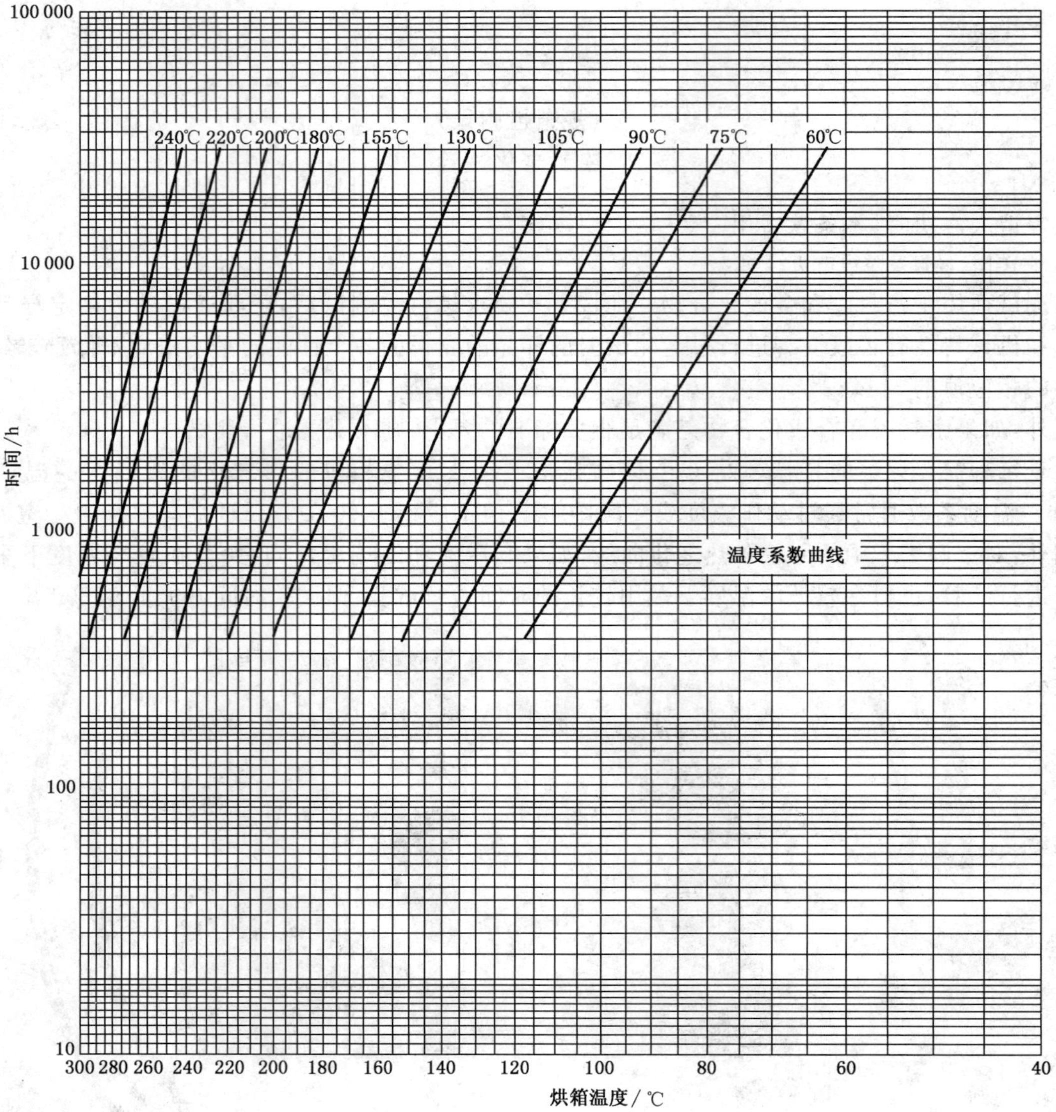

图 E.1 建议的温度曲线的时间和烘箱温度关系图

附 录 F
（规范性附录）
确认要求

在申请人声明时，本条款适用。

注：在美国，本附录需被声明。

对于使用易熔合金作为感温体的热熔断体，取一定数量的样品按下述程序试验以进行确认。

通过带有差分热量计的热量分析仪器来对热熔断体的合金的热中子激发的放射性进行确认，并和参考物质进行比较，且此参考物质在所要比较的合金的温度额定值范围内是热惰性的。样品和参考物质的温度应该以一个预先设置好的速率上升，两种材料的热差别应以图表的形式被记录下来，Y 轴为 2 种材料的热差，X 轴为温度值。此图表应包括热活动的温度范围，例如样品材料的吸热性熔融温度。此温度点在图表上用一个向下的峰值来表示。

确认试验应在使用了有机物的热熔断体上进行。应通过红外分光光度计来获得材料的红外光谱。应记录抽样方法和获得红外光谱时仪器的设定参数值。

为了确认额外的密封性，取 25 个样品浸入温度保持在 125 ℃的矿物油下 25.4 mm 并保持 1 min。样品应无气泡产生以示密封性。此试验在已标示为密封的样品上进行。

附 录 G
（资料性附录）
标志耐磨性[3)]

是否符合标志耐磨性的要求，可以通过下述所示的设备来进行检验；同时，使用此设备也可以作为短语“轻轻擦拭”的一种替代。该设备的主体部分为一白色的抛光硬毡轮盘，直径 65 mm，厚 7.5 mm。毡轮盘被锁定以防止转动，使其对被试表面施加 2.5 N 的力并在被试表面移动，移动距离为 20 mm。标准的测试应该在大约 15 s 内进行 12 个来回（也即是偏心轮转动 12 圈）。

试验期间，毡轮盘的合适部位包一层白色的浸渍了水的吸水绒布，并使有绒毛的一面向外。

单位为毫米

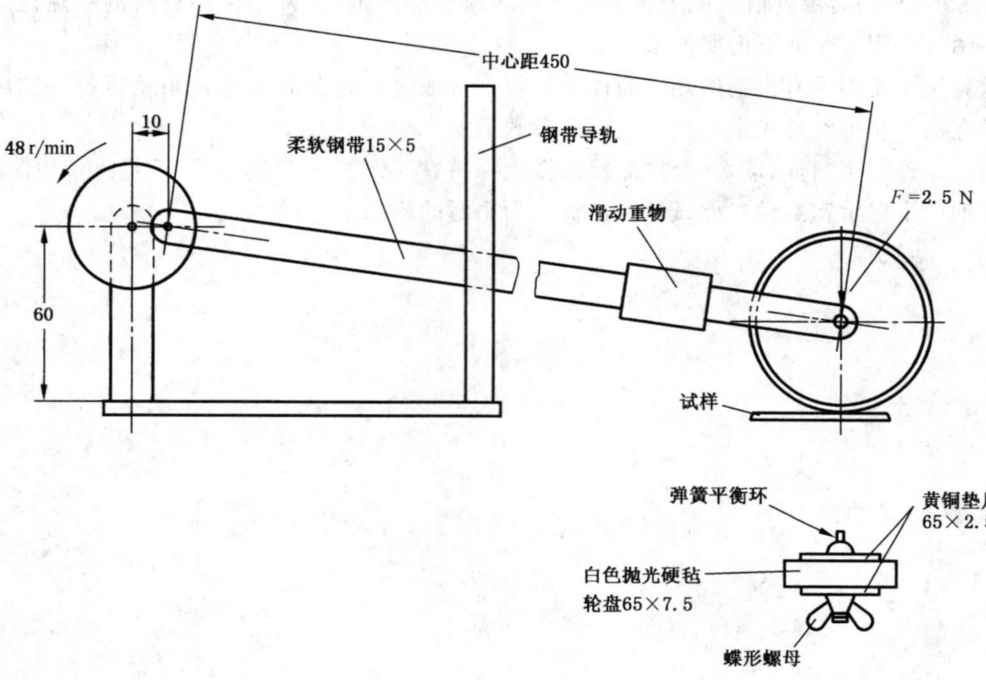

图 G.1 标志耐磨性测试设备

3) 图 G.1 及其描述引用自 GB 14536.1—2008 中的图 8 和 A1.4 的第 2 和第 3 两段，稍作修改。

ICS 39.040.01
Y 11

中华人民共和国国家标准

GB/T 9820.1—2013/ISO 6426-1:1982
代替 GB/T 9820—1988

计时学术语　第1部分:科学技术定义

Horological vocabulary—Part 1:Technical and scientific definitions

(ISO 6426-1:1982, IDT)

2013-12-17 发布　　2014-12-01 实施

中华人民共和国国家质量监督检验检疫总局
中国国家标准化管理委员会　发布

前　言

GB/T 9820《计时学术语》分为两个部分。

——第1部分:科学技术定义;

——第2部分:技术和商业用定义。

本部分为GB/T 9820的第1部分,对应于ISO 6426-1:1982《计时学术语　第1部分:科学技术定义》(英文版)。

本部分按照GB/T 1.1—2009《标准化工作导则　第1部分:标准的结构和编写》给出的规则起草。

本部分代替GB/T 9820—1988《计时学基础术语　科学技术定义》。与GB/T 9820—1988相比,主要编辑性修改如下:

——为了与GB/T 9820第2部分名称相协调,将标准标题更改为《计时学术语　第1部分:科学技术定义》;

——在第1章末尾增加ISO 6426-1:1982中原有的注解(见第1章);

——在第2章规范性引用文件中,增加ISO 6426-1:1982原有的引用标准GB 3102.1—1993《空间和时间的量和单位》,因该标准中有与本标准相关的内容(见第2章);

——为使标准文本结构更加合理并更加符合ISO 6426-1:1982的原意,将原标准中一些正文内容改为注解形式(见3.3、3.4、3.7、3.9、3.15中的注);

——为使GB/T 9820.1和GB/T 9820.2中相同术语的名称协调一致,将术语"瞬时走时差"的名称相应更改为"瞬时差",并对其定义内容进行了相应修改(见3.10);

——为便于对术语的理解,在3.10中增加了瞬时差的表达式(见3.10);

——为使公式内容更为准确合理,将差分漂移的数学表达式由$D_{\tau1,\tau2}(t_i)=\frac{1}{\tau_1}[M_{\tau2}(t_i+\tau_1)-M_{\tau2}(t_i)]$更改为$D_{\tau1,\tau2}(t_i)=\frac{1}{\tau_1}[\mu_{\tau2}(t_i+\tau_1)-\mu_{\tau2}(t_i)]$,因走时差$M_\tau$是由计时仪器测试而得,$\mu_\tau$更适宜在数学公式中表达[见公式(23)];

——规范了单位的表述方式。

本部分使用翻译法等同采用ISO 6426-1:1982《计时学术语　第1部分:科学技术定义》。

与本部分中规范性引用的国际文件有一致性对应关系的我国文件如下:

——GB 3102.1—1993　空间和时间的量和单位(ISO 31-1:1992,MOD)

本部分由中国轻工业联合会提出。

本部分由全国钟表标准化技术委员会(SAC/TC 160)归口。

本部分起草单位:轻工业钟表研究所、天津海鸥表业集团有限公司、飞亚达(集团)股份有限公司、深圳市飞亚达精密计时制造有限公司、武汉诚盛电子有限公司、漳州海博工贸有限公司、常州市精科实业有限公司、福建省昇邦电子科技有限公司。

本部分主要起草人:金英淑、马广礼、鲍贤勇、郭迪迪、刘胜勇、刘英才、闵烨、徐沅陵、黄渊斌、王三贵、叶国平、林坚、吴夏萌。

本部分所代替标准的历次版本发布情况为:

——GB/T 9820—1988。

计时学术语 第1部分:科学技术定义

1 范围

本部分规定了钟表行业所用的主要科学技术术语及其定义,适用于计时仪器及有关装置。

在本部分最后用表格将与术语和定义相关的表达式和单位进行了汇总。

注:技术和商业用定义见 GB/T 9820.2—2008 计时学术语 第2部分:技术和商业用定义(ISO 6426-2:2002,IDT)。

2 规范性引用文件

下列文件对于本文件的应用是必不可少的。凡是注日期的引用文件,仅注日期的版本适用于本文件。凡是不注日期的引用文件,其最新版本(包括所有的修改单)适用于本文件。

ISO 31-1 空间和时间的量和单位(Quantities and unites—Part 1:Space and time)。

3 术语和定义

以下术语的顺序按逻辑顺序编排,没有刻意分类,定义的编号不表示任何重要性。

注:术语中关于时间的单位参见 ISO 31-1。

3.1

时间 time

一种媒介,物体在该媒介中经历的变化呈不可逆的发展,事件和现象在该媒介中按其相继顺序发生。

注:对应于该媒介有一物理量 t,规定了事件在时间标尺(以下简称时标)上的时序。

3.2

时刻 date(h 或 H)

从物理意义上讲,时刻是时标上精确瞬时(h_i)的标志,该标志可用与时标相关的计时仪器按完全确定的相继时间顺序指示出来。

在均匀的时标上,如选定起点 h_0,时刻 h 的相继顺序为连续增长参数 t 的函数,则时刻 h 可由下式表示:

$$h=\lambda t-h_0 \quad \cdots\cdots(1)$$

式中:

λ——表示对应于所选单位的系数。

3.3

时段 duration(t, τ)

在给定时标上的时间间隔,即为终点时刻 h_j 和起点时刻 h_i 之差:

$$\tau=h_j-h_i \quad \cdots\cdots(2)$$

注:如在均匀时标中应用式(1)时,时段的表达式如下:

$$\tau=\lambda(t_j-t_i) \quad \cdots\cdots(3)$$

如都以均匀时标为基准,即 $\lambda=1$,时段可更简单地表达为:

$$\tau = t_j - t_i \quad \cdots\cdots(4)$$

在这种情况下，当 t 和 h 的下标一致，并且时段的单位为国际单位制(SI)中规定的“秒”时，h 和 t 为单纯等量关系。此外，如它们的下标选自一确定的顺序，并且 $j>i$，则 $t_j>t_i$ 和 $\tau>0$，时刻(h_i)就先于时刻(h_j)。

3.4

在瞬时 t_i 计时仪器的指示差　state of an instrument at the instant t_i(E_i)

瞬时 t_i 时指示时刻 h_i 和标准时刻 H_i 的差值。可用式(5)表示：

$$E_i = h_i - H_i \quad \cdots\cdots(5)$$

指示差的单位为秒(s)。

注：如有一个由标准钟确定的标准时标标志的时刻 H，另有一个由一计时仪器确定的其本身时标标志的时刻 h，那么校验该计时仪器时是将 h 与标准时刻 H 相比较，即将同一事件同时标志于两个时标上。

当时刻之差为$(h-H)_i$ 时：

——如 $E_i>0$，则被检验的计时仪器比标准钟快。

——如 $E_i<0$，则被检验的计时仪器比标准钟慢。

3.5

计时仪器修正值　instrumental correction(C_i)

在瞬时 t_i时，为了获得标准时刻 H_i 而需要加在指示时刻 h_i 上的代数值。用式(6)表示：

$$C_i = -E_i = H_i - h_i \quad \cdots\cdots(6)$$

如被测计时仪器比标准钟快，此修正值为负；比标准钟慢，此修正值为正。

计时仪器修正值的单位为秒(s)。

3.6

计时仪器在瞬时 t_j 和 t_i 之间的时段 τ 中的走时差　rate of an instrument for the duration τ of an interval of time marked at the instants t_j and t_i(M_τ)

在时段 τ 中指示差的变化与该时段值的比值。这是一个无量纲值，可用式(7)表示：

$$M_\tau = \frac{(\Delta E)_\tau}{\tau} \quad \cdots\cdots(7)$$

在一般情况下，测试的时间间隔是由在瞬时 t_j 和 t_i 时在标准均匀时标上标志的时刻 H_j 和 H_i 决定的。

$t_j-t_i>0$，表示下标随时间 t 而增加，则式(7)可写成：

$$M(t_j - t_i) = \frac{E_j - E_i}{H_j - H_i} = \frac{E_j - E_i}{\lambda(t_j - t_i)} \quad \cdots\cdots(8)$$

当测试采用标准时标 $\lambda=1$，$\tau=t_j-t_i$，式(8)可写成：

$$M_\tau(t_i) = \frac{E(t_i + \tau) - E(t_i)}{\tau} \quad \cdots\cdots(9)$$

M_τ 的基本单位为秒每秒(s/s)，但钟表行业常以秒每天(s/d)表示。

如指示差正值在增加或指示差负值在减少时则走时差为正，反之则为负。一般情况下，走时差取决于时间、瞬时和计时仪器的环境参数。

3.7

特定走时差　particular rates

对应于特定的测试时段的走时差，其表达式无量纲。常用单位可选用秒每天(s/d)或采用其他类似单位，如：秒每年(s/a)，秒每时(s/h)，秒每分(s/min)。

此时特定走时差可分别表达为：

M_τ ——振荡器周期走时差(周期走时差)(τ=T)；

M_s ——秒走时差(τ=1 s);

M_{min}——分走时差(τ=1 min);

M_d ——日走时差(日差)(τ=1 d);

M_a ——年走时差(τ=1 a)。

注 1:应注意 M 的下标仅表示测试走时差的时段。所用单位不一定按照测试走时差时的时段单位,单位是可以经换算改变的。

示例 1:1 s/d=1/86 400 s/s≈1.157×10^{-5} s/s

示例 2:1 s/a=1/31 556 925.974 7 s/s=1/86 400×365.242 198 781 s/s≈3.169×10^{-8} s/s

注 2:日差 M_d 为时段等于 1 天(τ=1 d)时计时仪器的走时差,也可用符号 M 表示,其常用单位为秒每天(s/d)。

3.8

速率 speed[$M_0(t)$]

当 τ 趋于零,瞬时 t 的走时差的极限值:

$$\lim_{\tau\to0} M_\tau = \frac{(\Delta E)\tau}{\tau}$$

即:

$$M_0(t) = \frac{dE(t)}{dt} \quad\cdots\cdots(10)$$

它是指示差 $E(t)$ 对时间 t 的导数,由此可推导出下式:

$$E(t_1) - E(t_0) = \int_{t0}^{t1} M_0(t)\,dt$$

$M_0(t)$ 是时间的函数(连续的或不连续的,解析的或非解析的),它是无量纲值。

3.9

平均速率 average speed(μ_τ)

在一特定时段 τ 内速率的平均值可由式(11)表示:

$$\mu_\tau(t_i) = \frac{1}{\tau}\int_{t_i}^{t_i+\tau} M_0(t)\,dt \quad\cdots\cdots(11)$$

单位为秒每天(s/d)。

注 1:如 $\tau=k$d,则 $\mu_\tau(t_0) = \overline{M}_{d_K}$ 。在一般情况下 k 为大于零的任意值。

注 2:当计时仪器的速率变化规律已知时可求其指示差的变化,并由此可求得平均速率 μ_τ。

设 $p_M(\tau)$ 为时段 τ 内已知的速率 $M_0(t)$ 的概率密度,在最一般情况下 $M_0(t)$ 为一个有较低遍历度的随机函数。

可得数学期望值 $E[M_0] = \overline{M}$ 。

则:

$$\mu_\tau = \int_{-\infty}^{+\infty} M_0 \times p_M(\tau) \times d_{M0}$$

注 3:时段 τ 内的计时仪器的平均速率(μ_τ)也即为其走时差 M_τ。走时差 M_τ 是由计时仪器测试而得,而 μ_τ 则是数学分析的结果。

3.10

瞬时差 instantaneous rate (m_r)

在一短时间内,在特定环境条件 r 中用校表仪(或其他类似仪器)得到的计时仪器的平均速率,常以秒每天(s/d)表示。如以秒每天表示则称为瞬时日差。瞬时差可由式(12)表示:

$$m_\tau(t_i) = \frac{1}{\tau}\int_{t_i}^{t_i+\tau} M_{0r}(t)\,\underset{\tau\to0}{dt} \quad\cdots\cdots(12)$$

注:下标 r 表示测试瞬时走时差时的所有特定环境条件。它的表达可以是各种各样的。如 $m_{6\,h,\,30\,℃}$,表示手表的测试位置为 6H[见 GB/T 4028—××××计时仪器的检验位置标记(ISO 3158:1976,IDT)],测试温度为 30 ℃;又如 m_j 表示测试时间相继次序第 j 个时序开始时的瞬时走时差。这时环境条件在别处标明。

3.11

或然走时差　probable rate;或然日差　probable daily rate ($\boldsymbol{\mu}_{\mathrm{p}}$)

将计时仪器置于与正常使用条件相似的环境中,其在相当时段内最可能具有的走时差。它可用数学或物理模拟方法确定,用瞬时走时差的泛函数 F 来表示。该瞬时走时差应在反应时段 τ 内计时仪器正常使用条件的特定环境条件下测定。

示例:

$$\mu_{\mathrm{p}\tau} = F[m_{\tau(\tau)}(t)] \text{ 或 } F(m_j) \qquad (13)$$

式(13)说明了可采用的两种测试:或采用反映了时段 τ 内环境条件变化的瞬时走时差测试;或采用特定测试次序中的 j 次瞬时走时差测试。

当表达或然走时差选定的时段为 1 天(τ=1 d),并且其特定环境应反映 1 天的正常使用条件,就得到或然日差 μ_{pd}。或简单地标为 μ_{p}。

示例:

$$\mu_{\mathrm{p}} = F[m_{\tau(1\mathrm{d})}(t)] \text{ 或 } F(m_j);\text{ 或 } F(M_j) \qquad (14)$$

式(14)的意义是:或采用时段不必等于 1 天,但其所有环境条件应反映正常一天使用的条件时的瞬时走时差的测试;或采用特定测试次序中的 j 次瞬时走时差测试或者采用 j 次日差测试。

或然走时差以及或然日差的单位通常为秒每天(s/d)。它们原则上是通过一个可置信的时段获得,该时段取决于计时仪器的实际使用条件及其计时容量。

3.12

计时仪器在瞬时 t_j 和 t_i 之间的时段 τ 内的漂移　drift of an instrument during the duration τ of an interval of time marked at the instants t_j and t_i ($\boldsymbol{D}_\tau$)

等于时段 τ 内的速率变化与该时段值的比值:

$$D_\tau = \frac{(\Delta M_0)_\tau}{\tau}$$

通常情况下,测试时段可由瞬时 t_j 和 t_i 标志在均匀的标准时标上的时刻 H_j 和 H_i 来确定。

$t_j - t_i > 0$,即下标随时间 t 而增,由式(15)表示:

$$D_{(t_j - t_i)} = \frac{M_{0j} - M_{0i}}{H_j - H_i} = \frac{M'_{0j} - M_{0i}}{\lambda(t_j - t_i)} \qquad (15)$$

其基本单位为负一次方秒(s^{-1}),但在钟表行业也以秒每二次方天($\mathrm{s/d^2}$)表示。

漂移通常取决于时间、瞬时和计时仪器的环境参数。

3.13

特定时段漂移　particular drifts

对应于特定的测试时段内的漂移量。通常单位可选择为秒每二次方天($\mathrm{s/d^2}$)或秒每(天·年)[s/(d·a)]。由式(16)表示:

$$D_\tau = \frac{1}{\tau}[M_0(t_i + \tau) - M_0(t_i)] \qquad (16)$$

式中:

D_{d} ——日漂移(τ=1 d);

D_{a} ——年漂移(τ=1 a)。

注:D 的下标 τ 表示测试漂移的时段。所用单位不一定按照测试漂移时的时段。单位的任何变化需经换算。

3.14

偏差　deviation ($\boldsymbol{D}_0$)

当 τ 趋于零,在瞬时 t 时漂移的极限值,由式(17)表示:

$$D_0(t) = \lim_{\tau \to 0} D_\tau = \lim_{\tau \to 0} \frac{(\Delta M_0)_\tau}{\tau} = \frac{\mathrm{d}M_0(t)}{\mathrm{d}t} = \frac{\mathrm{d}^2 E(t)}{\mathrm{d}t^2} \qquad (17)$$

它是速率对时间 t 的导数。由此可导出式(18):

$$M_0(t_1)-M_0(t_0)=\int_{t_0}^{t_1}D_0(t)\,\mathrm{d}t \quad\cdots\cdots(18)$$

在时段 τ 内偏差的平均值表示该时段内的漂移：

$$D_\tau(t_i)=\frac{1}{\tau}\int_{t_i}^{t_i+\tau}D_0(t)\,\mathrm{d}t \quad\cdots\cdots(19)$$

偏差 $D_0(t)$的单位为负一次方秒(s^{-1})。它是时间和计时仪器环境参数或振荡器环境参数的函数，因此只能在一特定瞬时描述它。

注：计时仪器的计时稳定性为在一时间周期过程中其走时差和速率保持不变的能力。它可以是在很短时间、短时间……长时间进行测试。具体用数字表达时通常是给出其相反的性能(不稳定性)，根据情况用偏差值或漂移值表示。为了用同样方式解释振荡器的特性，需规定测试开始的瞬间 t 并标明工作条件——环境、振幅等。日漂移或年漂移常用来表达计时老化率的特性。

3.15

日差变化　variation in daily rate (V)

特定时段内的两个日差之差，由式(20)表示：

$$V_\tau(t_i)=M_d(t_i+\tau)-M_d(t_i) \quad\cdots\cdots(20)$$

式中：$\tau=K'$d，一般情况下 K'为大于零的任意值，d 为天。

通常考虑使用两个相邻日差之差，此时，$K'=1$，由此可得日变差 V_d，通常单位为秒每天(s/d)。V_d 由式(21)表示：

$$V_d(t_i)=M_d(t_i+1\mathrm{d})-M_d(t_i) \quad\cdots\cdots(21)$$

注 1：在某些情况下测试时段可扩展到一年，此时的日差变化称为日差年变化 V_a，通常单位为秒每天(s/d)，由式(22)表示：

$$V_a(t_i)=M_d(t_i+1\mathrm{a})-M_d(t_i) \quad\cdots\cdots(22)$$

注 2：根据上述定义，日差变化在某种意义上具有漂移的实际概念。它解决了由于振荡器的不稳定性等原因而使在表达速率时总是或多或少变化的实验困难。

为此，在给定时间中的特定走时差的变化，可用一相对变化值来表达，该值称为差分漂移($D_{\tau1,\tau2}$)：

$$D_{\tau1,\tau2}(t_i)=\frac{1}{\tau_1}[\mu_{\tau2}(t_i+\tau_1)-\mu_{\tau2}(t_i)] \quad\cdots\cdots(23)$$

式中 $\tau_2\langle\langle\tau_1$，$D_{\tau1}$和 $\tau_2(t_1)$的单位为负一次方秒(s^{-1})，或为负一次方天(d^{-1})，或负一次方年(a^{-1})，或秒每二次方天(s/d^2)。第二个下标 τ_2 表示求平均速率(见 3.9 条)或瞬时走时差(见 3.10 条)时的时段。差分漂移比 3.13 条中的特定时段的漂移在使用上更为实际和明确，因为 $D_{\tau1,\tau2}$ 明确规定了 τ_2 的大小。

示例：

——$D_{d,10\,T}$：振荡器 10 个周期的瞬时走时差的日漂移。

——$D_{d,1\,min}$：1 分钟的瞬时走时差的日漂移。

——$D_{a,1\,d}$：日差的年漂移，相当于 V_a。

3.16

周期差　difference on period (ΔT)

对于振荡器而言，周期差等于实际周期值 T_x 减去其标称值 T_n。由式(24)表示：

$$\Delta T=T_x-T_n \quad\cdots\cdots(24)$$

周期差的单位为秒(s)。

3.17

周期相对误差　relative difference on the period($\frac{\Delta T}{T}$)

对于计时仪器的振荡器而言，周期相对误差等于周期差(ΔT)与周期标称值 T_n 的比值。由式(25)表示：

$$\frac{\Delta T}{T}=\frac{T_x-T_n}{T_n} \quad \cdots\cdots(25)$$

周期相对误差可以用秒每秒(s/s)表示，它是一个无量纲值。

对于在给定时间内有稳定周期的振荡器，如时标被标定在周期标称值 T_n 上，则可准确地用下式表示：

$$\frac{\Delta T}{T}=-M_T$$

式中 M_T 为周期走时差。

3.18

频率差　difference on the frequency (Δf)

对于计时仪器的振荡器而言，频率差等于实际频率值 f_x 减去振荡器标称值 f_n。由式(26)表示：

$$\Delta f=f_x-f_n \quad \cdots\cdots(26)$$

频率差的单位为赫兹(Hz)。

3.19

频率相对误差　relative difference on the frequency($\frac{\Delta f}{f}$)

对于计时仪器的振荡器而言，频率相对误差等于频率差(Δf)与频率标称值(f_n)的比值。由式(27)表示：

$$\frac{\Delta f}{f}=\frac{f_x-f_n}{f_n} \quad \cdots\cdots(27)$$

频率相对误差以赫兹每赫兹(Hz/Hz)表示，它是一个无量纲值。

对于在给定时间内具有稳定频率的振荡器，如时标被标定在周期标称值 $T_n=\frac{1}{f_n}$ 上，则可准确地得到下式：

$$\frac{\Delta f}{f}=M_\tau$$

M_τ 即为在测试振荡器频率 f_x 的时段 τ 内的走时差。

3.20

振荡器的频率偏差和频率漂移　deviation and drift (of frequency) of an oscillator (D_0^* 和 D_τ^*)

计时仪器振荡器的实际频率一般说有一缓慢和自然地与时间成函数关系的变化。考虑到实际频率相对与标称频率变化的相应时段采用 3.12 条和 3.14 条中的定义可严格地导出下列定义。

3.20.1

振荡器频率偏差　deviation (of an oscillator)(D_0^*)

等于与时间成函数关系的频率相对误差对时间的导数。由式(28)表示：

$$D_0^*(t)=\frac{\mathrm{d}}{\mathrm{d}t}\left[\frac{\Delta f}{f}(t)\right] \quad \cdots\cdots(28)$$

振荡器频率偏差的单位为负一次方秒(s^{-1})。

3.20.2

振荡器频率漂移　drift (of an oscillator)(D_τ^*)

等于特定时段 τ 内偏差的平均值。由式(29)表示：

$$D_\tau^*(t)=\frac{1}{\tau}\left[\frac{\Delta f}{f}(t_i+\tau)-\frac{\Delta f}{f}(t_i)\right]=\frac{f_x(t_i+\tau)-f_x(t_i)}{\tau\cdot f_n} \quad \cdots\cdots(29)$$

与 3.12 条和 3.13 条中一样，频率漂移也可扩展为日漂移和年漂移。

注：当所述振荡器用作计时仪器的时基时，如果累计装置和指示装置的所有误差为零(或一般说可忽略不计)，则

D_τ^*(振荡器的漂移)等于 D_τ(计时仪器的漂移)。

表 1 术语和表达式汇总表

术语名称	符号	表达式	式号	量纲	国际单位制	实用单位
时间	t					
时刻	h, H	$h = \lambda t - h_0$	(1)	T	s	
时段,时间间隔	t, τ	$\tau = h_j - h_i$ 一般情况下 $\tau = t_j - t_i$ 特殊情况下($\lambda=1$)	(2) (4)	T	s s	a, d, h, min, ms, μs, ns, ps 等
指示差	E_i	$E_i = h_i - H_i$	(5)	T	s	s
计时仪器修正值	C_i	$C_i = -E_i = H_i - h_i$	(6)	T	s	s
指示差变化	ΔE	$\Delta E = E_j - E_i\ (j > i)$	见(7)	T	s	s
走时差	M_τ	$M_\tau = \dfrac{E_j - E_i}{H_j - H_i}; H_j - H_i = \tau$	见(8)	T	s/s	s/d , s/a
振荡周期走时差	M_T	$\tau=1\ T$		—	s/s	
秒走时差	M_s	$\tau=1$ s		—	s/s	
分走时差	M_{min}	$\tau=1$ min		—	s/s	
日差	M_d, M	$\tau=1$ d		—	s/s	s/d ,min/d
速率	M_0	$M_0(t) = \dfrac{dE(t)}{dt}$	(10)	—	s/s	
在($t_i + \tau$)时段内平均速率	μ_τ	$\mu_\tau(t_i) = \dfrac{1}{\tau}\int_{t_i}^{t_i+\tau} M_0(t)\,dt$ $= \dfrac{1}{\tau}[E(t_i+\tau) - E(t_i)]$	(11)	—	s/s	s/d
瞬时差	m_τ	$m_\tau(t_i) = \dfrac{1}{\tau}\int_{t_i}^{t_i+\tau} M_{0r}(t)\,\underset{\tau\to 0}{dt}$	(12)	—	s/s	s/d
或然走时差	μ_p	$\mu_p = F[m_{r(1d)}(t)]$	(14)	—	s/s	s/d
特 定 时 段 的 漂移		$D_\tau = \dfrac{1}{\tau}[M_0(t_i+\tau) - M_0(t_i)]$	(16)	T^{-1}	s^{-1}	s/d^2
偏差	D_0	$D_0(t) = \dfrac{dM_0(t)}{dt} = \dfrac{d^2E(t)}{dt^2}$	(17)	T^{-1}	s^{-1}	d^{-1}, a^{-1}
漂移	D_τ	$D_\tau(t_i) = \dfrac{1}{\tau}\int_{t_i}^{t_i+\tau} D_0(t)dt$	(19)	T^{-1}	s^{-1}	d^{-1}, a^{-1}, s/d^2
日漂移	D_d	$\tau = 1d$		T^{-1}	s^{-1}	s/d^2, d^{-1}
年漂移	D_a	$\tau = 1a$		T^{-1}	s^{-1}	s/(d·a), a^{-1}
日差变化	V_τ	$V_\tau(t_i) = M_d(t_i+\tau) - M_d(t_i)$	(20)	—	s/s	s/d
日变差	V_d	$V_d(t_i) = M_d(t_i+1d) - M_d(t_i)$	(21)	—	s/s	s/d
日差年变化	V_a	$V_a(t_i) = M_d(t_i+1a) - M_d(t_i)$	(22)	—	s/s	s/d

表 1（续）

术语名称	符号	表达式	式号	量纲	国际单位制	实用单位
差分漂移	D_{τ_1,τ_2}	$D_{\tau_1,\tau_2}(t_i)=\frac{1}{\tau_1}[\mu_{\tau_2}(t_i+\tau_1)-\mu_{\tau_2}(t_i)]$	(23)	T^{-1}	s^{-1}	s/d^2，d^{-1}，a^{-1}
振荡器周期	T	$x(t+kT)=x(t)$ ，t 和 k 为整数		T	s	s，ms，μs，ns，ps 等
周期差	ΔT	$\Delta T=T_x-T_n$	(24)	T	s	s，ms，μs，ns，ps 等
周期相对误差	$\Delta T/T$	$\Delta T/T=(T_x-T_n)/T_n=-M_T$	(25)	—	s/s	s/d，s/a
频率(振荡器)	f	$f=1/T$		T^{-1}	Hz	Hz,半振动/h
频率差	Δf	$\Delta f=f_x-f_n$	(26)	T^{-1}	Hz	Hz
频率相对误差	$\Delta f/f$	$\Delta f/f=(f_x-f_n)/f_n=M_\tau$	(27)	—	Hz/Hz	s/d，s/a
偏差(振荡器)	D_0^*	$D_0^*(t)=\frac{d}{dt}\left[\frac{\Delta f}{f}(t)\right]$	(28)	T^{-1}	s^{-1}	s^{-1}
漂移(振荡器)	D_τ^*	$D_\tau^*(t_i)=\frac{f_x(t_i+\tau)-f_x(t_i)}{\tau\cdot f_n}$	(29)	T^{-1}	s^{-1}	s^{-1}
日漂移(振荡器)	D_d^*	$\tau=1d$		T^{-1}	s^{-1}	d^{-1}，s/d^2
年漂移(振荡器)	D_a^*	$\tau=1a$		T^{-1}	s^{-1}	a^{-1}，$s/(d\cdot a)$
角漂移(振荡器)	ω	$\omega=2\pi f$		T^{-1}	rad/s	rad/s

注：实用单位和国际单位制换算如下：

$1\ s/d=1/86\ 400\ s/s\approx1.157\times10^{-5}$

$1\ s/a=1/86\ 400\times365.242\ 198\ 781\ s/s=1/31\ 556\ 925.947\ 7\ s/s\approx3.169\times10^{-8}\ s/s$

$1\ d^{-1}=1/86\ 400\ s^{-1}\approx1.157\times10^{-5}\ s^{-1}$

$1\ a^{-1}=1/31\ 556\ 925.974\ 7\ s^{-1}\approx3.169\times10^{-8}\ s^{-1}$

$1\ s/d^2=1/(86\ 400)^2\ s^{-1}\approx1.34\times10^{-10}\ s^{-1}$

$1\ s/(d\cdot a)\approx1(86\ 400)^2\times365.24\ s^{-1}\approx3.67\times10^{-13}\ s^{-1}$

1 Hz=7 200 半振动/h。

索　引

ICS 67.140.10
X 55

GB

中华人民共和国国家标准

GB/T 9833.1—2013
代替 GB/T 9833.1—2002

紧压茶 第1部分:花砖茶

Compressed tea—Part 1:Hua zhuan tea

2013-07-19 发布 2013-12-06 实施

中华人民共和国国家质量监督检验检疫总局
中国国家标准化管理委员会 发布

前　言

GB/T 9833《紧压茶》分为以下9个部分：

——第1部分：花砖茶；

——第2部分：黑砖茶；

——第3部分：茯砖茶；

——第4部分：康砖茶；

——第5部分：沱茶；

——第6部分：紧茶；

——第7部分：金尖茶；

——第8部分：米砖茶；

——第9部分：青砖茶。

本部分是GB/T 9833的第1部分。

本部分按照GB/T 1.1—2009给出的规则起草。

本部分代替GB/T 9833.1—2002《紧压茶　花砖茶》。与GB/T 9833.1—2002相比，主要技术变化如下：

——删除理化指标中的注1，将理化指标中的水浸出物改为判定指标；

——卫生指标采用GB 2762《食品中污染物限量》、GB 2763《食品安全国家标准　食品中农药最大残留限量》和GB 26130《食品中百草枯等54种农药最大残留限量》的规定，代替已废止的GB 9679—1988《茶叶卫生标准》；

——判定规则改为按第4章要求的项目，任一项不符合规定的产品均判为不合格产品。

本部分由中华全国供销合作总社提出。

本部分由全国茶叶标准化技术委员会(SAC/TC 339)归口。

本部分起草单位：中华全国供销合作总社杭州茶叶研究院、中国茶叶流通协会、湖南省茶业有限公司、湖南省白沙溪茶厂有限责任公司。

本部分主要起草人：翁昆、杨秀芳、王庆、吴锡端、周重旺、刘新安、刘雪慧、梅宇、曾学军、张岭苓、张亚丽。

本部分所代替标准的历次版本发布情况为：

——GB/T 9833.1—1988；GB/T 9833.1—2002。

紧压茶
第1部分:花砖茶

1 范围

GB/T 9833 的本部分规定了花砖茶的要求、试验方法、检验规则、标志、标签、包装、运输、贮存和保质期。

本部分适用于以黑毛茶为主要原料,经过毛茶筛分、半成品拼配、渥堆、蒸汽压制成型、干燥、成品包装等工艺过程制成的花砖茶。

2 规范性引用文件

下列文件对于本文件的应用是必不可少的。凡是注日期的引用文件,仅注日期的版本适用于本文件。凡是不注日期的引用文件,其最新版本(包括所有的修改单)适用于本文件。

GB/T 191 包装储运图示标志

GB 2762 食品中污染物限量

GB 2763 食品安全国家标准 食品中农药最大残留限量

GB 7718 食品安全国家标准 预包装食品标签通则

GB/T 8302 茶 取样

GB/T 8304 茶 水分测定

GB/T 8305 茶 水浸出物测定

GB/T 8306 茶 总灰分测定

GB/T 23776 茶叶感官审评方法

GB 26130 食品中百草枯等54种农药最大残留限量

GH/T 1070 茶叶包装通则

GH/T 1071 茶叶贮存通则

JJF 1070 定量包装商品净含量计量检验规则

国家质量监督检验检疫总局[2005]第75号令 定量包装商品计量监督管理办法

国家质量监督检验检疫总局[2009]第123号令 关于修改《食品标识管理规定》的决定

3 等级和实物样

花砖茶不分等级。标准实物样为品质的最低界限,每五年更换一次。

4 要求

4.1 感官品质

感官品质应符合标准实物样。

外形:砖面平整,花纹图案清晰,棱角分明,厚薄一致,色泽黑褐,无黑霉、白霉、青霉等霉菌。

内质:香气纯正或带松烟香,汤色橙黄,滋味醇和。

4.2 理化指标

理化指标应符合表1规定。

表1 理化指标

项　目		指　标
水分(质量分数)/%	≤	14.0(计重水分为12.0%)
总灰分(质量分数)/%	≤	8.0
茶梗(质量分数)/%	≤	15.0(其中长于30 mm的茶梗不得超过1.0%)
非茶类夹杂物(质量分数)/%	≤	0.2
水浸出物(质量分数)/%	≥	22.0
注:采用计重水分换算茶砖的净含量。		

4.3 卫生指标

4.3.1 污染物限量应符合GB 2762的规定。

4.3.2 农药残留限量应符合GB 2763和GB 26130的规定。

4.4 净含量

应符合国家质量监督检验检疫总局[2005]第75号令的规定。

5 试验方法

5.1 感官品质

按GB/T 23776的规定执行。

5.2 理化指标

5.2.1 水分按GB/T 8304的规定执行。

5.2.2 总灰分按GB/T 8306的规定执行。

5.2.3 茶梗按附录A的规定执行。

5.2.4 非茶类夹杂物按附录B的规定执行。

5.2.5 水浸出物按GB/T 8305的规定执行。

5.3 卫生指标

5.3.1 污染物按GB 2762的规定执行。

5.3.2 农药残留按GB 2763和GB 26130的规定执行。

5.4 净含量

按JJF 1070的规定执行。计算按附录C的规定执行。

6 检验规则

6.1 抽样

6.1.1 抽样以“批”为单位。在生产和加工过程中形成的独立数量的产品为一个批次,同批产品的品质规格一致。

6.1.2 抽样按 GB/T 8302 的规定执行。

6.2 检验

6.2.1 出厂检验

每批产品均应做出厂检验,经检验合格、签发合格证后,方可出厂。出厂检验项目为感官品质、水分、总灰分、茶梗、非茶类夹杂物、净含量。

6.2.2 型式检验

型式检验项目为标准中的全部技术要求项目。型式检验周期每年一次。有下列情况之一时,应进行型式检验:

a) 出厂检验结果与上一次型式检验结果有较大出入时;

b) 国家法定质量监督机构提出型式检验要求时。

6.3 判定规则

按第 4 章要求的项目,任一项不符合规定的产品均判为不合格产品。

6.4 复验

对检验结果有争议时,应对留存样或在同批产品中重新按 GB/T 8302 规定加倍取样进行不合格项目的复验,以复验结果为准。

7 标志、标签、包装、运输、贮存和保质期

7.1 标志、标签

产品标志应符合 GB/T 191 的规定。产品标签应符合 GB 7718 和国家质量监督检验检疫总局[2009]第 123 号令的规定。

7.2 包装

产品包装应符合 GH/T 1070 的规定。

7.3 运输

运输工具应清洁、干燥、无异味、无污染。运输时应有防雨、防潮、防暴晒措施。严禁与有毒、有害、有异味、易污染的物品混装、混运。

7.4 贮存

产品的贮存应符合 GH/T 1071 的规定。应贮存于清洁、干燥、无异气味的专用仓库中,严禁与有

毒、有害、有异味、易污染的物品混放。

7.5 保质期

在符合7.4要求的条件下,产品可长期保存。

附 录 A
（规范性附录）
茶梗检验方法

A.1 定义

茶梗为木质化的茶树麻梗、红梗、白梗，不包括节间嫩茎。

A.2 方法

将砖茶分成4等份，取其中对角2块为试样（约100 g）。试样用蒸汽蒸散，将茶梗从试样中分离出来，在100 ℃～105 ℃的烘箱内（约30 min）烘后分别称重。

A.3 结果计算

A.3.1 计算方法

茶梗的计算方法见式（A.1）：

$$茶梗(\%)=\frac{W_1}{W_1+W_2}\times 100 \qquad \cdots\cdots(A.1)$$

式中：

W_1——烘干后茶梗重量，单位为克（g）；

W_2——除茶梗以外的试样烘干后的重量，单位为克（g）。

A.3.2 重复性

同一样品的两次测定结果之差不得超过5％。

附 录 B
（规范性附录）
非茶类夹杂物检验方法

B.1 定义

非茶类夹杂物主要指磁性杂质、泥沙、有机质等。

B.2 方法

将砖茶分成4等份，取其中对角2块为试样。用木锤敲碎，再用四角分样法或分样器分成二等份，取其中一份为试样，称重为W_0。用手检出非茶类夹杂物，再将试样平铺在玻璃板上，用12 kg～13 kg吸力的磁铁在茶层内纵横交叉滑动数次，吸取磁性杂质，把每次吸取的磁性杂质收集在同一张清洁白纸上，直至磁性杂质全部吸出。合并称其重量为W_1。

B.3 结果计算

B.3.1 计算方法

非茶类夹杂物计算方法见式(B.1)：

$$\text{非茶类夹杂物}(\%)=\frac{W_1}{W_0}\times 100 \qquad \cdots\cdots(\text{B.1})$$

式中：

W_0——试样总重量，单位为克(g)；

W_1——非茶类夹杂物总重量，单位为克(g)。

B.3.2 重复性

同一样品的两次测定结果之差不得超过10%。

附　录　C
（规范性附录）
采用计重水分换算茶砖净含量的方法

C.1　计重水分定义

计重水分是指每块砖茶计算重量时所允许的水分含量。

C.2　计算方法

茶砖净含量计算方法见式(C.1)：

$$W = \frac{W_0 \times (1 - M_0)}{1 - M} \qquad \text{(C.1)}$$

式中：

W ——按计重水分换算的茶砖净含量，单位为克(g)；

W_0 ——实际称得的净含量值，单位为克(g)；

M ——标准规定的计重水分，%；

M_0 ——实际测得的水分值，%。

ICS 67.140.10
X 55

GB

中华人民共和国国家标准

GB/T 9833.2—2013
代替 GB/T 9833.2—2002

紧压茶 第2部分:黑砖茶

Compressed tea—Part 2:Hei zhuan tea

2013-07-19 发布 2013-12-06 实施

中华人民共和国国家质量监督检验检疫总局
中国国家标准化管理委员会 发布

前言

GB/T 9833《紧压茶》分为以下9个部分：

——第1部分：花砖茶；

——第2部分：黑砖茶；

——第3部分：茯砖茶；

——第4部分：康砖茶；

——第5部分：沱茶；

——第6部分：紧茶；

——第7部分：金尖茶；

——第8部分：米砖茶；

——第9部分：青砖茶。

本部分是GB/T 9833的第2部分。

本部分按照GB/T 1.1—2009给出的规则起草。

本部分代替GB/T 9833.2—2002《紧压茶　黑砖茶》。与GB/T 9833.2—2002相比，主要技术变化如下：

——删除理化指标中的注1，将理化指标中的水浸出物改为判定指标；

——卫生指标采用GB 2762《食品中污染物限量》、GB 2763《食品安全国家标准　食品中农药最大残留限量》和GB 26130《食品中百草枯等54种农药最大残留限量》的规定，代替已废止的GB 9679—1988《茶叶卫生标准》；

——判定规则改为按第4章要求的项目，任一项不符合规定的产品均判为不合格产品。

本部分由中华全国供销合作总社提出。

本部分由全国茶叶标准化技术委员会(SAC/TC 339)归口。

本部分起草单位：中华全国供销合作总社杭州茶叶研究院、中国茶叶流通协会、湖南省茶业有限公司、湖南省白沙溪茶厂有限责任公司、湖南省益阳茶厂有限公司、浙江武义骆驼九龙砖茶有限公司。

本部分主要起草人：翁昆、杨秀芳、王庆、吴锡端、尹钟、刘新安、刘雪慧、崔胜伏、祝雅松、梅宇、曾学军、张岭苓、张亚丽。

本部分所代替标准的历次版本发布情况为：

——GB/T 9833.2—1988、GB/T 9833.2—2002。

紧压茶　第2部分:黑砖茶

1　范围

GB/T 9833 的本部分规定了黑砖茶的要求、试验方法、检验规则、标志、标签、包装、运输、贮存和保质期。

本部分适用于以黑毛茶为主要原料,经过毛茶筛分、半成品拼配、渥堆、蒸汽压制成型、干燥、成品包装等工艺过程制成的黑砖茶。

2　规范性引用文件

下列文件对于本文件的应用是必不可少的。凡是注日期的引用文件,仅注日期的版本适用于本文件。凡是不注日期的引用文件,其最新版本(包括所有的修改单)适用于本文件。

GB/T 191　包装储运图示标志

GB 2762　食品中污染物限量

GB 2763　食品安全国家标准　食品中农药最大残留限量

GB 7718　食品安全国家标准　预包装食品标签通则

GB/T 8302　茶　取样

GB/T 8304　茶　水分测定

GB/T 8305　茶　水浸出物测定

GB/T 8306　茶　总灰分测定

GB/T 9833.1—2013　紧压茶　第1部分:花砖茶

GB/T 23776　茶叶感官审评方法

GB 26130　食品中百草枯等54种农药最大残留限量

GH/T 1070　茶叶包装通则

GH/T 1071　茶叶贮存通则

JJF 1070　定量包装商品净含量计量检验规则

国家质量监督检验检疫总局[2005]第75号令　定量包装商品计量监督管理办法

国家质量监督检验检疫总局[2009]第123号令　关于修改《食品标识管理规定》的决定

3　等级和实物样

黑砖茶不分等级。标准实物样为品质的最低界限,每五年更换一次。

4　要求

4.1 感官品质

感官品质应符合标准实物样。

外形:砖面平整,图案清晰,棱角分明,厚薄一致,色泽黑褐,无黑霉、白霉、青霉等霉菌。

内质:香气纯正或带松烟香,汤色橙黄,滋味醇和微涩。

4.2 理化指标

理化指标应符合表1的规定。

表1 理化指标

项目		指标
水分(质量分数)/%	≤	14.0(计重水分为12.0%)
总灰分(质量分数)/%	≤	8.5
茶梗(质量分数)/%	≤	18.0(其中长于30 mm的茶梗不得超过1.0%)
非茶类夹杂物(质量分数)/%	≤	0.2
水浸出物(质量分数)/%	≥	21.0
注:采用计重水分换算茶砖的净含量。		

4.3 卫生指标

4.3.1 污染物限量应符合GB 2762的规定。

4.3.2 农药残留限量应符合GB 2763和GB 26130的规定。

4.4 净含量

应符合国家质量监督检验检疫总局[2005]第75号令的规定。

5 试验方法

5.1 感官品质

按GB/T 23776的规定执行。

5.2 理化指标

5.2.1 水分按GB/T 8304的规定执行。

5.2.2 总灰分按GB/T 8306的规定执行。

5.2.3 茶梗按GB/T 9833.1—2013附录A的规定执行。

5.2.4 非茶类夹杂物按GB/T 9833.1—2013附录B的规定执行。

5.2.5 水浸出物按GB/T 8305的规定执行。

5.3 卫生指标

5.3.1 污染物按GB 2762的规定执行。

5.3.2 农药残留按GB 2763和GB 26130的规定执行。

5.4 净含量

按JJF 1070的规定执行。计算按GB/T 9833.1—2013附录C的规定执行。

6 检验规则

6.1 抽样

6.1.1 抽样以“批”为单位。在生产和加工过程中形成的独立数量的产品为一个批次，同批产品的品质规格一致。

6.1.2 抽样按 GB/T 8302 的规定执行。

6.2 检验

6.2.1 出厂检验

每批产品均应做出厂检验，经检验合格、签发合格证后，方可出厂。出厂检验项目为感官品质、水分、总灰分、茶梗、非茶类夹杂物、净含量。

6.2.2 型式检验

型式检验项目为标准中的全部技术要求项目。型式检验周期每年一次。有下列情况之一时，应进行型式检验：

a) 出厂检验结果与上一次型式检验结果有较大出入时；

b) 国家法定质量监督机构提出型式检验要求时。

6.3 判定规则

按第 4 章要求的项目，任一项不符合规定的产品均判为不合格产品。

6.4 复验

对检验结果有争议时，应对留存样或在同批产品中重新按 GB/T 8302 规定加倍取样进行不合格项目的复验，以复验结果为准。

7 标志、标签、包装、运输、贮存和保质期

7.1 标志、标签

产品标志应符合 GB/T 191 的规定。产品标签应符合 GB 7718 和国家质量监督检验检疫总局[2009]第 123 号令的规定。

7.2 包装

产品包装应符合 GH/T 1070 的规定。

7.3 运输

运输工具应清洁、干燥、无异味、无污染。运输时应有防雨、防潮、防暴晒措施。严禁与有毒、有害、有异味、易污染的物品混装、混运。

7.4 贮存

产品贮存应符合 GH/T 1071 的规定。应贮存于清洁、干燥、无异气味的专用仓库中，严禁与有毒、

有害、有异味、易污染的物品混放。

7.5 保质期

在符合 7.4 要求的条件下，产品可长期保存。

ICS 67.140.10
X 55

中华人民共和国国家标准

GB/T 9833.3—2013
代替 GB/T 9833.3—2002

紧压茶　第3部分：茯砖茶

Compressed tea—Part 3: Fu zhuan tea

2013-07-19 发布　　2013-12-06 实施

中华人民共和国国家质量监督检验检疫总局
中国国家标准化管理委员会　发布

前　言

GB/T 9833《紧压茶》分为以下 9 个部分：

——第 1 部分：花砖茶；

——第 2 部分：黑砖茶；

——第 3 部分：茯砖茶；

——第 4 部分：康砖茶；

——第 5 部分：沱茶；

——第 6 部分：紧茶；

——第 7 部分：金尖茶；

——第 8 部分：米砖茶；

——第 9 部分：青砖茶。

本部分是 GB/T 9833 的第 3 部分。

本部分按照 GB/T 1.1—2009 给出的规则起草。

本部分代替 GB/T 9833.3—2002《紧压茶　茯砖茶》。与 GB/T 9833.3—2002 相比，主要技术变化如下：

——产品不分等级，感官品质和理化指标合并；

——删去理化指标中的注 1，将理化指标中的水浸出物和冠突散囊菌改为判定指标；

——卫生指标采用 GB 2762《食品中污染物限量》、GB 2763《食品安全国家标准　食品中农药最大残留限量》和 GB 26130《食品中百草枯等 54 种农药最大残留限量》的规定，代替已废止的 GB 9679—1988《茶叶卫生标准》；

——判定规则改为按第 4 章规定的感官品质、理化指标、卫生指标和净含量项目要求，任一项不合格的产品均判为不合格产品。

本部分由中华全国供销合作总社提出。

本部分由全国茶叶标准化技术委员会(SAC/TC 339)归口。

本部分起草单位：中华全国供销合作总社杭州茶叶研究院、中国茶叶流通协会、湖南省茶业有限公司、湖南省益阳茶厂有限公司、浙江武义骆驼九龙砖茶有限公司、湖南省白沙溪茶厂有限责任公司、陕西苍山茶业有限责任公司。

本部分主要起草人：翁昆、杨秀芳、王庆、吴锡端、崔胜伏、彭雄根、刘雪慧、祝雅松、刘杏益、刘新安、梅宇、张亚丽、纪晓明。

本部分所代替标准的历次版本发布情况为：

——GB/T 9833.3—1988、GB/T 9833.3—2002。

紧压茶　第3部分:茯砖茶

1　范围

GB/T 9833的本部分规定了茯砖茶的要求、试验方法、检验规则、标志、标签、包装、运输、贮存和保质期。

本部分适用于以黑毛茶为主要原料,经过毛茶筛分、半成品拼配、渥堆、蒸汽压制成型、发花、干燥、成品包装等工艺过程制成的茯砖茶。

2　规范性引用文件

下列文件对于本文件的应用是必不可少的。凡是注日期的引用文件,仅注日期的版本适用于本文件。凡是不注日期的引用文件,其最新版本(包括所有的修改单)适用于本文件。

GB/T 191　包装储运图示标志

GB 2762　食品中污染物限量

GB 2763　食品安全国家标准　食品中农药最大残留限量

GB 4789.15　食品安全国家标准　食品微生物学检验　霉菌和酵母计数

GB 7718　食品安全国家标准　预包装食品标签通则

GB/T 8302　茶　取样

GB/T 8304　茶　水分测定

GB/T 8305　茶　水浸出物测定

GB/T 8306　茶　总灰分测定

GB/T 9833.1—2013　紧压茶　第1部分:花砖茶

GB/T 23776　茶叶感官审评方法

GB 26130　食品中百草枯等54种农药最大残留限量

GH/T 1070　茶叶包装通则

GH/T 1071　茶叶贮存通则

JJF 1070　定量包装商品净含量计量检验规则

国家质量监督检验检疫总局[2005]第75号令　定量包装商品计量监督管理办法

国家质量监督检验检疫总局[2009]第123号令　关于修改《食品标识管理规定》的决定

3　等级和实物样

茯砖茶不分等级。标准实物样为品质的最低界限,每五年更换一次。

4　要求

4.1　感官品质

感官品质应符合标准实物样。

外形：砖面平整，棱角分明，厚薄一致，色泽黄褐色，发花普遍，砖内无黑霉、白霉、青霉、红霉等杂菌。

内质：香气纯正，汤色橙黄，滋味纯和，无涩味。

4.2 理化指标

理化指标应符合表1的规定。

表1 理化指标

项目		指标
水分(质量分数)/%	≤	14.0(计重水分12.0%)
总灰分(质量分数)/%	≤	9.0
茶梗(质量分数)/%	≤	20.0(其中长于30 mm的茶梗不得超过1.0%)
非茶类夹杂物(质量分数)/%	≤	0.2
水浸出物(质量分数)/%	≥	20.0
冠突散囊菌(CFU/g)	≥	20×10^4
注：采用计重水分换算茶砖的净含量。		

4.3 卫生指标

4.3.1 污染物限量应符合GB 2762的规定。

4.3.2 农药残留限量应符合GB 2763和GB 26130的规定。

4.4 净含量

应符合国家质量监督检验检疫总局[2005]第75号令的规定。

5 试验方法

5.1 感官品质

按GB/T 23776的规定执行。

5.2 理化指标

5.2.1 水分按GB/T 8304的规定执行。

5.2.2 总灰分按GB/T 8306的规定执行。

5.2.3 茶梗按GB/T 9833.1—2013附录A的规定执行。

5.2.4 非茶类夹杂物按GB/T 9833.1—2013附录B的规定执行。

5.2.5 水浸出物按GB/T 8305的规定执行。

5.2.6 冠突散囊菌按GB 4789.15的规定执行。

5.3 卫生指标

5.3.1 污染物按GB 2762的规定执行。

5.3.2 农药残留按GB 2763和GB 26130的规定执行。

5.4 净含量

按 JJF 1070 的规定执行。计算按 GB/T 9833.1—2013 附录 C 的规定执行。

6 检验规则

6.1 抽样

6.1.1 抽样以“批”为单位。在生产和加工过程中形成的独立数量的产品为一个批次，同批产品的品质规格一致。

6.1.2 抽样按 GB/T 8302 的规定执行。

6.2 检验

6.2.1 出厂检验

每批产品均应做出厂检验，经检验合格、签发合格证后，方可出厂。出厂检验项目为感官品质、水分、总灰分、茶梗、非茶类夹杂物、净含量。

6.2.2 型式检验

型式检验项目为标准中的全部技术要求项目。型式检验周期每年一次。有下列情况之一时，应进行型式检验：

a) 出厂检验结果与上一次型式检验结果有较大出入时；

b) 国家法定质量监督机构提出型式检验要求时。

6.3 判定规则

按第 4 章要求的项目，任一项不符合规定的产品均判为不合格产品。

6.4 复验

对检验结果有争议时，应对留存样或在同批产品中重新按 GB/T 8302 规定加倍取样进行不合格项目的复验，以复验结果为准。

7 标志、标签、包装、运输、贮存和保质期

7.1 标志、标签

产品标志应符合 GB/T 191 的规定。产品标签应符合 GB 7718 和国家质量监督检验检疫总局[2009]第 123 号令的规定。

7.2 包装

产品的包装应符合 GH/T 1070 的规定。

7.3 运输

运输工具应清洁、干燥、无异味、无污染。运输时应有防雨、防潮、防暴晒措施。严禁与有毒、有害、有异味、易污染的物品混装、混运。

7.4 贮存

产品的贮存应符合 GH/T 1071 的规定。应贮存于清洁、干燥、无异气味的专用仓库中，严禁与有毒、有害、有异味、易污染的物品混放。

7.5 保质期

在符合 7.4 的条件下，产品可长期保存。

ICS 67.140.10
X 55

中华人民共和国国家标准

GB/T 9833.4—2013
代替 GB/T 9833.4—2002

紧压茶
第4部分:康砖茶

Compressed tea—Part 4:Kang zhuan tea

2013-07-19 发布　　2013-12-06 实施

中华人民共和国国家质量监督检验检疫总局
中国国家标准化管理委员会　发布

前　言

GB/T 9833《紧压茶》分为以下9个部分：

——第1部分：花砖茶；

——第2部分：黑砖茶；

——第3部分：茯砖茶；

——第4部分：康砖茶；

——第5部分：沱茶；

——第6部分：紧茶；

——第7部分：金尖茶；

——第8部分：米砖茶；

——第9部分：青砖茶。

本部分是GB/T 9833的第4部分。

本部分按照GB/T 1.1—2009给出的规则起草。

本部分代替GB/T 9833.4—2002《紧压茶　康砖茶》。与GB/T 9833.4—2002相比，主要技术变化如下：

——将产品分为特制康砖和普通康砖两个等级，并规定了相应的感官品质、理化指标要求；

——删去理化指标中的注1，将理化指标中的水浸出物改为判定指标；

——卫生指标采用GB 2762《食品中污染物限量》、GB 2763《食品安全国家标准　食品中农药最大残留限量》和GB 26130《食品中百草枯等54种农药最大残留限量》的规定，代替已废止的GB 9679—1988《茶叶卫生标准》；

——判定规则改为按第4章要求的项目，任一项不符合规定的产品均判为不合格产品。

本部分由中华全国供销合作总社提出。

本部分由全国茶叶标准化技术委员会(SAC/TC 339)归口。

本部分起草单位：中华全国供销合作总社杭州茶叶研究院、中国茶叶流通协会、四川省雅安茶厂有限公司。

本部分主要起草人：翁昆、杨秀芳、王庆、李朝贵、吴锡端、刘真华、梅宇、余栋刚、张亚丽。

本部分历次版本发布情况为：

——GB/T 9833.4—1989、GB/T 9833.4—2002。

紧压茶
第4部分:康砖茶

1 范围

GB/T 9833的本部分规定了康砖茶的要求、试验方法、检验规则、标志、标签、包装、运输、贮存和保质期。

本部分适用于以四川雅安及周边地区的做庄茶及金玉茶(晒青毛茶)为主要原料,经过毛茶整理、半成品拼配、蒸汽压制定型、干燥、成品包装等工艺过程制成的康砖茶。

2 规范性引用文件

下列文件对于本文件的应用是必不可少的。凡是注日期的引用文件,仅注日期的版本适用于本文件。凡是不注日期的引用文件,其最新版本(包括所有的修改单)适用于本文件。

GB/T 191 包装储运图示标志
GB 2762 食品中污染物限量
GB 2763 食品安全国家标准 食品中农药最大残留限量
GB 7718 食品安全国家标准 预包装食品标签通则
GB/T 8302 茶 取样
GB/T 8304 茶 水分测定
GB/T 8305 茶 水浸出物测定
GB/T 8306 茶 总灰分测定
GB/T 9833.1—2013 紧压茶 第1部分:花砖茶
GB/T 23776 茶叶感官审评方法
GB 26130 食品中百草枯等54种农药最大残留限量
GH/T 1070 茶叶包装通则
GH/T 1071 茶叶贮存通则
JJF 1070 定量包装商品净含量计量检验规则
国家质量监督检验检疫总局[2005]第75号令 定量包装商品计量监督管理办法
国家质量监督检验检疫总局[2009]第123号令 关于修改《食品标识管理规定》的决定

3 等级和实物样

康砖茶分为特制康砖和普通康砖两个等级。标准实物样为品质的最低界限,每五年更换一次。

4 要求

4.1 感官品质

感官品质应符合标准实物样,各等级感官品质要求应符合表1的规定。

表 1 感官品质

项 目	要 求	
	特制康砖	普通康砖
外形	园角长方体，表面平整紧实，洒面明显，色泽棕褐油润。砖内无黑霉、白霉、青霉等霉菌	园角长方体，表面尚平整，洒面尚明显，色泽棕褐。砖内无黑霉、白霉、青霉等霉菌
内质	香气纯正、陈香显，汤色红亮，滋味醇厚，叶底棕褐稍花杂、带细梗	香气较纯正，汤色红褐、尚明，滋味醇和，叶底棕褐花杂、带梗

4.2 理化指标

理化指标应符合表 2 的规定。

表 2 理化指标

项 目		指 标	
		特制康砖	普通康砖
水分(质量分数)/%	≤	16.0(计重水分 14.0%)	
总灰分(质量分数)/%	≤	7.5	
茶梗(质量分数)/%	≤	7.0(其中长于 30 mm 的茶梗不得超过 1.0%)	8.0(其中长于 30 mm 的茶梗不得超过 1.0%)
非茶类夹杂物(质量分数)/%	≤	0.2	
水浸出物(质量分数)/%	≥	28.0	26.0
注：采用计重水分换算茶砖的净含量。			

4.3 卫生指标

4.3.1 污染物限量按 GB 2762 的规定执行。

4.3.2 农药残留限量按 GB 2763 和 GB 26130 的规定执行。

4.4 净含量

应符合国家质量监督检验检疫总局[2005]第 75 号令的规定。

5 试验方法

5.1 感官品质

按 GB/T 23776 的规定执行。

5.2 理化指标

5.2.1 水分按 GB/T 8304 的规定执行。

5.2.2 总灰分按 GB/T 8306 的规定执行。

5.2.3 茶梗按 GB/T 9833.1—2013 附录 A 的规定执行。

5.2.4 非茶类夹杂物按 GB/T 9833.1—2013 附录 B 的规定执行。

5.2.5 水浸出物按 GB/T 8305 的规定执行。

5.3 卫生指标

5.3.1 污染物按 GB 2762 的规定执行。

5.3.2 农药残留按 GB 2763 和 GB 26130 的规定执行。

5.4 净含量

按 JJF 1070 的规定执行。计算按 GB/T 9833.1—2013 附录 C 的规定执行。

6 检验规则

6.1 抽样

6.1.1 抽样以"批"为单位。在生产和加工过程中形成的独立数量的产品为一个批次，同批产品的品质规格一致。

6.1.2 抽样按 GB/T 8302 的规定执行。

6.2 检验

6.2.1 出厂检验

每批产品均应做出厂检验，经检验合格、签发合格证后，方可出厂。出厂检验项目为感官品质、水分、总灰分、茶梗、非茶类夹杂物、净含量。

6.2.2 型式检验

型式检验项目为标准中的全部技术要求项目。型式检验周期每年一次。有下列情况之一时，应进行型式检验：

a) 出厂检验结果与上一次型式检验结果有较大出入时；

b) 国家法定质量监督机构提出型式检验要求时。

6.3 判定规则

按第 4 章要求的项目，任一项不符合规定的产品均判为不合格产品。

6.4 复验

对检验结果有争议时，应对留存样或在同批产品中重新按 GB/T 8302 规定加倍取样进行不合格项目的复验，以复验结果为准。

7 标志、标签、包装、运输、贮存和保质期

7.1 标志、标签

产品标志应符合 GB/T 191 的规定。产品标签应符合 GB 7718 和国家质量监督检验检疫总局[2009]第 123 号令的规定。

7.2 包装

产品的包装应符合 GH/T 1070 的规定。

7.3 运输

运输工具应清洁、干燥、无异味、无污染。运输时应有防雨、防潮、防暴晒措施。严禁与有毒、有害、有异味、易污染的物品混装、混运。

7.4 贮存

产品的贮存应符合 GH/T 1071 的规定。应贮存于清洁、干燥、无异味的专用仓库中，严禁与有毒、有害、有异味、易污染的物品混放。

7.5 保质期

在符合 7.4 的条件下，产品可长期保存。

ICS 67.140.10
X 55

中华人民共和国国家标准

GB/T 9833.5—2013
代替 GB/T 9833.5—2002

紧压茶 第5部分:沱茶

Compressed tea—Part 5: Tuo tea

2013-07-19 发布 2013-12-06 实施

中华人民共和国国家质量监督检验检疫总局
中国国家标准化管理委员会 发布

前　言

GB/T 9833《紧压茶》分为以下 9 个部分：

——第 1 部分：花砖茶；

——第 2 部分：黑砖茶；

——第 3 部分：茯砖茶；

——第 4 部分：康砖茶；

——第 5 部分：沱茶；

——第 6 部分：紧茶；

——第 7 部分：金尖茶；

——第 8 部分：米砖茶；

——第 9 部分：青砖茶。

本部分是 GB/T 9833 的第 5 部分。

本部分按照 GB/T 1.1—2009 给出的规则起草。

本部分代替 GB/T 9833.5—2002《紧压茶　沱茶》。与 GB/T 9833.5—2002 相比，主要技术变化如下：

——删除理化指标中的注 1，将理化指标中的水浸出物改为判定指标；

——卫生指标采用 GB 2762《食品中污染物限量》、GB 2763《食品安全国家标准　食品中农药最大残留限量》和 GB 26130《食品中百草枯等 54 种农药最大残留限量》的规定，代替已废止的 GB 9679—1988《茶叶卫生标准》；

——判定规则改为按第 4 章要求的项目，任一项不符合规定的产品均判为不合格产品。

本部分由中华全国供销合作总社提出。

本部分由全国茶叶标准化技术委员会(SAC/TC 339)归口。

本部分起草单位：中华全国供销合作总社杭州茶叶研究院、中国茶叶流通协会、云南下关沱茶(集团)股份有限公司。

本部分主要起草人：翁昆、杨秀芳、王庆、陈国风、吴锡端、褚九云、梅宇、杨春琦、张亚丽。

本部分所代替标准的历次版本发布情况为：

——GB/T 9833.5—1989、GB/T 9833.5—2002。

紧压茶　第5部分:沱茶

1　范围

GB/T 9833的本部分规定了沱茶的要求、试验方法、检验规则、标志、标签、包装、运输、贮存和保质期。

本部分适用于以晒青毛茶为主要原料,经过毛茶匀堆筛分、拣剔、半成品拼配、蒸汽压制定型、干燥、成品包装等工艺过程制成的沱茶。

2　规范性引用文件

下列文件对于本文件的应用是必不可少的。凡是注日期的引用文件,仅注日期的版本适用于本文件。凡是不注日期的引用文件,其最新版本(包括所有的修改单)适用于本文件。

GB/T 191　包装储运图示标志

GB 2762　食品中污染物限量

GB 2763　食品安全国家标准　食品中农药最大残留限量

GB 7718　食品安全国家标准　预包装食品标签通则

GB/T 8302　茶　取样

GB/T 8304　茶　水分测定

GB/T 8305　茶　水浸出物测定

GB/T 8306　茶　总灰分测定

GB/T 9833.1—2013　紧压茶　第1部分:花砖茶

GB/T 23776　茶叶感官审评方法

GB 26130　食品中百草枯等54种农药最大残留限量

GH/T 1070　茶叶包装通则

GH/T 1071　茶叶贮存通则

JJF 1070　定量包装商品净含量计量检验规则

国家质量监督检验检疫总局[2005]第75号令　定量包装商品计量监督管理办法

国家质量监督检验检疫总局[2009]第123号令　关于修改《食品标识管理规定》的决定

3　等级和实物样

沱茶不分等级。标准实物样为品质的最低界限,每五年更换一次。

4　要求

4.1　感官品质

感官品质应符合标准实物样。

外形:碗臼形,紧实、光滑,色泽墨绿、白毫显露,无黑霉、白霉、青霉等霉菌。

内质:香气纯浓,汤色橙黄尚明,滋味浓醇,叶底嫩匀尚亮。

4.2 理化指标

理化指标应符合表 1 的规定。

表 1 理化指标

项　　目		指　　标
水分(质量分数)/%	≤	9.0
总灰分 (质量分数)/%	≤	7.0
茶梗 (质量分数)/%	≤	3.0
非茶类夹杂物(质量分数)/%	≤	0.2
水浸出物(质量分数)/%	≥	36.0

4.3 卫生指标

4.3.1 污染物限量按 GB 2762 的规定执行。

4.3.2 农药残留限量按 GB 2763 和 GB 26130 的规定执行。

4.4 净含量

应符合国家质量监督检验检疫总局[2005]第 75 号令的规定。

5 试验方法

5.1 感官品质

按 GB/T 23776 的规定执行。

5.2 理化指标

5.2.1 水分按 GB/T 8304 的规定执行。

5.2.2 总灰分按 GB/T 8306 的规定执行。

5.2.3 茶梗按 GB/T 9833.1—2013 附录 A 的规定执行。

5.2.4 非茶类夹杂物按 GB/T 9833.1—2013 附录 B 的规定执行。

5.2.5 水浸出物按 GB/T 8305 的规定执行。

5.3 卫生指标

5.3.1 污染物按 GB 2762 的规定执行。

5.3.2 农药最大残留按 GB 2763 和 GB 26130 的规定执行。

5.4 净含量

按 JJF 1070 的规定执行。

6 检验规则

6.1 抽样

6.1.1 抽样以“批”为单位。在生产和加工过程中形成的独立数量的产品为一个批次，同批产品的品质规格一致。

6.1.2 抽样按 GB/T 8302 的规定执行。

6.2 检验

6.2.1 出厂检验

每批产品均应做出厂检验，经检验合格、签发合格证后，方可出厂。出厂检验项目为感官品质、水分、总灰分、茶梗、非茶类夹杂物、净含量。

6.2.2 型式检验

型式检验项目为标准中的全部技术要求项目。型式检验周期每年一次。有下列情况之一时，应进行型式检验：

a) 出厂检验结果与上一次型式检验结果有较大出入时；

b) 国家法定质量监督机构提出型式检验要求时。

6.3 判定规则

按第 4 章要求的项目，任一项不符合规定的产品均判为不合格产品。

6.4 复验

对检验结果有争议时，应对留存样或在同批产品中重新按 GB/T 8302 规定加倍取样进行不合格项目的复验，以复验结果为准。

7 标志、标签、包装、运输、贮存和保质期

7.1 标志、标签

产品标志应符合 GB/T 191 的规定。产品标签应符合 GB 7718 和国家质量监督检验检疫总局[2009]第 123 号令的规定。

7.2 包装

产品的包装应符合 GH/T 1070 的规定。

7.3 运输

运输工具应清洁、干燥、无异味、无污染。运输时应有防雨、防潮、防暴晒措施。严禁与有毒、有害、有异味、易污染的物品混装、混运。

7.4 贮存

产品的贮存应符合 GH/T 1071 的规定。应贮存于清洁、干燥、无异气味的专用仓库中，严禁与有毒、有害、有异味、易污染的物品混放。

7.5 保质期

在符合 7.4 要求的条件下，产品可长期保存。

ICS 67.140.10
X 55

中华人民共和国国家标准

GB/T 9833.6—2013
代替 GB/T 9833.6—2002

紧压茶　第6部分：紧茶

Compressed tea—Part 6: Jin tea

2013-07-19 发布　　　　2013-12-06 实施

中华人民共和国国家质量监督检验检疫总局
中国国家标准化管理委员会　发布

前　言

GB/T 9833《紧压茶》分为以下9个部分：

——第1部分：花砖茶；

——第2部分：黑砖茶；

——第3部分：茯砖茶；

——第4部分：康砖茶；

——第5部分：沱茶；

——第6部分：紧茶；

——第7部分：金尖茶；

——第8部分：米砖茶；

——第9部分：青砖茶。

本部分是GB/T 9833的第6部分。

本部分按照GB/T 1.1—2009给出的规则起草。

本部分代替GB/T 9833.6—2002《紧压茶　紧茶》。与GB/T 9833.6—2002相比，主要技术变化如下：

——删除理化指标中的注1，将理化指标中的水浸出物改为判定指标；

——卫生指标采用GB 2762《食品中污染物限量》、GB 2763《食品安全国家标准　食品中农药最大残留限量》和GB 26130《食品中百草枯等54种农药最大残留限量》的规定，代替已废止的GB 9679—1988《茶叶卫生标准》；

——判定规则改为按第4章要求的项目，任一项不符合规定的产品均判为不合格产品。

本部分由中华全国供销合作总社提出。

本部分由全国茶叶标准化技术委员会(SAC/TC 339)归口。

本部分起草单位：中华全国供销合作总社杭州茶叶研究院、中国茶叶流通协会、云南下关沱茶(集团)股份有限公司。

本部分主要起草人：翁昆、杨秀芳、王庆、陈国风、吴锡端、褚九云、梅宇、杨春琦、张亚丽。

本部分所代替标准的历次版本发布情况为：

——GB/T 9833.6—1989、GB/T 9833.6—2002。

紧压茶　第6部分:紧茶

1　范围

GB/T 9833的本部分规定了紧茶的要求、试验方法、检验规则、标志、标签、包装、运输、贮存和保质期。

本部分适用于以晒青毛茶为主要原料,经过毛茶匀堆筛分、拣剔、渥堆、拼配、蒸汽压制定型、干燥、成品包装等工艺过程制成的紧茶。

2　规范性引用文件

下列文件对于本文件的应用是必不可少的。凡是注日期的引用文件,仅注日期的版本适用于本文件。凡是不注日期的引用文件,其最新版本(包括所有的修改单)适用于本文件。

GB/T 191　包装储运图示标志

GB 2762　食品中污染物限量

GB 2763　食品安全国家标准　食品中农药最大残留限量

GB 7718　食品安全国家标准　预包装食品标签通则

GB/T 8302　茶　取样

GB/T 8304　茶　水分测定

GB/T 8305　茶　水浸出物测定

GB/T 8306　茶　总灰分测定

GB/T 9833.1—2013　紧压茶　第1部分:花砖茶

GB/T 23776　茶叶感官审评方法

GB 26130　食品中百草枯等54种农药最大残留限量

GH/T 1070　茶叶包装通则

GH/T 1071　茶叶贮存通则

JJF 1070　定量包装商品净含量计量检验规则

国家质量监督检验检疫总局[2005]第75号令　定量包装商品计量监督管理办法

国家质量监督检验检疫总局[2009]第123号令　关于修改《食品标识管理规定》的决定

3　等级和实物样

紧茶不分等级。标准实物样为品质的最低界限,每五年更换一次。

4　要求

4.1　感官品质

感官品质应符合标准实物样。

外形:长方形小砖块(或心脏形),表面紧实,厚薄均匀,色泽尚乌、有毫,砖内无黑霉、白霉、青霉等霉菌。

内质：香气纯正，汤色橙红尚明，滋味浓厚，叶底尚嫩欠匀。

4.2 理化指标

理化指标应符合表1的规定。

表1 理化指标

项　目		指　标
水分（质量分数）/%	≤	13.0（计重水分为10.0%）
总灰分（质量分数）/%	≤	7.5
茶梗（质量分数）/%	≤	8.0（其中长于30 mm的茶梗不得超过1.0%）
非茶类夹杂物（质量分数）/%	≤	0.2
水浸出物（质量分数）/%	≥	36.0
注：采用计重水分换算茶砖的净含量。		

4.3 卫生指标

4.3.1 污染物限量按GB 2762的规定执行。

4.3.2 农药残留限量按GB 2763和GB 26130的规定执行。

4.4 净含量

应符合国家质量监督检验检疫总局[2005]第75号令的规定。

5 试验方法

5.1 感官品质

按GB/T 23776的规定执行。

5.2 理化指标

5.2.1 水分按GB/T 8304的规定执行。

5.2.2 总灰分按GB/T 8306的规定执行。

5.2.3 茶梗按GB/T 9833.1—2013附录A的规定执行。

5.2.4 非茶类夹杂物按GB/T 9833.1—2013附录B的规定执行。

5.2.5 水浸出物按GB/T 8305的规定执行。

5.3 卫生指标

5.3.1 污染物按GB 2762的规定执行。

5.3.2 农药残留按GB 2763和GB 26130的规定执行。

5.4 净含量

按JJF 1070的规定执行。计算按GB/T 9833.1—2013附录C的规定执行。

6 检验规则

6.1 抽样

6.1.1 抽样以“批”为单位。在生产和加工过程中形成的独立数量的产品为一个批次，同批产品的品质规格一致。

6.1.2 抽样按 GB/T 8302 的规定执行。

6.2 检验

6.2.1 出厂检验

每批产品均应做出厂检验，经检验合格、签发合格证后，方可出厂。出厂检验项目为感官品质、水分、总灰分、茶梗、非茶类夹杂物、净含量。

6.2.2 型式检验

型式检验项目为标准中的全部技术要求项目。型式检验周期每年一次。有下列情况之一时，应进行型式检验：

a) 出厂检验结果与上一次型式检验结果有较大出入时；

b) 国家法定质量监督机构提出型式检验要求时。

6.3 判定规则

按第 4 章要求的项目，任一项不符合规定的产品均判为不合格产品。

6.4 复验

对检验结果有争议时，应对留存样或在同批产品中重新按 GB/T 8302 规定加倍取样进行不合格项目的复验，以复验结果为准。

7 标志、标签、包装、运输、贮存和保质期

7.1 标志、标签

产品标志应符合 GB/T 191 的规定。产品标签应符合 GB 7718 和国家质量监督检验检疫总局[2009]第 123 号令的规定。

7.2 包装

产品的包装应符合 GH/T 1070 的规定。

7.3 运输

运输工具应清洁、干燥、无异味、无污染。运输时应有防雨、防潮、防暴晒措施。严禁与有毒、有害、有异味、易污染的物品混装、混运。

7.4 贮存

产品的贮存应符合 GH/T 1071 的规定。应贮存于清洁、干燥、无异气味的专用仓库中，严禁与有毒、有害、有异味、易污染的物品混放。

7.5 保质期

在符合 7.4 要求的条件下，产品可长期保存。

ICS 67.140.10
X 55

GB

中华人民共和国国家标准

GB/T 9833.7—2013
代替 GB/T 9833.7—2002

紧压茶 第7部分:金尖茶

Compressed tea—
Part 7: Jin jian tea

2013-07-19 发布 2013-12-06 实施

中华人民共和国国家质量监督检验检疫总局
中国国家标准化管理委员会 发布

前　言

GB/T 9833《紧压茶》分为以下9个部分：

——第1部分：花砖茶；

——第2部分：黑砖茶；

——第3部分：茯砖茶；

——第4部分：康砖茶；

——第5部分：沱茶；

——第6部分：紧茶；

——第7部分：金尖茶；

——第8部分：米砖茶；

——第9部分：青砖茶。

本部分是GB/T 9833的第7部分。

本部分按照GB/T 1.1—2009给出的规则起草。

本部分代替GB/T 9833.7—2002《紧压茶　金尖茶》。与GB/T 9833.7—2002相比，主要技术变化如下：

——删去理化指标中的注1，将理化指标中的水浸出物改为判定指标；

——将产品分为特制金尖和普通金尖两个等级，并规定了相应的感官品质、理化指标要求；

——卫生指标采用GB 2762《食品中污染物限量》、GB 2763《食品安全国家标准　食品中农药最大残留限量》和GB 26130《食品中百草枯等54种农药最大残留限量》的规定，代替已废止的GB 9679—1988《茶叶卫生标准》；

——判定规则改为按第4章要求的项目，任一项不符合规定的产品均判为不合格产品。

本部分由中华全国供销合作总社提出。

本部分由全国茶叶标准化技术委员会(SAC/TC 339)归口。

本部分起草单位：中华全国供销合作总社杭州茶叶研究院、中国茶叶流通协会、四川省雅安茶厂股份有限公司。

本部分主要起草人：翁昆、杨秀芳、王庆、李朝贵、吴锡端、刘真华、梅宇、余栋刚、张亚丽。

本部分所代替标准的历次版本发布情况为：

——GB/T 9833.7—1989、GB/T 9833.7—2002。

紧压茶　第7部分:金尖茶

1　范围

GB/T 9833的本部分规定了金尖茶的要求、试验方法、检验规则、标志、标签、包装、运输、贮存和保质期。

本部分适用于以四川雅安及周边地区的做庄茶及金玉茶(晒青毛茶)为主要原料,经过毛茶整理、半成品拼配、蒸汽压制定型、干燥、成品包装等工艺过程制成的金尖茶。

2　引用标准

下列文件对于本文件的应用是必不可少的。凡是注日期的引用文件,仅注日期的版本适用于本文件。凡是不注日期的引用文件,其最新版本(包括所有的修改单)适用于本文件。

GB/T 191　包装储运图示标志

GB 2762　食品中污染物限量

GB 2763　食品安全国家标准　食品中农药最大残留限量

GB 7718　食品安全国家标准　预包装食品标签通则

GB/T 8302　茶　取样

GB/T 8304　茶　水分测定

GB/T 8305　茶　水浸出物测定

GB/T 8306　茶　总灰分测定

GB/T 9833.1—2013　紧压茶　第1部分:花砖茶

GB/T 23776　茶叶感官审评方法

GB 26130　食品中百草枯等54种农药最大残留限量

GH/T 1070　茶叶包装通则

GH/T 1071　茶叶贮存通则

JJF 1070　定量包装商品净含量计量检验规则

国家质量监督检验检疫总局[2005]第75号令　定量包装商品计量监督管理办法

国家质量监督检验检疫总局[2009]第123号令　关于修改《食品标识管理规定》的决定

3　等级和实物样

金尖茶分为特制金尖和普通金尖。标准实物样为品质的最低界限,每五年更换一次。

4　要求

4.1　感官品质

感官品质应符合标准实物样,各等级感官品质要求应符合表1的规定。

表 1 感官品质

项目	要求	
	特制金尖	普通金尖
外形	园角长方体，较紧实、无脱层，色泽棕褐尚油润。砖内无黑霉、白霉、青霉等霉菌	园角长方体，稍紧实，色泽黄褐。砖内无黑霉、白霉、青霉等霉菌
内质	香气纯正、陈香显，汤色红亮，滋味淳正，叶底棕褐花杂、带梗	香气较纯正，汤色红褐、尚明，滋味纯和，叶底棕褐花杂、多梗

4.2 理化指标

理化指标应符合表 2 的规定。

表 2 理化指标

项目		指标	
		特制金尖	普通金尖
水分(质量分数)/%	≤	16.0(计重水分 14.0%)	
总灰分(质量分数)/%	≤	8.0	8.5
茶梗(质量分数)/%	≤	10.0(其中长于 30 mm 的茶梗不得超过 1.0%)	15.0(其中长于 30 mm 的茶梗不得超过 1.0%)
非茶类夹杂物(质量分数)/%	≤	0.2	
水浸出物(质量分数)/%	≥	25.0	18.0
注：采用计重水分换算茶砖的净含量。			

4.3 卫生指标

4.3.1 污染物限量按 GB 2762 的规定执行。

4.3.2 农药残留限量按 GB 2763 和 GB 26130 的规定执行。

4.4 净含量

应符合国家质量监督检验检疫总局[2005]第 75 号令的规定。

5 试验方法

5.1 感官品质

按 GB/T 23776 的规定执行。

5.2 理化指标

5.2.1 水分按 GB/T 8304 的规定执行。

5.2.2 总灰分按 GB/T 8306 的规定执行。

5.2.3 茶梗按 GB/T 9833.1—2013 附录 A 的规定执行。

5.2.4 非茶类夹杂物按 GB/T 9833.1—2013 附录 B 的规定执行。

5.2.5 水浸出物按 GB/T 8305 的规定执行。

5.3 卫生指标

5.3.1 污染物按 GB 2762 的规定执行。

5.3.2 农药残留按 GB 2763 和 GB 26130 的规定执行。

5.4 净含量

按 JJF 1070 的规定执行。计算按 GB/T 9833.1—2013 附录 C 的规定执行。

6 检验规则

6.1 抽样

6.1.1 抽样以"批"为单位。在生产和加工过程中形成的独立数量的产品为一个批次，同批产品的品质规格一致。

6.1.2 抽样按 GB/T 8302 的规定执行。

6.2 检验

6.2.1 出厂检验

每批产品均应做出厂检验，经检验合格、签发合格证后，方可出厂。出厂检验项目为感官品质、水分、总灰分、茶梗、非茶类夹杂物、净含量。

6.2.2 型式检验

型式检验项目为标准中的全部技术要求项目。型式检验周期每年一次。有下列情况之一时，应进行型式检验：

a) 出厂检验结果与上一次型式检验结果有较大出入时；

b) 国家法定质量监督机构提出型式检验要求时。

6.3 判定规则

按第 4 章要求的项目，任一项不符合规定的产品均判为不合格产品。

6.4 复验

对检验结果有争议时，应对留存样或在同批产品中重新按 GB/T 8302 规定加倍取样进行不合格项目的复验，以复验结果为准。

7 标志、标签、包装、运输、贮存和保质期

7.1 标志、标签

产品标志应符合 GB/T 191 的规定。产品标签应符合 GB 7718 和国家质量监督检验检疫总局[2009]第 123 号令的规定。

7.2 包装

产品的包装应符合 GH/T 1070 的规定。

7.3 运输

运输工具应清洁、干燥、无异味、无污染。运输时应有防雨、防潮、防暴晒措施。严禁与有毒、有害、有异味、易污染的物品混装、混运。

7.4 贮存

产品的贮存应符合 GH/T 1071 的规定。应贮存于清洁、干燥、无异气味的专用仓库中，严禁与有毒、有害、有异味、易污染的物品混放。

7.5 保质期

在符合 7.4 要求的条件下，产品可长期保存。

ICS 67.140.10
X 55

中华人民共和国国家标准

GB/T 9833.8—2013
代替 GB/T 9833.8—2002

紧压茶　第8部分:米砖茶

Compressed tea—
Part 8: Mi zhuan tea

2013-07-19 发布　　2013-12-06 实施

中华人民共和国国家质量监督检验检疫总局
中国国家标准化管理委员会　发布

前　言

GB/T 9833《紧压茶》分为以下 9 个部分：

——第 1 部分：花砖茶；

——第 2 部分：黑砖茶；

——第 3 部分：茯砖茶；

——第 4 部分：康砖茶；

——第 5 部分：沱茶；

——第 6 部分：紧茶；

——第 7 部分：金尖茶；

——第 8 部分：米砖茶；

——第 9 部分：青砖茶。

本部分是 GB/T 9833 的第 8 部分。

本部分按照 GB/T 1.1—2009 给出的规则起草。

本部分代替 GB/T 9833.8—2002《紧压茶　米砖茶》。与 GB/T 9833.8—2002 相比，主要技术变化如下：

——删去理化指标中的注 1，将理化指标中的水浸出物改为判定指标；

——卫生指标采用 GB 2762《食品中污染物限量》、GB 2763《食品安全国家标准　食品中农药最大残留限量》和 GB 26130《食品中百草枯等 54 种农药最大残留限量》的规定，代替已废止的 GB 9679—1988《茶叶卫生标准》；

——判定规则改为按第 4 章要求的项目，任一项不符合规定的产品均判为不合格产品。

本部分由中华全国供销合作总社提出。

本部分由全国茶叶标准化技术委员会(SAC/TC 339)归口。

本部分起草单位：中华全国供销合作总社杭州茶叶研究院、中国茶叶流通协会、湖北省赵李桥茶厂有限公司。

本部分主要起草人：翁昆、杨秀芳、王庆、吴锡端、任雪涛、甘多平、梅宇、张亚丽。

本部分所代替标准的历次版本发布情况为：

——GB/T 9833.8—1993、GB/T 9833.8—2002。

紧压茶　第8部分：米砖茶

1　范围

GB/T 9833的本部分规定了米砖茶的要求、试验方法、检验规则、标志、标签、包装、运输、贮存和保质期。

本部分适用于以红茶为原料，经过筛分、蒸汽压制定型、干燥、成品包装等工艺过程制成的米砖茶。

2　规范性引用文件

下列文件对于本文件的应用是必不可少的。凡是注日期的引用文件，仅注日期的版本适用于本文件。凡是不注日期的引用文件，其最新版本(包括所有的修改单)适用于本文件。

GB/T 191　包装储运图示标志

GB 2762　食品中污染物限量

GB 2763　食品安全国家标准　食品中农药最大残留限量

GB 7718　食品安全国家标准　预包装食品标签通则

GB/T 8302　茶　取样

GB/T 8304　茶　水分测定

GB/T 8305　茶　水浸出物测定

GB/T 8306　茶　总灰分测定

GB/T 9833.1—2013　紧压茶　第1部分：花砖茶

GB/T 23776　茶叶感官审评方法

GB 26130　食品中百草枯等54种农药最大残留限量

GH/T 1070　茶叶包装通则

GH/T 1071　茶叶贮存通则

JJF 1070　定量包装商品净含量计量检验规则

国家质量监督检验检疫总局[2005]第75号令　定量包装商品计量监督管理办法

国家质量监督检验检疫总局[2009]第123号令　关于修改《食品标识管理规定》的决定

3　等级和实物样

米砖茶分为特级米砖茶和普通米砖茶。标准实物样为品质的最低界限，每五年更换一次。

4　要求

4.1　感官品质

感官品质应符合标准实物样。

外形：砖面平整、棱角分明、厚薄一致、图案清晰，砖内无黑霉、白霉、青霉等霉菌；特级米砖茶乌黑油润，普通米砖茶黑褐稍泛黄。

内质：特级米砖茶香气纯正、滋味浓醇、汤色深红、叶底红匀；普通米砖茶香气平正、滋味尚浓醇、汤色深红、叶底红暗。

4.2 理化指标

理化指标应符合表1的规定。

表1 理化指标

项目		指标	
		特级米砖茶	普通米砖茶
水分（质量分数）/%	≤	9.5(计重水分为9.5%)	
总灰分(质量分数)/%	≤	7.5	8.0
非茶类夹杂物(质量分数)/%	≤	0.2	
水浸出物(质量分数)/%	≥	30.0	28.0
注：采用计重水分换算茶砖的净含量。			

4.3 卫生指标

4.3.1 污染物限量按GB 2762的规定执行。

4.3.2 农药残留限量按GB 2763和GB 26130的规定执行。

4.4 净含量

应符合国家质量监督检验检疫总局[2005]第75号令的规定。

5 试验方法

5.1 感官品质

按GB/T 23776的规定执行。

5.2 理化指标

5.2.1 水分按GB/T 8304的规定执行。

5.2.2 总灰分按GB/T 8306的规定执行。

5.2.3 非茶类夹杂物按GB/T 9833.1—2013附录B的规定执行。

5.2.4 水浸出物按GB/T 8305的规定执行。

5.3 卫生指标

5.3.1 污染物按GB 2762的规定执行。

5.3.2 农药残留按GB 2763和GB 26130的规定执行。

5.4 净含量

按JJF 1070的规定执行。计算按GB/T 9833.1—2013附录C的规定执行。

6 检验规则

6.1 抽样

6.1.1 抽样以“批”为单位。在生产和加工过程中形成的独立数量的产品为一个批次，同批产品的品质规格一致。

6.1.2 抽样按 GB/T 8302 的规定执行。

6.2 检验

6.2.1 出厂检验

每批产品均应做出厂检验，经检验合格、签发合格证后，方可出厂。出厂检验项目为感官品质、水分、总灰分、非茶类夹杂物、净含量。

6.2.2 型式检验

型式检验项目为标准中的全部技术要求项目。型式检验周期每年一次。有下列情况之一时，应进行型式检验：

a） 出厂检验结果与上一次型式检验结果有较大出入时；

b） 国家法定质量监督机构提出型式检验要求时。

6.3 判定规则

按第 4 章要求的项目，任一项不符合规定的产品均判为不合格产品。

6.4 复验

对检验结果有争议时，应对留存样或在同批产品中重新按 GB/T 8302 规定加倍取样进行不合格项目的复验，以复验结果为准。

7 标志、标签、包装、运输、贮存和保质期

7.1 标志、标签

产品标志应符合 GB/T 191 的规定。产品标签应符合 GB 7718 和国家质量监督检验检疫总局[2009]第 123 号令的规定。

7.2 包装

产品的包装应符合 GH/T 1070 的规定。

7.3 运输

运输工具应清洁、干燥、无异味、无污染。运输时应有防雨、防潮、防暴晒措施。严禁与有毒、有害、有异味、易污染的物品混装、混运。

7.4 贮存

产品的贮存应符合 GH/T 1071 的规定。应贮存于清洁、干燥、无异气味的专用仓库中，严禁与有毒、

有害、有异味、易污染的物品混放。

7.5 保质期

在符合7.4要求的条件下，产品可长期保存。

ICS 67.140.10
X 55

GB

中华人民共和国国家标准

GB/T 9833.9—2013
代替 GB/T 9833.9—2002

紧压茶　第9部分:青砖茶

Compressed tea—Part 9:Qing zhuan tea

2013-07-19 发布　　2013-12-06 实施

中华人民共和国国家质量监督检验检疫总局
中国国家标准化管理委员会　发布

前　言

GB/T 9833《紧压茶》分为以下 9 个部分：

——第 1 部分：花砖茶；

——第 2 部分：黑砖茶；

——第 3 部分：茯砖茶；

——第 4 部分：康砖茶；

——第 5 部分：沱茶；

——第 6 部分：紧茶；

——第 7 部分：金尖茶；

——第 8 部分：米砖茶；

——第 9 部分：青砖茶。

本部分是 GB/T 9833 的第 9 部分。

本部分按照 GB/T 1.1—2009 给出的规则起草。

本部分代替 GB/T 9833.9—2002《紧压茶　青砖茶》。与 GB/T 9833.9—2002 相比，主要技术变化如下：

——删去理化指标中的注 1，将理化指标中的水浸出物改为判定指标；

——卫生指标采用 GB 2762《食品中污染物限量》、GB 2763《食品安全国家标准　食品中农药最大残留限量》和 GB 26130《食品中百草枯等 54 种农药最大残留限量》的规定，代替已废止的 GB 9679—1988《茶叶卫生标准》；

——判定规则改为按第 4 章要求的项目，任一项不符合规定的产品均判为不合格产品。

本部分由中华全国供销合作总社提出。

本部分由全国茶叶标准化技术委员会(SAC/TC 339)归口。

本部分起草单位：中华全国供销合作总社杭州茶叶研究院、中国茶叶流通协会、湖北省赵李桥茶厂有限公司、湖南省茶业有限公司、浙江武义骆驼九龙砖茶有限公司。

本部分主要起草人：翁昆、杨秀芳、王庆、任雪涛、吴锡端、甘多平、周重旺、尹钟、祝雅松、张亚丽。

本部分所代替标准的历次版本发布情况为：

——GB/T 9833.9—1993、GB/T 9833.9—2002。

紧压茶 第9部分:青砖茶

1 范围

GB/T 9833 的本部分规定了青砖茶的要求、试验方法、检验规则、标志、标签、包装、运输、贮存和保质期。

本部分适用于以老青茶为主要原料,经过蒸汽压制定型、干燥、成品包装等工艺过程制成的青砖茶。

2 规范性引用文件

下列文件对于本文件的应用是必不可少的。凡是注日期的引用文件,仅注日期的版本适用于本文件。凡是不注日期的引用文件,其最新版本(包括所有的修改单)适用于本文件。

GB/T 191 包装储运图示标志

GB 2762 食品中污染物限量

GB 2763 食品安全国家标准 食品中农药最大残留限量

GB 7718 食品安全国家标准 预包装食品标签通则

GB/T 8302 茶 取样

GB/T 8304 茶 水分测定

GB/T 8305 茶 水浸出物测定

GB/T 8306 茶 总灰分测定

GB/T 9833.1—2013 紧压茶 第1部分:花砖茶

GB/T 23776 茶叶感官审评方法

GB 26130 食品中百草枯等54种农药最大残留限量

GH/T 1070 茶叶包装通则

GH/T 1071 茶叶贮存通则

JJF 1070 定量包装商品净含量计量检验规则

国家质量监督检验检疫总局[2005]第75号令 定量包装商品计量监督管理办法

国家质量监督检验检疫总局[2009]第123号令 关于修改《食品标识管理规定》的决定

3 等级和实物样

青砖茶不分等级。标准实物样为品质的最低界限,每五年更换一次。

4 要求

4.1 感官品质

感官品质应符合标准实物样。

外形:砖面光滑、棱角整齐、紧结平整、色泽青褐、压印纹理清晰,砖内无黑霉、白霉、青霉等霉菌。

内质:香气纯正、滋味醇和、汤色橙红、叶底暗褐。

4.2 理化指标

理化指标应符合表1的规定。

表1 理化指标

项　目		指　标
水分(质量分数)/%	≤	12.0(计重水分为12.0%)
总灰分(质量分数)/%	≤	8.5
茶梗(质量分数)/%	≤	20.0(其中长于30 mm的茶梗不得超过1.0%)
非茶类夹杂物(质量分数)/%	≤	0.2
水浸出物(质量分数)/%	≥	21.0
注:采用计重水分换算茶砖的净含量。		

4.3 卫生指标

4.3.1 污染物限量按GB 2762的规定执行。

4.3.2 农药残留限量按GB 2763和GB 26130的规定执行。

4.4 净含量

应符合国家质量监督检验检疫总局[2005]第75号令的规定。

5 试验方法

5.1 感官品质

按GB/T 23776的规定执行。

5.2 理化指标

5.2.1 水分按GB/T 8304的规定执行。

5.2.2 总灰分按GB/T 8306的规定执行。

5.2.3 茶梗按GB/T 9833.1—2013附录A的规定执行。

5.2.4 非茶类夹杂物按GB/T 9833.1—2013附录B的规定执行。

5.2.5 水浸出物按GB/T 8305的规定执行。

5.3 卫生指标

5.3.1 污染物按GB 2762的规定执行。

5.3.2 农药残留按GB 2763和GB 26130的规定执行。

5.4 净含量

按JJF 1070的规定执行。计算按GB/T 9833.1—2013附录C的规定执行。

6 检验规则

6.1 抽样

6.1.1 抽样以“批”为单位。在生产和加工过程中形成的独立数量的产品为一个批次，同批产品的品质规格一致。

6.1.2 抽样按 GB/T 8302 的规定执行。

6.2 检验

6.2.1 出厂检验

每批产品均应做出厂检验，经检验合格、签发合格证后，方可出厂。出厂检验项目为感官品质、水分、总灰分、茶梗、非茶类夹杂物、净含量。

6.2.2 型式检验

型式检验项目为标准中的全部技术要求项目。型式检验周期每年一次。有下列情况之一时，应进行型式检验：

a) 出厂检验结果与上一次型式检验结果有较大出入时；

b) 国家法定质量监督机构提出型式检验要求时。

6.3 判定规则

按第 4 章要求的项目，任一项不符合规定的产品均判为不合格产品。

6.4 复验

对检验结果有争议时，应对留存样或在同批产品中重新按 GB/T 8302 规定加倍取样进行不合格项目的复验，以复验结果为准。

7 标志、标签、包装、运输、贮存和保质期

7.1 标志、标签

产品标志应符合 GB/T 191 的规定。产品标签应符合 GB 7718 和国家质量监督检验检疫总局(2009)第 123 号令的规定。

7.2 包装

产品的包装应符合 GH/T 1070 的规定。

7.3 运输

运输工具应清洁、干燥、无异味、无污染。运输时应有防雨、防潮、防暴晒措施。严禁与有毒、有害、有异味、易污染的物品混装、混运。

7.4 贮存

产品的贮存应符合 GH/T 1071 的规定。应贮存于清洁、干燥、无异气味的专用仓库中，严禁与有毒、

有害、有异味、易污染的物品混放。

7.5 保质期

在符合 7.4 要求的条件下，产品可长期保存。

ICS 37.100.01
A 17

中华人民共和国国家标准

GB/T 9851.8—2013

印刷技术术语
第8部分:数字印刷术语

Terminology of graphic technology—
Part 8: Terms for digital printing

2013-12-31 发布　　　　2014-06-01 实施

中华人民共和国国家质量监督检验检疫总局
中国国家标准化管理委员会　发布

前　言

GB/T 9851《印刷技术术语》目前分为 8 个部分：

——第 1 部分：基本术语；

——第 2 部分：印前术语；

——第 3 部分：凸版印刷术语；

——第 4 部分：平版印刷术语；

——第 5 部分：凹版印刷术语；

——第 6 部分：孔版印刷术语；

——第 7 部分：印后加工术语；

——第 8 部分：数字印刷术语。

本部分为 GB/T 9851 的第 8 部分。

本部分按照 GB/T 20001.1 和 GB/T 1.1—2009 给出的规则起草。

本部分由新闻出版总署提出。

本部分由全国印刷标准化技术委员会(SAC/TC 170)归口。

本部分起草单位：上海出版印刷高等专科学校、上海数字印刷行业协会、北大方正集团、上海理工大学、佳能(中国)有限公司、南通市远大彩印包装有限公司、上海爱克发感光器材有限公司、上海同昆数码印刷有限公司。

本部分主要起草人：曾忠、姚海根、杨斌、亢培琳、孙修吾、刘真、鲁俊和、汪杰、葛玉军、沈军、李家祥、张键。

印刷技术术语
第8部分:数字印刷术语

1 范围

GB/T 9851的本部分规定了数字印刷领域的专业术语,以保证在生产、教学和学术等活动中正确使用专业概念。

本部分适用于数字印刷领域及相关专业编写标准、出版、教学、科研及供国内外技术交流中使用。

2 基本术语

2.1

数字印刷 digital printing

由数字信息生成逐印张可变的图文影像,借助成像装置,直接在承印物上成像或在非脱机影像载体上成像,并将呈色及辅助物质间接传递至承印物而形成印刷品,且满足工业化生产要求的印刷方法。

2.2

数字成像 digital imaging

以数字化数据形式表示的图文信息转化为可视化形态的过程。

2.3

数字输出值 digital output level

分配给特定输出等级的数字值,也称为数字编码值(灰度级)。

2.4

线性化 linearization

成像系统执行的数字信号变换,使结果信号与某种物理量成近似的正比关系。

2.5

空间频率 spatial frequency

单位距离内某种物理量的周期性重复次数,与分辨率同义。

2.6

空间频率响应 spatial frequency response

从成像系统或带有成像部件的设备测量所得的响应幅值,表示为相对于输入信号空间频率的函数。

2.7

采样间隔 sampling interval

采样点或采样行之间的物理距离。

2.8

采样方位比 sampling aspect ratio

两个相互正交方向采样间隔之比。

2.9

呈色剂 soluble chromogenic substrates

由色料、树脂和其他必要成分制备成的各类着色介质物的统一称谓,如色粉、墨水等。

3 成像机理术语

3.1

静电成像 electrophotography

在光导体表面通过充、放电(曝光)过程形成静电潜像并吸附带电呈色剂的成像方法。

3.2

光导体 photoconductor

受光照射后电阻下降,成为良导体的特殊类型半导体。

3.3

充电 charging

利用电晕装置使光导体表面带有均匀分布电荷的过程。

3.4

放电 discharging

以光照射光导体使局部区域释放电荷的过程。

3.5

显影 development

使呈色剂转移到潜像对应区域并转换成可视图像的过程。

3.6

转移 transfer

吸附于光导体表面的呈色剂被转移到承印物上的过程。

3.7

定影 fixing

通过加热或其他方法使色粉熔化、固着到承印物上的过程。

3.8

清理 cleaning

去除光导体上残留电荷和呈色剂的过程。

3.9

喷墨成像 inkjet imaging

在计算机控制下,使墨水形成墨滴,并喷射到承印物上形成图文的方法。

3.10

连续喷墨 continuous inkjet

通过电场偏转或其他方式控制连续喷射墨滴方向形成印刷图像的方法。

3.11

墨滴速度 drop velocity

墨滴按照预定轨迹在单位时间内飞行的距离。

3.12

墨滴尺寸调制 drop size modulate

在喷嘴孔尺寸不变的情况下控制墨滴大小(墨滴容量)的方法。

3.13

弯月面 meniscus

墨水柱受到粘性和大气压力的双重作用形成的外凸或内凹的弯曲表面。

3.14

卫星墨滴　satellite drop

出现在多个主墨滴之间的、尺寸比主墨滴小得多的子墨滴。

3.15

按需喷墨　drop on demand

控制墨滴仅在图文区喷射的技术，也称为随机喷墨。

3.16

热喷墨　thermal inkjet

借助热量使气泡膨胀、挤压墨水形成墨滴并喷射到承印物的方法，亦称气泡喷墨。

3.17

压电喷墨　piezoelectric inkjet

通过压电材料变形产生墨滴并喷射到承印物的方法。

3.18

相变喷墨　phase change inkjet

固体油墨加热熔化成液体，形成墨滴喷射到转印装置后冷却为固体状态，再转印到承印物上的方法。

3.19

静电喷墨　electrostatic inkjet

通过静电牵引力喷射带电墨滴的方法。

3.20

直接热成像　direct thermography

直接加热使特制承印物变色产生图像的方法。

3.21

热转移　thermal transfer

色带表面的呈色剂经加热熔化转移到承印物的方法。

3.22

离子成像　ionography

通过离子的定向运动在电介质表面建立电荷潜影图像的方法。

3.23

磁成像　magnetography

通过材料的磁化效应形成磁潜图像的方法。

3.24

直接成像　direct imaging

无需感光作用或磁化效应，使呈色剂从成像滚筒直接转移到承印物上的方法。

3.25

照相成像　photography

通过数字技术控制曝光在相纸上产生图像的方法。

4 印刷质量术语

4.1

图像噪声　image noise

亮度(密度/反射系数)或色度信息的随机波动。

4.2

空间非均匀性　spatial non-uniformity

在均匀填充区域出现的周期性和/或非周期性密度、反射系数或颜色的波动。

4.3

颗粒度　graininess

所有方向上空间频率大于 0.4 周期/mm 的非周期性密度或反射系数的波动。

4.4

斑点　mottle

所有方向上空间频率小于 0.4 周期/mm 的非周期性密度或反射系数的波动。

4.5

模糊度　blurriness

线条或笔划边缘内边界和外边界的平均距离。

4.6

粗糙度　raggedness

拟合到线条边缘阈值后形成的剩余部分的标准离差。

4.7

条杠　banding

一维的周期性亮度和/或色度波动。

4.8

有效分辨率　effective resolution

数字成像系统或成像部件的实际分辨能力。

4.9

定位精度　addressability

数字印刷机每单位长度内使呈色剂准确定位到承印物上的最高能力。

5 其他术语

5.1

印刷速度　printing speed

单位时间内可输出印张折合为 A4 页数量或卷筒纸的长度。

5.2

图像覆盖率　image coverage rate

呈色剂覆盖承印物的面积与可印刷的面积之比。

5.3

数字前端系统　digital front end system

数字印刷机印前和印刷的软件系统，电子文件或电子数据流经检查、拼版、栅格化等处理后，完成印刷输出及连线印后控制。

5.4

智能化电子数据流　intelligent electronic data stream

数字前端系统与数字印刷机智能型数据交换和信息沟通的数据类型。

5.5

按需印刷　print on demand

按照客户要求的内容、印数、时间、地点提供快捷、可变的印刷模式。

5.6

可变数据印刷　variable data printing

在数据库技术的支持下，实现用户自定义和内容逐页不同的图文数据复制方法。

索　　引

汉语拼音索引

英文对应词索引

P

R

S

T

V

参 考 文 献

[1] ISO/IEC 13660:2001 信息技术 办公设备 硬拷贝输出用图像质量属性的测量 二进制单色正文和图形图像

[2] ISO 12233:2000 摄影 电子静止图像摄影机 分辨率测量

ICS 59.100.10
Q 36

中华人民共和国国家标准

GB/T 9914.1—2013/ISO 3344:1997
代替 GB/T 9914.1—2001

增强制品试验方法
第1部分:含水率的测定

Test method for reinforcement products—
Part 1:Determination of moisture content

(ISO 3344:1997,Reinforcement products—
Determination of moisture content,IDT)

2013-11-27 发布　　2014-08-01 实施

中华人民共和国国家质量监督检验检疫总局
中国国家标准化管理委员会　发布

前　言

GB/T 9914《增强制品试验方法》分为3个部分:

——第1部分:含水率的测定;

——第2部分:玻璃纤维可燃物含量的测定;

——第3部分:单位面积质量的测定。

本部分为GB/T 9914的第1部分。

本部分按照GB/T 1.1—2009给出的规则起草。

本部分代替GB/T 9914.1—2001《增强制品试验方法　第1部分:含水率的测定》,与GB/T 9914.1—2001的主要差异如下:

——增加了关于样品调湿方法的细节表述(见第7章);

——增加了"精密度"一章(见第10章)。

本部分使用翻译法等同采用ISO 3344:1997《增强制品　含水率的测定》。

本部分做了下列编辑性修改:

——为与现有标准系列一致,将标准名称改为《增强制品试验方法　第1部分:含水率的测定》。

与本部分中规范性引用的国际文件有一致性对应关系的我国文件如下:

——GB/T 2918—1998 塑料试样状态调节和试验的标准环境(idt ISO 291:1997)

本部分由全国玻璃纤维标准化技术委员会(SAC/TC 245)归口。

本部分负责起草单位:南京玻璃纤维研究设计院有限公司、国家玻璃纤维产品质量监督检验中心。

本部分主要起草人:许敏、黄英、王玉梅、陈尚、徐琪、陈建明。

GB/T 9914.1—2001的历次版本发布情况为:

——GB/T 11966—1989。

增强制品试验方法
第1部分:含水率的测定

1 范围

GB/T 9914 的本部分规定了玻璃纤维、碳纤维和芳纶纤维制品含水率的测定方法。

本方法适用于连续纤维纱、定长纤维纱、无捻粗纱、短切原丝、毡、织物和其他形式的增强制品。

2 规范性引用文件

下列文件对于本文件的应用是必不可少的。凡是注日期的引用文件,仅注日期的版本适用于本文件。凡是不注日期的引用文件,其最新版本(包括所有的修改单)适用于本文件。

ISO 291 塑料 试样状态调节和试验的标准环境(Plastics—Standard atmospheres for conditioning and testing)

3 定义

下列定义适用于本文件。

3.1

含水率 Moisture content

通过规定的方法测得的制品含水量,以制品的湿态质量的百分率表示。

4 原理

使试样置于105 ℃温度下干燥,在标准室温下称取干燥前后的试样质量。

5 仪器

5.1 **通风烘箱**:空气置换率20次/h~50次/h,温度能控制在105 ℃±3 ℃或所选择温度±3 ℃(见第4章)。

5.2 **干燥器**:内装合适的干燥剂,如硅胶、氯化钙或五氧化二磷。

5.3 **试样皿**:由耐热材料制成,能使试样表面有最大的空气流通,并能防止试样的损失。如陶瓷坩埚或不锈钢网篮等。

注:如果试样从试样皿转移到烘箱中无质量损失,一个试样皿中可以放置几个试样。

5.4 **不锈钢夹钳**:用于夹持试样和试样皿。

5.5 **天平**:精确至0.1 mg。

5.6 **抛光金属模板和合适的裁切工具**:如刀、剪刀或圆盘刀(用于机织物和毡)。

这两者可以用冲压装置替代。

5.7 **具塞称量瓶**:用于芳纶纤维纱线称量或估计含水率超过0.2%的试样称量(例如从卷装中心取出的试样或湿法短切原丝)。

6 取样与试样数量

6.1 取样

6.1.1 总则

除非产品规范或测试委托方另有要求，取样应按下述规定进行。

6.1.2 连续纤维纱、短纤纱、无捻粗纱

选择的取样方法应能检测卷装表面层的含水率。

退掉卷装的外层，绕取一定长度的纱作为试样，每个试样的质量至少为 5 g，最好在 15 g～30 g 之间。

如果纱线的含水率有向卷装中心方向增加的趋势，产品规范中或测试委托方可以规定，在卷装一处或多处取一个或多个试样进行测试。选取中心位置试样时，应小心切割外层纱线以免损伤试样。试样称量应尽可能快，为此，可将试样置于预先称量过的称量瓶(5.7)中。

6.1.3 短切原丝和磨碎纤维

每个试样的质量应至少为 5 g，最好在 15 g～30 g 之间。

6.1.4 机织物

裁取面积为 100 cm^2 的试样，若试样质量少于 5 g，则应裁取较大尺寸的试样或多取几个相邻的面积为 100 cm^2 的试样。

试样尺寸可与测定单位面积质量的试样相同。

机织物试样应距布边或织边至少 10 mm 处裁取。如果必须折叠试样时，则不应阻碍空气在整个试样表面上的畅通。推荐使用模板和剪切工具或冲压装置(见 5.6)来裁取试样，避免试样损失。

6.1.5 毡

推荐的试样形状与测定单位面积质量的试样相同，即用模板裁取边长为 316 mm±1 mm 的正方形。产品规范或测试委托方也可规定其他形状。

6.2 试样数量

除非另有说明，每单位产品[1)]或实验室样本[2)]的试样数量如表 1 所规定。

表 1 试样数量

增强制品	试样数量
连续或非连续纤维　无捻粗纱	1 个
短切原丝　磨碎纤维	1 个
机织物　毡	每米幅宽 3 个，沿宽度方向均匀裁取

1) 单位产品：交付产品时商业上通常可得到的最小单位。

2) 实验室样本：单位产品的一部分。当单位产品不能带入试验室时，取一个实验室样本，从其上裁取所需试样。

产品规范或测试委托方可以规定,从单位产品或实验室样本上相邻位置裁取较多数量的试样进行测试。也可以从单位产品或实验室样本上的不同位置取样进行重复测试。

7 调湿与试验环境

估计制品的含水率低于0.2%时,将单位产品或实验室样本放置于ISO 291规定的温度为23 ℃±2 ℃,相对湿度为(50±10)%的标准环境下放置足够的时间以充分达到平衡,通常至少6 h。

估计制品的含水率高于0.2%时,单位产品或实验室样本应贮存于密封的容器中,取样后立即测试。

在试验前可以将样品放入容器中,并置于标准温度下,但应密封防止水分损失。

另外,只要可能,应将样品在容器内重新混合后立即测试,以避免由于材料内水分迁移而导致错误的测量结果。

8 操作

8.1 通则

本章叙述了试样在试样皿中称量的过程。当试样单独称量时,直接按8.3进行,但应小心地用夹钳将样品从试样皿中夹出或放回。在整个测试过程中,应确保样品放置在一个固定的可识别的试样皿中,不发生混淆。

8.2 称取试样皿质量

将试样皿(5.3)置于通风烘箱(5.1)中恒定质量,通风烘箱温度控制在105 ℃±3 ℃范围内。如果已知试样含有在105 ℃下易挥发的物质,可选择较低的温度,但不得低于50 ℃,用夹钳(5.4)夹持试样皿。

将试样皿放在干燥器(5.2)内冷却至ISO 291规定的23 ℃±2 ℃的标准温度。

称其质量,精确至0.1 mg,记作m_0,单位为克(g)。

8.3 初始(干燥前)质量

将取好的试样立即置于试样皿内。

称取试样和试样皿的质量,精确至0.1 mg,记作m_1,单位为克(g)。

8.4 最终(干燥后)质量

将试样连同试样皿放入温度为105 ℃±3 ℃或所选择的温度±3 ℃的通风烘箱中(见8.2)。确保试样不接触烘箱壁,用夹钳夹持试样皿。加热试样至少1 h,直至试样质量恒定。

从烘箱中取出试样和试样皿,立即放入干燥器内,至少冷却30 min,冷却至23 ℃±2 ℃的标准温度。

称取其质量,精确至0.1 mg,记作m_2,单位为克(g)。

9 结果表示

按式(1)计算每个试样的含水率H,以质量分数表示:

$$H=\frac{m_1-m_2}{m_1-m_0}\times 100\% \qquad \cdots\cdots(1)$$

式中：

m_0——试样皿质量，单位为克(g)(当试样单独称量时，该值为零)；

m_1——初始质量，单位为克(g)(包括或不包括试样皿)；

m_2——最终质量，单位为克(g)(包括或不包括试样皿)。

测试结果可以是一个试样的测试结果(若每次只测试一个试样)或是所有试样测试结果的平均值。

10 精密度

由于没有得到不同实验室的数据，本试验方法的精密度未知。一旦获得不同实验室的数据，后续版本中将增加精密度表述。

11 试验报告

试验报告应包括以下内容：

a) 说明依据本部分；

b) 识别所测增强制品的必要详情(按照适用的产品规范提供的参数)；

c) 每个试样的尺寸和质量；

d) 试样数量；

e) 测试单值，如有要求，每个试样的测试结果；

f) 本部分未规定的任何操作细节和可能影响测试结果的任何情况；

g) 试验日期。

ICS 59.100.10
Q 36

GB

中华人民共和国国家标准

GB/T 9914.2—2013
代替 GB/T 9914.2—2001

增强制品试验方法
第2部分:玻璃纤维可燃物含量的测定

Test method for reinforcement products—
Part 2:Determination of combustible-matter content for glass fibre

(ISO 1887:1995,Textile glass—Determination of combustible-matter content,MOD)

2013-11-27 发布 2014-08-01 实施

中华人民共和国国家质量监督检验检疫总局
中国国家标准化管理委员会 发布

前　言

GB/T 9914《增强制品试验方法》分为3个部分：

——第1部分：含水率的测定；

——第2部分：玻璃纤维可燃物含量的测定；

——第3部分：单位面积质量的测定。

本部分为GB/T 9914的第2部分。

本部分按照GB/T 1.1—2009给出的规则起草。

本部分代替GB/T 9914.2—2001《增强制品试验方法　第2部分：玻璃纤维可燃物含量的测定》，与GB/T 9914.2—2001的主要差异如下：

——删除了“引用标准”一章（见2001年版的第2章）；

——修改了“毡”中取样细节的描述（见5.1.5，2001年版的6.1.4）；

——增加了“精密度”一章（见第8章）。

本部分使用重新起草法修改采用ISO 1887：1995《纺织玻璃　可燃物含量的测定》。

本部分与ISO 1887：1995的技术性差异及其原因如下：

——增加了线密度为25 tex、45 tex、280 tex、650 tex、2 000 tex的试样取样方法（见表1），使纱线线密度测定具有连续性，避免出现无法取样的情况发生；

——为方便操作，修改了取样细节（见5.1.4，ISO 1887：1995的5.1.3）。

本部分做了下列编辑性修改：

——为与现有标准系列一致，将标准名称改为《增强制品试验方法　第2部分：玻璃纤维可燃物含量的测定》。

本部分由全国玻璃纤维标准化技术委员会（SAC/TC 245）归口。

本部分负责起草单位：南京玻璃纤维研究设计院有限公司、国家玻璃纤维产品质量监督检验中心。

本部分主要起草人：许敏、陈建明、王玉梅、陈尚、方允伟、郝郑涛。

GB/T 9914.2—2001的历次版本发布情况为：

——GB/T 9914—1988。

增强制品试验方法
第2部分:玻璃纤维可燃物含量的测定

1 范围

GB/T 9914的本部分规定了玻璃纤维制品可燃物含量的测定方法。

本方法适用于连续纤维纱、定长纤维纱、无捻粗纱、短切原丝、磨碎纤维、织物、短切原丝毡、连续原丝毡及其他形式的增强制品。

2 术语和定义

下列术语和定义适用于本文件。

2.1

可燃物含量 combustible-matter content

干态玻璃纤维制品的烧失量和干态制品质量的比值。

注:该比值以百分数表示。当玻璃纤维制品上的浸润剂或处理剂完全燃烧没有残留物(即原有的有机物)时,此值等于浸润剂或处理剂的含量。

3 原理

在规定条件下,将干燥试样置于(625±20)℃的温度下灼烧,称取灼烧前后试样的质量。对于在该温度下不稳定的玻璃,可在500 ℃~600 ℃之间选择一个温度,应恒定在所选择的温度的＝20 ℃范围内。

4 仪器

4.1 **通风烘箱**:温度能控制在(105±3)℃或所选择的温度±3 ℃(见6.3)。

4.2 **马弗炉**:温度能控制在(625±20)℃或所选择的温度±20 ℃,该温度应在炉门关闭后于马弗炉的中心位置测量。

4.3 **干燥器**:内装合适的干燥剂,例如硅胶、氯化钙、五氧化二磷。

4.4 **试样皿**:由耐热材料制成,能使试样表面有最大的空气流通,并能防止试样的损失。可以是陶瓷坩埚或不锈钢丝网篮等。

4.5 **不锈钢夹钳**:用于夹持试样和试样皿。

4.6 **天平**:精确至0.1 mg。

4.7 **抛光金属模板**:用于制备试样。

4.8 **合适的剪切工具**:用于剪切毡或织物,如刀、剪刀、盘式刀或冲压装置。

4.9 **适当的绕纱机**:用于摇取纱和无捻粗纱试样。

5 试样

5.1 取样

5.1.1 总则

除非产品规范或测试委托方另有要求，取样应按5.1.2～5.1.5进行。

5.1.2 纱和无捻粗纱

表1给出了每种线密度纱线的取样长度。为了尽可能地使空气自由流通，使试样完全干燥和灼烧，试样不应受到过度压缩。

表 1

线密度 T_t/tex	纱线取样长度/m
T_t＜25	500
25≤T_t＜45	200
45≤T_t＜280	100
280≤T_t＜650	50
650≤T_t＜2 000	10
2 000≤T_t	5

5.1.3 短切原丝和磨碎纤维

每个试样的质量应不小于5 g，最好在15 g～30 g之间。

5.1.4 织物

每个试样的质量应不小于5 g。

裁取面积为100 cm^2 的试样，若试样质量少于5 g，则应裁取较大尺寸的试样或多取几个相邻的面积为100 cm^2 的试样。

试样尺寸可与测定单位面积质量的试样相同。

机织物试样应距布边或织边至少10 mm处裁取。如果必须折叠试样时，则不应阻碍空气在整个试样表面上的畅通。推荐使用模板(4.7)和剪切工具或冲压装置(4.8)来裁取试样，以避免材料损失。

5.1.5 毡

试样的质量至少应为5 g。推荐的试样为316 mm×316 mm的正方形(0.1 m^2)，也可使用表面积接近0.1 m^2 的其他形状的试样。若使用其他形状，应对下述试样制备过程作适当修正。

如果必须使用多个正方形才能达到试样的最小质量，则这些正方形试样应沿着毡卷长度方向的同一直线上裁取。

贯穿毡的宽度方向裁取一条至少316 mm长的毡条，用模板(4.7)和裁切工具(4.8)从毡条上切取试样：

a) 在毡条的两端(对于带有修剪边的毡条，至少离边缘10 mm)各切取一块316 mm×316 mm的试样。

b) 在两端的试样之间，切取尽可能多的316 mm×316 mm试样(这些试样应均匀分布)。

5.2 试样数量

除非产品规范或测试委托方另有不同的或更详细的说明(即数量和位置),每单位产品的试样数量如表2所规定。

注:测定可燃物含量的试样数量可以根据单位产品的形式进行变更。此外可以根据被测单位产品的质量(短切原丝、磨碎纤维)或长度(织物、毡)在一处或多处重复测试。关于试样数量和取样位置的附加信息可日产品规范或测试委托方给出。

表2

制品类型	试样数量
纱 无捻粗纱	1个
短切原丝 磨碎纤维	1个
织物 毡	每米幅宽3个,沿整个宽度方向均匀切取

6 操作

6.1 测试中的注意事项

6.1.1 在灼烧阶段,试样不得接触炉壁。

6.1.2 试样和试样皿移送过程中,应注意谨防材料损失。

6.1.3 切勿用裸手触摸试样。

6.2 称取试样皿质量

将试样皿(4.4)放入温度为(625±20)℃的马弗炉(4.2)中,恒定试样皿质量。对于在该温度下不稳定的玻璃,可在500 ℃～600 ℃之间选择一个温度,所选择的温度应恒定在±20 ℃范围内。具体温度的选择可根据玻璃类型或利益相关方商定。

试样皿在干燥器(4.3)内冷却至室温。

称取试样皿质量,记为 m_0,精确至0.1 mg。

重复加热、冷却、称量,直至质量恒定(见注3)。

6.3 称取干燥试样和试样皿的质量

将试样放在试样皿上,将盛有试样的试样皿放入温度为(105±3)℃通风烘箱(4.1)内。对于在该温度下含有易挥发或组分发生变化的制品,经利益相关方同意可选用较低的温度,但应控制在所选择温度的±3 ℃内。

注:对于织物和毡,试样只能裁剪堆积而不能折叠,以便放入与设备(马弗炉、天平)相适宜的试样皿中。

加热试样至少30 min。

将试样皿和试样一起从烘箱内取出,放在干燥器(4.3)内冷却30 min。

称取试样皿和干燥后试样的总质量,记为 m_1,精确到0.1 mg。

重复加热、冷却、称量，直至质量恒定(见注3)。

6.4 称取灼烧后试样和试样皿的质量

将试样皿和干燥后试样放入马弗炉(4.2)内，炉温控制在(625±20)℃或在500 ℃～600 ℃之间任一所选温度(见6.2)。

开启炉门，使试样燃烧5 min(见注1和注2)。然后关闭炉门再灼烧30 min。若所选用的温度低于625 ℃，则关炉门后的灼烧时间应至少增加到1 h。

将试样和试样皿从马弗炉中移入干燥器(4.3)内，冷却至室温。

称取试样皿和灼烧后试样的总质量，记为m_2，精确至0.1 mg。

重复加热、冷却、称量，直至质量恒定(见注3)。

注1：开启炉门使挥发物逸出炉外，以防凝聚物沉积在试样或试样皿上。

注2：如使用通风马弗炉，不需打开炉门。

注3：本方法要求所有称量应重复干燥和灼烧，确保质量恒定。若该材料经常被测试，则可通过实验确定干燥和灼烧阶段的最短时间来确保达到质量恒定。

7 结果表示

按式(1)计算试样的可燃物含量，以干燥制品的质量分数表示：

$$c=\frac{m_1-m_2}{m_1-m_0}\times 100\% \qquad \cdots\cdots(1)$$

式中：

c ——可燃物含量，%；

m_0——试样皿的质量，单位为克(g)；

m_1——干燥试样和试样皿的质量，单位为克(g)；

m_2——灼烧后试样和试样皿的质量，单位为克(g)。

如果只测试一个试样，取其测试值作为可燃物含量的测试结果；若测试多个试样，则取其算术平均值作为测试结果。

如果对单位产品进行不同取样位置的重复测试，测试委托方应约定是将每个测试结果分别报告还是将不同测试结果的平均值作为单位产品的测试结果。

8 精密度

由于没有得到不同实验室的数据，本试验方法的精密度未知。一旦获得不同实验室的数据，后续版本中将增加精密度表述。

9 试验报告

试验报告应包括下列内容：

a) 说明依据本部分；

b) 识别所测玻璃纤维制品的必要详情；

c) 若马弗炉的温度不是625 ℃，注明试验温度；

d） 若烘箱的温度不是105 ℃，注明试验温度；

e） 试样的数量、每个试样的质量和尺寸；

f） 每个单位产品的一个或多个测试结果、每个单位产品所有测试结果的平均值(样本平均值)；

g） 本部分中未规定的任何操作细节和可能影响测试结果的任何其他事项；

h） 试验日期。

ICS 59.100.10
Q 36

GB

中华人民共和国国家标准

GB/T 9914.3—2013/ISO 3374:2000
代替 GB/T 9914.3—2001

增强制品试验方法 第3部分:单位面积质量的测定

**The method for reinforcement products—
Part 3:Determination of mass per unit area**

(ISO 3374:2000,Reinforcement products—Mats and fabrics—
Determination of mass per unit area,IDT)

2013-11-27 发布　　2014-08-01 实施

中华人民共和国国家质量监督检验检疫总局
中国国家标准化管理委员会　发布

前　言

GB/T 9914《增强制品试验方法》分为3个部分：

——第1部分：含水率的测定；

——第2部分：玻璃纤维可燃物含量的测定；

——第3部分：单位面积质量的测定；

本部分为GB/T 9914的第3部分。

本部分按照GB/T 1.1—2009给出的规则起草。

本部分代替GB/T 9914.3—2001《增强制品试验方法　第3部分：单位面积质量测定》，与GB/T 9914.3—2001的主要差异如下：

——删除了GB/T 18374，增加了GB/T 2918—1998(见第2章，2001年版的第2章)；

——增加了单位面积质量的定义(见3.1)；

——增加了资料性附录A(见附录A)。

本部分使用翻译法等同采用ISO 3374:2000《增强制品　毡和织物　单位面积质量的测定》。

本部分做了下列编辑性修改：

——为与现有标准系列一致，将标准名称改为《增强制品试验方法　第3部分：单位面积质量的测定》；

——ISO 3344在文本中没有出现，ISO 5725-1:1994和ISO 5725-2:1994是在资料性附录A中出现的，所以删除了ISO 3374:2000第2章中的这三个引用标准。后两个ISO标准用如下两个我国文件代替：

- GB/T 6379.1—2004《测量方法与结果的准确度(正确度与精密度)　第1部分：总则与定义》(idt ISO 5725-1:1994)
- GB/T 6379.2—2004《测量方法与结果的准确度(正确度与精密度)　第2部分：确定标准测量方法重复性与再现性的基本方法》(idt ISO 5725-2:1994)。

——修改了ISO 3374:2000资料性附录A中表A.1的部分内容。

本部分由全国玻璃纤维标准化技术委员会(SAC/TC 245)归口。

本部分负责起草单位：南京玻璃纤维研究设计院有限公司、国家玻璃纤维产品质量监督检验中心。

本部分主要起草人：杨春颖、王玉梅、陈尚、许敏、唐健、方允伟。

GB/T 9914.3—2001的历次版本发布情况为：

——GB/T 7689.3—1988；

——GB/T 6007—1985。

增强制品试验方法 第3部分:单位面积质量的测定

1 范围

GB/T 9914的本部分规定了玻璃纤维、碳纤维、芳纶纤维制品单位面积质量的测定方法。

本方法适用于毡(短切原丝毡、连续原丝毡)和织物。

2 规范性引用文件

下列文件对于本文件的应用是必不可少的。凡是注日期的引用文件,仅注日期的版本适用于本文件。凡是不注日期的引用文件,其最新版本(包括所有的修改单)适用于本文件。

GB/T 2918—1998 塑料试样状态调节和试验的标准环境(idt ISO 291:1997)

3 术语和定义

下列术语和定义适用于本文件。

3.1

单位面积质量 mass per unit area

规定尺寸的毡或织物的质量和它的面积之比。

注:质量包括了原丝,也包括捆绑或粘结原丝或纱线的任何其他材料。

4 原理

称量已知面积的试样质量,计算单位面积质量。

5 仪器

5.1 **抛光金属模板**,用于试样制备:

——面积为1 000 cm^2 的正方形用于毡;

——面积为100 cm^2 的正方形或圆形用于织物。

裁取的试样面积的允许误差应小于1%。

经利益相关方同意,也可使用更大的试样,在这种情况下应在试验报告中注明试样的形状和尺寸。

金属模板的正反两面光滑且平整。

5.2 **合适的裁切工具**:如刀、剪刀、盘式刀或冲压装置。

5.3 **试样皿**:由耐热材料制成,能使试样表面空气流通良好,不会损失试样。可以是由不锈钢丝制成的网篮。

5.4 **天平**,具有表1所列的特性。

表 1　天平的特性

材　　料	测量范围	容许误差限	分辨率
毡，所有规格	0～150 g	0.5g	0.1g
织物，≥200 g/m²	0～150 g	10 mg	1 mg
织物，<200 g/m²	0～150 g	1 mg	0.1 mg

如果取更大尺寸的试样(见 5.1)，应使用相当精度的天平。

5.5　**通风烘箱**：空气置换率为每小时 20 次～50 次，温度能控制在(105±3)℃内。

5.6　**干燥器**：内装合适的干燥剂(如硅胶、氯化钙或五氧化二磷)。

5.7　**不锈钢钳**：用于夹持试样和试样皿。

6　试样

除非利益相关方另有商定，每卷或实验室样本的试样数应为：

——对于毡，每米宽度取 3 个 1 000 cm² 的试样(实际上，通常每个试样为边长 31.6 cm 的正方形)；

——对于织物，每 50 cm 宽度取 1 个 100 cm² 的试样。

任何情况下，最少应取 2 个试样。

裁取试样的推荐方法毡如图 1，织物如图 2 和图 3 所示。

对于毡：

——试样应并排边靠边地裁取；

——对已修边的毡，应从毡边开始取样；对未修边的毡，取样应距毡边至少 10 cm。

对于织物：

——试样应分开取，最好包括不同的纬纱。

——应离开边/织边至少 5 cm。

如需要，应给操作者提供特别的说明，以保证裁取的试样面积在方法允许的范围内。

对于宽度小于 31.6 cm 的毡或宽度小于 25 cm 的机织物，试样的形状和尺寸由各方商定。

注：某些技术规范可能规定用整卷质量除以整卷面积作为试样的单位面积质量。这种情况下获得的结果(通常称为"实际平均质量")没有必要与本方法获得的结果相比较。

7　调湿和试验环境

除非产品规范或测试委托方另有要求，试样不需要调湿。

如需调湿，推荐在 GB/T 2918—1998 规定的温度为(23±2)℃，相对湿度为(50±10)%的标准环境条件下进行。

8　操作

8.1　切取一条整幅宽度的至少 35 cm 的毡或织物作为实验室样本。

8.2　在一个清洁的工作台面上，用裁切工具(5.2)和模板(5.1)，按第 6 章要求切取规定的试样数。

如果试样可能有纤维掉落，应采用试样皿(5.3)。如需要可将试样折叠，以保证试样上原丝或纱线的完整性。

单位为厘米

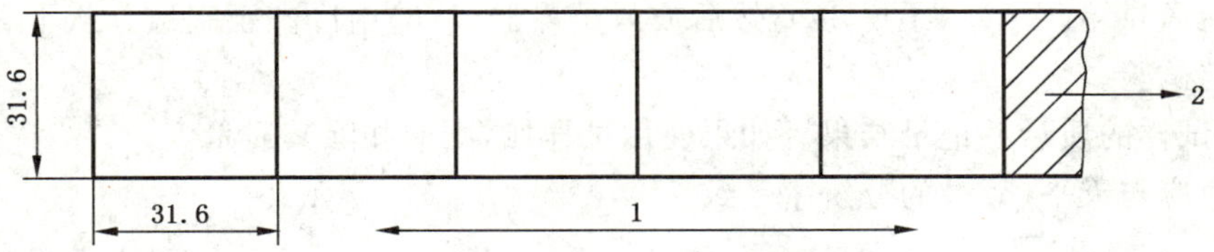

说明：

1——毡的宽度方向；

2——舍弃的部分。

图 1　裁取毡试样建议方法

单位为厘米

说明：

1——织物的宽度；

2——经纱方向。

[a] 圆形试样可以由纱线与边或对角线平行的正方形试样代替。

图 2　裁取机织物试样建议方法(宽度大于 50 cm 的织物)

单位为厘米

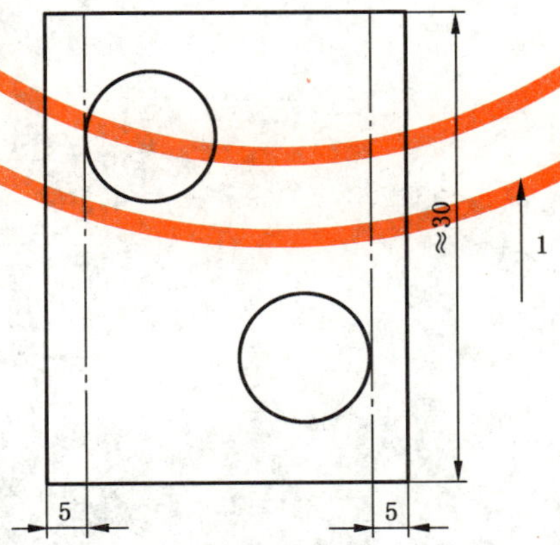

说明：

1——经纱方向。

图 3　裁取机织物试样建议方法(宽度在 25 cm～50 cm 之间的织物)

8.3 除非利益相关方另有要求，当毡和织物含水率超过0.2%（或含水率未知）时，应将试样置于(105±3)℃的通风烘箱(5.5)中干燥1 h，然后放入干燥器(5.6)中冷却至室温。从干燥器取出试样后，立即按8.4规定试验。

8.4 称取每个试样的质量并记录结果。如果使用试样皿，则应扣除其质量。

质量的数值应与天平(5.4)的分辨率一致。

9 计算和结果表示

9.1 按式(1)计算每个试样的单位面积质量 ρ_A，单位为克每平方米(g/m^2)：

$$\rho_A = \frac{m_s}{A} \times 10^4 \qquad \cdots\cdots(1)$$

式中：

m_s ——试样质量，单位为克(g)；

A ——试样面积，单位为平方厘米(cm^2)。

9.2 以毡或织物整个幅宽上所有试样的测试结果的平均值作为单位面积质量的报告值。

对于单位面积质量大于或等于200 g/m^2 的毡和织物，结果精确至1 g；对于单位面积质量小于200 g/m^2 的毡和织物，结果精确至0.1 g。

有时，产品规范或测试委托方要求报出每个测试单值时，这些数据可体现出材料在宽度方向上的质量分布情况。

10 试验报告

试验报告应包括以下内容：

a) 说明依据本部分；

b) 识别所测毡或织物的必要详情；

c) 毡或织物的单位面积质量(有时或有要求，也可报告每个测试单值)；

d) 本部分未规定的任何操作细节和可能影响测试结果的任何情况(例如试样数量，试样是否经干燥处理，是否使用与规定不同的试样)；

e) 试验日期。

附　录　A
（资料性附录）
精密度和偏差

表 A.1 依据 1999 年进行的循环法测试而得到，该方法符合 GB/T 6379.1《测量方法与结果的准确度(正确度与精密度) 第 1 部分：总则与定义》和 GB/T 6379.2《测量方法与结果的准确度(正确度与精密度) 第 2 部分：确定标准测量方法重复性与再现性的基本方法》的规定。它包括 11 个实验室分别对 1 种碳纤维织物、1 种芳纶纤维织物、3 种玻璃纤维织物和 2 种玻璃纤维毡进行的测试。样本由中心实验室提供，每个试样由每个实验室制备。织物的测试结果是 2 个测量单值的平均值，毡的测试结果是 3 个测量单值的平均值。每个实验室对每种材料获得 3 个试验结果。

注意：关于如下 r 和 R 的说明仅作为一种考虑本方法近似精密度的有意义的方法。表 A.1 中的数据不宜作为用于对材料的验收或拒收，因为这些数据仅用于循环法中测试的试样，不可能严格地代表别的批次、配方、条件、材料或实验室。

表 A.1　循环测试结果汇总

材料编号	材料	$\overline{X}$ g/m²	$(CV)_r$ %	$(CV)_R$ %	r %	R %
1	碳纤维织物	19.590 8	0.65	0.89	1.8	2.5
2	芳纶纤维织物	6.081 7	1.46	3.26	4.1	9.1
3	玻璃纤维无捻粗纱机织物	84.407 2	0.51	2.13	1.4	6.0
4	连续玻璃纤维织物	20.852	1.84	2.15	5.2	6.0
5	玻璃纤维缝编织物	215.557 7	0.93	2.58	2.6	7.2
6	玻璃纤维短切原丝毡	45.165 0	4.67	4.67	13.1	13.1
7	玻璃纤维连续原丝毡	30.886 6	1.24	5.78	3.5	16.2

注：

$(CV)_r$ 表示同一试验室测试结果变异系数；

$(CV)_R$ 表示不同试验室测试结果变异系数；

r 表示同一实验室两个测试结果的临界范围，即 $2.8\times(CV)_r$；

R 表示不同实验室两个测试结果的临界范围，即 $2.8\times(CV)_R$。

数据表明同一试验室有较好的重复性，$(CV)_r$ 小，在不同实验室数据波动范围较大，$(CV)_R$ 大。

表 A.1 中 r 和 R 的定义：如果 $(CV)_r$ 和 $(CV)_R$ 由一个足够大的数据群和测试结果计算而来的，而每个测试结果由 3 个试样(对于织物，2 个)测试结果的平均值，那么：

重复性：如果同一实验室获得的两个测试结果的差异大于材料的 r 值，则不能判定它们相等。r 代表相同材料由同一操作者，在同一实验室同一天用同一仪器设备所得的两个测试结果的临界差异。

再现性：如果不同实验室获得的两个测试结果的差异大于材料的 R 值，则不能判定它们相等。R 代表相同材料由不同操作者，在不同实验室使用不同仪器设备所得到的两个测试结果的临界差异。

符合上述规定的任一判断的置信区间为 95%(0.95)。

目前还没有公认的标准给出此方法偏差的评估。

ICS 11.060.10
C 33

中华人民共和国国家标准

GB/T 9938—2013/ISO 3950:2009
代替 GB/T 9938—1988

牙科学　牙位和口腔区域的标示法

Dentistry—Designation system for teeth and areas of the oral cavity

(ISO 3950:2009,IDT)

2013-10-10 发布　　2014-02-01 实施

中华人民共和国国家质量监督检验检疫总局
中国国家标准化管理委员会　发布

前　言

本标准按照 GB/T 1.1—2009 给出的规则起草。

本标准代替 GB/T 9938—1988。

本标准与 GB/T 9938—1988 相比主要变化及原因如下：

——增加引言；

——1 范围中删除“本标准适用于口腔临床、教学、科研和生产等领域。”；

——增加 2 原则及具体内容；

——4 牙齿牙位标示中删除“各数字必须分别读音，例如，恒尖牙应读成 1-3、2-3、3-3、4-3。标示制如图 1 所表示，其中斜体字表示乳牙牙位。”；

——4 牙齿牙位标示中增加具体的数字表示。

本标准等同采用 ISO 3950:2009《牙科学　牙位和口腔区域的标示法》。

请注意本标准的某些内容可能涉及专利。本标准的发布机构不承担识别这些专利的责任。

本标准由国家食品药品监督管理局提出。

本标准由全国口腔材料和器械设备标准化技术委员会(SAC/TC 99)归口。

本标准起草单位：北京大学口腔医学院口腔医疗器械检验中心。

本标准主要起草人：林红、张金。

本标准所代替标准的历次版本发布情况为：

——GB/T 9938—1988。

引　言

计算机存储信息应用的增加，以及对通过数据线、打印文件以及口头表述方式对口腔信息交流的必要性的增加，使得有必要在描述牙齿系统定位时，有一套新的基础性元素。

本标准中描述的系统，最初由国际牙科联盟（FDI）拟定，并获得了国际卫生组织（WHO）及ISO/TC 106牙科学技术委员会同意，以满足下列要求：

a）简单易懂并易教授；

b）对话和口述时易发音；

c）在打印和经过数据线时容易传达；

d）容易翻译成计算机的“输入”；

e）在牙科临床容易附于标准图中。

牙科学　牙位和口腔区域的标示法

1　范围

本标准规定了采用双数字标示牙位或口腔区域的方法。

2　原则

相对于矢状面和咬𬌗平面，正常牙弓的解剖位置可将口腔合理地划分为四等份和六等份。

本标准中，一个象限(1/4)表示牙弓的四分之一。

本标准中，1/6 表示牙弓的六分之一。

口腔区域和牙位以双数字编码标示。

两个数字中至少有一个是“0”，表示口腔区域。

由 9 代替 0 表示该口腔区域存在异常。

不包含 0 的编码表示单个牙齿。其中，编码的第一位数字表示牙位所在的象限，并将乳牙与恒牙相区分，第二位数字表示牙位本身。

3　口腔区域标示

口腔区域标示见图 1。

00 表示整个口腔

01 表示上颌区域

02 表示下颌区域

10 表示右上象限

20 表示左上象限

30 表示左下象限

40 表示右下象限

03 表示右上 1/6

04 表示上前 1/6

05 表示左上 1/6

06 表示左下 1/6

07 表示下前 1/6

08 表示右下 1/6

4　牙齿牙位标示

牙齿牙位标示见图 1。

a)　第一位数字

数字 1 至 4 表示恒牙牙列，数字 5 至 8 表示乳牙牙列。本表示法均自右上口腔区域始顺时针递增排列。

1 表示右上象限的恒牙
2 表示左上象限的恒牙
3 表示左下象限的恒牙
4 表示右下象限的恒牙
5 表示右上象限的乳牙
6 表示左上象限的乳牙
7 表示左下象限的乳牙
8 表示右下象限的乳牙

b) 第二位数字(牙齿)

在同一象限的牙齿牙位由 1 至 8(乳牙 1 至 5)以第二位数字表示。该表示法均自正中矢状面始向远中方向排列。

——恒牙列

1 表示中切牙
2 表示侧切牙
3 表示尖牙
4 表示第一前磨牙
5 表示第二前磨牙
6 表示第一磨牙
7 表示第二磨牙
8 表示第三磨牙

——乳牙列

1 表示中切牙
2 表示侧切牙
3 表示尖牙
4 表示第一磨牙
5 表示第二磨牙

右　　　　　　　　　　　　　　　　左

00																口腔
01																上颌区域
10								20								1/4
03					04						05					1/6
18	17	16	15	14	13	12	11	21	22	23	24	25	26	27	28	恒牙
			55	54	53	52	51	61	62	63	64	65				乳牙
			85	84	83	82	81	71	72	73	74	75				乳牙
48	47	46	45	44	43	42	41	31	32	33	34	35	36	37	38	恒牙
08					07						06					1/6
40								30								1/4
02																下颌区域

图 1　牙齿牙位、口腔区域数字化表示图示

参 考 文 献

[1] GB/T 9937 口腔词汇(ISO 1942,IDT)

ICS 77.140.75
H 48

中华人民共和国国家标准

GB 9948—2013
代替 GB 9948—2006

石油裂化用无缝钢管

Seamless steel tubes for petroleum cracking

2013-09-18 发布 2014-07-01 实施

中华人民共和国国家质量监督检验检疫总局
中国国家标准化管理委员会 发布

前　言

本标准中 5.5、6.1.1、6.1.2、6.1.3、6.2、6.3、6.4、6.5、6.6、6.7、6.8、6.9、6.10.1、6.11、7、8、9 为强制性，其余为推荐性。

本标准按照 GB/T 1.1—2009 给出的规则起草。

本标准代替 GB 9948—2006《石油裂化用无缝钢管》。本标准与 GB 9948—2006 相比，除编辑性修改外主要技术变化如下：

——增加了最小壁厚交货方式；

——修改了钢管的尺寸允许偏差；

——修改了钢的牌号和化学成分，增加了钢牌号 12Cr1Mo、12Cr2Mo、12Cr1MoV、12Cr9Mo-I、12Cr9Mo-NT、07Cr19Ni11Ti、022Cr17Ni12Mo2；

——修改了管坯的制造方法及要求；

——修改了钢管的力学性能；

——修改了钢管的热处理制度；

——修改了无损检验要求；

——增加了晶间腐蚀试验；

——增加优质碳素结构钢钢管用于含 H_2S 环境的补充技术要求。

本标准参照 ASTM A335/A335M-10《高温用铁素体合金钢无缝钢管规范》(英文版)、ASTM A213/A213M-10《锅炉、过热器和换热器用铁素体和奥氏体合金钢无缝钢管规范》(英文版)和 EN 10216-2:2002《压力用途的无缝钢管　交货技术条件　第 2 部分:规定高温性能的非合金钢和合金钢》(英文版)起草。

本标准由中国钢铁工业协会提出。

本标准由全国钢标准化技术委员会(SAC/TC 183)归口。

本标准起草单位:攀钢集团成都钢钒有限公司、鞍钢股份有限公司、湖南华菱钢管控股有限公司、江苏武进不锈钢管厂集团有限公司、衡阳华菱钢管有限公司、江苏华菱锡钢特钢有限公司、冶金工业信息标准研究院。

本标准主要起草人:李志、晏如、李奇、郭秀莉、李阳华、宋建新、赵斌、陈绍林、高山、周志斌、董莉。

本标准所代替标准的历次版本发布情况为：

——GB 9948—1988、GB 9948—2006。

石油裂化用无缝钢管

1 范围

本标准规定了石油裂化用无缝钢管的分类、代号、尺寸、外形、重量、技术要求、试验方法、检验规则、包装、标志和质量证明书。

本标准适用于石油化工用炉管、热交换器管和压力管道用无缝钢管。

2 规范性引用文件

下列文件对于本文件的应用是必不可少的。凡是注日期的引用文件，仅注日期的版本适用于本文件。凡是不注日期的引用文件，其最新版本(包括所有的修改单)适用于本文件。

GB/T 222 钢的成品化学成分允许偏差

GB/T 223.3 钢铁及合金化学分析方法 二安替比林甲烷磷钼酸重量法测定磷量

GB/T 223.5 钢铁 酸溶硅和全硅含量的测定 还原型硅钼酸盐分光光度法

GB/T 223.11 钢铁及合金 铬含量的测定 可视滴定或电位滴定法

GB/T 223.12 钢铁及合金化学分析方法 碳酸钠分离-二苯碳酰二肼光度法测定铬量

GB/T 223.13 钢铁及合金化学分析方法 硫酸亚铁铵滴定法测定钒含量

GB/T 223.14 钢铁及合金化学分析方法 钽试剂萃取光度法测定钒含量

GB/T 223.18 钢铁及合金化学分析方法 硫代硫酸钠分离-碘量法测定铜量

GB/T 223.19 钢铁及合金化学分析方法 新亚铜灵-三氯甲烷萃取光度法测定铜量

GB/T 223.23 钢铁及合金 镍含量的测定 丁二酮肟分光光度法

GB/T 223.25 钢铁及合金化学分析方法 丁二酮肟重量法测定镍量

GB/T 223.26 钢铁及合金 钼含量的测定 硫氰酸盐分光光度法

GB/T 223.37 钢铁及合金化学分析方法 蒸馏分离-靛酚蓝光度法测定氮量

GB/T 223.40 钢铁及合金 铌含量的测定 氯磺酚S分光光度法

GB/T 223.53 钢铁及合金化学分析方法 火焰原子吸收分光光度法测定铜量

GB/T 223.54 钢铁及合金化学分析方法 火焰原子吸收分光光度法测定镍量

GB/T 223.58 钢铁及合金化学分析方法 亚砷酸钠-亚硝酸钠滴定法测定锰量

GB/T 223.59 钢铁及合金 磷含量的测定 铋磷钼蓝分光光度法和锑磷钼蓝分光光度法

GB/T 223.60 钢铁及合金化学分析方法 高氯酸脱水重量法测定硅含量

GB/T 223.61 钢铁及合金化学分析方法 磷钼酸铵容量法测定磷量

GB/T 223.62 钢铁及合金化学分析方法 乙酸丁酯萃取光度法测定磷量

GB/T 223.63 钢铁及合金化学分析方法 高碘酸钠(钾)光度法测定锰量

GB/T 223.64 钢铁及合金 锰含量的测定 火焰原子吸收光谱法

GB/T 223.67 钢铁及合金 硫含量的测定 次甲基蓝分光光度法

GB/T 223.68 钢铁及合金化学分析方法 管式炉内燃烧后碘酸钾滴定法测定硫含量

GB/T 223.69 钢铁及合金 碳含量的测定 管式炉内燃烧后气体容量法

GB/T 223.71 钢铁及合金化学分析方法 管式炉内燃烧后重量法测定碳含量

GB/T 223.72 钢铁及合金 硫含量的测定 重量法

GB/T 223.74 钢铁及合金化学分析方法 非化合碳含量的测定

GB/T 226 钢的低倍组织及缺陷酸蚀检验法

GB/T 228.1 金属材料 拉伸试验 第1部分:室温试验方法

GB/T 229 金属材料 夏比摆锤冲击试验方法

GB/T 231.1 金属材料 布氏硬度试验 第1部分:试验方法

GB/T 232 金属材料 弯曲试验方法

GB/T 241 金属管 液压试验方法

GB/T 242 金属管 扩口试验方法

GB/T 246 金属管 压扁试验方法

GB/T 1979 结构钢低倍组织缺陷评级图

GB/T 2102 钢管的验收、包装、标志和质量证明书

GB/T 2975 钢及钢产品 力学性能试验取样位置及试样制备

GB/T 4334—2008 金属和合金的腐蚀 不锈钢晶间腐蚀试验方法

GB/T 4336 碳素钢和中低合金钢 火花源原子发射光谱分析方法(常规法)

GB/T 5777—2008 无缝钢管超声波探伤检验方法

GB/T 7735—2004 钢管涡流探伤检验方法

GB/T 10561—2005 钢中非金属夹杂物含量的测定 标准评级图显微检验法

GB/T 11170 不锈钢 多元素含量的测定 火花放电原子发射光谱法(常规法)

GB/T 12606—1999 钢管漏磁探伤方法

GB/T 17395 无缝钢管尺寸、外形、重量及允许偏差

GB/T 20066 钢和铁 化学成分测定用试样的取样和制样方法

GB/T 20123 钢铁 总碳硫含量的测定 高频感应炉燃烧后红外吸收法(常规方法)

GB/T 20124 钢铁 氮含量的测定 惰性气体熔融热导法(常规方法)

YB/T 4149 连铸圆管坯

YB/T 5137 高压用热轧和锻制无缝钢管圆管坯

NACE MR0175/ISO 15156-2 石油和天然气工业-油气生产中用于含 H_2S 环境的材料 第2部分:抗开裂碳钢和低合金钢及铸铁的使用

3 分类、代号

本标准的无缝钢管按产品制造方式分为两类,类别和代号为:

a) 热轧(挤压、扩)钢管 W-H;

b) 冷拔(轧)钢管 W-C。

4 订货内容

按本标准订购钢管的合同或订单应包括下列内容:

a) 标准编号;

b) 产品名称;

c) 钢的牌号;

d) 订购的数量(总重量或总长度);

e) 尺寸规格(外径×壁厚,单位为毫米);

f) 交货状态;

g) 特殊要求。

5 尺寸、外形、重量及允许偏差

5.1 外径和壁厚

5.1.1 除非合同另有规定，钢管按公称外径(D)和公称壁厚(S)交货。根据需方要求，经供需双方协商，钢管可按公称外径(D)和最小壁厚(S_{min})交货。

5.1.2 钢管的公称外径和壁厚应符合 GB/T 17395 的规定。根据需方要求，经供需双方协商，可供应其他外径和壁厚的钢管。

5.1.3 按公称外径和公称壁厚交货的钢管，钢管外径和壁厚的允许偏差应符合表 1 的规定。

5.1.4 按公称外径和最小壁厚交货的钢管，钢管外径允许偏差应符合表 1 的规定，壁厚允许偏差应符合表 2 的规定。

5.1.5 当需方未在合同中注明钢管尺寸允许偏差级别时，钢管外径和壁厚的允许偏差应符合普通级的规定。

5.1.6 根据需方要求，经供需双方协商，并在合同中注明，可供应表 1、表 2 规定以外尺寸允许偏差的钢管。

表 1 钢管外径和壁厚的允许偏差

单位为毫米

分类代号	制造方式	钢管公称尺寸		允许偏差	
				普通级	高级
W-H	热轧（挤压）	外径 D	≤54	±0.50	±0.30
			>54～325	±1%D	±0.75%D
			>325	±1%D	—
		壁厚 S	≤20	+15%S −10%S	±10%S
			>20	+12.5%S −10%S	±10%S
	热扩	外径 D	全部	±1%D	
		壁厚 S	全部	±15%S	
W-C	冷拔（轧）	外径 D	≤25.4	±0.15	
			>25.4～40	±0.20	
			>40～50	±0.25	
			>50～60	±0.30	
			>60	±0.75%D	±0.5%D
		壁厚 S	≤3.0	±0.3	±0.2
			>3.0	±10%S	±7.5%S

表2 钢管最小壁厚的允许偏差

单位为毫米

分类代号	制造方式	最小壁厚 S_{min}	允许偏差	
			普通级	高级
W-H	热轧(挤压)	≤4.0	$^{+0.90}_{0}$	$^{+0.70}_{0}$
		>4.0	$^{+25\%S_{min}}_{0}$	$^{+22\%S_{min}}_{0}$
W-C	冷拔(轧)	≤3.0	$^{+0.6}_{0}$	$^{+0.4}_{0}$
		>3.0	$^{+20\%S_{min}}_{0}$	$^{+15\%S_{min}}_{0}$

5.2 长度

5.2.1 通常长度

钢管的通常长度为4 000 mm～12 000 mm。

经供需双方协商,并在合同中注明,可交付长度短于4 000 mm但不短于3 000 mm的短尺钢管,但其数量应不超过该批钢管交货总数量的5%。

5.2.2 定尺长度和倍尺长度

根据需方要求,并在合同中注明,钢管可按定尺或倍尺长度交货。钢管的定尺长度和倍尺总长度应在通常长度范围内,钢管定尺长度允许偏差应符合如下规定:

a) 长度≤6 000 mm,0～10 mm;

b) 长度>6 000 mm,0～15 mm。

每个倍尺长度应按如下规定留出切口余量:

a) D≤159 mm时,切口余量为5 mm～10 mm;

b) D>159 mm时,切口余量为10 mm～15 mm。

5.3 弯曲度

5.3.1 钢管的每米弯曲度应符合如下规定:

a) S≤15 mm时,弯曲度不大于1.5 mm/m;

b) S>15 mm～30mm时,弯曲度不大于2.0 mm/m;

c) S>30 mm或D≥351 mm时,弯曲度不大于3.0 mm/m。

5.3.2 外径不小于127 mm的钢管,其全长弯曲度应不大于钢管长度的0.10%。

5.3.3 根据需方要求,经供需双方协商,并在合同中注明,钢管的每米弯曲度和全长弯曲度可采用其他规定。

5.4 不圆度和壁厚不均

根据需方要求,经供需双方协商,并在合同中注明,钢管的不圆度和壁厚不均应分别不超过外径和壁厚公差的80%。

5.5 端头外形

钢管两端端面应与钢管轴线垂直，切口毛刺应予清除。

5.6 重量

5.6.1 交货重量

钢管按公称外径和公称壁厚交货时，钢管按实际重量交货，亦可按理论重量交货。

钢管按公称外径和最小壁厚交货时，钢管按实际重量交货。经供需双方协商，并在合同中注明，钢管亦可按理论重量交货。

5.6.2 理论重量的计算

钢管理论重量的计算按 GB/T 17395 的规定，优质碳素结构钢和合金结构钢的密度按 7.85 kg/dm^3，不锈（耐热）钢的密度分别为 07Cr19Ni10 按 7.90 kg/dm^3、07Cr18Ni11Nb 按 8.00 kg/dm^3、07Cr19Ni11Ti 按 7.93 kg/dm^3、022Cr17Ni12Mo2 按 8.00 kg/dm^3。

按公称外径和最小壁厚交货的钢管，应采用平均壁厚计算理论重量，其平均壁厚是按壁厚及其允许偏差计算出来的壁厚最大值与最小值的平均值。

5.6.3 重量允许偏差

根据需方要求，经供需双方协商，并在合同中注明，交货钢管实际重量与理论重量的偏差应符合如下规定：

a) 单根钢管：±10%；

b) 每批最小为 10 t 的钢管：±7.5%。

6 技术要求

6.1 钢的牌号和化学成分

6.1.1 钢的牌号和化学成分（熔炼分析）应符合表 3 的规定。12Cr5MoI、12Cr5MoNT、12Cr9MoI 和 12Cr9MoNT 牌号中的后缀符号“I”和“NT”属于牌号的一部分，这些后缀符号表示钢管的交货状态。其中，“I”为完全退火或等温退火；“NT”为正火加回火。

6.1.2 用氧气转炉冶炼的钢，除 12Cr5MoI、12Cr5MoNT、12Cr9MoI、12Cr9MoNT 及不锈（耐热）钢外，其余牌号钢的氮含量应不大于 0.008%。

6.1.3 成品钢管的化学成分允许偏差应符合 GB/T 222 的规定。

6.1.4 本标准钢的牌号与其他标准相近钢牌号的对照参见附录 A。

表 3 钢的牌号和化学成分

钢类	统一数字代号	牌号	化学成分(质量分数)/%											
			C	Si	Mn	Cr	Mo	Ni	Nb	Ti	V	Cu	P	S
													不大于	
优质碳素结构钢	U20102	10	0.07～0.13	0.17～0.37	0.35～0.65	≤0.15	≤0.15	≤0.25	—	—	≤0.08	≤0.20	0.025	0.015
	U20202	20	0.17～0.23	0.17～0.37	0.35～0.65	≤0.25	≤0.15	≤0.25	—	—	≤0.08	≤0.20	0.025	0.015
合金结构钢	A30122	12CrMo	0.08～0.15	0.17～0.37	0.40～0.70	0.40～0.70	0.40～0.55	≤0.30	—	—	—	≤0.20	0.025	0.015
	A30152	15CrMo	0.12～0.18	0.17～0.37	0.40～0.70	0.80～1.10	0.40～0.55	≤0.30	—	—	—	≤0.20	0.025	0.015
	A30121	12Cr1Mo	0.08～0.15	0.50～1.00	0.30～0.60	1.00～1.50	0.45～0.65	≤0.30	—	—	—	≤0.20	0.025	0.015
	A31132	12Cr1MoV	0.08～0.15	0.17～0.37	0.40～0.70	0.90～1.20	0.25～0.35	≤0.30	—	—	0.15～0.30	≤0.20	0.025	0.010
	A30132	12Cr2Mo	0.08～0.15	≤0.50	0.40～0.60	2.00～2.50	0.90～1.13	≤0.30	—	—	—	≤0.20	0.025	0.015
	A30124	12Cr5MoI 12Cr5MoNT	≤0.15	≤0.50	0.30～0.60	4.00～6.00	0.45～0.60	≤0.60	—	—	—	≤0.20	0.025	0.015
	A30125	12Cr9MoI 12Cr9MoNT	≤0.15	0.25～1.00	0.30～0.60	8.00～10.00	0.90～1.10	≤0.60	—	—	—	≤0.20	0.025	0.015
不锈(耐热)钢	S30409	07Cr19Ni10	0.04～0.10	≤1.00	≤2.00	18.00～20.00	—	8.00～11.00	—	—	—	—	0.030	0.015
	S34779	07Cr18Ni11Nb	0.04～0.10	≤1.00	≤2.00	17.00～19.00	—	9.00～12.00	8C～1.10	—	—	—	0.030	0.015
	S32169	07Cr19Ni11Ti	0.04～0.10	≤0.75	≤2.00	17.00～20.00	—	9.00～13.00	—	4C～0.60	—	—	0.030	0.015
	S31603	022Cr17Ni12Mo2	≤0.030	≤1.00	≤2.00	16.00～18.00	2.00～3.00	10.00～14.00	—	—	—	—	0.030	0.015

6.2 制造方法

6.2.1 钢的冶炼方法

优质碳素结构钢和合金结构钢应采用电弧炉加炉外精炼并经真空精炼处理，或氧气转炉加炉外精炼并经真空精炼处理，也可采用电渣重熔法冶炼。不锈(耐热)钢应采用电弧炉加炉外精炼或氧气转炉加炉外精炼，也可采用电渣重熔法冶炼。

经供需双方协商，并在合同中注明，可采用其他较高要求的冶炼方法。需方指定某一种冶炼方法时，应在合同中注明。

6.2.2 管坯的制造方法

管坯可采用连铸、模铸或热轧(锻)方法制造。

连铸管坯应符合 YB/T 4149 的规定，其中低倍组织缺陷中心裂纹、中间裂纹、皮下裂纹和皮下气泡的级别应分别不大于 1 级，也可采用经相关各方认可的其他更高质量要求。热轧(锻)管坯应符合 YB/T 5137 的规定。

6.2.3 钢管的制造方法

钢管应采用热轧(挤压、扩)或冷拔(轧)无缝方法制造。

6.3 交货状态

钢管应以热处理状态交货。钢管的热处理制度应符合表 4 的规定。

表 4 钢管的热处理制度

牌号	热处理制度
10[a]	正火：正火温度 880 ℃～940 ℃
20[a]	正火：正火温度 880 ℃～940 ℃
12CrMo[b]	正火加回火：正火温度 900 ℃～960 ℃，回火温度 670 ℃～730 ℃
15CrMo[b]	正火加回火：正火温度 900 ℃～960 ℃，回火温度 680 ℃～730 ℃
12Cr1Mo[b]	正火加回火：正火温度 900 ℃～960 ℃，回火温度 680 ℃～750 ℃
12Cr1MoV[b]	S≤30 mm 的钢管正火加回火：正火温度 980 ℃～1 020 ℃，回火温度 720 ℃～760 ℃； S>30 mm 的钢管淬火加回火或正火加回火：淬火温度 950 ℃～990 ℃，回火温度 720 ℃～760 ℃； 正火温度 980 ℃～1 020 ℃，回火温度 720 ℃～760 ℃，但正火后应进行急冷
12Cr2Mo[b]	S≤30 mm 的钢管正火加回火：正火温度 900 ℃～960 ℃，回火温度 700 ℃～750 ℃； S>30 mm 的钢管淬火加回火或正火加回火：淬火温度不低于 900 ℃，回火温度 700 ℃～750 ℃； 正火温度 900 ℃～960 ℃，回火温度 700 ℃～750 ℃，但正火后应进行急冷
12Cr5MoI	完全退火或等温退火
12Cr5MoNT	正火加回火：正火温度 930 ℃～980 ℃，回火温度 730 ℃～770 ℃
12Cr9MoI	完全退火或等温退火
12Cr9MoNT	正火加回火：正火温度 890 ℃～950 ℃，回火温度 720 ℃～800 ℃
07Cr19Ni10	固溶处理：固溶温度≥1 040 ℃，急冷

表 4（续）

牌　号	热处理制度
07Cr18Ni11Nb	固溶处理：热轧（挤压、扩）钢管固溶温度≥1 050 ℃，冷拔（轧）钢管固溶温度≥1 100 ℃，急冷
07Cr19Ni11Ti	固溶处理：热轧（挤压、扩）钢管固溶温度≥1 050 ℃，冷拔（轧）钢管固溶温度≥1 100 ℃，急冷
022Cr17Ni12Mo2	固溶处理：固溶温度≥1 040 ℃，急冷

[a] 热轧（挤压、扩）钢管终轧温度在相变临界温度 A_{r3} 至表中规定温度上限的范围内，且钢管是经过空冷时，则应认为钢管是经过正火的。

[b] 热扩钢管终轧温度在相变临界温度 A_{r3} 至表中规定温度上限的范围内，且钢管是经过空冷时，则应认为钢管是经过正火的；其余钢管在需方同意的情况下，并在合同中注明，可采用符合前述规定的在线正火。

6.4　力学性能

6.4.1　力学性能要求

交货状态钢管的室温力学性能应符合表 5 的规定。

外径不小于 76 mm 且壁厚不小于 14 mm 的钢管应做冲击试验。根据需方要求，经供需双方协商，并在合同中注明，其他规格钢管可做冲击试验，冲击试验的试样尺寸和冲击吸收能量要求值由供需双方协商确定。

表 5 中的冲击吸收能量为全尺寸标准试样要求值。当采用小尺寸冲击试样时，小尺寸试样冲击吸收能量要求值应为全尺寸标准试样冲击吸收能量要求值乘以表 6 中的递减系数。

表 5　钢管的力学性能

牌号	抗拉强度 R_m/MPa	下屈服强度 R_{eL} 或规定塑性延伸强度 $R_{p0.2}$/MPa	断后伸长率 A/%		冲击吸收能量 KV_2/J		布氏硬度值[a]
			纵向	横向	纵向	横向	
		不小于					不大于
10	335～475	205	25	23	40	27	—
20	410～550	245	24	22	40	27	—
12CrMo	410～560	205	21	19	40	27	156 HBW
15CrMo	440～640	295	21	19	40	27	170 HBW
12Cr1Mo	415～560	205	22	20	40	27	163 HBW
12Cr1MoV	470～640	255	21	19	40	27	179 HBW
12Cr2Mo	450～600	280	22	20	40	27	163 HBW
12Cr5MoI	415～590	205	22	20	40	27	163 HBW
12Cr5MoNT	480～640	280	20	18	40	27	—
12Cr9MoI	460～640	210	20	18	40	27	179 HBW
12Cr9MoNT	590～740	390	18	16	40	27	—
07Cr19Ni10	≥520	205	35		—	—	187 HBW

表 5（续）

牌号	抗拉强度 R_m/MPa	下屈服强度 R_{eL} 或规定塑性延伸强度 $R_{p0.2}$/MPa	断后伸长率 A/%		冲击吸收能量 KV_2/J		布氏硬度值[a]
			纵向	横向	纵向	横向	
		不小于					不大于
07Cr18Ni11Nb	≥520	205	35		—	—	187 HBW
07Cr19Ni11Ti	≥520	205	35		—	—	187 HBW
022Cr17Ni12Mo2	≥485	170	35		—	—	187 HBW

[a] 对于壁厚小于 5 mm 的钢管，可不做硬度试验。

表 6　小尺寸试样冲击吸收能量递减系数

试样规格	试样尺寸(高度×宽度)/mm	递减系数
标准试样	10×10	1.00
小试样	10×7.5	0.75
小试样	10×5	0.50

6.4.2　力学试验试样

6.4.2.1　拉伸试验试样

外径小于 219 mm 的钢管，拉伸试验应沿钢管纵向取样。

外径不小于 219 mm 的钢管，当钢管尺寸允许时，拉伸试验应沿钢管横向截取直径为 10 mm 的圆形横截面试样；当钢管尺寸不足以截取 10 mm 试样时，则应采用直径为 8 mm 或 5 mm 中可能的较大尺寸圆形横截面试样；当钢管尺寸不足以截取 5 mm 试样时，拉伸试验应沿钢管纵向取样。横向圆形横截面试样应取自未经压扁的试料。

6.4.2.2　冲击试验试样

外径小于 219 mm 的钢管，冲击试验沿钢管纵向或横向取样；如合同中无特殊规定，仲裁试样应沿钢管纵向截取。

外径不小于 219 mm 的钢管，冲击试验应沿钢管横向取样。

无论沿钢管纵向截取还是沿钢管横向截取，冲击试样宽度应为 10 mm、7.5 mm 或 5 mm 中尽可能的较大尺寸。

6.5　液压试验

钢管应逐根进行液压试验。试验压力按式(1)计算，最大试验压力为 20 MPa。在试验压力下，稳压时间应不少于 10 s，钢管不允许出现渗漏现象。

$$p = 2SR/D \qquad \cdots\cdots\cdots\cdots (1)$$

式中：

p ——试验压力，单位为兆帕(MPa)，当 $p<7$ MPa 时，修约到最接近的 0.5 MPa；当 $p\geqslant 7$ MPa 时，修约到最接近的 1 MPa；

S ——钢管的壁厚，单位为毫米(mm)；

D ——钢管的公称外径，单位为毫米(mm)；

R ——允许应力，优质碳素结构钢和合金结构钢为表 5 规定下屈服强度或规定塑性延伸强度的 80%，不锈(耐热)钢为表 5 规定塑性延伸强度的 70%，单位为兆帕(MPa)。

供方可用涡流探伤或漏磁探伤代替液压试验。用涡流探伤时，对比样管人工缺陷应符合 GB/T 7735—2004 中验收等级 A 的规定；用漏磁探伤时，对比样管外表面纵向缺口槽应符合 GB/T 12606—1999 中验收等级 L4 的规定。

6.6 工艺性能

6.6.1 压扁试验

外径大于 22 mm 的钢管应做压扁试验。试样压扁后的平板间距离 H 按式(2)计算。

$$H=\frac{(1+\alpha)S}{\alpha+S/D} \qquad \cdots\cdots(2)$$

式中：

H ——两平板间距离，单位为毫米(mm)；

S ——钢管的壁厚，单位为毫米(mm)；

D ——钢管的公称外径，单位为毫米(mm)；

α ——单位长度变形系数，10 钢为 0.09，20 钢和合金结构钢为 0.08，不锈(耐热)钢为 0.09；当 $S/D\geqslant 0.125$ 时，α 值减少 0.01。

试样压至两平板间距离为 H 时，试样上不允许出现裂缝或裂口。

6.6.2 弯曲试验

6.6.2.1 外径大于 400 mm 或壁厚大于 40 mm 的钢管可用弯曲试验代替压扁试验。一组弯曲试验应包括一个正向弯曲(靠近钢管外表面的试样表面受拉变形)和一个反向弯曲(靠近钢管内表面的试样表面受拉变形)。

弯曲试验的弯芯直径为 25 mm，试样应在室温下弯曲 180°。

弯曲试验后，试样弯曲受拉表面及侧面不允许出现目视可见的裂缝或裂口。

6.6.2.2 弯曲试验的试样应沿钢管横向截取，试样的制备应符合 GB/T 232 的规定。试样截取时，正向弯曲试样应尽量靠近外表面，反向弯曲试样应尽量靠近内表面。试样弯曲受拉变形表面不允许有明显伤痕和其他缺陷。

试样加工后的截面尺寸为 12.5 mm×12.5 mm 或 25 mm×12.5 mm(宽度×厚度)；截面上的四个角应倒成圆角，圆角半径不大于 1.6 mm；试样长度不大于 150 mm。

6.6.3 扩口试验

外径不大于 76 mm 且壁厚不大于 8 mm 的优质碳素结构钢和不锈(耐热)钢钢管应做扩口试验。扩口试验在室温下进行，顶芯锥度为 60°。扩口后试样的外径扩口率应符合表 7 的规定，扩口后试样不允许出现裂缝或裂口。

根据需方要求，并在合同中注明，合金结构钢也可做扩口试验。

表 7 钢管外径扩口率

钢　类	钢管外径扩口率/%		
	内径[a]/外径		
	≤0.6	>0.6～0.8	>0.8
优质碳素结构钢	10	12	17
合金结构钢	8	10	15
不锈(耐热)钢	12	15	20

[a] 内径为试样计算内径，是按公称外径和公称壁厚(当钢管按最小壁厚交货时为平均壁厚)计算出来的内径值。

6.7 低倍检验

用钢锭直接轧制的钢管应做低倍检验，钢管横截面酸浸低倍试片上不允许有目视可见的白点、夹杂、皮下气泡、翻皮和分层。

6.8 非金属夹杂物

用连铸坯和钢锭直接轧制的钢管应做非金属夹杂物检验。钢管的非金属夹杂物按 GB/T 10561—2005 中的 A 法评级，A、B、C、D 各类夹杂物(粗系和细系)级别应分别不大于 2.5 级，A、B、C、D 各类夹杂物的细系级别总数与粗细级别总数应各不大于 6.5 级；DS 类夹杂物应不大于 2.5 级。

6.9 表面质量

钢管的内外表面不允许有裂纹、折叠、结疤、轧折和离层。这些缺陷应完全清除，清除深度应不超过壁厚的 10%，缺陷清除处的实际壁厚应不小于壁厚所允许的最小值。

钢管内外表面上直道允许的深度或高度应符合如下规定：

a) 冷拔(轧)钢管：不大于壁厚的 4%，且最大为 0.2 mm；

b) 热轧(挤压、扩)钢管：不大于壁厚的 5%，且最大为 0.4 mm。

不超过壁厚允许负偏差的其他局部缺陷允许存在。

6.10 无损检验

6.10.1 钢管应按 GB/T 5777—2008 的规定逐根进行超声波探伤检验。超声波探伤检验对比样管纵向刻槽深度等级为热轧(挤压、扩)钢管 L2.5；冷拔(轧)钢管 L2。

当钢管按最小壁厚交货时，对比样管刻槽深度按钢管平均壁厚计算。

6.10.2 当钢管壁厚与外径之比(S/D)大于 0.2 时，除非合同中另有规定，钢管内壁人工缺陷深度按 GB/T 5777—2008 中附录 C 的 C.1 规定执行。

6.10.3 根据需方要求，经供需双方协商，并在合同中注明，可增做其他无损检验。

6.11 晶间腐蚀试验

不锈(耐热)钢钢管应做晶间腐蚀试验。试验方法应符合 GB/T 4334—2008 中方法 E 的规定，试验后试样不允许出现晶间腐蚀倾向。

经供需双方协商，并在合同中注明，需方可指定采用其他腐蚀试验方法。

6.12 用于含 H_2S 环境的优质碳素结构钢

根据需方要求，经供需双方协商，并在合同中注明，当优质碳素结构钢钢管用于含 H_2S 环境时，可规定其抗开裂补充技术要求，并应符合附录 B 的规定。

7 试验方法

7.1 钢管的尺寸和外形应采用符合精度要求的量具逐根测量。

7.2 钢管的内外表面应在充分照明条件下逐根目视检查。

7.3 钢管其他检验项目的取样部位和试验方法应符合表 8 的规定。

表 8 钢管的取样数量、取样部位和试验方法

序号	检验项目	取样数量	取样部位	试验方法
1	化学成分	每炉取 1 个试样	GB/T 20066	GB/T 223、GB/T 4336 GB/T 11170、GB/T 20123、 GB/T 20124
2	拉伸试验	每批在两根钢管上各取 1 个试样	GB/T 2975、6.4.2.1	GB/T 228.1
3	硬度试验	每批在两根钢管上各取 1 个试样	GB/T 2975	GB/T 231.1
4	冲击试验	每批在两根钢管上各取一组 3 个试样	GB/T 2975、6.4.2.2	GB/T 229
5	液压试验	逐根	—	GB/T 241
6	压扁试验	每批在两根钢管上各取 1 个试样	GB/T 246	GB/T 246
7	弯曲试验	每批在两根钢管上各取一组 2 个试样	GB/T 232、6.6.2	GB/T 232
8	扩口试验	每批在两根钢管上各取 1 个试样	GB/T 242	GB/T 242
9	低倍检验	每炉在两根钢管上各取 1 个试样	GB/T 226	GB/T 226、GB/T 1979
10	非金属夹杂物	每炉在两根钢管上各取 1 个试样	GB/T 10561—2005	GB/T 10561—2005
11	涡流探伤	逐根	—	GB/T 7735—2004
12	漏磁探伤	逐根	—	GB/T 12606—1999
13	超声波探伤	逐根	—	GB/T 5777—2008
14	晶间腐蚀试验	每批在两根钢管上各取 1 个试样	GB/T 4334—2008 中方法 E	GB/T 4334—2008 中方法 E

8 检验规则

8.1 检查和验收

钢管的检查和验收由供方质量技术监督部门进行。

8.2 组批规则

钢管的化学成分、低倍检验和非金属夹杂物检验按熔炼炉检查和验收，钢管的其余检验项目按批检查和验收。每批应由同一牌号、同一炉号、同一规格和同一热处理制度（炉次）的钢管组成。若钢管在切成单根后不再进行热处理，则一根管坯轧制钢管截取的所有管段都应视为一根。每批钢管的数量应不

超过如下规定：

a） $D \leqslant 76$ mm，且 $S \leqslant 3.0$ mm：400 根；

b） $D > 351$ mm：50 根；

c） 其他尺寸：200 根。

8.3 取样数量和取样部位

每批钢管各项检验的取样数量和取样部位应符合表 8 的规定。

8.4 复验与判定规则

钢管的复验与判定规则应符合 GB/T 2102 的规定。

9 包装、标志和质量证明书

钢管的包装、标志和质量证明书应符合 GB/T 2102 的规定。

附 录 A
（资料性附录）
相近钢牌号对照表

表 A.1 列出了本标准钢的牌号与其他标准相近牌号的对照，供参考。

表 A.1 本标准钢牌号与其他标准相近钢牌号对照表

序号	本标准钢的牌号	其他相近的钢牌号			
		ISO	EN	ASTM/ASME	JIS
1	10	—	P195GH	A	STB 340
2	20	PH26	P235GH	A-1、B	STB 410
3	12CrMo	—	—	T2/P2	STBA 20
4	15CrMo	13CrMo4-5	13CrMo4-5	T12/P12	STBA 22
5	12Cr1Mo	—	10CrMo5-5	T11/P11	STBA 23
6	12Cr1MoV	—	—	—	—
7	12Cr2Mo	11CrMo9-10	10CrMo9-10	T22/P22	STBA 24
8	12Cr5Mo-I	X11CrMo5TA	X11CrMo5＋I	T5/P5	STBA 25
9	12Cr5Mo-NT	—	X11CrMo5＋NT	T5/P5	STBA 25
10	12Cr9Mo-I	X11CrMo9-1TA	X11CrMo9-1＋I	T9/P9	STBA 26
11	12Cr9Mo-NT	—	X11CrMo9-1＋NT	T9/P9	STBA 26
12	07Cr19Ni10	X7CrNi18-9	X6CrNi18-10	TP304H	SUS 304H TB
13	07Cr18Ni11Nb	X7CrNiNb18-10	X7CrNiNb18-10	TP347H	SUS 347H TB
14	07Cr19Ni11Ti	—	X6CrNiTi18-10	TP321H	SUS 321H TB
15	022Cr17Ni12Mo2	—	X2CrNiMo17-12-2	TP316L	SUS 316L TB

附　录　B
（规范性附录）
用于含 H_2S 环境的优质碳素结构钢钢管抗开裂补充技术要求

B.1　总则

本附录B规定了优质碳素结构钢钢管用于含 H_2S 环境的抗开裂补充技术要求。本附录B仅当合同有规定时才适用，需方也可规定不同于本附录B的其他技术要求。

选择适合 NACE MR0175/ISO 15156-2 预期服役条件的钢管是需方的责任。

B.2　补充技术要求

B.2.1　化学成分

钢的化学成分应符合如下规定：

a)　C：0.14%～0.23%，碳当量 CEV≤0.42%；碳当量按式(B.1)计算：

$$CEV = C + Mn/6 + (Cr + Mo + V)/5 + (Ni + Cu)/15 \quad \cdots\cdots (B.1)$$

b)　P≤0.015%，S≤0.010%；

c)　其余化学成分应符合表3中20钢的规定。

B.2.2　力学性能

钢管的力学性能除应符合表5中20钢的规定外，还应符合如下规定：

a)　下屈服强度或规定塑性延伸强度($R_{eL}/R_{p0.2}$)不大于345 MPa，抗拉强度(R_m)不大于540 MPa；

b)　布氏硬度不大于190 HBW。

B.2.3　表面质量

钢管表面质量除应符合6.9的规定外，还应符合以下规定：钢管的表面不允许有深度大于0.4 mm的尖锐缺陷存在。

ICS 25.180.10
K 61

中华人民共和国国家标准

GB/T 10067.31—2013

电热装置基本技术条件 第31部分：中频无心感应炉

Basic specifications for electroheat installations—Part 31: Medium frequency coreless induction furnace

2013-07-19 发布 2013-12-02 实施

中华人民共和国国家质量监督检验检疫总局
中国国家标准化管理委员会 发布

前　言

GB/T 10067《电热装置基本技术条件》现有12个部分：

——第1部分：通用部分；

——第2部分：电弧加热装置；

——第3部分：感应电热装置；

——第4部分：间接电阻炉；

——第5部分：高频介质加热设备；

——第31部分：中频无心感应炉；

——第32部分：电压型变频多台中频无心感应炉成套装置；

——第41部分：网带式电阻加热机组；

——第42部分：推送式电阻加热机组；

——第43部分：强迫对流井式电阻炉(待报批)；

——第44部分：箱式电阻炉(待报批)；

——第45部分：真空淬火炉(待报批)。

根据需要还将陆续制定其他部分。

本部分为GB/T 10067的第31部分，与GB/T 10067.1和GB/T 10067.3配合使用。

本部分按照GB/T 1.1—2009给出的规则起草。

本部分由中国电器工业协会提出。

本部分由全国工业电热设备标准化技术委员会(SAC/TC 121)归口。

本部分起草单位：西安电炉研究所有限公司、苏州振吴电炉有限公司、无锡金万利电炉有限公司。

本部分主要起草人：葛华山、朱兴发、贾树年、黄奎刚、严晓东。

电热装置基本技术条件
第31部分:中频无心感应炉

1 范围

GB/T 10067的本部分规定了中频无心感应炉(以下简称中频无心炉)的产品分类、技术要求、试验方法、检验规则、标志、包装、运输、贮存以及订购和供货等。

本部分适用于频率高于工频50 Hz,低于或等于10 000 Hz,额定容量在0.01 t~120 t范围内的,由中频半导体变频装置供电的,熔炼黑色和有色金属及其合金的无心感应熔炼炉和保温炉。

2 规范性引用文件

下列文件对于本文件的应用是必不可少的。凡是注日期的引用文件,仅注日期的版本适用于本文件。凡是不注日期的引用文件,其最新版本(包括所有的修改单)适用于本文件。

GB/T 3785.1—2010 电声学 声级计 第1部分:规范(IEC 61672-1:2002,IDT)

GB/T 3984.1—2004 感应加热装置用电力电容器 第1部分:总则(IEC 60110-1:1998,IDT)

GB 5959.3 电热装置的安全 第3部分:对感应和导电加热装置以及感应熔炼装置的特殊要求(GB 5959.3—2008,IEC 60519-3:2005,IDT)

GB/T 10066.1—2004 电热设备的试验方法 第1部分:通用部分(IEC 60398:1999,MOD)

GB/T 10066.3—2004 电热设备的试验方法 第3部分:无心感应炉(IEC 60646:1992,MOD)

GB/T 10067.1—2005 电热装置基本技术条件 第1部分:通用部分

GB/T 10067.3—2005 电热装置基本技术条件 第3部分:感应电热装置

JB/T 8669—1997 中频感应加热用半导体变频装置

JB/T 9691—1999 电热设备 产品型号编制方法

3 术语和定义

GB/T 10066.3—2004界定的以及下列术语和定义适用于本文件。

3.1

额定容量 rated capacity

中频无心炉设计时规定并在铭牌上标出的,在正常工作条件下炉子容纳液态炉料的重量。

3.2

额定频率 rated frequency

中频无心炉设计时规定并在铭牌上标出的,由中频半导体变频装置输出的标称频率。

3.3

额定工作电压 rated working voltage

中频无心炉设计时规定并在铭牌上标出的,由炉子感应线圈和补偿电容器组构成的振荡回路中的感应线圈两端电压。

4 产品分类

4.1 品种和规格

中频无心炉按用途和被熔料材质可分为熔钢炉、熔铁炉、铁保温炉、熔铜炉、熔铝炉、熔金炉、熔银炉等品种。

中频无心炉按额定容量分为0.01 t,0.03 t,0.05 t,0.1 t,0.15 t,0.25 t,0.5 t,1 t,1.5 t,2 t,3 t,5 t,7 t,10 t,15 t,20 t,25 t,30 t,35 t,40 t,50 t,60 t,70 t,80 t,90 t,100 t和120 t等规格。

4.2 产品型号

中频无心炉的产品型号应符合JB/T 9691—1999的规定,由下列部分组成:

GW B □ □-□ □ □-□

- □——企业代号
- □——改型代号
- □——额定频率,kHz
- □——变频装置额定功率,kW
- □——额定容量,t
- □——被熔材质代号(用汉语拼音字母表示);无代号——钢、铁,T——铜及其合金,L——铝及其合金,J——金,Y——银
- B——(汉语拼音字母)仅适用于保温炉
- GW——(汉语拼音字母)无心感应炉

4.3 主要参数

a) 成套装置总功率和/或变压器容量,kW和/或kV·A;

b) 电源相数;

c) 电源频率,Hz;

d) 电源电压,V;

e) 额定容量,t;

f) 变频装置额定功率,kW;

g) 额定频率,Hz;

h) 额定工作电压,V;

i) 变频装置额定电压,V;

j) 额定温度,℃;

k) 熔化率或升温率,t/h;

注:对保温炉的升温率还应标出升温的范围,如1 350 ℃～1 450 ℃

l) 单位电耗,kW·h/t;

m) 冷却水压力,MPa;

n) 冷却水流量,m^3/h;

o) 炉体重量,t;

p) 炉体外型尺寸,mm。

中频无心感应铁(钢)熔炼炉和保温炉各额定容量规格的变频装置额定功率范围和额定频率的推荐值分别见表1和表2,其他品种的则由用户与制造厂商定。

表 1　中频无心感应铁(钢)熔炼炉变频装置额定功率范围和额定频率推荐值

额定容量 t	推荐的变频装置额定功率范围 kW	推荐的额定频率 Hz
0.01	10～20	8 000
0.03	20～50	4 000,8 000
0.05	50～100	2 500,4 000
0.1	100～160	1 000,2 500
0.15	100～200	1 000,2 500
0.25	160～250	1 000,2 500
0.5	250～500	500,1 000
1	500～1 000	500,1 000
1.5	750～1 500	500,1 000
2	1 000～2 000	500,1 000
3	1 250～2 500	250,500
5	2 000～4 000	150,250,500
7	2 800～5 600	150,250
10	4 000～8 000	150,250
15	6 000～12 000	150,250
20	8 000～16 000	100,150,250
25	10 000～20 000	100,150,250
30	12 000～24 000	100,150,250
35	13 250～26 500	100,150,250
40	14 500～29 000	100,150,250
50	17 250～34 500	100,150,250
60	20 000～39 500	100,150
70	22 000～43 500	60,100
80	23 500～47 000	60,100
90	25 000～50 000	60,100
100	26 000～52 000	60,100
120	28 500～56 500	60,100

表 2 中频无心感应铁保温炉变频装置额定功率范围和额定频率推荐值

额定容量 t	推荐的变频装置额定功率范围 kW	推荐的额定频率 Hz
1	100～150	500,1 000
1.5	150～220	500,1 000
2	200～300	500,1 000
3	300～450	250,500
5	500～750	150,250,500
7	700～1 050	150,250
10	950～1 400	150,250
15	1 400～2 100	150,250
20	1 750～2 600	100,150,250
25	2 000～3 000	100,150,250
30	2 100～3 300	100,150,250
35	2 450～3 850	100,150,250
40	2 600～4 000	100,150,250
50	3 000～4 750	100,150,250
60	3 300～5 400	100,150
70	3 700～6 200	60,100
80	4 000～6 800	60,100
90	4 300～7 500	60,100
100	4 500～8 000	60,100
120	5 300～9 500	60,100

5 技术要求

5.1 一般要求

中频无心炉应符合 GB/T 10067.3—2005 第 5 章的有关规定，当该部分的规定与本部分有差异时，应以本部分的为准。

5.2 对设计和制造的补充要求

5.2.1 总体设计

中频无心炉主要由炉体、固定炉架、倾炉传动装置、操作控制台、母线、电容器柜、中频半导体变频装置(以下简称变频装置)与水冷系统等组成。一般一套变频装置配一台或两台中频无心炉(其中一台用作熔化，另一台备用或同时进行保温、浇注和装料作业)，也可配更多炉子，如两台同时熔化，另一台进行保温、浇注和装料，以提高生产率。配多台炉子时如需配备相应容量的换炉开关，可按 9.2 提出。

炉体一般为立式可倾动结构，由倾动炉架、坩埚、感应线圈、磁轭等组装成一体。炉体安装在固定炉架上，由液压、电动或手动倾动。炉体上部的炉盖可开闭。中频无心炉通常为落地式安装或半地下安装。

中频无心炉的设计应重点考虑炉体整体装配的刚性、漏磁对结构件产生涡流的影响、感应线圈的电气性能、漏炉报警、水路监测等，其安全措施应有效可靠。变频装置的输出功率应能根据烘炉、熔化和保温等各工况的需要进行调节；配多台炉子同时运行时，各炉功率分配应能按工艺要求进行调节。在保证安全及操作、维护方便的前提下，中频无心炉振荡回路母线和水冷电缆应尽量短，以减少线路阻抗和损耗。水冷电缆的连接头结构应确保连接可靠、导电良好和无水泄漏。

5.2.2 倾动炉架

倾动炉架为钢制或铝合金制炉壳结构或框架结构，感应线圈、磁轭与其连接成一整体。倾动炉架应有足够的刚性，在承载最大装料量倾动时应能保持运行平稳。炉台面板应覆盖严密。

5.2.3 固定炉架

固定炉架应能支撑炉体自重(包括最大装料量)及炉体倾动时的作用力，轴承座底板与固定炉架以及固定炉架与安装基础应牢固连接。

5.2.4 坩埚及其炉衬

中频无心炉的坩埚通常由耐火材料捣筑而成或采用由石墨、碳化硅等制成的成型坩埚。坩埚的炉衬厚度应符合设计尺寸。炉衬的捣筑、烘烤和烧结等应严格按耐火材料厂商提供的工艺操作。用户需炉衬推出装置时，可按 9.2 提出。炉衬推出机构的固定支架设在炉壳下部。对导电坩埚的要求，可在企业产品标准中规定或由用户和制造厂商定。

5.2.5 坩埚外部的绝缘层和绝热层

在炉衬与感性线圈之间应有 H 级以上绝缘材料的绝缘层和工作温度不低于 500 ℃保温材料的绝热层。当要求炉衬整体可推出时，应考虑设置炉衬的松散层。

5.2.6 感应线圈

5.2.6.1 感应线圈应符合 GB/T 10067.3—2005 中 5.1.3 及以下规定。

5.2.6.2 感应线圈导体应是材质不低于 T2 的圆形、方形、矩形或其他异形铜管。当铜管由于长度规格所限而必须焊接加长时，应制定相应焊接工艺和严格的检验规则，以确保可靠导电和不渗漏。连接板的焊接应保证导电性和水路畅通。

5.2.6.3 感应线圈绕制成形后应进行绝缘处理，所用绝缘层及绝缘漆的耐热绝缘等级应不低于 B 级。

5.2.6.4 感应线圈制造尺寸偏差应符合设计图样的要求。

5.2.6.5 感应线圈及其匝间应由坚固的结构支承件、磁轭和拉杆等固定和定位，以增强刚性，使其在运行中不产生变形和位移。

5.2.6.6 在正常使用条件下，感应线圈的使用期限(指绝缘)不应小于 6 000 h。

5.2.7 磁轭

磁轭应由硅钢片叠装而成并可靠夹紧，必要时可配水冷装置。磁轭的结构、形状、截面积和长度应能减少漏磁、防止炉壳发热、有利于散热和硅钢片的冷却、减少噪声和可靠支撑感应线圈。磁轭的设计还应方便对感应线圈进行拆装、维修和观察。

5.2.8 炉盖和排烟除尘装置

1 t 及其以上的中频无心炉应有液压或手动提升和旋开的炉盖，其上可设观察孔；1 t 以下中频无心炉的炉盖设置可视需要，由供需双方商定。需要时，应对大容量和工作时烟尘较多的中频无心炉配置侧向排烟除尘装置，并可按9.2提出。排烟除尘装置的收集环在炉盖闭合时和打开加料时应都能有效地运行。

5.2.9 水冷系统

中频无心炉水冷系统可为开放式或封闭式循环给水系统。水冷系统中应设有水温、水压监测和安全联锁报警装置，各支路还应设置流量调节阀。

5.2.10 传动装置

中频无心炉应装设倾炉和炉盖启闭的传动机构，其运转应均匀、平稳、灵活、可靠。在炉子冷态和热态下倾炉时均不应有卡死、冲击和颤动等现象，最大倾炉角度为95°。在倾炉极限位置应有可靠的限位装置。

中频无心炉一般采用液压或电动传动系统，但对小容量的中频无心炉也可采用手动传动系统。

液压系统的各部分管路应无漏油现象，以防止因熔化金属偶然飞溅而引起意外事故。

液压系统应能经受1.5倍最高工作压力的试验，该压力在型式试验时应保持10 min，在出厂试验时应保持5 min，管路各处应无泄漏现象，金属管道应无变形。

传动装置总装完成后，应进行倾炉和炉盖启闭的操作试验。出厂试验应在空载情况下连续操作5次；型式试验应在空载和重载情况下分别各连续操作5次。在上述连续试验中，传动装置均应保持正常状态，结构应无松动或变形，转动应灵活、平稳、可靠。

为防止周围环境的砂尘和铁水污损液压系统的液压缸工作表面，应采取适当的保护措施。

5.2.11 变频装置

5.2.11.1 中频无心炉应配置符合JB/T 8669—1997的变频装置，该变频装置应与炉子负载回路具有良好的匹配，应能保证达到炉子性能指标，其输出功率应能调节，以满足烘炉、熔化和保温的不同要求，其工作频率范围应与额定功率相对应。

变频装置的额定功率，在保证振荡回路补偿电容器组的电压不超过额定值时，其允许偏差为+5%。

5.2.11.2 中频无心炉应配备补偿电容器柜。负载回路的功率因数应能自动调节且不低于其产品标准的规定。补偿电容器应符合GB/T 3984.1—2004的规定。

5.2.11.3 中频无心炉配置的变频装置，除冷炉料熔炼初期外，大部分熔炼周期应运行在恒额定功率下；根据需要也可整个熔化期运行在恒额定功率下。对大容量高功率炉，建议配置计算机过程监控系统，以确保高熔化率下的运行可靠性。

5.2.11.4 功率大于500 kW的变频装置一般应配置整流变压器，整流器的型式应有利于电网谐波的减少，必要时应在整流器一次侧(原边)配置谐波吸收装置。

5.3 性能要求

5.3.1 一般要求

中频无心炉的性能应符合GB/T 10067.3—2005中5.2的相关规定和以下各条要求。

5.3.2 额定温度

中频无心炉的额定温度，熔钢为1 600 ℃；熔铁为1 450 ℃；铁保温炉为从1 350 ℃提高至1 450 ℃(即升温100 ℃)，在实际运行中其额定温度可根据工艺需求变动。

5.3.3 单位电耗、熔化率和升温率

中频无心炉的单位电耗、熔化率和升温率(适用于保温炉)应在企业产品标准或订购合同中规定。

5.3.4 表面温升

中频无心炉的各受热构件表面温升值不应超过表 3 规定。对局部超过表 3 表面温升值且操作人员易接近的部位应加以防护。

表 3 受热构件表面温升极限值

部位	表面温升 K
炉架、炉壳、磁轭	75
炉底板、炉盖	200
液压系统油箱、大电流母线等	35

5.3.5 噪声

中频无心炉配套用的变压器、电抗器、电气开关、液压装置等的噪声应分别符合相应标准的规定。中频无心炉在额定运行状态下,其炉体的噪声一般不应大于 82 dB;对大容量高功率炉体则可不大于 85 dB。

5.4 安全要求

5.4.1 中频无心炉的安全要求应符合 GB 5959.3 中的有关规定和以下补充规定,当有附加要求时,可按 9.2 提出。

5.4.2 对不同工作电压下的所有感应线圈和水冷电缆等所用的进出水软管的长度,应按单个支路中泄漏电流不大于 20 mA 的要求设计,软管本身应具有足够的电气绝缘性能和机械强度。

5.4.3 中频无心炉正常工作时处于中频电压下的不同带电体之间,带电体与地之间的电气间隙和爬电距离应符合表 4 的规定。

表 4 不同中频电压下不同带电体间的最小电气间隙和爬电距离

中频主回路电压 U_m V	电气间隙 mm	爬电距离 mm
$U_m \leqslant 500$	10	20
$500 < U_m \leqslant 1\ 000$	15	30
$1\ 000 < U_m \leqslant 1\ 500$	20	40
$1\ 500 < U_m \leqslant 2\ 000$	25	45
$2\ 000 < U_m \leqslant 3\ 000$	30	50

5.4.4 对中频无心炉所有馈电部分的易触及处,均应设置必要的保护网罩。对炉架、电容器柜、变频装置、操作控制台外壳等均应可靠接地,接地电阻值不应大于 4 Ω。

5.4.5 为防止突然停电、停水而引起事故,应在产品说明书中明确规定用户应备有备用水源。当冷却水源偶然停止工作时,应能立即启动备用水源。

5.4.6 中频无心炉根据额定容量的大小(如 1 t 以上)、运行特点或用户的需要,应提供漏炉报警装置和切断电源的措施,在炉衬的电气绝缘损坏到低于某一临界值且炉衬可能发生漏炉时发出声光报警信号并自动切断炉子的供电,以确保操作者和炉边作业人员的安全和减少炉子损坏的危险。漏炉报警的动作值和切断炉子供电的动作值应由用户根据炉子工况和运行经验进行调整。漏炉报警装置应严格按照产品使用说明书的要求进行操作和使用。

对于新烧结的炉衬,应由电气方面的专业人员或受过训练的人员安装漏炉报警装置并进行检验(见 6.4)。

造成漏炉的原因很多,用户可根据长期金属熔炼经验自行制定安全运行规则,如规定在每班作业前应按规定检查漏炉报警装置确保其处于正常工作状态;定期检查炉衬的状况(炉衬厚度的变化,有无裂缝等)和经常观察漏炉监视信号的变化等。

5.5 成套要求

5.5.1 在企业产品标准中应列出供方规定的中频无心炉成套范围,一般应包括下列各项:

a) 炉体;
b) 液压、电动或手动倾炉和炉盖启闭传动装置;
c) 操作控制台;
d) 整流变压器(适用于大功率中频无心炉);
e) 变频装置;
f) 电容器柜(或与 e)项组合在一起);
g) 水冷软电缆;
h) 备件;
i) 出厂文件(包括产品说明书和必要的设计图样)。

在企业产品标准中应列出上述各项的具体内容,包括型号、规格和数量,如对供方规定的项目有不同要求时,可按 9.2 提出。

5.5.2 当要求提供下列配件或装置时,可按 9.2 提出,其技术要求由供需双方商定。

a) 中频母线;
b) 电子自动称重装置及配件;
c) 装料装置;
d) 换炉开关;
e) 排烟除尘装置;
f) 筑炉及拆炉工具;
g) 炉衬推出装置;
h) 纯水循环冷却装置;
i) 水路系统及配件;
j) 谐波吸收装置;
k) 测温仪表及补偿导线。

6 试验方法

6.1 一般要求

中频无心炉的试验方法应按 GB/T 10066.1—2004 及 GB/T 10066.3—2004 的相关规定和以下补充规定进行。

6.2 单位电耗和熔化率的测定

应按 GB/T 10066.3—2004 中 5.9 进行并补充如下：

a) 试验应在连续两炉以后的热态下进行。
b) 中频无心炉熔钢应采用普通中碳钢炉料；熔铁应采用普通铸铁炉料；其他熔材由企业产品标准规定或由用户和制造厂商定。
c) 试验炉料大小应与炉子的额定频率相适应，且大小块料应搭配，以充分利用炉膛空间和避免搭桥，炉料表面应无炉渣、砂粒、锈层或油污等。添加试验炉料时，炉内的液态金属量(处于额定温度)宜不少于炉子额定容量的三分之一。试验炉料可分批加入，直至额定容量。每次加料后应使变频装置尽量输出额定功率。
d) 试验期间应尽量减少炉盖的打开次数和时间。
e) 取连续三炉平均值。

6.3 构件表面温升的测量

中频无心炉受热构件表面温升的测量应按 GB/T 10066.3—2004 中 5.10 进行。

表面温升的测量点规定如下：

a) 炉架、炉壳、磁轭、炉底板和炉盖外表面任意点；
b) 液压系统的油箱外表面；
c) 母线、水冷电缆连接端的外表面任意点。

注：炉壳和炉盖上靠近炉口的外表面部分，距观察孔边缘 100 mm 以内及磁轭端部埋入耐火材料的部分，均不在测量范围内。

用准确度不低于 2.5 级表面温度计测量。

对水冷和非水冷构件，表面温升分别以进水温度和环境温度为基准计算。

6.4 漏炉报警装置的检验

在出厂检验时，输入模拟信号，观察漏炉报警装置是否正常动作、发出报警信号和自动切断炉子的供电。在型式检验时，可在正常熔化三炉后用上述方法进行或按企业产品标准规定进行。

6.5 噪声的测量

噪声应在中频无心炉的变频装置达到额定功率时，用符合 GB/T 3785.1—2010 标准要求，且准确度不低于±1.5 dB 的噪声计测量，如采用 TES-1352A 噪声计。测量点应选在炉子操作平台上与炉子浇注口相反方向或炉体侧面方向，离台面高度约 1 m～1.5 m 处。考虑到噪声大小与炉子额定容量大小、功率配置高低和炉子安装环境等因素密切相关，测量点离炉体边缘的距离应为炉体外直径的 1～4 倍，对小额定容量和低功率配置的炉子应取低值，反之取高值，具体可在有关企业产品标准或订购合同中规定。取连续三炉的平均值为其测量值。必要时，应考虑扣除环境噪声的影响。

7 检验规则

7.1 中频无心炉的检验应按 GB/T 10067.1—2005 第 7 章相关规定进行。

7.2 中频无心炉的出厂检验项目通常包括：

a) 触电防护措施的试验(见 GB/T 10066.1—2004 中 7.1.1)；
b) 炉体装配尺寸检测；
c) 感应线圈制造质量的检查(见 5.2.6，但 5.2.6.6 除外)；

d) 感应线圈与炉壳的电气间隙测量(见5.4.3);
e) 感应线圈与炉壳和磁轭间绝缘电阻测量(见GB/T 10066.1—2004中7.1.2);
f) 绝缘耐压试验(见GB/T 10066.1—2004中7.1.3和GB/T 10066.3—2004中5.1);
g) 控制电路试验(见GB/T 10066.1—2004中7.1.4);
h) 液压系统试验(见GB/T 10066.1—2004中7.1.7);
i) 倾炉以及炉盖提升和旋开操作试验(见GB/T 10066.1—2004中7.1.8);
j) 感应线圈的水压试验及冷却回路的压力试验(见GB/T 10066.3—2004中5.2);
k) 安全联锁和报警系统的试验(包括漏炉报警装置的检验)(见GB/T 10066.1—2004中7.1.9和本部分的6.4);
l) 配套件检查,包括型号、规格、出厂合格证的检查;
m) 供货范围的检查;
n) 包装检查。

7.3 中频无心炉型式检验项目通常包括:
a) 全部出厂检验项目(在型式检验条件下);
b) 炉料温度的测量(见GB/T 10066.3—2004中5.11);
c) 单位电耗、熔化率和升温率的测定(见6.2);
d) 构件表面温升的测量(见6.3);
e) 噪声的测量(见6.5);
f) 水流量和冷却水温升的测量(见GB/T 10066.3—2004中5.3和5.4);
g) 热态试验后的检查(见GB/T 10066.1—2004中7.2.8)。

8 标志、包装、运输和贮存

8.1 标志、包装、运输和贮存应符合GB/T 10067.1—2005第8章的规定。

8.2 中频无心炉铭牌上应标出下列各项:
a) 产品的型号和名称;
b) 额定容量,t;
c) 额定工作电压,V;
d) 变频装置额定功率,kW;
e) 额定频率,Hz;
f) 额定温度,℃;
g) 炉体重量,t;
h) 产品编号;
i) 出厂日期;
j) 制造厂名(对出口产品应有国名)。

9 订购和供货

9.1 中频无心炉的订购和供货应按GB/T 10067.1—2005第9章的规定。

9.2 需方有下列特殊要求时,可向供方提出,具体要求由供需双方商定。
a) 对单位制、电源电压、电压频率的不同要求(见GB/T 10067.1—2005中5.1.1.1);
b) 对使用环境的不同要求(见GB/T 10067.1—2005中5.1.2);
c) 对安全的附加要求(见5.4.1);

d) 对涂漆的不同要求(见 GB/T 10067.1—2005 中 5.2.7);
e) 对水路系统结构形式的不同要求(见 GB/T 10067.1—2005 中 5.1.3.1);
f) 要求提供换炉开关(见 5.2.1 和 5.5.2 d));
g) 要求提供炉衬推出装置(见 5.2.4 和 5.5.2 g));
h) 要求提供排烟除尘装置(见 5.2.8 和 5.5.2 e));
i) 对供方规定供应项目的不同要求(见 5.5.1);
j) 要求提供中频母线(见 5.5.2 a));
k) 要求提供电子自动称重装置及配件(见 5.5.2 b));
l) 要求提供装料装置(见 5.5.2 c));
m) 要求提供筑炉及拆炉工具(见 5.5.2 f));
n) 要求提供纯水循环冷却装置(见 5.5.2 h));
o) 要求提供水路系统及配件(见 5.5.2 i));
p) 要求提供谐波吸收装置(见 5.5.2 j));
q) 要求提供测温仪表及补偿导线(见 5.5.2 k));
r) 对包装的特殊要求(见 GB/T 10067.1—2005 中 8.2)。

ICS 25.180.10
K 61

中华人民共和国国家标准

GB/T 10067.32—2013

电热装置基本技术条件 第32部分:电压型变频多台中频无心感应炉成套装置

Basic specifications for electroheat installations—Part 32:A set of medium frequency coreless induction furnaces with a voltage type frequency converter

2013-07-19 发布 2013-12-02 实施

中华人民共和国国家质量监督检验检疫总局
中国国家标准化管理委员会 发布

前　言

GB/T 10067《电热装置基本技术条件》现有 12 个部分：

——第 1 部分：通用部分；

——第 2 部分：电弧加热装置；

——第 3 部分：感应电热装置；

——第 4 部分：间接电阻炉；

——第 5 部分：高频介质加热设备；

——第 31 部分：中频无心感应炉；

——第 32 部分：电压型变频多台中频无心感应炉成套装置；

——第 41 部分：网带式电阻加热机组；

——第 42 部分：推送式电阻加热机组；

——第 43 部分：强迫对流井式电阻炉(待报批)；

——第 44 部分：箱式电阻炉(待报批)；

——第 45 部分：真空淬火炉(待报批)。

根据需要还将陆续制定其他部分。

本部分为 GB/T 10067 的第 32 部分，与 GB/T 10067.1 和 GB/T 10067.3 配合使用。

本部分按照 GB/T 1.1—2009 给出的规则起草。

本部分由中国电器工业协会提出。

本部分由全国工业电热设备标准化技术委员会(SAC/TC 121)归口。

本部分起草单位：苏州振吴电炉有限公司、西安电炉研究所有限公司、无锡金万利电炉有限公司等。

本部分主要起草人：朱兴发、葛华山、贾树年、严晓东、黄奎刚。

电热装置基本技术条件
第32部分:电压型变频多台中频
无心感应炉成套装置

1 范围

GB/T 10067的本部分规定了电压型变频多台中频无心感应炉成套装置(以下简称成套装置)的产品分类、技术要求、试验方法、检验规则、标志、包装、运输、贮存以及订购和供货。

本部分适用于由电压型多路输出半导体变频装置供电的,由工作频率高于工频50 Hz,低于或等于10 000 Hz,额定容量范围为0.1 t～120 t的多台相同的中频无心感应熔炼炉组成的,用于熔炼黑色和有色金属及其合金的成套装置。

本部分也适用于由不同中频无心感应熔炼炉组成的上述成套装置。

2 规范性引用文件

下列文件对于本文件的应用是必不可少的。凡是注日期的引用文件,仅注日期的版本适用于本文件。凡是不注日期的引用文件,其最新版本(包括所有的修改单)适用于本文件。

GB/T 10066.1—2004 电热设备的试验方法 第1部分:通用部分(IEC 60398:1999,MOD)

GB/T 10066.3—2004 电热设备的试验方法 第3部分:无心感应炉(IEC 60646:1992,MOD)

GB/T 10067.1—2005 电热装置基本技术条件 第1部分:通用部分

GB/T 10067.3—2005 电热装置基本技术条件 第3部分:感应电热装置

GB/T 10067.31—2013 电热装置基本技术条件 第31部分:中频无心感应炉

JB/T 8669—1997 中频感应加热用半导体变频装置

JB/T 9691—1999 电热设备 产品型号编制方法

3 术语和定义

GB/T 10067.31—2013界定的以及下列术语和定义适用于本文件。

3.1

电压型多路输出变频装置 voltage type multi-output frequency converter

由同一台(组)整流器向多台电压型(又称串联型)逆变器供电,形成多路彼此独立中频功率输出,给处于相同或不同作业状态的多台中频无心感应熔炼炉(以下简称中频熔炼炉)同时供电的半导体变频装置。

注:"多路输出"曾称"多供电",如双供电、三供电等。

3.2

电压型变频多台中频无心感应炉成套装置 a set of medium frequency coreless induction furnaces with a voltage type frequency converter

由一台电压型多路输出变频装置(以下简称变频装置)向同样数量的多台相同的中频熔炼炉同时供电,并根据熔炼工艺要求集中控制和分配功率,使各炉分别处于相同或不同作业状态的,近似连续作业方式的成套装置。

3.3

相同作业　same process

在成套装置的运行中,两台或两台以上中频熔炼炉同时进行熔化、保温、浇注或装料中同一种作业的作业方式。

3.4

不同作业　different process

在成套装置的运行中,一台或多台中频熔炼炉进行熔化,另外一台或多台中频熔炼炉同时分别进行保温、浇注或装料的作业方式。

3.5

成套装置额定频率　rated frequency of the set

成套装置设计时规定并在铭牌上标出的,由变频装置输出的标称频率。

3.6

成套装置主电路额定功率　rated power of the set power circuit

成套装置设计时规定并在铭牌上标出的,在额定工作条件下,成套装置主电路供电线路上的输入电功率。

3.7

成套装置(熔炼)生产率　(melting)productivity of the set

成套装置在试验方法和/或合同中规定的炉料和熔炼工艺条件下,在由其多台中频熔炼炉同时分别进行相同或不同作业不断把试验炉料从其起始温度加热、熔化和升温到其额定温度然后进行保温、浇注和装料的正常连续熔炼作业过程中的某规定时间段内所加试验炉料的总重量与该段时间之比。

注:(熔炼)生产率与中频熔炼炉的熔化率有本质区别,后者不涉及保温、浇注和装料。

3.8

成套装置单位电耗　specific electric consumption of the set

成套装置在3.7所述的连续熔炼作业过程中的某规定时间段内供给其主电路的总电能与该段时间内所加试验炉料的总重量之比。

4　产品分类

4.1　品种和规格

成套装置按被熔料材质,可分为熔钢装置、熔铁装置、熔铜装置和熔铝装置等品种,并可按中频熔炼炉的额定容量分为许多规格。

4.2　产品型号

成套装置的产品型号应符合JB/T 9691—1999的规定,由下列部分组成:

n D GW □ □-□ □ □-□

企业代号

成套装置改型代号

成套装置额定频率,kHz

变频装置额定功率,kW

单台中频熔炼炉额定容量,t

被熔材质代号(用汉语拼音字母表示):无代号 —— 钢、铁,T—— 铜及其合金,L—— 铝及其合金,……

无心感应熔炼炉

电压型多路输出变频装置供电

成套装置内中频炉路数,即变频装置多路输出数,$n=2,3,4,\cdots\cdots$

产品型号中的前五项构成了成套装置的品种规格代号。

4.3 主要参数

a) 成套装置总功率和/或变压器容量,kW 和/或 kV·A;
b) 输入电源相数;
c) 输入电源频率, Hz;
d) 输入电源电压, V;
e) 输入电源电流,A;
f) 成套装置主电路额定功率,kW;
g) 成套装置额定频率, Hz;
h) 变频装置额定功率,kW;
i) 变频装置逆变器额定功率,kW;
j) 变频装置额定输出电压,V;
k) 中频熔炼炉额定容量, t;
l) 中频熔炼炉额定工作电压,V;
m) 额定温度,℃;
n) 成套装置(熔炼)生产率,t/h;
o) 成套装置单位电耗,kW·h/t;
p) 成套装置冷却水压力,MPa;
q) 成套装置冷却水流量,m^3/h;
r) 成套装置总重量,t;
s) 外形尺寸,mm(分别列出每台中频熔炼炉炉体外形尺寸和变频装置柜体总外形尺寸)。

在带产品型号的成套装置企业产品标准和产品说明书中应列出上述这些参数的量值。表1给出了采用双路输出变频装置,由两台中频熔炼炉组成的用于熔炼铁(钢)的2DGW系列成套装置的品种规格代号和主要额定参数推荐值。

表1 2DGW系列成套装置的品种规格代号和主要额定参数推荐值

成套装置 品种规格代号	单台中频熔炼炉 额定容量 t	推荐的变频装置 额定功率范围 kW	推荐的成套装置额定频率 Hz
2DGW 0.1	0.1	100～160	1 000,2 500
2DGW 0.15	0.15	100～200	1 000,2 500
2DGW 0.25	0.25	160～250	1 000,2 500
2DGW 0.5	0.5	250 ～500	500,1 000
2DGW 1	1	500～1 000	500,1 000
2DGW 1.5	1.5	750～1 500	500,1 000
2DGW 2	2	1 000～2 000	500,1 000
2DGW 3	3	1 250～2 500	250,500
2DGW 5	5	2 000～4 000	150,250,500
2DGW 7	7	2 800～5 600	150,250
2DGW 10	10	4 000～8 000	150,250

表 1 (续)

成套装置 品种规格代号	单台中频熔炼炉 额定容量 t	推荐的变频装置 额定功率范围 kW	推荐的成套装置额定频率 Hz
2DGW 15	15	6 000～12 000	150,250
2DGW 20	20	8 000～16 000	100,150,250
2DGW 25	25	10 000～20 000	100,150,250
2DGW 30	30	12 000～24 000	100,150,250
2DGW 35	35	13 250～26 500	100,150,250
2DGW 40	40	14 500～29 000	100,150,250
2DGW 50	50	17 250～34 500	100,150,250
2DGW 60	60	20 000～39 500	100,150
2DGW 70	70	22 000～43 500	60,100
2DGW 80	80	23 500～47 000	60,100
2DGW 90	90	25 000～50 000	60,100
2DGW 100	100	26 000～52 000	60,100
2DGW 120	120	28 500～56 500	60,100

5 技术要求

5.1 一般要求

成套装置应符合 GB/T 10067.1—2004 第 5 章中有关条文的规定，其所属的中频熔炼炉和变频装置应分别符合 GB/T 10067.31—2013 第 5 章和 JB/T 8669—1997 第 3 章的要求，并作下列补充。当这些标准的要求与本部分的补充规定有差异时，应以本部分的为准。

5.2 对设计和制造的补充要求

5.2.1 总体设计

成套装置由多台相同的中频熔炼炉、一台有与炉子台数同数量输出的变频装置、集中操作控制台、炉前操作台和水冷系统等组成。变频装置各路输出分别用母排和水冷电缆直接与多台中频熔炼炉相接，无需设置换炉开关。炉子的某些操作如倾炉和紧急停电等也可在炉前操作台上进行。

5.2.2 成套装置的布置

成套装置各组成部分的布置应符合车间工艺流程的要求，便于实际操作和观察。中频熔炼炉的间距宜为炉体直径的 2～3 倍。

变频装置和集中操作控制台宜安放在离炉子不远的室内，透过隔离窗应能观察到所有炉子的作业情况。

变频装置各路输出端与各炉子间的母排连结要考虑减少线路阻抗值，并尽量使其相等。

5.2.3 变频装置

变频装置采用3.1所述，特殊设计的电压型多路输出变频装置，可有2、3、4、…路等输出，其功率分配和调节性能应能满足5.3.2的要求。

5.2.4 水冷系统

成套装置的整个水冷系统由各炉的水冷系统、变频装置水冷系统、进出水管道等组成。

由于炉子和变频装置对水冷系统的水质和进出水温度等有不同的要求，它们应分为两个独立的水冷系统。炉子的水冷系统应采用单回路循环给水系统，必要时配置外水冷设备(如水冷却塔等)。

5.2.5 集中操作控制台

集中操作控制台将替代各中频熔炼炉的操作控制台，应是在变频装置和各中频熔炼炉已有的操作和控制系统以及电气、温度、水压和水流量等测量和显示系统的基础上进行组合，对成套装置各部分的运行实现集中操作，对各部分的运行参数和各炉的作业状态进行集中显示和监控，并对各种异常现象进行报警和显示。

如有用户需要，该操作控制台可配置计算机过程监控系统，除可替代上述部分功能外，还有保存成套装置各部分运行数据、报警记录和某些生产记录等功能，并可编制一些熔炼工艺软件和操作软件以便实现整套装置的自动化运行。

集中操作控制台的设计、制造和性能等应符合上述要求和有关标准的规定。

5.3 性能要求

5.3.1 一般要求

成套装置的中频熔炼炉和变频装置的性能应分别符合GB/T 10067.31—2013和JB/T 8669—1997的有关要求，并补充如下。

5.3.2 各炉功率分配和调节性能

变频装置的输出功率可根据各炉的不同作业状态及其工艺要求，在各炉间进行在线分配。各炉的功率可在不超过逆变器额定功率的范围内任意调节，以满足烘炉、熔化、保温和浇注时对功率的不同要求，但其总功率不应超过变频装置的额定功率。在成套装置的整个运行过程中，应尽可能使变频装置始终运行在额定功率的状态下，以充分发挥变频装置的作用，求得最高生产率。上述炉子功率的分配和调节是通过变频装置的功率预设分配器的设定和改变各逆变器的工作频率来实现的。

5.3.3 成套装置(熔炼)生产率和单位电耗

成套装置熔炼不同炉料的(熔炼)生产率和单位电耗应在企业产品标准中规定。

5.4 成套要求

在带产品型号的成套装置企业产品标准中应列出成套装置的具体成套供应范围，包括对某些供选项目的选定，并列出各项的具体内容，包括型号、规格和数量。

成套装置的成套供应范围包括：

a) 中频熔炼炉，n台(n的含义见4.2)。

每台中频熔炼炉的成套供应范围按GB/T 10067.31—2013的5.5。但删除“整流变压器”、“变频装置”、“换炉开关”和“谐波吸收装置”，其中的“操作控制台”改为“炉前操作台”。

b) 电压型多路输出半导体变频装置，一台。

变频装置的成套供应范围按其企业产品标准的规定。

c) 成套装置公用部分。

1) 一般项目：

——集中操作控制台，一台；

——整流变压器(适用于大功率变频装置)，一台；

——成套装置产品说明书和必要的图样(如布置图、水电线路图等)，一套。

2) 供选项目：

——计算机过程监控系统，一套；

——谐波吸收装置；

——水路管道；

——外水冷设备；

——其他项目。

6 试验方法

6.1 一般要求

成套装置及其中频熔炼炉和变频装置的试验应按 GB/T 10066.1—2004、GB/T 10067.31—2013 第 6 章、JB/T 8669—1997 第 4 章和以下补充条文进行。

6.2 供货范围，包括出厂技术文件完整性的检查

按 5.4 和订购合同对成套装置的供货范围包括出厂技术文件，逐项对照实物进行检查，确保其完整性。

6.3 成套装置各组成部分出厂检验合格证书检查

成套装置各组成部分(包括制造厂自制的和外购的配套件)均应是经出厂检验合格的产品，应检查和确认它们的出厂合格证书，对中频熔炼炉、变频装置和集中操作控制台还应根据其产品标准和相关技术文件查阅其出厂检验报告。

6.4 成套装置外观检验

本检验是成套装置在用户全部安装好后进行。有关中频熔炼炉和变频装置的外观检验应分别按 GB/T 10067.31—2013 和 JB/T 8669—1997 的有关条款进行，并补充如下：

a) 检查成套装置的布置、炉体地基结构、水冷管道以及变频装置与各炉体间的连接铜母排等是否符合有关图样和技术文件的要求；

b) 检查集中操作控制台的台体、电气装配和电气安全等是否符合 5.2.5 的要求。

6.5 成套装置主电路额定功率的测定

按 GB/T 10066.3—2004 的 5.5 及下列补充规定。

成套装置主电路额定功率应在变频装置运行在其额定功率时在整流变压器原边测量。

6.6 成套装置(熔炼)生产率和单位电耗的测定

试验时采用在 GB/T 10067.31—2013 中 6.2 规定的和/或由用户和制造厂商定的试验炉料、熔炼工艺和作业方式，让成套装置投入正常的生产运行状态。

测量应在成套装置的所有熔炼炉均处于正常运行的热稳态之后选取的时间段内进行，例如对新、旧炉衬各熔炼炉应分别至少连续熔炼四炉和二炉以上以后。在该时间段内，变频装置应尽量运行在其额定功率状态。

在选取的时间段内测量成套装置主电路供电端所消耗的电能和所加试验炉料的总重量。浇注前液态炉料温度的测量应按 GB/T 10066.3—2004 的 5.11。为了防止炉料过热，在达到额定温度之前应进行几次温度测量。

单位电耗是在上述时间段内测得的电能与该时间段内所加试验炉料的总重量之比。

（熔炼）生产率是在上述时间段内所加试验炉料的总重量与该时间段的时间之比。

为了减少各中频熔炼炉不同作业状态对测量结果的影响，测量时间段宜从某炉开始装料至某炉浇注结束，但总计不应少于 $3n$ 炉次，每台中频熔炼炉从装料到浇注结束至少连续作业 3 炉次。

7 检验规则

7.1 一般要求

成套装置的检验应按 GB/T 10067.1—2005 第 7 章和以下各条进行。

7.2 成套装置的出厂检验项目

成套装置的出厂检验是以其各组成部分的出厂检验均合格为基础，在制造厂进行的，其项目有：

a） 供货范围，包括出厂技术文件完整性的检查（见 6.2）；

b） 成套装置各组成部分出厂检验合格证书检查（见 6.3）。

7.3 成套装置的型式检验项目

成套装置的型式检验是以其各组成部分的型式检验均合格并在其有效期内为基础，在用户现场按有关图纸和技术文件要求全部组装好后进行的，其项目有：

a） 成套装置外观检验（见 6.4）；

b） 成套装置绝缘电阻测量（见 GB/T 10066.1—2004 中 7.1.2）；

c） 成套装置绝缘耐压试验（见 GB/T 10066.1—2004 中 7.1.3）；

d） 各炉功率分配和调节性能试验（见 5.3.2）；

e） 成套装置主电路额定功率的测定（见 6.5）；

f） 成套装置（熔炼）生产率和单位电耗的测定（见 6.6）；

g） 成套装置冷却水流量和温升的测量（见 GB/T 10066.1—2004 中 7.2.2，可与 f）项测定同时进行）。

8 标志、包装、运输和贮存

8.1 成套装置的标志、包装、运输和贮存应符合 GB/T 10067.1—2005 第 8 章的规定。

8.2 成套装置铭牌上应标出下列各项：

a） 产品的型号和名称；

b） 中频熔炼炉额定容量（以 $n\times$ 单台炉子额定容量表示），t；

c） 电源相数；

d） 电源频率，Hz；

e） 电源电压，V（配整流变压器时，应为其原边电压）；

f） 变频装置额定功率，kW；

g) 额定频率，Hz；

h) 变频装置额定输出电压，V；

i) 额定温度，℃；

j) 总重量，t；

k) 产品编号；

l) 制造日期；

m) 制造厂名（对出口产品应有国名）。

9 订购和供货

成套装置的订购和供货应按 GB/T 10067.31—2013 第 9 章的规定。

ICS 25.180.10
K 61

中华人民共和国国家标准

GB/T 10067.41—2013

电热装置基本技术条件 第41部分:网带式电阻加热机组

Basic specifications for electroheat installations—
Part 41:Mesh belt resistance heating unit

2013-07-19 发布　　2013-12-02 实施

中华人民共和国国家质量监督检验检疫总局
中国国家标准化管理委员会　发布

前　言

GB/T 10067《电热装置基本技术条件》现有12个部分：

——第1部分：通用部分；

——第2部分：电弧加热装置；

——第3部分：感应电热装置；

——第4部分：间接电阻炉；

——第5部分：高频介质加热设备；

——第31部分：中频无心感应炉；

——第32部分：电压型变频多台中频无心感应炉成套装置；

——第41部分：网带式电阻加热机组；

——第42部分：推送式电阻加热机组；

——第43部分：强迫对流井式电阻炉(待报批)；

——第44部分：箱式电阻炉(待报批)；

——第45部分：真空淬火炉(待报批)。

根据需要还将陆续制定其他部分。

本部分为GB/T 10067的第41部分，与GB/T 10067.1和GB/T 10067.4配合使用。

本部分按照GB/T 1.1—2009给出的规则起草。

本部分由中国电器工业协会提出。

本部分由全国工业电热设备标准化技术委员会(SAC/TC 121)归口。

本部分起草单位：西安电炉研究所有限公司、西安奥杰电热设备工程有限责任公司、苏州金凯科技有限公司、苏州久禾工业炉有限公司。

本部分主要起草人：刘复堡、扈杰、金涛元、吴根土。

电热装置基本技术条件
第41部分:网带式电阻加热机组

1 范围

GB/T 10067的本部分规定了各类网带式电阻加热机组(以下简称网带炉机组)产品的分类、通用技术要求、试验方法、检验规则、标志、包装、运输、储存以及订购和供货等。

本部分适用于炉内气氛为自然气氛和控制气氛,额定温度在150 ℃~1 200 ℃范围内的各类工业用网带炉机组。

网带炉机组按工艺用途可分为多类,如:加热机组、调质机组、退火机组、烧结机组、钎焊机组、固溶机组、渗碳机组、氮化机组等。在机组后段可增加上油、发黑等后处理工艺。

2 规范性引用文件

下列文件对于本文件的应用是必不可少的。凡是注日期的引用文件,仅注日期的版本适用于本文件。凡是不注日期的引用文件,其最新版本(包括所有的修改单)适用于本文件。

GB/T 2900.23—2008 电工术语 工业电热装置(IEC 60050-841:2004,IDT)

GB 5959.13—2008 电热装置的安全 第13部分:对具有爆炸性气氛的电热装置的特殊要求

GB/T 10066.1—2004 电热设备的试验方法 第1部分:通用部分(IEC 60398:1999,MOD)

GB/T 10066.4—2004 电热设备的试验方法 第4部分:间接电阻炉(IEC 60397:1994,NEQ)

GB/T 10067.1—2005 电热装置基本技术条件 第1部分:通用部分

GB/T 10067.4—2005 电热设备基本技术条件 第4部分:间接电阻炉

JB/T 9691—1999 电热设备 产品型号编制方法

3 术语和定义

GB/T 2900.23—2008界定的以及下列术语和定义适用于本文件。

3.1

网带式电阻加热机组 mesh belt resistance heating unit

以一台或多台网带式电阻炉作为主机(以下简称网带炉),配置炉前上料和前处理装置、炉后处理装置和操作控制系统,形成能完成批量零件热处理工艺或其他加热工艺的全过程的连续生产线。

3.2

工作区尺寸 dimensions of working zone

网带炉机组设计时规定,并在图样上标明的各网带炉允许放置炉料的炉内空间尺寸(宽×长×高)。

注:"宽"是指网带两侧档板间的宽度,无档板时其宽度在企业产品标准中规定或由供需双方商定,但不得窄于网带宽度的90%;"长",对于贯通式网带炉是指炉料进、出口处炉墙内侧之间的距离,对于非贯通式网带炉是指炉料进口处炉墙内侧至炉内网带下弯点之间的距离,设有预热段的非贯通式网带炉其工作区长度应不计预热段的长度;"高"是指网带上表面以上允许放置炉料的最大高度。

3.3

均温区 uniform temperature zone

网带炉机组设计时规定并在图样上标明的各网带炉的工作区内满足炉温均匀度要求的纵向区段。工作区的宽度和高度为均温区宽度和高度，在图样上没有标注时，工作区长度的70%可认为是均温区长度。

3.4

炉温均匀度 furnace temperature uniformity

网带炉机组在试验温度下的热稳定状态时，各网带炉炉内均温区的温度均匀程度。炉温均匀度表示为：空炉情况下，在均温区内规定的各测温点上所测得的最高和最低温度之差值。

3.5

网带单位最大装载量 maximal specific loading charging capacity of mesh belt

网带炉设计时规定的在网带单位面积上允许装载炉料的最大重量。

4 产品分类

4.1 网带炉机组产品的型号编制应符合 JB/T 9691—1999 中有关规定，由下列部分组成：

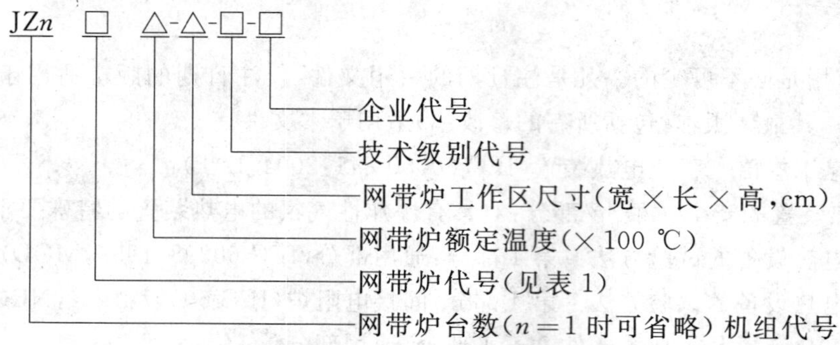

示例：企业代号为 FL 的企业所生产的由一台额定温度 700 ℃、工作区尺寸(宽×长×高,mm)：400×2 500×200 的无炉罐贯通式，控制气氛网带炉所组成的回火加热机组型号为：

JZRCWB7-40×250×20-FL

4.2 网带炉机组的分类，见表1。

4.2.1 网带炉机组由网带炉、炉前装置、炉后装置及操作控制系统组成。

4.2.2 网带炉机组中的网带炉按结构型式及气氛类型分为六大类：RCWA、RCWB、RQWC、RCWD、RCWE 和 RWCF(见表1)。

表1 网带炉的产品分类

品种代号	结构形式		气氛	工作温度范围
RCWA	无炉罐	贯通式	自然气氛	150℃～1 200 ℃
RCWB	无炉罐	贯通式	控制气氛	600 ℃～800 ℃
RCWC	无炉罐	非贯通式	自然气氛	150 ℃～950 ℃
RCWD	无炉罐	非贯通式	控制气氛	650 ℃～950 ℃
RCWE	有炉罐	贯通式	控制气氛	650 ℃～1 200 ℃
RCWF	有炉罐	非贯通式	控制气氛	650 ℃～950 ℃

4.2.3 每一类分为多个工作温度范围的品种规格。

4.3 网带炉机组的主要技术参数有以下各项：

a) 电源电压，V；
b) 电源频率，Hz；
c) 相数；
d) 总功率，kW；
e) 生产率，kg/h；
f) 各网带炉参数：
   1) 额定功率，kW；
   2) 控温区数；
   3) 加热元件接法；
   4) 工作温度，℃；
   5) 工作区尺寸，mm；
   6) 均温区尺寸，mm；
   7) 炉温均匀度，℃；
   8) 炉温稳定度，℃；
   9) 空炉损耗，kW；
   10) 网带单位最大装载量，kg/m^2；
   11) 网带运行速度调节范围，mm/min；
   12) 控制气氛及气体(或液体)耗量，Nm^3/h(或 kg/h)，适用控制气氛的主机；
   13) 炉体重量，kg；
   14) 炉体外形尺寸，mm；
g) 机组总重量，kg；
h) 机组外形尺寸，mm。

在企业产品标准中可对上述项目和机组辅机参数作必要的增减。

5 技术要求

5.1 一般要求

网带炉机组的设计根据企业标准的规定和该机组生产工艺的需要选定网带炉并配置相应的炉前装置(如：上料装置、前清洗装置、计量装置、预热器等)，炉后装置(如：淬火装置、提升机、清洗烘干装置、水冷套、上油机、发黑机等)和操作控制系统以及温度控制系统，以符合机组能连续生产的基本原则。

网带炉机组及网带炉应符合 GB/T 10067.4—2005 中第 5 章的有关规定。

5.2 对设计和制造的补充要求

5.2.1 网带炉

5.2.1.1 设计参数

网带炉应以工作区尺寸、工作温度和生产率作为主要设计参数，同时还应确定均温区尺寸。

5.2.1.2 结构

炉壳的结构应能承受当炉子运行在最高工作温度和最大装载负荷时的最大受力，且不产生变形。

炉内受热构件(如：热风机、网带、加热器、炉罐、支承辊子、炉底板、托架等)应容易拆装和更换，它们的设计应考虑在受热变形过程中几何形状的变化和变形应力对相连构件的影响。

5.2.1.3 安全和密封

网带炉的炉门应能调节开启高度或设置火(气)帘,以尽可能减少热损失和气体损耗。

当使用控制气氛时,对无罐式炉,要求炉壳采取密封焊接,其焊缝结构应保证在砌筑炉衬后能对其进行检验和焊补。控制气氛网带炉应符合 GB 5959.13—2008 的有关要求,在进料口和出料口处应设置可靠的火帘或气帘,必要时采取隔离室过渡,确保使用安全。

5.2.1.4 炉衬

网带炉的炉衬各层所用材料应根据其使用条件按可靠、耐用和节能等要求根据其使用条件合理选择。

炉衬的总厚度和质量应满足如下要求:即当炉温稳定在最高工作温度时,炉子的外表面温升不超过规定。

与渗碳气氛接触的炉衬应具有抗渗碳能力,并能在该气氛下正常工作。

5.2.1.5 加热元件

加热元件应能方便地拆卸和更换。

在选用 RCWB 和 RCWC 类网带炉的加热元件时应考虑气氛对其材料的作用。

5.2.1.6 传动系统

网带应由速度可在规定范围内调节的驱动装置驱动,应为网带配备必要的定位和张紧装置。

在驱动装置中当要求配置手摇机构时可按 9.2 提出。

5.2.1.7 网带

网带炉的网带应根据不同的最高工作温度选用相应的耐热合金材料制作,网带应能在最高工作温度下和最大单位装载量时,连续正常运行。

5.2.1.8 炉罐

炉罐的设计和制作应根据不同的最高工作温度选用相应的耐热合金材料和非金属材料(如刚玉等),应保证在工作温度下,在规定的使用期限内不产生有碍正常工作的变形。

炉罐有两种结构型式,一种为贯通式结构,又分水平与桥架两种方式。另一种为非贯通式异型结构(适用于 RCWF 类),炉罐应贯穿整个加热区,并伸到加热区开口的外部,炉罐的一端应固定,另一端应装有供其热涨冷缩的装置,对较长的炉罐可在中间固定,两端设置热胀冷缩装置。对于 RCWF 类网带炉的炉罐,其后端应固定并向下延伸。

5.2.1.9 下落通道和返回通道

对于 RCWC 和 RCWF 淬火类的网带炉应设下落通道和返回通道。

下落通道为工件落入淬火槽的通道,其下端应有足够长度浸入淬火介质内,下落通道两侧应设液帘装置,其所形成的液帘应足以防止工件淬火时产生的淬火介质蒸汽进入炉内影响炉内气氛。

供网带返回的返回通道应与下落通道相连。返回通道的出口处应设水封,水封槽中应配备调节水位的装置,以防空气进入炉内。返回通道中应设冷却装置以冷却网带,网带在出水封槽进入驱动鼓轮前应加热烘干。

对于网带从炉内直接返回的网带炉,其网带出口处应设有防止空气侵入的装置。

5.2.1.10 **网带支承件**

网带支承件有托板、托辊、托架等型式。

网带支承件的材料和结构应能使热容易传到炉内,并能使其在工作温度下正常工作。

网带支承件应用能满足网带炉工作条件及使用寿命的耐热合金或非金属材料(如碳化硅等)制成。

网带支承件与网带之间的摩擦力应尽可能减小。

网带支承件的设计和制造应保证在工作温度下。在规定的生产率条件下运动灵活,无卡死和相碰现象。

5.2.1.11 **炉气循环系统**

RCWA、RCWB、RCWC和RCWD类网带炉应配备具有耐蚀耐热材料风叶的风机和导风夜,供炉气强迫循环用。风机轴应有良好的密封和可靠的冷却,当风机因故障停转时,应能自动切断加热电源。

其他类型和工作温度的网带炉当要求配置风机时可按9.2提出。

5.2.1.12 **检测孔和窥视孔**

炉体设计时应考虑设置必要的检测孔和窥视孔。

5.2.2 **机组的炉外装置**

5.2.2.1 淬火装置或冷却装置应用于加热后进行淬火或水冷却的网带炉机组应配置的淬火装置或水冷却装置,在设计时应考虑物料的提升和淬火介质(或冷却水)的加热和循环冷却系统,介质的温度应能自动控制。

对采用液体介质淬火的网带炉机组,其淬火装置应配有液面报警器,在液面低于警戒位置时应发出声光报警信号并切断相应电源,进入安全保护状态。

5.2.2.2 **出料装置和提升装置**

RCWC和RCWF类网带炉应配有出料装置,当机组流程要求时,应配备工件提升装置,两种装置的类型应按需方要求,由供需双方商定。

5.2.2.3 **前清洗烘干装置和后清洗烘干装置**

配置前清洗烘干装置和后清洗烘干装置的网带炉机组在设计时应考虑清洗液的加热、去污、油水分离、循环使用和环境保护因素。

5.2.2.4 **冷却套**

对部分用于退火、正火、钎焊、烧结工艺的,设置有冷却套,该部分通常是和网带炉的出口连接的,网带从炉中出来通过冷却套后炉料才离开网带卸料。

对多区自动冷却控制的设计,应在每个区域设置温度计。

冷却系统应能在网带炉规定的生产率下将工件从最高工作温度冷却到工艺规定的温度。

采用水冷却系统的水路要持续流通,水质可循环使用。

5.2.2.5 **上料机**

网带炉机组配置的上料机应能满足最大生产率的上料速度并可调节。

上料机应考虑上料时物料在网带工作面上的均匀分布。

根据需要上料机可配置计数器或称重器等计量器具。

5.2.2.6 发黑槽

用于发黑工艺的机组配置有发黑槽。这种装置的类型应按需方要求，由供需双方商定(见9.2)。

发黑槽的设计应考虑发黑介质的冷却和去污，以及炉料的提升、清洗和干燥。

5.2.2.7 上油机

热处理后的物料需进行上油处理时，机组应配置上油机。

设计时应考虑油料的加热、冷却、回收和环保措施，其类型应按需方要求，由供需双方商定(按9.2)。

5.2.3 机组的测量、控制和记录

网带炉机组及网带炉的测量、控制和记录应符合GB/T 10067.4—2005中5.2.9和以下补充规定。

5.2.3.1 温度控制仪表

温度控制仪表应备有通讯接口，以便连接工业计算机、记录仪或打印机。

温度记录仪可选用有纸记录仪和无纸记录仪。当要求提供打印机时则可按9.2提出。

5.2.3.2 气氛控制仪表

用于渗碳或氮化的网带炉机组应分别配有控制和记录炉气碳势或氮势的仪表和相应的传感元件；仪表的类型和技术性能在网带炉机组的企业产品标准中规定，或由供需双方商定(按9.2)。

5.2.3.3 操作控制系统

机组的操作控制系统应配置可编程序控制器，流程的各个动作通过编程联动和安全连锁，其动作周期可在规定的工艺范围内选择和调整。

操作控制系统技术分级规定如下：

A级：一般按钮操作控制和普通顺序操作控制。

B级和C级：采用可编程序控制技术。

在机组的工作点应设置应急开关，当发生意外故障时可紧急停止机组运行，并发出声光信号报警。排除故障后才能恢复机组运行。

5.2.4 其他要求

在企业产品标准中，必要时可补充规定用户对设计和使用方面的其他要求。

5.3 性能要求

网带炉机组应能在规定的设计参数和使用条件下持续可靠的工作，并满足以下要求。

5.3.1 绝缘电阻

按GB/T 10067.4—2005中5.3.1的规定。

机组的控制电路对地的绝缘电阻应不低于1 MΩ。

5.3.2 绝缘耐压强度

按GB/T 10067.4—2005中5.3.2的规定。

5.3.3 额定功率偏差

按GB/T 10067.4—2005中5.3.3的规定。

5.3.4 其他规定要求

网带炉机组包括的下列性能应符合企业产品标准中的规定或下列规定：

a) 网带最大装载量，kg/m^2；

b) 生产率，kg/h；

c) 网带速度调节范围，mm/min；

d) 网带炉额定工作温度，℃；

e) 网带炉炉温均匀度，℃；

炉温均匀度应符合表 2 的规定。

表 2 网带炉炉温均匀度的规定和分级标准

单位为摄氏度

工作温度	炉温均匀度		
	A 级	B 级	C 级
150～750	20	14	8
750～1200	30	20	12

f) 网带炉炉温稳定度，℃；

网带炉的炉温稳定度应符合下列规定：

A 级炉 ±10 ℃

B 级炉 ±4 ℃

C 级炉 ±1 ℃

g) 网带炉空炉损失，kW；

h) 网带炉表面温升，℃；

网带炉在最高工作温度下的热稳定状态时，炉壳的表面温升应符合表 3 的规定。

表 3 网带炉表面温升的规定

单位为摄氏度

最高工作温度 θ_m	部位		表面温升 ≤
$150<\theta_m\leqslant650$	炉壳		40
	炉顶板	有风机时	60
		无风机时	50
$650<\theta_m\leqslant950$	炉壳		50
	炉顶板	有风机时	80
		无风机时	70
$950<\theta_m\leqslant1350$	炉壳		60
	炉顶板	有风机时	100
		无风机时	90

注：设有防护罩的网带炉，表面温升的测温点应取防护罩外表面。

i) 其他性能要求。

5.4 成套要求

网带炉机组的成套范围按企业产品标准的规定和供需双方的协议执行，其中网带炉按GB/T 10067.1—2005中5.4的规定。主要应包括下列项目：

a) 网带炉；

b) 温度控制柜和操作控制柜；

c) 温度控制仪表和记录仪表；

d) 操作系统仪表；

e) 热电偶；

f) 补偿导线；

g) 上料机(适用于工艺需要的机组)；

h) 淬火装置或水冷却装置(适用于淬火或水冷却的网带炉机组)；

i) 碳势控制仪表和相应的传感元件(适用于渗碳处理的网带炉机组)；

j) 前清洗烘干装置和后清洗烘干装置(适用于工艺需要的机组)；

k) 冷却套(部分用于退火、正火、钎焊、烧结工艺的机组)；

l) 出料装置和提升装置(适用于工艺需要的机组)；

m) 发黑机(适用于工艺需要的机组)；

n) 上油机(适用于工艺需要的机组)；

o) 备件；

p) 《产品说明书》,包括必要的图样。

在企业产品标准中可对上述项目作必要的补充,并应列出各个项目的具体内容,包括型号、规格和数量。

需方如对供方规定供应的项目有不同要求,可按9.2提出。

6 试验方法

6.1 一般要求

网带炉机组及网带炉的试验方法应按GB/T 10066.1—2004、GB/T 10066.4—2004和以下补充规定。

6.2 炉温均匀度的测量

炉温均匀度的测量应按GB/T 10066.4—2004的6.15和以下补充规定。

6.2.1 测量条件

试验温度：对A级和B级网带炉为其最高工作温度；对C级网带炉分别为其最高工作温度和最低工作温度。

测量在炉内为自然气氛的条件下进行。

测量在热稳定状态下进行。

6.2.2 测温区

测温区尺寸应符合以下规定："宽"为均温区的宽度两端各减去10 mm。"长"和"高"为均温区的"长"和"高",均温区的"宽"和"高"即工作区的"宽"和"高"。均温区的"长"：

——当工作区长度长于或等于3 m时：对于贯通式网带炉,其长度不得短于工作区长度的70%,其位置应在企业产品标准的附图中规定；对于非贯通式网带炉，其长度的一端为炉内网带下白点，另一端应在企业产品标准的附图中规定，但对只用于淬火的网带炉，其长度不得短于工作区长度的50%，对用于渗碳，碳氮共渗和回火等的网带炉其长度不得短于工作区长度的70%。

——当工作区长度短于3 m时：其长度应在企业产品标准中规定或由供需双方商定，其位置的规定同上。

6.2.3 测温点

作与测温区纵向轴线垂直的截面，与测温区界面相交成矩形，取矩形侧边两中心点和矩形的中心点(共三点)作为横截面的测温点。纵向测量位置规定为：两个位于测温区两横端面上。其余在测温区内均匀分布，两个测量位置之间距应为200 mm～300 mm。

6.2.4 测量方法

本标准采用测温点移动法。把固定三支热电偶的钢架放在网带上，随网带低速移动，依次在每一规定纵向位置上进行循环测量，每次循环测量中，应在尽可能短的时间内用数字式表测出三个测温点上的温度，循环测量的次数应不少于3次，然后计算出各测温点的平均值，并求出其最大温差值即为所测炉温均匀。

6.3 生产率的测量和装料运行试验

除制造厂另有安排外，生产率的测量和装料运行试验在用户现场进行，炉料的材质、形状、尺寸、重量、放置方式和加热工艺等按企业产品标准规定或由供需双方商定。炉料由用户提供。

当网带炉机组在正常运行条件下且已处于热稳定状态时，按规定或商定要求把炉料从上料机连续装入炉内进行加热处理，并在最高(或工艺)工作温度下累计运行4 h以上，然后停炉并求出生产率。

正常工况条件下的测试，无故障连续运行时间不少于4 h。

7 检验规则和技术分级

7.1 网带炉机组的出厂检验项目应包括以下各项：

a) 一般检查，外观、油漆、标牌等；

b) 安全检查，按GB/T 10066.1—2004中7.1.1的规定；

c) 网带炉的检查：

  1) 工作区尺寸的检测，按GB/T 10066.4—2004中6.1的规定；

  2) 均温区长度的检测，按GB/T 10066.4—2004中6.1的规定；

  3) 炉衬质量的检查，按GB/T 10066.4—2004中6.2的规定；

  4) 加热元件制造质量的检查，按GB/T 10066.4—2004中6.3的规定；

  5) 金属加热元件冷态直流电阻的测量，按GB/T 10066.4—2004中6.4的规定；

  6) 加热元件对炉壳短路的检查，按GB/T 10066.4—2004中6.5的规定；

  7) 绝缘电阻测量(适用于出厂前烘炉的网带炉)，按GB/T 10066.1—2004中7.1.2的规定；

  8) 绝缘耐压试验(适用于出厂前烘炉的网带炉)；按GB/T 10066.1—2004中7.1.3的规定；

d) 炉罐质量的检验(配有炉罐的机组)；

e) 机组组件装置完整性检查；

f) 联锁报警系统的检验，按GB/T 10066.1—2004中7.1.9的规定；

g) 水路、气路和液压系统的检验(当有这些系统时)，按GB/T 10066.1—2004中7.1.5、7.1.6、7.1.7的规定；

h) 配套件的检查，包括型号、规格、出厂合格证件的检查；
i) 供货范围，包括出厂技术文件完整性的检查；
j) 包装检查。

7.2 网带炉机组的型式检验项目应包括以下各项：

a) 全部出厂检验项目；
b) 电路试验；
c) 网带炉的检测项目：
    1) 额定功率的测量，按 GB/T 10066.4—2004 中 6.8 的规定；
    2) 最高工作温度的测量，按 GB/T 10066.4—2004 中 6.9 的规定；
    3) 空炉损失的测量，按 GB/T 10066.4—2004 中 6.11 的规定；
    4) 炉温均匀度的测量，按 6.2 的规定；
    5) 炉温稳定度的测量，按 GB/T 10066.4—2004 中 6.16 的规定；
    6) 表面温升的测量，按 GB/T 10066.4—2004 中 6.17 的规定。
d) 机组运动机构运转或连续动作情况的冷态检验和热态检验，按 GB/T 10066.1—2004 中 7.2.3 的规定；
e) 机组运行安全性检测，按 GB/T 10066.1—2004 中 7.1.1 和 7.1.9 的规定：
    1) 警急按钮的功能检测和运行恢复；
    2) 机组接地安全保护的检测；
    3) 超温保护和超温报警功能的检测。
f) 网带最大装载量的检测，按 GB/T 10066.4—2004 中 6.18 的规定；
g) 生产率的测量，按 GB/T 10066.4—2004 中 6.22 的规定；
h) 热态试验后的检查，按 GB/T 10066.1—2004 中 7.2.8 的规定。

7.3 网带炉机组的技术分级

网带炉机组的技术分级应按 GB/T 10067.1—2005 中 7.7 和本部分 5.3.4 e)、f)，以及 5.2.3.3 的规定。

8 标志、包装、运输和贮存

8.1 网带炉机组的标志、包装、运输和贮存应符合 GB/T 10067.1—2005 第 8 章的规定。

8.2 网带炉机组的铭牌上应标出下列各项：

a) 机组型号及名称；
b) 机组总功率，kW；
c) 额定电压，V；
d) 机组生产率，kg/h；
e) 机组外形尺寸，mm；
f) 机组总重量，kg；
g) 机组编号；
h) 制造日期；
i) 制造厂名称(对出口产品应标明国名)。

8.3 网带炉的铭牌上应标出下列各项：

a) 产品的型号和名称；
b) 电源电压，V；
c) 电源频率，Hz；

d） 相数；

e） 网带炉总功率，kW；

f） 额定功率，kW；

g） 加热元件接法；

h） 工作温度，℃；

i） 工作区尺寸，mm；

j） 网带速度调节范围，mm/min；

k） 适用气氛和气体（或液体）耗量，Nm^3/h（或 kg/h）；

l） 炉体重量，kg；

m） 产品编号；

n） 制造日期；

o） 制造厂名称（对出口产品应标明国名）。

9 订购和供货

9.1 网带炉机组的订购和供货网带炉部分应按 GB/T 10067.1—2005 中第 9 章的规定。

9.2 可供用户选择的其他要求项目如下：

a） GB/T 10067.1—2005 中 9.2.1 中所列各项；

b） 对电源的不同要求（见 GB/T 10067.4—2005 中 5.2.2）；

c） 对传感器及其引线不同要求（见 GB/T 10067.4—2005 中 5.2.9.1）；

d） 对温度仪表类型的不同要求（见 GB/T 10067.4—2005 中 5.2.9.3 和 5.2.9.5）；

e） 不要求提供超温控制仪（见 GB/T 10067.4—2005 中 5.2.9.6）；

f） 不要求提供程序控制器（见 GB/T 10067.4—2005 中 5.2.9.7）；

g） 要求提供工业控制计算机（见 GB/T 10067.4—2005 中 5.2.9.8）；

h） 要求其他控制型式（见 GB/T 10067.4—2005 中 5.2.9.9）；

i） 要求配备电能表（见 GB/T 10067.4—2005 中 5.2.9.11）；

j） 要求控制柜（台）具有震动吸收装置和密封措施（见 GB/T 10067.4—2005 中 5.2.9.13）；

k） 要求提供累计计时器（见 GB/T 10067.4—2005 中 5.2.9.14）；

l） 要求提供淬火装置或冷却装置（见 5.2.2.1）；

m） 要求提供前清洗烘干装置和后清洗烘干装置（见 5.2.2.3）；

n） 要求提供出料装置和提升装置（见 5.2.2.2）；

o） 要求提供冷却套（见 5.2.2.4）；

p） 不要求提供上料机（见 5.2.2.5）；

q） 要求提供发黑槽（见 5.2.2.6）；

r） 要求提供上油机（见 5.2.2.7）；

s） 要求提供控制和记录炉气碳势或氮势的仪表和相应的传感元件（见 5.2.3.2）。

在企业产品标准中可对上述项目做必要的增删。

制造厂应尽可能满足用户的各项特殊要求。实际可供用户选择的项目由制造厂根据各自条件在企业产品标准中规定，或在订购时由供需双方商定。

ICS 25.180.10
K 61

中华人民共和国国家标准

GB/T 10067.42—2013

电热装置基本技术条件 第42部分:推送式电阻加热机组

Basic specifications for electroheat installations—Part 42:Pusher resistance heating unit

2013-07-19 发布

2013-12-02 实施

中华人民共和国国家质量监督检验检疫总局
中国国家标准化管理委员会
发布

前　言

GB/T 10067《电热装置基本技术条件》现有12个部分：

——第1部分：通用部分；

——第2部分：电弧加热装置；

——第3部分：感应电热装置；

——第4部分：间接电阻炉；

——第5部分：高频介质加热设备；

——第31部分：中频无心感应炉；

——第32部分：电压型变频多台中频无心感应炉成套装置；

——第41部分：网带式电阻加热机组；

——第42部分：推送式电阻加热机组；

——第43部分：强迫对流井式电阻炉(待报批)；

——第44部分：箱式电阻炉(待报批)；

——第45部分：真空淬火炉(待报批)。

根据需要还将陆续制定其他部分。

本部分为GB/T 10067的第42部分，与GB/T 10067第1部分和第4部分配合使用。

本部分按照GB/T 1.1—2009给出的规则起草。

本部分由中国电器工业协会提出。

本部分由全国工业电热设备标准化技术委员会(SAC/TC 121)归口。

本部分起草单位：西安电炉研究所有限公司、江西科欣电炉有限公司。

本部分主要起草人：刘复堡、葛华山、黄奎刚、朱琳。

电热装置基本技术条件
第42部分:推送式电阻加热机组

1 范围

GB/T 10067的本部分规定了各类推送式电阻加热机组(以下简称"推送炉机组")产品的分类、通用技术要求、试验方法、检验规则、标志、包装、运输、储存以及订购和供货等。

本部分适用于炉内气氛为自然气氛和控制气氛,额定温度在150 ℃～1 350 ℃范围内的各类工业用推送炉机组。

推送炉机组按工艺用途可分为多类,如加热机组、调质机组、退火机组、烧结机组、渗碳机组、氮化机组、钎焊机组等。

2 规范性引用文件

下列文件对于本文件的应用是必不可少的。凡是注日期的引用文件,仅注日期的版本适用于本文件。凡是不注日期的引用文件,其最新版本(包括所有的修改单)适用于本文件。

GB/T 2900.23—2008 电工术语 工业电热装置(IEC 60050-841:2004,IDT)

GB 5959.13—2008 电热装置的安全 第13部分:对具有爆炸性气氛的电热装置的特殊要求

GB/T 10066.1—2004 电热设备的试验方法 第1部分:通用部分(IEC 60398:1999,MOD)

GB/T 10066.4—2004 电热设备的试验方法 第4部分:间接电阻炉(IEC 60397:1994,NEQ)

GB/T 10067.1—2005 电热装置基本技术条件 第1部分:通用部分

GB/T 10067.4—2005 电热设备基本技术条件 第4部分:间接电阻炉

JB/T 9691—1999 电热设备 产品型号编制方法

3 术语和定义

GB/T 2900.23—2008界定的以及下列术语和定义适用于本文件。

3.1

推送式电阻加热机组 pusher resistance heating unit

以一台或多台推送式电阻炉作为主机(以下简称推送炉),配置炉前上料和前处理装置、炉后处理装置和操作控制系统,形成能完成批量零件热处理工艺或其他加热工艺的全过程的连续生产线。

3.2

工作区尺寸 dimensions of working zone

推送炉机组设计时规定并在图样上标明的各推送炉允许放置料盘和炉料的炉内空间尺寸(宽×长×高)。

注:"宽"是指炉口的宽度;"长"对于贯通式推送炉是指炉料进、出口处炉墙内侧之间的距离,对于非贯通式推送炉是指炉料进口处炉墙内侧至炉内转弯处料盘远边之间的距离;"高"是指轨道表面以上允许放置料盘和炉料的最大高度。

3.3

均温区　uniform temperature zone

推送炉机组设计时规定并在图样上标明的各推送炉工作区内满足温度均匀度要求的纵向区段。该纵向区段的长度为均温区长度。在图样上没有标注时，工作区长度的70%可认为是均温区长度。工作区的宽度和高度即为均温区的宽度和高度。

3.4

料盘尺寸　dimensions of charging tray

推送炉机组设计时规定的料盘的长度、宽度和高度。

3.5

料盘最大装载量　maximal loading capacity of charging tray

推送炉机组设计时规定的在料盘上一次允许装载炉料的最大重量。

4　产品分类

4.1　型号编制

推送炉机组产品的型号编制应符合 JB/T 9691—1999 中有关规定，由下列部分组成：

JZ*n*　□　△-△-□-□

- 企业代号（第四个□）
- 技术级别代号（第三个□）
- 推送炉工作区尺寸（宽×长×高，cm）（第二个△）
- 推送炉额定温度（×100 ℃）（第一个△）
- 推送炉代号（见表1）（第一个□）
- 推送炉台数（*n*＝1时可省略）机组代号（JZ*n*）

示例：企业代号为GL的厂所生产的由一台额定温度1 000 ℃、工作区尺寸（宽×长×高，mm）：600×3 600×400的非贯通式，控制气氛推送炉所组成的机组型号为：

JZRSQ10-60×360×40-GL

4.2　推送炉机组的分类

4.2.1　推送炉机组由推送炉、炉前装置、炉后装置及操作控制系统组成。

4.2.2　推送炉机组中的推送炉按结构型式、气氛分为RS、RSG、RSQ和RSGQ四大类（见表1）。

表1　推送炉的分类

代号	结构型式	气氛	适应工艺用途
RS	非贯通式	自然气氛	退火、回火、淬火、正火、加热等
RSG	贯通式	自然气氛	退火、回火、淬火、正火、加热等
RSQ	非贯通式	控制气氛	退火、调质、氮化、渗碳等
RSGQ	贯通式	控制气氛	退火、调质、氮化、渗碳等

4.2.3　每一类分为多个工作温度范围的品种规格（见表2）。

表 2 推送炉的品种规格

温度范围	机组推送炉代号
150 ℃～350 ℃	RS、RSG、RSQ、RSGQ
350 ℃～650 ℃	RS、RSG、RSQ、RSGQ
650 ℃～950 ℃	RS、RSG、RSQ、RSGQ
950 ℃～1 200 ℃	RS、RSG
1 200 ℃～1 350 ℃	RS、RSG

4.3 主要参数

推送炉机组的主要技术参数有以下各项：

a) 电源电压，V；

b) 电源频率，Hz；

c) 相数；

d) 总功率，kW；

e) 生产率，kg/h；

f) 料盘尺寸，mm；

g) 料盘最大装载量，kg/盘；

h) 料盘推送周期及调节范围，min/次；

i) 主推送机最大推力，kN；

j) 主推送机最大推送行程，mm；

k) 各推送炉参数：

 1) 额定功率，kW；

 2) 控温区数；

 3) 加热元件接法；

 4) 额定工作温度，℃；

 5) 工作区尺寸，mm；

 6) 均温区尺寸，mm；

 7) 炉温均匀度，℃；

 8) 炉温稳定度，℃；

 9) 空炉损耗，kW；

 10) 控制气氛及气体(或液体)耗量，Nm^3/h(或 kg/h)，适用控制气氛机组；

 11) 炉体重量，kg；

 12) 炉体外形尺寸，mm。

l) 机组总重量，kg；

m) 机组外形尺寸，mm。

在企业产品标准中可对上述项目作必要的增减。

5 技术要求

5.1 一般要求

推送炉机组的设计根据企业标准的规定和该机组生产工艺的需要，选定推送炉并配置相应的炉前装置(如主推送机、料盘滑道、预热器、上料装置、前清洗装置等)和炉后装置(出料机、淬火机、冷却套、料盘返回机构等),配置相应的操作控制系统和温度控制系统,以符合机组能连续生产的基本原则。

推送炉机组及推送炉应符合 GB/T 10067.4—2005 中第 5 章的有关规定。

5.2 对设计和制造的补充要求

5.2.1 推送炉

5.2.1.1 设计参数

推送炉应以工作区尺寸、工作温度和生产率作为主要设计参数。设计时应标明均温区位置尺寸。

5.2.1.2 料盘

推送炉的料盘尺寸是确定工作区的主要依据。料盘的结构和材料应能在额定温度和工艺条件下稳定工作。

5.2.1.3 结构

推送炉内的导轨的制作材料和结构应能承受当炉子运行在最高工作温度和最大装载负荷时的最大受力,且不产生影响正常使用的变形。

炉内受热构件(如热风机、导轨等)应容易拆装和更换,它们的设计应考虑在受热变形过程中几何形状的变化和变形应力对相连构件的影响。

5.2.1.4 安全和密封

推送炉的炉门应能可靠启闭,以尽可能减少热损失和气体损耗。

当使用控制气氛时,要求炉壳采用密封焊接,其焊缝结构应保证在砌筑炉衬后能对其进行检验和焊补。控制气氛推送炉应符合 GB 5959.13—2008 的有关要求,在进料口和出料口处应设置可靠的火帘或气帘,必要时采取隔离室过渡,确保使用安全。

对于进行化学热处理的推送炉,因工艺过程需要分成若干个工作区间时,工作区间之间应有隔墙或中间炉门,用以保障安全生产和减少工作区间之间温度的干扰及气氛的干扰。

5.2.1.5 炉衬

推送炉的炉衬各层所用材料应根据其使用条件按可靠、耐用和节能等要求合理选择。

炉衬的总厚度和质量应满足如下要求:即当炉温稳定在最高工作温度时,炉子的外表面温升不超过产品标准的规定。

炉衬的设计和砌筑应考虑在工作温度下推送料盘时的作用力和振动的影响。

与渗碳气氛接触的炉衬应具有抗渗碳能力,并能在该气氛下正常工作。

5.2.1.6 检测孔和窥视孔

炉体设计时应考虑设置必要的检测孔和窥视孔。

5.2.2 机组的炉外装置

5.2.2.1 主推送机

主推送机的推力应考虑在工作温度条件下的摩擦系数。推力的大小应确保料盘在最大载荷时能位移到规定的位置。

主推送机的行程范围可调并能满足最大行程需要。

5.2.2.2 出料机

机组的出料机可以是推送式,也可以是拉出式,设计时根据工艺布置选择。

出料机的推(拉)力和行程应满足工艺流程需要。

5.2.2.3 淬火机

应用于调质或淬火的推送炉机组所配置的淬火机,在设计时应考虑淬火介质的加热、搅拌和循环冷却系统,淬火介质的温度应能控制和调整。

根据工艺流程的需要可选择沉降式淬火机、浸没式淬火机或倾倒式淬火机。

倾倒式淬火机的设计应考虑倾倒机械、空料盘推移机械和炉料提升机械的配置。

5.2.2.4 前清洗烘干装置和后清洗烘干装置

配置前清洗烘干装置和后清洗烘干装置的推送炉机组在设计时应考虑清洗液的加热、循环使用和去污、油水分离等环境保护因素。

5.2.2.5 料盘返回装置

推送炉机组应配置料盘返回装置,使出炉后的料盘返回到炉前。

在设计时应考虑在返回过程中留有足够的装卸炉料的工作空间。

料盘返回装置通常采用轨道式或辊道式结构。

5.2.2.6 冷却套

对部分用于退火、正火、钎焊、烧结工艺的,设置有冷却套(风冷或水冷),该部分通常是和推送炉的出口连接的,料盘从炉中出来通过冷却套后再到下一工位。

对多区冷却温度自动控制的设计,应在每个区域设置温度计。

冷却系统应能在推送炉规定的生产率下将工件从最高工作温度冷却到工艺规定的温度。

水冷式冷却套的水路要持续流通,水质可循环使用。

5.2.3 机组的测量、控制和记录

5.2.3.1 一般要求

推送炉的测量、控制和记录应符合 GB/T 10067.4—2005 中 5.2.9 和以下补充规定。

5.2.3.2 温度控制仪表

温度控制仪表应备有通讯接口,以便连接工业计算机、记录仪或打印机。

温度记录仪可选用有纸记录仪或无纸记录仪。当要求提供打印机时则可按 9.2 提出。

5.2.3.3 气氛控制仪表

用于渗碳或氮化的推送炉机组应分别配有控制和记录炉气碳势或氮势的仪表和相应的传感元件。仪表的类型和技术性能在推送炉机组的企业产品标准中规定,或由供需双方商定(按 9.2)。

5.2.3.4 操作控制系统

推送炉机组的操作控制系统应配置可编程序控制器,流程的各个动作通过编程联动和安全连锁,其动作周期可在规定的工艺范围内选择和调整。

操作控制系统技术分级规定如下：

A级：一般按钮操作控制和普通顺序操作控制。

B级和C级：采用可编程序控制技术。

在机组的工作点应设置应急按钮，当发生意外故障时可紧急停止机组运行，并发出声光信号报警。排除故障后才能恢复机组运行。

5.2.3.5 其他要求

在企业产品标准中，必要时可补充规定用户对设计和使用方面的其他要求。

5.3 性能要求

5.3.1 一般要求

推送炉机组应能在规定的设计参数和使用条件下持续可靠的工作，并满足以下各条要求。

5.3.2 绝缘电阻

按GB/T 10067.4—2005中5.3.1的规定。

机组的控制电路对地的绝缘电阻应不低于1 MΩ。

5.3.3 绝缘耐压强度

按GB/T 10067.4—2005中5.3.2的规定。

5.3.4 额定功率偏差

按GB/T 10067.4—2005中5.3.3的规定。

5.3.5 性能要求

推送炉机组的下列性能应符合企业产品标准中的规定或下列规定：

a) 料盘最大装载量，kg/盘；

b) 生产率，kg/h；

c) 主推送机最大推力，kN；

d) 主推送机最大行程，mm；

e) 推送周期调节范围，min；

f) 推送炉额定工作温度，℃；

g) 推送炉炉温均匀度，℃，炉温均匀度应符合表3的规定；

h) 推送炉加热器的额定功率及偏差，按GB/T 10067.4—2005中5.3.3的规定；

i) 推送炉炉温稳定度，℃，炉温稳定度按以下规定的范围分级：

A级炉　±10.0 ℃；

B级炉　±4.0 ℃；

C级炉　±1.0 ℃；

j) 推送炉空炉损失，kW；

k) 推送炉表面温升，℃，推送炉在最高工作温度下的热稳定状态时，炉壳的表面温升应符合表4的规定；

l) 机组其他性能要求。

表 3　推送炉炉温均匀度的规定和分级

单位为℃

最高工作温度	炉温均匀度		
	A 级	B 级	C 级
700	20	14	8
1 350	30	20	12

表 4　推送炉表面温升的规定

单位为℃

最高工作温度 θ_m	部位		表面温升≤
$150<\theta_m\leqslant650$	炉壳		40
	炉顶板	有风机时	60
		无风机时	50
$650<\theta_m\leqslant950$	炉壳		50
	炉顶板	有风机时	80
		无风机时	70
$950<\theta_m\leqslant1\ 350$	炉壳		80
	炉顶板	有风机时	110
		无风机时	100

5.4　成套要求

推送炉机组的成套范围按企业产品标准的规定和供需双方的协议执行，其中推送炉按 GB/T 10067.1—2005 中 5.4 的要求。主要应包括下列项目：

a）推送炉；
b）温度控制柜；
c）温度控制仪表；
d）温度记录仪表；
e）热电偶；
f）补偿导线；
g）程序操作柜；
h）可编程序控制仪；
i）主推送机；
j）其他推拉机械；
k）料盘；
l）料盘返回装置；
m）前清洗烘干装置和后清洗烘干装置（适用于工艺需要的机组）；
n）淬火机（适用于淬火的推送炉机组）；
o）碳势控制仪表和相应的传感元件（适用于渗碳处理的推送炉机组）；
p）冷却套（部分用于退火、正火、钎焊、烧结工艺的机组）；
q）备品备件；
r）产品说明书和操作手册，包括必要的图样。

在企业产品标准中可对上述项目作必要的补充，并应列出各个项目的具体内容，包括型号、规格和数量。

需方如对供方规定供应的项目有不同要求，可按9.2提出。

6 试验方法

6.1 一般要求

推送炉机组及推送炉的试验方法应按GB/T 10066.1—2004、GB/T 10066.4—2004和以下补充规定。

6.2 炉温均匀度测试

6.2.1 测量条件

试验温度：对A级和B级推送炉为其最高工作温度；对C级推送炉分别为其最高工作温度和最低工作温度；

测量在热稳定状态下进行；

测量在自然气氛条件下进行；

测试应在规定的均温区内进行。

6.2.2 测温区

测温区宽度和高度为工作区的宽度和高度。

测温区长度参照以下规定：

——当工作区长度≥3 m时，对于贯通式推送炉，其长度应不短于工作区长度的70%，其位置应在企业产品标准的附图中规定；对于非贯通式推送炉，其长度的一端为炉内料盘出料前的位置边线，另一端应在企业产品标准的附图中规定；对仅用于淬火的推送炉，其长度不得短于工作区长度的50%；对用于渗碳，碳氮共渗和回火等的推送炉其长度不得短于工作区长度的70%，其位置应在企业产品标准的附图中规定。

——当工作区长度＜3 m时，其长度应在企业产品标准中规定或由供需双方商定，其位置应在企业产品标准的附图中规定。

6.2.3 测温点

以一个料盘作为一个测温单元，与工作区高度组成立方体，共布置三支热电偶，其中，立方体中心一支；立方体前左上(或右上)一支；立方体后右下(或左下)一支。

6.2.4 测量方法

本标准采用测温点移动法。把固定三支热电偶的钢架放在料盘上，随料盘在导轨上步进移动，依次在均温区内料盘所处第一、三、五、七……纵向位置上进行循环测量，每次循环测量应在尽可能短的时间内用数字式表测出三个测温点上的温度，循环测量的次数应不少于3次，然后计算出各测温点的平均值，并求出其最大温差值即为所测炉温均匀。

6.3 生产率的测量和装料运行试验

除制造厂另有安排外，生产率的测量和运行试验在用户现场进行。炉料的材质、形状、尺寸、重量、放置方式和加热工艺等按企业产品标准规定或由供需双方商定，炉料由用户提供。

当推送炉机组在正常运行条件下且已处于热稳定状态时，按规定或商定要求把装满炉料的料盘按工艺周期连续进行作业，并在额定工作温度下累计运行 4 h 以上，然后停机并求出生产率。

正常工况条件下的测试，无故障连续运行时间不少于 4 h。

7 检验规则和技术分级

7.1 推送炉机组的出厂检验项目应包括以下各项：

a) 一般检查，外观、油漆、标牌等；

b) 安全检查，按 GB/T 10066.1 中 7.1.1 的规定；

c) 推送炉的检查：

1) 工作区尺寸的检测，按 GB/T 10066.4—2004 中 6.1 的规定；

2) 均温区长度的检测，按 GB/T 10066.4—2004 中 6.1 的规定；

3) 炉衬质量的检查，按 GB/T 10066.4—2004 中 6.2 的规定；

4) 加热元件制造质量的检查，按 GB/T 10066.4—2004 中 6.3 的规定；

5) 金属加热元件冷态直流电阻的测量，按 GB/T 10066.4—2004 中 6.4 的规定；

6) 加热元件对炉壳短路的检查，按 GB/T 10066.4—2004 中 6.5 的规定；

7) 绝缘电阻测量(适用于出厂前烘炉的推送炉)，按 GB/T 10066.1—2004 中 7.1.2 的规定；

8) 绝缘耐压试验(适用于出厂前烘炉的推送炉)，按 GB/T 10066.1—2004 中 7.1.3 的规定。

d) 主推料机运转和最大载荷的冷态检验；

e) 主推料机行程调节范围检验；

f) 机组组件完整性检查；

g) 联锁报警系统的检验，按 GB/T 10066.1—2004 中 7.1.9 的规定；

h) 水路、气路和液压系统的检验(当有这些系统时)，按 GB/T 10066.1—2004 中 7.1.5、7.1.6、7.1.7 的规定；

i) 配套件的检查，包括型号、规格、出厂合格证件的检查；

j) 供货范围，包括出厂技术文件完整性的检查；

k) 包装检查。

7.2 推送炉机组的型式检验项目应包括以下各项：

a) 全部出厂检验项目(在型式检验条件下)；

b) 电路试验；

c) 推送炉的检测项目：

1) 额定功率的测量，按 GB/T 10066.4—2004 中 6.8 的规定；

2) 最高工作温度的测量，按 GB/T 10066.4—2004 中 6.9 的规定；

3) 空炉损失的测量，按 GB/T 10066.4—2004 中 6.11 的规定；

4) 炉温均匀度的测量，按 6.2 的规定；

5) 炉温稳定度的测量，按 GB/T 10066.4—2004 中 6.16 的规定；

6) 表面温升的测量，按 GB/T 10066.4—2004 中 6.17 的规定。

d) 机组运动机构运转或连续动作情况的冷态检验和热态检验，按 GB/T 10066.1—2004 中 7.2.3 的规定；

e) 机组运行安全性检测，按 GB/T 10066.1—2004 中 7.1.1 和 7.1.9 的规定；

警急按钮的功能检测和运行恢复；

机组接地安全保护的检测；

超温保护和超温报警功能的检测；

f) 料盘最大装载量的检测，按 GB/T 10066.4—2004 中 6.19 的规定；

g) 生产率的测量，按 GB/T 10066.4—2004 中 6.22 的规定；

h) 热态试验后的检查，按 GB/T 10066.1—2004 中 7.2.8 的规定。

7.3 推送炉机组的技术分级：

推送炉机组的技术分级应按 GB/T 10067.1—2005 中 7.7 和本部分 5.3.5 g)，5.3.5 i)，以及 5.2.3.3 的规定。

8 标志、包装、运输和贮存

8.1 推送炉机组的标志、包装、运输和贮存应符合 GB/T 10067.1—2005 第 8 章的规定。

8.2 推送炉机组的铭牌上应标出下列各项：

a) 机组型号及名称；

b) 机组总功率，kW；

c) 额定电压，V；

d) 机组生产率，kg/h；

e) 机组外形尺寸，mm；

f) 机组总重量，kg；

g) 机组编号；

h) 制造日期；

i) 制造厂名称(对出口产品应标明国名)。

8.3 推送炉的铭牌上应标出下列各项：

a) 产品的型号和名称；

b) 电源电压，V；

c) 电源频率，Hz；

d) 相数；

e) 推送炉总功率，kW；

f) 额定功率，kW；

g) 加热元件接法；

h) 工作温度，℃；

i) 工作区尺寸，mm；

j) 料盘推送周期及调节范围，min/次；

k) 适用气氛和气体(或液体)耗量，Nm^3/h(或 kg/h)；

l) 炉体重量，t；

m) 产品编号；

n) 制造日期；

o) 制造厂名称(对出口产品应标明国名)。

9 订购和供货

9.1 推送炉机组的订购和供货主机部分应按 GB/T 10067.1—2005 中第 9 章的规定。

9.2 可供用户选择的其他要求项目如下：

a) GB/T 10067.1—2005 中 9.2.1 中所列各项；

b) 对电源的不同要求(见 GB/T 10067.4—2005 中 5.2.2)；

c) 对传感器及其引线不同要求(见 GB/T 10067.4—2005 中 5.2.9.1);

d) 对温度仪表类型的不同要求(见 GB/T 10067.4—2005 中 5.2.9.3 和 5.2.9.5);

e) 不要求提供超温控制仪(见 GB/T 10067.4—2005 中 5.2.9.6);

f) 不要求提供程序控制器(见 GB/T 10067.4—2005 中 5.2.9.7);

g) 要求提供工业控制计算机(见 GB/T 10067.4—2005 中 5.2.9.8);

h) 要求其他控制型式(见 GB/T 10067.4—2005 中 5.2.9.9);

i) 要求配备电能表(见 GB/T 10067.4—2005 中 5.2.9.11);

j) 要求控制柜(台)具有震动吸收装置和密封措施(见 GB/T 10067.4—2005 中 5.2.9.13);

k) 要求提供累计计时器(见 GB/T 10067.4—2005 中 5.2.9.14);

l) 对料盘以及工装的不同要求(见 5.2.1.2);

m) 对推料机和出料机的不同要求(见 5.2.2.1 及 5.2.2.2);

n) 要求提供淬火机(见 5.2.2.3);

o) 要求提供前清洗烘干装置和后清洗烘干装置(见 5.2.2.4);

p) 对提供料盘返回装置的不同要求(见 5.2.2.5);

q) 要求提供冷却套(见 5.2.2.6);

r) 要求提供控制和记录炉气碳势或氮势的仪表和相应的传感元件(见 5.2.3.2)。

在企业产品标准中可对上述项目做必要的增删。

制造厂应尽可能满足用户的各项特殊要求。实际可供用户选择的项目由制造厂根据各自条件在企业产品标准中规定,或在订购时由供需双方商定。

ICS 77.040.10
H 22

中华人民共和国国家标准

GB/T 10120—2013
代替 GB/T 10120—1996

金属材料　拉伸应力松弛试验方法

Metallic materials—Tensile stress relaxation—Method of test

2013-09-06 发布　　2014-05-01 实施

中华人民共和国国家质量监督检验检疫总局
中国国家标准化管理委员会　发布

前　言

本标准按照 GB/T 1.1—2009 给出的规则起草。

本标准代替 GB/T 10120—1996《金属应力松弛试验方法》，对原标准在以下方面的技术内容进行了较大修改和补充：

——修改了标准名称；
——修改了规范性引用文件；
——修改了试验原理、术语、符号及示意图；
——增加了试验的两大类别：连续试验和不连续试验，及“试验中断”重新开始进行试验的要求和步骤；
——采用了 EN 10319-1:2003 提供的两种拉伸松弛试样图，取消了原标准中的拉伸松弛试样图；
——规定了试验机的同轴度应不大于 10%；
——对温度范围进行了细分；
——增加了对试验机周围环境温度变化的要求；
——对温度测量装置的校准周期进行了详细的规定；
——对试样尺寸测量时的环境温度给出了明确的要求；
——增加了弹性模量测定的要求；
——增加了“试验结果的数值修约”，明确了试验结果的修约要求，删除了“试验数据处理”条款和内容；
——删除了原标准中的附录 A“预应力钢材拉伸应力松弛试验试样、试验程序及数据处理”；
——将原标准正文中的“环状弯曲应力松弛试验试样、试验程序及数据处理”作为附录 A；
——增加了资料性附录 B“关于不同热电偶的资料”；
——增加了资料性附录 C“热电偶校准的要求”；
——增加了参考文献。

本标准使用重新起草法修改采用 EN 10391:2003《金属材料　拉伸应力松弛试验　第 1 部分：试验程序》。

本标准与 EN 10391:2003 的技术差异及其原因如下：

——删除了欧洲标准引言，适应我国的标准编写和版式要求；
——修改了标准名称，以扩大使用范围，便于应用；
——删除了欧洲标准参考书，适应我国的标准编写和版式要求；
——修改了范围，以增强适用性；
——对规范性引用文件的导语进行了相应修改，适应我国的标准编写和版式要求；
——修改了引伸计的校准周期的要求，以提高试验的可操作性；
——温度允许的最大温度梯度改为“3，4，5”对于要求严格的试验，最大温度梯度分别控制在“2，3，3”，以提高试验的可操作性；
——增加了规范性附录 A“高温环状弯曲应力松弛试验试样、试验程序及数据处理”，规定更全面和明确；
——将 EN 10391:2003 资料性附录 A、附录 B 相应改为附录 B、附录 C，适应我国的标准编写和版式要求。

本标准由中国钢铁工业协会提出。

本标准由全国钢标准化技术委员会(SAC/TC 183)归口。

本标准起草单位:上海电气电站设备有限公司上海汽轮机厂、钢铁研究总院、武汉钢铁(集团)公司、冶金工业信息标准研究院。

本标准起草人:贾国庆、朱月梅、高怡斐、刘正东、董莉、李荣锋、任翠英、涂应宏。

本标准所代替标准的历次版本发布情况为:

——GB/T 10120—1988、GB/T 10120—1996。

金属材料　拉伸应力松弛试验方法

1　范围

本标准规定了金属材料应力松弛试验的术语和定义、符号及说明、试验原理、试验设备、试样、试验程序、试验结果的数值修约、试验报告。

本标准适用于金属材料在恒定应变和温度条件下拉伸应力松弛性能的试验方法。高温环状弯曲应力松弛试验，也可参照本标准执行，见附录A。

2　规范性引用文件

下列文件对于本文件的应用是必不可少的。凡是注日期的引用文件，仅注日期的版本适用于本文件，凡是不注日期的引用文件，其最新版本（包括所有修改单）适用于本文件。

GB/T 228.1　金属材料　拉伸试验　第1部分：室温试验方法

GB/T 2039　金属材料　单轴拉伸蠕变试验方法

GB/T 10623　金属材料　力学性能试验术语

GB/T 12160　单轴试验用引伸计的标定

GB/T 16825.1　静力单轴试验机的检验　第1部分：拉力和（或）压力试验机测力系统的检验与校准

3　术语和定义

GB/T 10623界定的以及下列术语和定义适用于本文件。

3.1

标距　gauge length

用于伸长测量的试样规定部分。

3.1.1

原始标距　original gauge length

L_o

试样在加热和变形前的标距长度。

3.1.2

引伸计标距　extensometer gauge length

L_e

引伸计两测量点之间的距离。

注：在某些情况下，$L_e = L_o$。

3.1.3

参考长度　reference length

L_r

用于计算应变的基本长度。

注：参见图 2b)。

3.2

平行长度　parallel length

L_c

试样平行部分之间的长度。

3.3

原始横截面积　original cross-sectional area

S_o

试验前，室温下测定试样平行长度部分的横截面积。

3.4

延伸　extension

引伸计标距 L_e 的增量；如果 $L_r \neq L_e$，是指参考长度 L_r 的增量。

3.5

应变　strain

延伸除以引伸计标距 L_e，如果 $L_r \neq L_e$，是指延伸除以参考长度 L_r。

3.5.1

总应变　total strain

ε_t

在试验期间，在任意时间 t 试样的应变。

注：总应变是弹性应变和塑性应变的总和，见图 1。

3.5.2

初始总应变　initial　total　strain

ε_{t0}

试验开始时试样的应变。

3.6

应力　stress

试验期间，任一时刻的力除以试样的原始横截面积(S_o)。

3.6.1

初始应力　initial　stress

σ_0

试验开始时的应力。

3.6.2

剩余应力　residual　stress

σ_{rt}

试验期间，任一时间 t 时松弛的试样承受的应力值。

4　符号及说明

符号及对应的说明见表 1。

表 1　符号及说明

参考编号[a]	符号	说　　明	单位
1	d	圆柱形试样平行长度部分的直径	mm
2	L_o	原始标距	mm
3	L_c	平行长度	mm
4	L_e	引伸计标距	mm
5	r	过渡弧半径	mm
6	L_r	参考长度	mm
	S_o	平行长度的原始横截面积	mm^2
7	ε_{t0}	初始总应变	%
8	σ_0	初始应力	MPa[b]
	F_{rt}	时间 t 时的剩余力	N
9	σ_{rt}	时间 t 时的剩余应力	MPa[b]
10	ε_t	总应变	%
11	t_0	达到初始总应变的时间	s
12	t	从达到初始总应变开始试验持续的时间	s
13	σ	应力	MPa[b]
14	ε_{e0}	初始弹性应变	%
15	ε_{p0}	初始塑性应变	%
16	ε_{pt}	时间 t 时剩余应力 σ_{rt} 所对应的塑性应变	%
17	ε_{et}	时间 t 时剩余应力 σ_{rt} 所对应的弹性应变	%
—	T	试验规定温度	℃
—	T_i	试验显示温度	℃
—	n	指数	

[a] 参见图 1 和图 2。

[b] 1 MPa＝1 N/mm^2。

5　试验原理

将试样加热至规定的温度，在此温度下保持恒定的拉伸应变，测定试样的剩余应力值。整个试验过程既可以是连续的，也可以是不连续的。

6　试验设备

6.1　试验机

试验机应能提供施加轴向试验力并使试样上产生的弯矩和扭矩最小。

试验力应平稳无冲击地施加在试样上。

注：试验机应与外界振动和振动源隔离。

试验机的测力系统应按照 GB/T 16825.1 进行校准，并且其准确度应为 1 级或优于 1 级。

试验机同轴度应小于 10%。可参考 ASTM E1012 进行加载同轴度的校准。

试验机类型(如：电子式、电液伺服式、杠杆式)应在报告中注明。

6.2 伸长测量装置

采用引伸计进行伸长测量。引伸计应满足 GB/T 12160 的 1 级准确度的要求。

引伸计校准周期不超过 18 个月。如果预计的试验时间超过校准证书的有效期，应在试验前对引伸计进行校准。

引伸计的标距依赖于测量应变的引伸计的性能特性。推荐最小标距长度为 100 mm。如果采用更小的标距长度，引伸计应具有足够的分辨率。若使用小于 100 mm 标距长度的引伸计应在报告中注明。引伸计应能够在试样的两侧测量伸长。允许使用单侧接触的引伸计，但应在报告中注明。

注：当采用两侧测量伸长时，应记录伸长的平均值。

6.3 加热装置

6.3.1 温度的允许偏差

加热装置应能够将试样加热至规定温度(T)。规定温度(T)和显示温度(T_i)之间的允许偏差和允许的最大温度梯度见表 2。

注：温度梯度是指由装在试样上的测温热电偶测量显示温度的最大差值。

表 2 T_i 与 T 的允许偏差和允许的最大温度梯度　　单位为摄氏度

规定温度 T	T_i 与 T 的允许偏差	允许的最大温度梯度[a]
$T \leqslant 600$	±3	3
$600 < T \leqslant 800$	±4	4
$800 < T \leqslant 1\,000$	±5	5

[a] 对于要求严格的试验，最大温度梯度分别控制在 2,3,3。

对于规定温度超过 1 000 ℃的试验，由双方协商确定温度的允许偏差和允许的最大温度梯度。

显示温度(T_i)是在试样的平行长度部分的表面测得，应考虑所有来源的误差并对系统误差进行修正。

如果使用引伸计，则应考虑某种方法保护炉外的引伸计部分不会由于炉外空气温度的波动而对长度测量产生太大影响试验机周围的环境温度波动不应超过±3 ℃。

注：如果超过这个范围，应考虑对环境温度变化进行修正。

6.3.2 温度测量

6.3.2.1 总则

温度显示仪表的分辨力不大于 0.5 ℃，测温装置的准确度不低于±1 ℃。

6.3.2.2 热电偶数量

当试样的平行长度小于或等于 50 mm 时，应该至少使用两支热电偶；大于 50 mm 时，至少使用三支热电偶。任何情况下，热电偶应放置在平行长度的两端，如果使用第三支热电偶，第三支热电偶应放置在试样平行长度的中间部位。

6.3.2.3 热电偶

热电偶与试样表面应有良好的热接触，避免热源的直接辐射。炉内电偶丝的其余部分应该有热屏蔽和电绝缘。

6.3.3 热电偶和测温系统校准

不同类型热电偶的信息参见附录 B。

6.3.3.1 热电偶的校准

用于试验持续时间小于一年的热电偶至少应每 12 个月校准；用于试验持续时间大于 12 个月的热电偶应在试验前后校准。

注 1：由于化学成分变化导致漂移或一系列损伤，如：物理损伤，使校准后的热电偶的输出值发生变化，这些变化应记录并且需要时可以得到。

注 2：如果能够证明热电偶的漂移不影响 6.3.1 中规定的允许温度偏差，可以延长两次校准之间的时间。

注 3：热电偶的漂移是由所使用的热电偶类型以及在试验温度下的热电偶暴露的时间引起的。

注 4：如果热电偶漂移的影响超出温度的允许偏差，则应增加校准的频次或者通过热电偶的显示值对温度进行修正。

注 5：热电偶校准的相关信息参见附录 C。

如果热电偶重新焊接，则应在使用前再次校准。

必须对试验温度或者包含试验温度的典型温度区间对热电偶的偏差进行标定。

6.3.3.2 温度测量装置的校准

温度测量装置(包括补偿导线、接点、冷端、显示器或记录仪、数据线等)应按照 GB/T 2039 进行校准。

7 试样

7.1 形状和尺寸

一般情况下，试样加工成圆形截面比例试样($L_{ro}=k\sqrt{S_o}$)(见图 2)。k 值应大于或等于 11.3，参考长度应大于或等于 100 mm。当试料受到限制，使 k 值减小，但 k 值不能小于 3 并在试验报告中记录 k 的取值。

通常情况下，对于圆形截面试样平行长度 L_c 应不超过原始标距 L_o 的 120%。

平行长度部分与试样夹持端采用过渡弧连接，夹持端的形状应和试验机的夹具相适应。对于圆柱形试样过渡弧半径 r 应在 0.25 d～1 d 之间。

注 1：如在试样的平行长度部分采用凸台，凸台的过渡弧半径可以小于 0.25 d。

注 2：由于在松弛过程中，弹性变形处于主导位置，因此建议在计算参考长度 L_r 时，指数 n 取值为 1。

对于圆形试样，试样夹持端与试样平行长度部分的同轴度偏差为 0.005 d 或者 0.03 mm，取二者较大者。

除非试样尺寸不够，原始横截面积(S_o)应大于或等于 7 mm^2。

注 3：推荐最小原始横截面积为 50 mm^2。

注 4：当氧化成为重要影响因素时，可以选择较大原始横截面积(S_o)的试样。

7.2 试样制备

试样应采用避免产生残余变形或表面缺陷的方法加工。

圆形截面试样的形状公差见表3。

表3 圆形截面试样的形状公差

单位为毫米

公称直径 d	形状公差[a]
$3<d\leqslant 6$	0.02
$6<d\leqslant 10$	0.03
$10<d\leqslant 18$	0.04
$18<d\leqslant 30$	0.05

[a] 整个平行长度上测量直径的最大偏差。

7.3 原始横截面积的确定

原始横截面积(S_o)是通过测定试样平行长度内的横截面尺寸计算而得到的。每个尺寸的测量应准确到±0.1%或±0.01 mm,取二者较大值。在测量期间室温的变化不应超过±2 ℃。

8 试验程序

8.1 室温弹性模量的测定

为了保证伸长测量的正确操作,应测定室温弹性模量。弹性模量的测量值应在弹性模量预期值的±10%范围内。弹性模量预期值通常是通过拉伸试验确定的,使用的引伸计的性能与应力松弛试验使用的引伸计具有同等性能。

注:参照GB/T 228.1附录A。

8.2 试样的加热

试样应加热至试验规定温度(T)。调整试验炉加热控制系统使温度分布符合表2的要求。试样、夹持装置和引伸计在试验开始前都应达到热平衡。

试样应在加载前至少保温1 h,除非产品标准另有规定。试样加载前的保温时间不得超过24 h。

升温过程中,任何时间试样温度不得超过规定温度(T)上偏差。如果超出,应在报告中注明。

8.3 总应变的应用

试验力应施加在试样的轴线上。尽量减少试样上的弯曲和扭转。

初始总应变和对应的初始应力的测定精度至少为±1%。

加载可以采用应变控制也可以采用力控制。应变或力的增加应平稳、无冲击,初始总应变的施加过程应在10 min内完成,记录加载时间。

在加载过程中,采用自动记录装置或通过递增的方式施加试验力并记录每个力的增量对应的伸长量来获得应力-应变或力-位移图。

应绘制和评估高温应力-应变图,保证伸长测量的正确。

8.4 保持应变

在整个试验过程中,总应变值应保持基本恒定。根据控制方式的不同,总应变的控制值不同。对于采用力控制加载的方式，总应变值应控制在初始总应变的测量值的±1%的范围内；对于采用应变控制加载的方式，通过逐渐减少应力使总应变值应控制为总应变的规定值。对于人工进行力调整的方式，实际上只是采用力的递减方式使测量应变返回到总应变 ε_t；对于伺服控制总应变来讲，力的调整是通过递减或递增的方式进行的，应变波动范围大约控制在±1%以内。

8.5 记录

8.5.1 温度

在整个试验过程中，应充分记录试样温度符合 6.3.1 的要求。

8.5.2 剩余应力

整个试验过程中，应从连续记录或有足够多记录力的记录数据中确定剩余应力值。

8.5.3 时间

记录的每一个应力值的时间应在±1%精度范围内，在此时间试样的应变为试验应变。

8.5.4 应力松弛曲线

依据所记录的时间和剩余应力数据绘制应力松弛曲线。

8.6 试验结束

试验结束时，在保持剩余力 F_{rt} 的条件下降温。降到室温时测定卸载弹性模量。卸载弹性模量对于试验中断需要恢复试验是必需的数据。

8.7 试验中断

试验中断时，按以下步骤进行：

a) 在剩余应力 F_{rt} 条件下冷却；

b) 测定室温弹性模量；

c) 如果弹性模量的测定值是可接受的，采用试样在中断时刻的剩余应力 F_{rt} 的半值；

d) 加热至规定温度并保温 1 h；

e) 增加力至 F_{rt}，观察引伸计的输出信号，5 min 后记录引伸计输出值。用这个值作为每个试验重新进行的控制数据。试验中断重新恢复试验的程序示意图见图 3。

9 试验结果的数值修约

试验测定的性能结果数值应按照相关产品标准的要求进行修约。如未规定具体要求，应按照如下要求进行修约：

——规定温度(T)：	修约至 1 ℃；
——直径(d)：	修约至 0.01 mm；
——长径比(L_o/d)：	修约至 1 位小数；
——初始应力和剩余应力：	修约至 3 位有效数字；
——时间	修约至 3 位有效数字。

10 试验报告

10.1 试验报告应包括以下信息：

——本标准号；

——材料和试样标识；

——试样的类型和尺寸(包括比例系数 k)，包括原始标距 L_o 或原始引伸计标距 L_e(当 $L_e \neq L_o$)和参考长度 L_r(当 $L_r \neq L_e$)；

——规定温度以及如果超出偏差范围的显示温度；

——规定总应变；

——试验结果；

——试验机类型；

——任何影响试验结果的情况，例如偏离了规定允差或偏离了设备性能。

10.2 经供需双方协商，也可以包括以下信息，在试验委托时要求的信息：

——加力时间；

——加热和保温时间；

——依据足够数据绘制的伸长-时间曲线；

——加载时间和加载类型(应变控制或应力控制)；

——关于显示温度超出 6.3.1 中规定的温度允许范围的信息。

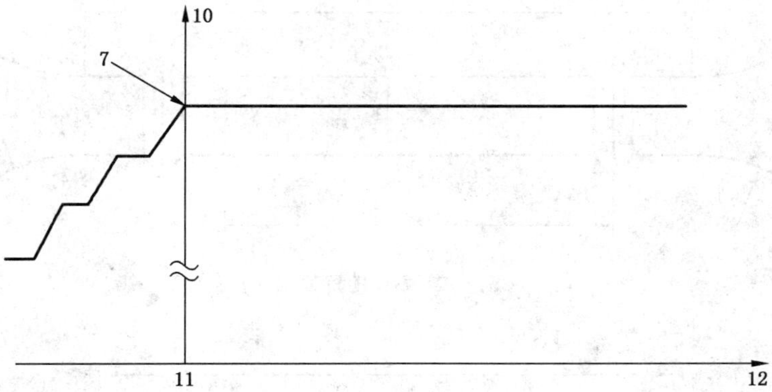

a） 总应变-时间示意图

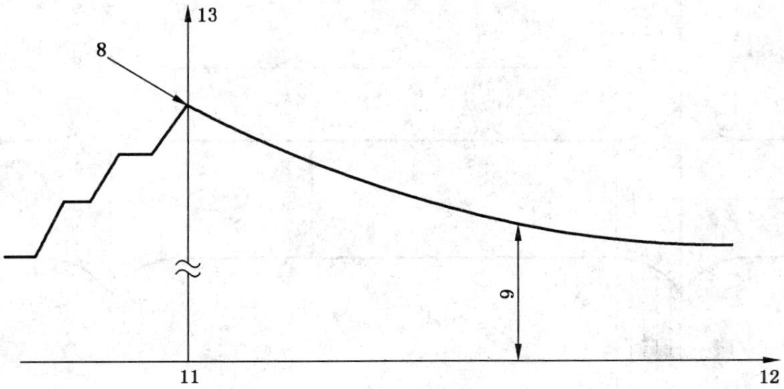

b） 应力-时间示意图

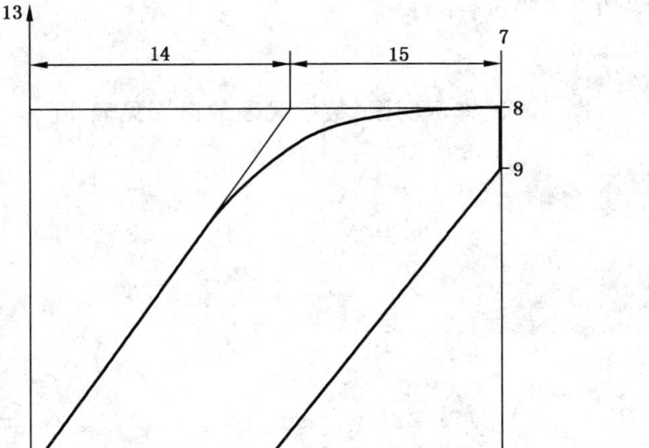

c） 应力-总应变示意图

图 1 拉伸松弛试验原理(数字代表的意义见表 1)

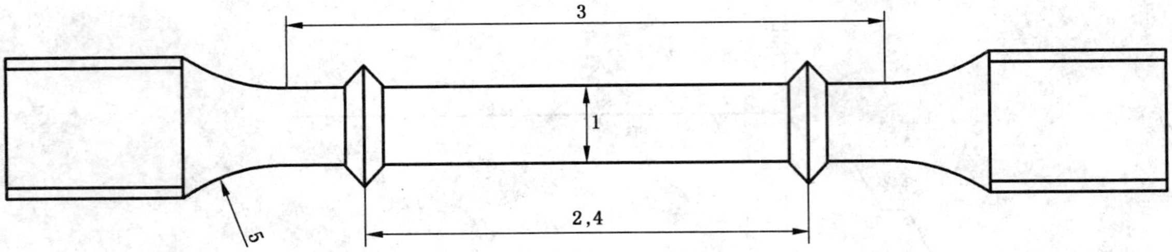

a） 带脊圆截面试样

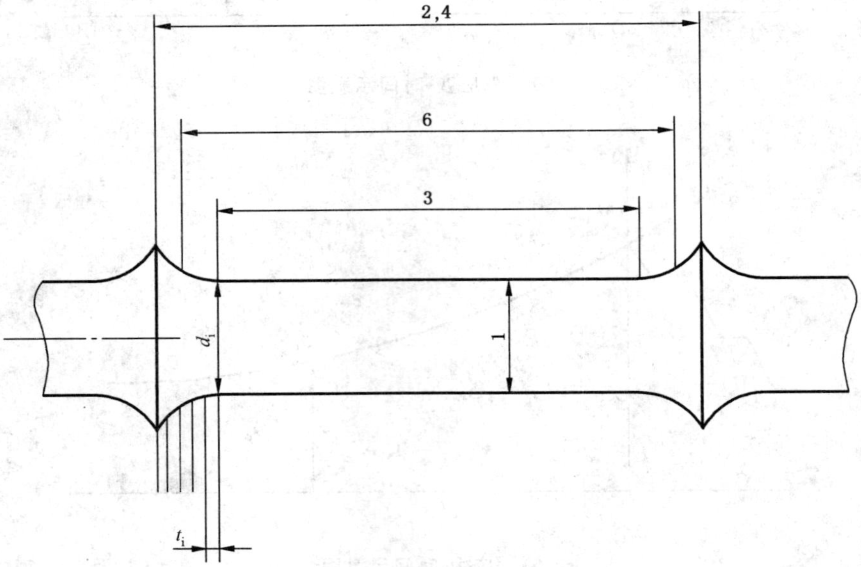

b） 带项圈试样

$L_r = L_c + 2\sum_t[((d/d_i)^{2n}l_t)]$(当 $n=1$ 时)

注：试样的夹持端形状仅供参考。

图 2 试样示例图(数字代表的意义见表 1)

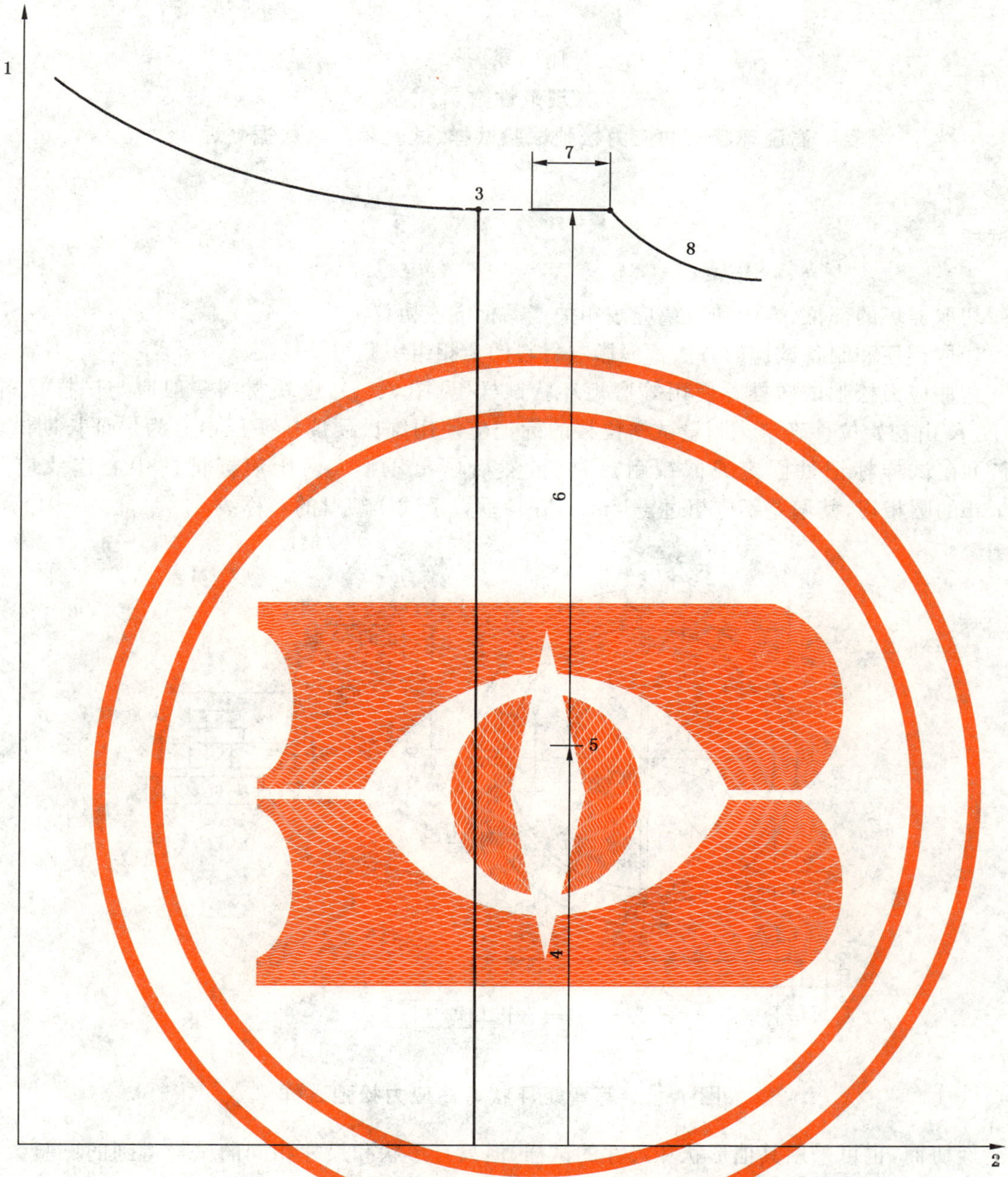

图例：

1——力；

2——时间；

3——在剩余应力(F_{rt})下冷却；

4——加载至约50%剩余应力(F_{rt})；

5——加热至规定的温度；

6——增加力至剩余应力(F_{rt})；

7——在剩余应力 F_{rt} 保持 5 min 后引伸计输出值作为新的参考值；

8——在应变控制下重新开始进行试验。

图 3 试验中断卸加载示意图

附 录 A
(规范性附录)
高温环状弯曲应力松弛试验试样、试验程序及数据处理

A.1 试样

A.1.1 切取样坯的部位、方向和数量应按相关产品标准或协议的规定。

A.1.2 切取样坯和制备试样的方法不应影响材料的金相组织和力学性能。

A.1.3 弯曲应力松弛试样推荐使用等弯矩环状试样(见图 A.1),楔块材料一般应与试样材料相同。楔块厚度 K 由初始位移确定。测量试样位移的标记应使用维氏硬度压头压出。为保证长期试验时压痕清晰,可在试样标记处固定或嵌镶耐热材料,然后压出压痕。两压痕标记的中心连线应与直径 ϕ53.6 mm的圆相切,其偏差不应超过±1 mm,并且垂直于试样缺口的对称线。

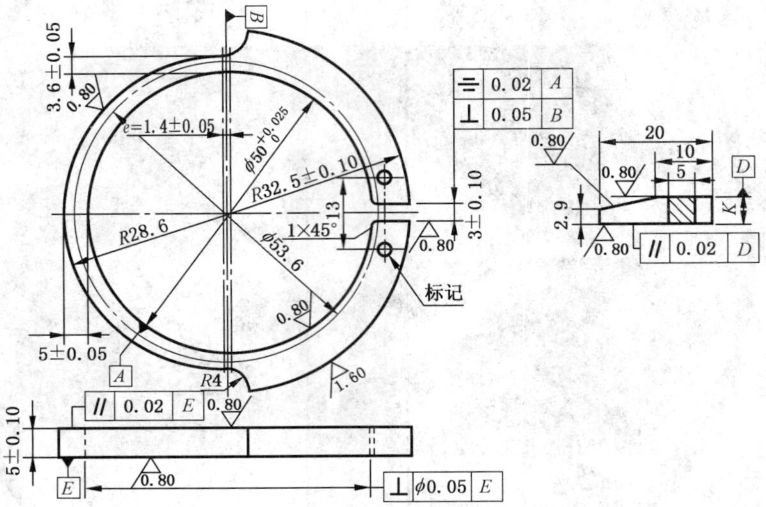

图 A.1 等弯矩环状弯曲应力松弛试样

A.1.4 经协商,也可采用其他形状和尺寸的试样,但只有形状和尺寸相同的试样得到的试验数据才具有可比性。

A.2 试验程序

A.2.1 根据规定的初始应力,按式(A.1)计算初始位移 Δ_0:

$$\Delta_0 = \frac{\sigma_0}{AE_\tau} \qquad \text{(A.1)}$$

式中:

A——(系数)=0.000 583;

σ_0——初始应力;

E_τ——高温弹性模量。

A.2.2 在室温 20 ℃±5 ℃下测量和记录试样压痕间距 L,然后打入楔块对试样施加位移,直至压痕间

距达到按式(A.2)计算的L_o值。施加L_o的值应准确,偏差不超过±0.01 mm。

$$L_o = L + \Delta_0 \quad \cdots\cdots (A.2)$$

A.2.3 将试样置于恒温装置内,经一定时间间隔取出试样,冷却至室温后,除去楔块,测量并记录两压痕间距L_1。

A.2.4 重新打入楔块,保持L_o值,重复A.2.3的试验程序,得到不同时间间隔的L_2,L_3,L_4,…,L_τ,…。

A.2.5 测量压痕间距变化的时间间隔应保证能明确地绘出应力松弛曲线。

A.3 试验数据处理

A.3.1 用式(A.3)计算环状弯曲应力松弛试样的剩余应力:

$$\sigma_{\tau t} = AE_\tau (L_o - L_\tau) \quad \cdots\cdots (A.3)$$

A.3.2 可以绘制剩余应力或松弛应力与时间或对数应力与时间的关系曲线;也可绘制对数应力与对数时间的关系曲线。

A.3.3 为了比较材料的相对松弛特性,可以绘制松弛率与时间的关系曲线。

A.3.4 可以将应力松弛曲线的第二阶段曲线部分延长,对试验数据进行外推。对于高温应力松弛试验,外推时间一般不超过试验时间的3倍,外推时,对于材料在时间、温度及应力作用下的组织变化应予以充分考虑。

附 录 B
（资料性附录）
不同热电偶的相关信息资料

在 GB/T 16839.1 和 GB/T 16839.2 中给出了关于不同类型热电偶的资料。

对于使用的贵金属热电偶，择优使用 S 或 R 型热电偶，建议使用温度大于或等于 400 ℃。

对于廉价的 K 型热电偶宜在温度低于 400 ℃下使用，或高温下时间小于 1 000 h 的情况下使用，并且不宜重复使用。

对于廉价的 N 型热电偶宜在温度低于 600 ℃下使用，或高温下时间小于 3 000 h 的情况下使用，并且不宜重复使用。

热电偶在校准周期内的温度漂移不宜超过以下要求：

——当温度小于或等于 600 ℃时为±1 ℃；

——当温度小于或等于 800 ℃，大于 600 ℃时为±1.5 ℃；

——当温度小于或等于 1 100 ℃，大于 800 ℃时为±2 ℃；

对于贵金属热电偶，在以下的校准周期内这些要求通常可以满足：

——当温度小于或等于 600 ℃时为 4 年；

——当温度小于或等于 800 ℃，大于 600 ℃时为 2 年；

——当温度小于或等于 1 100 ℃，大于 800 ℃时为 1 年。

附 录 C
（资料性附录）
热电偶校准方法

对于热电偶的校准，推荐两种方法。两种方法的目的都是为了保证在校准温度下热电偶显示的电动势尽可能地与 GB/T 16839.1 在该温度下的参考表保持一致（必要时对所有系统误差进行修正）。两种方法都使用标准热电偶，这可直接溯源到国家标准。新的热电偶应满足 GB/T 16839.2 中的 1 级要求或相同级别。测温装置的校准应该分开进行或在热电偶校准期间进行。

第一种方法是基于热电偶的原位校准，即热电偶的校准是在实际使用的炉子或热电偶插入至校准炉中至相同的深度且沿热电偶丝的温度梯度也相同。原位校准确定的误差用于修正指定热电偶温度。如果误差超过与插入深度相关的不确定度关联的误差极限，则热电偶废弃。在热电偶校准过程中宜观察并尽量减小由于不同的埋入深度造成的参考热电偶的漂移。

第二种方法是在校准炉中将热电偶埋入与试验炉相近的深度。在校准时，如果误差超出实验室的允差（必须包括插入深度的影响）时，应剪去热电偶末端并重新焊接和/或退火后，再重新校准。如果再次校准后，仍然超出校准允差，则热电偶废弃。

参 考 文 献

[1] GB/T 2975 钢及钢产品 力学性能试验取样位置及试样制备(GB/T 2975—1998,eqv ISO 377:1997)

[2] GB/T 4989 热电偶用补偿导线(GB/T 4989—1994,eqv IEC 584-3:1989)

[3] GB/T 8170 数值修约规则与极限数值的表示和判定

[4] GB/T 16839.1 热电偶 第1部分:分度表(GB/T 16839.1—1997,idt IEC 60584-1:1995)

[5] GB/T 16839.2 热电偶 第2部分:允差(GB/T 16839.2—1997,idt IEC 60584-2:1982)

[6] ASTM E1012 在拉伸和压缩轴向力下的试验机和试样同轴度的校验(ASTM E1012-05, Standard Practice for Verification of Test Frame and Specimen Alignment under Tensile and Compressive Axial Force Application)

[7] JJG 141 工作用铂铑10-铂热电偶检定规程

[8] JJG 351 工作用廉金属热电偶检定规程

ICS 31.060.30
L 11

中华人民共和国国家标准

GB/T 10188—2013/IEC 60384-13:2006
代替 GB/T 10188—1988

电子设备用固定电容器 第13部分:分规范 金属箔式聚丙烯膜介质直流固定电容器

Fixed capacitors for use in electronic equipment—Part13:Sectional specification—Fixed polypropylene film dielectric metal foil d.c.capacitors

(IEC 60384-13:2006,IDT)

2013-12-31 发布　　2014-08-15 实施

中华人民共和国国家质量监督检验检疫总局
中国国家标准化管理委员会 发布

前　言

《电子设备用固定电容器》系列国家标准分为如下若干部分：

——第 1 部分：总规范(GB/T 2693—2001/IEC 60384-1:1999)；

——第 2 部分：分规范　金属化聚乙烯对苯二甲酸酯膜介质直流固定电容器(GB/T 7332—2011/IEC 60384-2:2005)；

——第 2-1 部分：空白详细规范　金属化聚乙烯对苯二甲酸酯膜介质直流固定电容器　评定水平 E 和 EZ(GB/T 7333—2012/IEC 60384-2-1:2005)；

——第 3 部分：分规范　表面安装 MnO_2 固体电解质钽固定电容器(IEC 60384-3:2007)；

——第 3-1 部分：空白详细规范　表面安装 MnO_2 固体电解质钽固定电容器　评定水平 EZ(IEC 60384-3-1:2007)；

——第 4 部分：分规范　固体和非固体电解质铝电解电容器(GB/T 5993—2003/IEC 60384-4:1998,第 1 号修改单:2000)；

——第 4-1 部分：空白详细规范　非固体电解质铝电解电容器　评定水平 EZ(GB/T 5994—2003/IEC 60384-4:2000)；

——第 4-2 部分：空白详细规范　固体(MnO_2)电解质的铝电解固定电容器　评定水平 EZ(SJ/T 11068—96/IEC 60384-4-2:1985)；

——第 6 部分：分规范　金属化聚碳酸酯膜介质直流固定电容器(IEC 60384-6:2005)；

——第 7 部分：分规范　金属箔式聚苯乙烯膜介质直流固定电容器(GB/T 10185—2012)；

——第 7-1 部分：空白详细规范　金属箔式聚苯乙烯膜介质直流固定电容器　评定水平 E(GB/T 10186—2012)；

——第 8 部分：分规范　1 类瓷介固定电容器(GB/T 5966—2011/IEC 60384-8:2005)；

——第 8-1 部分：空白详细规范　1 类瓷介固定电容器　评定水平 EZ(GB/T 5967—2011/IEC 60384-8-1:2005)；

——第 9 部分：分规范　2 类瓷介固定电容器(GB/T 5968—2011/IEC 60384-9:2005)；

——第 9-1 部分：空白详细规范　2 类瓷介固定电容器　评定水平 EZ(GB/T 5969—2012/IEC 60384-9-1:2005)；

——第 11 部分：分规范　金属箔式聚乙烯对苯二甲酸乙二醇酯膜介质直流固定电容器(IEC 60384-11:2008)；

——第 11-1 部分：空白详细规范　金属箔式聚乙烯对苯二甲酸乙二醇酯膜介质直流固定电容器　评定水平 EZ(IEC 60384-11-1:2008)；

——第 13 部分：分规范　金属箔式聚丙烯膜介质直流固定电容器(GB/T 10188—2013/IEC 60384-13:2006)；

——第 13-1 部分：空白详细规范　金属箔式聚丙烯膜介质直流固定电容器　评定水平 E 和 EZ(GB/T 10189—2013/IEC 60384-13-1:2006)；

——第 14 部分：分规范　抑制电源电磁干扰用固定电容器(GB/T 14472—1998/IEC 60384-14:1993,第 1 号修改单:1995)；

——第 14-1 部分：空白详细规范　抑制电源电磁干扰用固定电容器　评定水平 D(GB/T 14473—1998/IEC 60384-14-1:1993)；

——第 15 部分：分规范　非固体或固体电解质钽固定电容器(GB/T 7213—2003/IEC 60384-15:1982,

第 1 号修改单:1987,第 2 号修改单:1992);

——第 15-1 部分:空白详细规范　固体电解质钽箔固定电容器　评定水平 E(GB/T 12794—1991/IEC 60384-15-1:1984);

——第 15-2 部分:空白详细规范　固体电解质烧结钽固定电容器　评定水平 E(GB/T 12795—1991/IEC 60384-15-2:1984);

——第 15-3 部分:空白详细规范　固体电解质和多孔阳极钽固定电容器　评定水平 E(GB/T 7214—2003/IEC 60384-15-3:1984);

——第 16 部分:分规范　金属化聚丙烯薄膜介质直流固定电容器(GB/T 10190—2012/IEC 60384-16:2005);

——第 16-1 部分:空白详细规范　金属化聚丙烯薄膜介质直流固定电容器　评定水平 E 和 EZ(GB/T 10191—2011/IEC 60384-16-1:2005);

——第 17 部分:分规范　金属化聚丙烯薄膜介质交流和脉冲固定电容器(GB/T 14579—2013/IEC 60384-17:2005);

——第 17-1 部分:空白详细规范　金属化聚丙烯薄膜介质交流和脉冲固定电容器　评定水平 E 和 EZ(GB/T 14580—2013/IEC 60384-17-1:2005);

——第 18 部分:分规范　表面安装固体和非固体电解质铝电解固定电容器(GB/T 17206—1998/IEC 60384-18:1993,第 1 号修改单:1998);

——第 18-1 部分:空白详细规范　表面安装固体(MnO_2)电解质铝固定电容器　评定水平 EZ(GB/T 17207—2012/IEC 60384-18-1:2007);

——第 18-2 部分:空白详细规范　非固体电解质片式铝电解质固定电容器　评定水平 E(GB/T 17208—1998/IEC 60384-18-2:1993);

——第 19 部分:分规范　金属化聚乙烯对苯二甲酸酯膜介质表面安装直流固定电容器(GB/T 15488—2013/IEC 60384-19:2006);

——第 19-1 部分:空白详细规范　金属化聚乙烯对苯二甲酸酯膜介质表面安装直流固定电容器　评定水平 EZ(GB/T 16467—2013/IEC 60384-19-1:2005);

——第 21 部分:分规范　表面安装 1 类多层瓷介固定电容器(GB/T 21041—2007/IEC 60384-21:2004);

——第 21-1 部分:空白详细规范　表面安装 1 类多层瓷介固定电容器(GB/T 21038—2007/IEC 60384-21-1:2004);

——第 22 部分:分规范　表面安装多层 2 类多层瓷介固定电容器(GB/T 21042—2007/IEC 60384-22:2004);

——第 22-1 部分:空白详细规范　表面安装 2 类多层瓷介固定电容器(GB/T 21040—2007/IEC 60384-22-1:2004)。

本部分为《电子设备用固定电容器》的第 13 部分。

本部分按照 GB/T 1.1—2009 给出的规则起草。

本部分代替 GB/T 10188—1988《电子设备用固定电容器　第 13 部分:分规范　金属箔式聚丙烯膜介质直流固定电容器》。本部分与 GB/T 10188—1988 相比,主要变化如下:

——A1 分组和 B1 分组增加了元件耐溶剂和标志耐溶剂试验;

——表 5 中新增了 A0 分组的要求;

——A1 分组 IL 由 S-4 改为 S-3;

——A2 分组 IL 由Ⅱ改为 S-3;

——低气压试验气压由 8.5 kPa 改为 8 kPa;

——随温度而变化的特性由 ND 改为 D;

——3.5.4 中表 5 和表 6 增加了评定水平 EZ 的要求；

——2.1.1 稳态湿热试验的持续时间取消 4 天。

本部分等同采用 IEC 60384-13:2006《电子设备用固定电容器　第 13 部分:分规范　金属箔式聚丙烯膜介质直流固定电容器》,本部分做了下列编辑性修改：

——IEC 第 2 页注 2 改为注 1；

——在 IEC 60384-13:2006 中 3.4.1.2,将“……必须经过表 1 和表 2 中规定……”更正为“……必须经过表 3 和表 4 中规定……”。

本部分由原中华人民共和国信息产业部提出。

本部分由全国电子设备用阻容元件标准化技术委员会归口。

本部分起草单位:国营第七一五厂。

本部分主要起草人:陈红晓、董小婕。

本部分所代替标准的历次版本发布情况为：

——GB/T 10188—1988。

电子设备用固定电容器 第13部分:分规范 金属箔式聚丙烯膜介质直流固定电容器

1 总则

1.1 范围

本部分适用于电子设备用以聚丙烯膜作为介质、以金属箔作电极的直流固定电容器。

本部分不包括IEC 60384-14规定的抑制电源电磁干扰用固定电容器。

1.2 目的

本部分的目的是对这类型的电容器规定优先额定值和特性,并从GB/T 2693—2001《电子设备用固定电容器 第1部分:总规范》中选择适当的质量评定程序、试验和测量方法,以及给出一般性能要求。详细规范中引用本部分规定的试验严酷等级和要求,应具有与本部分相同或更高的性能水平,不允许降低性能水平。

1.3 规范性引用文件

下列文件对于本文件的应用是必不可少的。凡是注日期的引用文件,仅注日期的版本适用于本文件。凡是不注日期的引用文件,其最新版本(包括所有的修改单)适用于本文件。

GB/T 321—2005 优先数和优先数系(ISO 3:1973,IDT)

GB/T 2421.1—2008 电工电子产品环境试验 概述和指南(IEC 60068-1:1988,IDT)

GB/T 2471—1995 电阻器和电容器优先数和优先数系(idt IEC 60063:1963,第1号修改单(1967),第2号修改单(1977))

GB/T 2693—2001 电子设备用固定电容器 第1部分:总规范(idt IEC 60384-1:1999)

GB/T 14472—1998 电子设备用固定电容器 第14部分:分规范 抑制电源电磁干扰用固定电容器(idt IEC 60384-14:1993)

IEC 60410 计数检查抽样方案和程序

1.4 详细规范中应规定的内容

详细规范应按有关空白详细规范来制定。

详细规范不应规定低于总规范、分规范或空白详细规范所规定的要求。当包括更严格的要求时,应列在详细规范的1.9中,并且应在试验一览表中注明,用“*”表示。

注:为了方便起见,1.4.1的内容可以用表格形式来表示。

每个详细规范中应规定下列内容,而且引用的值应优先从本部分相应条款给出的值中选取。

1.4.1 外形图和尺寸

为了便于识别并与其他电容器进行比较,应有电容器的外形图。详细规范中应规定影响互换性和安装的尺寸及其公差。所有尺寸应以毫米为单位。

通常应给出电容器主体的长度,宽度和高度以及引线的间距,对于圆柱形电容器,应给出主体的直径、长度以及引出端的尺寸。必要时，例如详细规范包括的产品规格(电容量值/电压范围)较多时，尺寸及其允许偏差应列在外形图之下的表格内。

当电容器的外形与以上所述不同时，详细规范应给出足以说明电容器外形的尺寸数据。当电容器不是设计用于印刷电路板时，详细规范中明确加以说明。

1.4.2 安装

详细规范应规定正常使用和进行振动、碰撞和冲击试验时的安装方法。电容器应以正常的方式安装。当电容器的使用可能需要专用安装夹具时，详细规范应对该安装夹具加以描述，而且应在进行振动、碰撞或冲击试验中加以使用。

1.4.3 额定值和特性

额定值和特性应符合本部分的有关条款和下列规定。

1.4.3.1 标称电容量范围

见2.2.1。

注：当按详细规范鉴定批准的产品有不同的电容量范围时，应添加下列的说明："每一电压范围内标称电容量的有效范围在合格产品一览表中给出"。

1.4.3.2 附加特性

为充分地说明元件设计和应用有必要规定附加的特性时，可以列举附加的特性。

1.4.3.3 焊接

详细规范应规定适用于可焊性和耐焊接热试验的试验方法、严酷等级和要求。

1.4.4 标志

详细规范应规定电容器上和包装上的标志的内容。若与本部分的1.6不同，则应特别说明。

1.5 术语和定义

除GB/T 2693—2001中适用的术语和定义之外，下列术语和定义适用于本部分。

1.5.1

稳定性等级 stability class

稳定性等级是根据在规定的试验后，其温度系数的偏差和允许电容量的变化确定的。

注1：在详细规范中应规定稳定性等级。

注2：2.2.4表2中规定了优先的稳定性等级。

1.5.2

额定电压 rated voltage

U_R

额定电压是在额定温度下可以连续施加到电容器上的最高直流电压。

注：施加到电容器上的直流电压和交流电压峰值之和不得超过额定电压。除非详细规范另有规定，交流电压的峰值不得超过下列规定的额定电压百分比，而且不得超过280 V。

50 Hz	20%
100 Hz	15%
1 000 Hz	3%
10 000 Hz	1%

1.6 标志

按 GB/T 2693—2001 的 2.4 和下列详细规定。

1.6.1 标志中给出的内容通常从下列项目中选择。每一项的相对重要性是以其在排列中的位置来表示：

a) 标称电容量；

b) 额定电压(直流电压可以用符号⎓或—表示)；

c) 标称电容量允许偏差；

d) 制造的年月(或周)；

e) 制造厂的名称或商标；

f) 温度系数和稳定性等级；

g) 气候类别；

h) 制造厂的型号名称；

i) 详细规范编号。

1.6.2 电容器应清楚地标出上述内容的 a)、b)及 c)，并尽量标出认为必要的其他项目。应避免电容器上的标志内容有任何重复。

1.6.3 电容器的包装件应清楚地标出 1.6.1 中所列出的有项目。

1.6.4 任何的附加标志应不引起混淆。

2 优先额定值和特性

2.1 优先特性

详细规范中给出的各种数值应优先从下列各项中选择。

2.1.1 优先气候类别

本部分包括的电容器按 GB/T 2421.1—2008 的规定来划分气候类别。

下限类别温度和上限类别温度，以及稳态湿热试验的持续时间应从下列类别中选择：

下限类别温度：－55 ℃、－40 ℃、－25 ℃和－10 ℃；

上限类别温度：85 ℃和 100 ℃；

稳态湿热试验的持续时间：10 d、21 d 和 56 d。

寒冷和干热试验的严酷等级分别为下限类别温度和上限类别温度。

2.1.2 辅助干燥是指在温度为 55 ℃±2 ℃和相对湿度不超过 20％的条件下，进行 1 h～6 h 的处理。

2.2 优先额定值

2.2.1 标称电容量(C_R)

标称电容量优先值是从 GB/T 2471—1995 的 E6、E12、E24、E48 和 E96 系列中选取。

2.2.2 标称电容量允许偏差

表 1 给出了标称电容量的优先允许偏差。

表 1 优先允许偏差

优先系列	优先允许偏差	允许偏差符号
E6 E12 E24	±20% ±10% ±5%	M K J
E48 E96	±2% ±1%	G F

在任何情况下，最小偏差是±1 pF，也可以规定 E96 系列以外的其他电容量和其他允许偏差。

2.2.3 额定电压（U_R）

额定电压的优先值为 40 V、63 V、100 V、160 V、250 V 和它们的十进倍数。这些数值符合 GB /T 321—2005 中规定的优先值 R5 的基本系列。

2.2.4 稳定性等级与温度和电容量变化的关系

表 2 给出了按稳定性等级规定的温度系数（α）及其允许偏差的优先值和电容量允许变化的优先值，以及这些数值的优先组合。

对于电容量小于 50 pF 的电容器，本表不适用。

表 2 优选值和组合

稳定性等级	温度系数（α）和允许偏差 10^{-6}/K					电容量允许变化[a] 上限类别温度	
	−80	−100	−125	−160	−250	85 ℃	100 ℃
1	±40	±50	±60	±80	±120	±(0.5%+0.5 pF)	±(1%+0.5 pF)
2		±100	±125	±160	±250	±(1%+1 pF)	±(2%+1 pF)
3				±160	±250	±(2%+2 pF)	±(5%+2 pF)

[a] 按照以下要求试验后的电容量允许变化范围：
——耐焊接热；
——温度快速变化；
——振动；
——撞击和冲击；
——循环湿热；
——稳态湿热；
——耐久性。

2.2.5 类别电压（U_C）

上限类别温度为 85 ℃时，类别电压等于额定电压（U_R）；

上限类别温度为 100 ℃时，类别电压等于 0.7 U_R。

2.2.6 额定温度

额定温度为 85 ℃。

3 质量评定程序

3.1 初始制造阶段

初始制造阶段是电容器芯子卷绕或其他等效的操作。

3.2 结构类似的元件

用相似的工艺和材料生产的电容器,尽管有尺寸不同或有不同的标称容量、额定电压,均认为是结构类似的电容器。

3.3 放行批的证明记录

当详细规范中有规定,而且订购方有要求时,GB/T 2693—2001 中 3.9 所要求的内容是适用的。耐久性试验后需要提供的变化量参数是电容量、损耗角正切和绝缘电阻。

3.4 鉴定批准

鉴定批准试验的程序按 GB/T 2693—2001 的 3.5 规定。

以逐批和周期试验为基础的鉴定批准试验一览表,按本部分 3.5 规定。采用固定样本大小一览表的程序,按 3.4.1.1 和 3.4.1.2 规定。

3.4.1 以固定样本大小为基础的鉴定批准程序

3.4.1.1 样本

GB/T 2693—2001 中 3.5.3b)中规定了固定样本大小的鉴定批准程序。样本应能代表申请鉴定批准的电容器的范围。样本可以是也可以不是详细规范所覆盖的全部范围。

样本应由最低和最高电压,以及这些电压的电容量最小和最大的样品组成。当额定电压多于 4 种数值时,中间电压也应进行试验。因此,为了批准某一范围,则试验需要 4 种数值或 6 种数值(电容量与电压组合)。当范围少于 4 种数值时,被试验样品的数量应按 4 种数值要求的数量。

允许备份样品如下:

a) 每种数值 1 只样品,可以用来替换"0"组中允许的不合格品。

b) 每种数值 1 只样品,可以用来替换不属于承制方的原因而引起不合格的样品。

在"0"组中给定的数量是假定所有组都适用时的数量。若非如此,则样品数量可以相应地减少。

当附加组被引入到鉴定批准试验一览表内时,则"0"组所需的样品数应根据与各附加组所需数量相同的是数量给以增加。

表 3 规定了鉴定批准试验每一组或分组中被试验的样品数,以及允许的不合格品数。

3.4.1.2 试验

由一个详细规范所包括的电容器,在鉴定批准时,必须经过表 3 和表 4 中规定的全系列试验。每组的各项试验应按规定顺序进行。

全部样品应经过"0"组试验,然后分到其他各组。

在"0"组试验中发现不合格的样品,不得用于其他各组。

当某一电容器不能满足某一个组的全部或部分试验要求时，就算作“一只不合格品”。

当不合格品数没有超过每组或每分组的允许不合格品数以及允许的不合格品总数时，应给予鉴定批准。

注：表 3 和表 4 一起构成固定抽样数试验一览表，其中表 3 包括不同试验或试验组的抽样和允许不合格品数的详细说明，而表 4 与第 4 章所包括的试验的详细说明一起给出了试验条件和性能要求的完整摘要，并且指出在详细规范中必须进行的试验方法和试验条件。

固定抽样数试验一览表中的试验条件和性能要求，应与详细规范中对于质量一致性检验规定的那些试验条件和性能要求相同。

表 3　鉴定批准试验用抽样方案及允许不合格品数　评定水平 E

组号	试验项目	本部分的章条号	样品数(*n*)和允许的不合格品数(*c*)						
			每种数值[c]	4 种数值或小于 4 种数值的试[c]			6 种数值的试验[c]		
			n	4*n*	*c*	总数 *c*	6*n*	*c*	总数 *c*
0	外观检查	4.1							
	尺寸	4.1							
	电容量	4.2.2							
	损耗角正切	4.2.3	29	116	2[b]		174	3[c]	
	耐电压	4.2.1							
	绝缘电阻	4.2.4							
	备份样品		2	8			12		
1A	引出端强度	4.3							
	耐焊接热	4.4	3	12	1		18	1	
	元件耐溶剂	4.13							
	可焊性	4.5							
1B	标志耐溶剂	4.14	6	24	1		36	2[b]	
	温度快速变化	4.6							6
	振动	4.7							
	碰撞或冲击[a]	4.8 或 4.9							
1	气候顺序	4.10	9	36	2	4	54	3	
2	稳态湿热	4.11	5	20	1		30	2[b]	
3	耐久性	4.12	10	40	2		60	3[b]	
4	温度特性	4.2.5							
	电感[d]	4.2.6	5	20	1		30	2	
	外箔引出端[d]	4.2.7							

[a] 按详细规范要求。

[b] 任何一个数值，允许的不合格品数不超过 1 只。

[c] 电容量与电压组合，见 3.4.1。

[d] 当详细规范要求时。

表 4　鉴定批准试验一览表

章条号及试验项目[a]	D 或 ND[b]	试验条件[a]	样品数(n)及允许的不合格品数(c)	性能要求[a]
0 组	ND		见表 3	
4.1　外观检查			↓	按 4.1 标志清晰及按详细规范规定
4.1　尺寸(详细的)				见详细规范
4.2.1　耐电压		试验方法见详细规范		无击穿或飞弧
4.2.2　电容量				在规定允许偏差范围内
4.2.3　损耗角正切(tanδ)				按 4.2.3.2
4.2.4　绝缘电阻		试验方法见详细规范		按 4.2.4.2
1A 组	D		见表 3	
4.3.1　初始测量		电容量 损耗角正切	↓	
4.3　引出端强度		外观检查		无可见损伤
4.4　耐焊接热		不预先干燥 试验方法见详细规范(1A 或 1B) 恢复时间:1 h～2 h		
4.4.2　最后测量		外观检查		无可见损伤 标志清晰
		电容量		与 4.3.1 测量值比较,$\Delta C/C$:在 2.2.4 有关稳定性等级上限类别温度下规定的极限范围内
		损耗角正切		按 4.2.3.2
4.13　元件耐溶剂(适用时)		溶剂:… 溶剂温度:… 方法 2 恢复时间:…		见详细规范
1B 组				
4.5　可焊性		不老化 方法见详细规范		以湿润引出端的焊料自由流动或焊料在…s 内流合来说明镀锡良好,按适用
4.14　标志耐溶剂(适用时)		溶剂:… 溶剂温度:… 方法 1 擦拭材料:脱脂棉 恢复时间:…	↓	标志清晰

表 4（续）

章条号及试验项目[a]	D 或 ND[b]	试验条件[a]	样品数(*n*)及允许的不合格品数(*c*)	性能要求[a]
4.6.1 初始测量	D	电容量 损耗角正切	见表 3	
4.6 温度快速变化		T_A＝下限类别温度 T_B＝上限类别温度 5 次循环 持续时间：t_1＝… 外观检查		无可见损伤
4.7 振动		安装方法：见详细规范 频率范围：从…Hz～…Hz 振幅：0.75 mm 或加速度：100 m/s² （取严酷等级较低者） 总持续时间：6 h		
4.7.2 最后检查		外观检查 电容量 损耗角正切		无可见损伤 与 4.6.1 测量值比较，$\Delta C/C$：在 2.2.4 有关稳定性等级上限类别温度下规定的极限范围内 按 4.2.3.2
4.8 碰撞（或冲击，见 4.9）		安装方法见详细规范 碰撞次数：… 加速度：…m/s² 脉冲持续时间：…ms		
4.9 冲击（或碰撞，见 4.8）		安装方法见详细规范 碰撞次数：… 加速度：…m/s² 脉冲持续时间：…ms		
4.8.3 或 4.9.3 最后测量		外观检查 电容量 损耗角正切		无可见损伤 与 4.7.2 测量值比较，$\Delta C/C$：在 2.2.4 有关稳定性等级上限类别温度下规定的极限范围内 按 4.2.3.2
1 组	D		见表 3	
4.10 气候顺序				
4.10.2 干热		温度：上限类别温度 持续时间：16 h		
4.10.3 循环湿热，试验 Db，第 1 个循环				
4.10.4 寒冷		温度：下限类别温度 持续时间：2 h		

表 4（续）

章条号及试验项目[a]	D 或 ND[b]	试验条件[a]	样品数(n)及允许的不合格品数(c)	性能要求[a]
4.10.5 低气压(适用时)	D	气压:8 kPa 持续时间:1 h	见表 3	
4.10.5.3 最后测量		外观检查		无永久性击穿,飞弧或外壳的有害变形
4.10.6 循环湿热,试验 Db,其余循环		恢复时间:1 h～2 h		
4.10.6.2 最后测量		外观检查		无可见损伤
		电容量		按适用,与 4.4.2,4.8.3 或 4.9.3 测量值比较,$\Delta C/C$:在 2.2.4 有关稳定性等级 85 ℃下规定的极限范围内
		损耗角正切		按适用,tanδ≤4.3.1 或 4.6.1 测量值的 1.4 倍
		绝缘电阻		≥4.2.4.2 规定值的 50%
2 组	D		见表 3	
4.11 稳态湿热				
4.11.1 初始测量		电容量 损耗角正切:1 kHz 恢复时间:1 h～2 h		
4.11.3 最后测量		外观检查		无可见损伤 标志清晰
		电容量		与 4.11.1 测量值比较,$\Delta C/C$:在 2.2.4 有关稳定性等级 85 ℃下规定的极限范围内
		损耗角正切		tanδ≤4.11.1 测量值的 1.4 倍
		绝缘电阻		≥4.2.4.2 规定值的 50%
3 组	D		见表 3	
4.12 耐久性		持续时间:...h		
4.12.1 初始测量		电容量 损耗角正切		
4.12.5 最后测量		外观检查		无可见损伤 标志清晰
		电容量		与 4.12.1 测量值比较,$\Delta C/C$:在 2.2.4 有关稳定性等级上限类别温度下规定的极限范围内

表 4（续）

章条号及试验项目[a]	D或ND[b]	试验条件[a]	样品数(n)及允许的不合格品数(c)	性能要求[a]
4.12.5 最后测量	D	损耗角正切 绝缘电阻	见表3 ↓	tanδ 按 4.2.3.2 或≤4.12.1 测量值的 1.4 倍(取其较大值) ≥4.2.4.2 规定值的 50%
4 组 4.2.5 随温度变化的特性(要求时) 4.2.6 电感(要求时) 4.2.7 外箔引出端(要求时)	D	 电容量	见表3 ↓	 按 4.2.5 在详细规范规定的极限范围内 按 4.2.7

[a] 试验章条号和性能要求参见本部分第 4 章。

[b] 在本表中：D=破坏性的；ND=非破坏性的。

3.5 质量一致性检验

3.5.1 检验批的构

a） A 组和 B 组检验

这些试验应在逐批检验的基础上进行。

承制方可以按下列规定将现行的产品组合成检验批。

1） 检验批应由结构类似的电容器组成(见 3.2)。

2a） 试验样本应是检验批中所包括的数值和尺寸的代表性产品：

——与检验批的数量有关；

——任一种数值至少有 5 只样品。

2b） 如样本中任一数值的样品数量少于 5 只，则抽样基数应由承制方和国家监督检查机构协商确定。

b） C 组检验

这些试验应在周期检验的基础上进行。

样本应能代表规定周期内现行生产的代表性产品，并应划分成高、中和低额定电压。为了覆盖任一周期内的批准，应对每个电压组中试验一种外形尺寸。为了包括整个范围，对随后的周期内生产的其他外形尺寸和(或)额定电压值的产品作试验。

3.5.2 试验一览表

质量一致性检验的逐批检验和周期试验的一览表在 GB/T 10189—2013《电子设备用固定电容器　第13-1 部分：空白详细规范　金属箔式聚丙烯膜介质直流固定电容器》表 4 中规定。

3.5.3 延期交货

当按照 GB/T 2693—2001 的 3.10 规定必须进行重新检验时，应按 A 组和 B 组的规定检验可焊性和电容量。

3.5.4 评定水平

在空白详细规范中规定的评定水平应优先从表 5 和表 6 中选择：

表 5 逐批检验

检验分组[b]	D[a]		E		F[a]		G[a]		EZ		
	IL	AQL %	IL	AQL %	IL	AQL %	IL	AQL %	IL	n	c
A0									100%[c]		
A1			S-3	2.5						[d]	0
A2			S-3	1.0						[d]	0
B1			S-3	2.5						[d]	0

IL＝检查水平；
AQL＝合格质量水平；
n＝样品数；
c＝允许的不合格品数。

[a,b] 见表 6。
[c] 100%检验后，为了用每百万分之几不合格品数(ppm)来检测产品出厂的质量水平，应进行抽样复检。抽样水平由承制方决定。计算 ppm 数值时，任何参数值的不合格即判定一个不合格项。如果在批次中出现一只或多只不合格品，则该批应拒收。
[d] 试验品数量：与直接分配给 IEC 60410 表 2 中的 IL 的编码字符的样品数一样(常规检查采用单个样品方案)。

表 6 周期试验

检验分组[b]	D[a]			E			F[a]			G[a]			EZ		
	p	n	c	p	n	c	p	n	c	p	n	c	p	n	c
C1A				6	9	1							6	5	0
C1B				6	18	1							6	5	0
C1				6	27	2							6	10	0
C2				6	15	1							6	10	0
C3				3	21	1							6	10	0
C4				12	9	1							6	10	0

p＝周期(月)；
n＝样品数；
c＝允许的不合格品数。

[a] 评定水平 D、F 和 G 正在制定中。
[b] 检验分组的内容在相关空白详细规范的第 2 章中说明。

4 试验和测量方法

4.1 外观检验和尺寸检

按 GB/T 2693—2001 中 4.4 规定。

4.2 电气试验

4.2.1 耐电压

按 GB/T 2693—2001 中 4.6 及下列规定。

4.2.1.1 试验电路

R_1 和标称电容量 C_x 的乘积应小于或等于 1 s 并大于 0.01 s。

R_1 包括电源的内阻。

R_2 应限制放电电流等于或小于 1 A。

4.2.1.2 电压应加在 GB/T 2693—2001 中 4.5.3 表 3 中规定的测量点之间，对鉴定批准试验时间 1 min，对于质量一致性试验时间为 1 s。

表 7 测试点和电压

测试点	试验电压
1a)	2 U_R
1b)和 1c)	2 U_R，最低为 400 V

4.2.2 电容量

按 GB/T 2693—2001 中 4.7 和下列规定。

4.2.2.1 电容量应在下列规定频率下测量或修正：

a) 标称电容量 $C_R \leqslant 1\ 000$ pF：
   测量：1 MHz±20%或 100 kHz±20%
   仲裁：1 MHz±20%

b) 标称电容量 $C_R > 1\ 000$ pF：
   测量：1 kHz±20%或 10 kHz±20%
   仲裁：1 kHz±20%
   测试电压峰值不超过额定电压的 3%或 5 V，取较小者。

4.2.2.2 电容量应在规定的允许偏差范围内。

对于容量小于 10 pF 或大于 1 μF 的电容器，测量方法和极限值应在详细规范中给出。

4.2.3 损耗角正切(tanδ)

按 GB/T 2693—2001 中 4.8 和下列规定。

4.2.3.1 测量条件

tanδ 按下列方法测量并记录其数值(作为基准使用)：

测量频率与 4.2.2.1 测量电容量使用的频率相同。

测量仪器不确定度应保证测量误差不超过 1×10^{-4}。

4.2.3.2 要求

损耗角正切应不超过下列极限值：

在 1 MHz 或 100 kHz 时：对于 $C_R \leqslant 1\ 000$ pF 者为 0.001；

在 1 kHz 或 10 kHz 时：对于 1 000 pF $< C_R \leqslant 0.1$ μF 者为 0.000 5；

在 1 kHz 时：对于 $C_R > 0.1$ μF 者为 0.001；

当标称电容量小于或等于 10 pF，或者大于 1 μF，其极限值应在详细规范中给出。

4.2.4 绝缘电阻

按 GB/T 2693—2001 中 4.5 和下列规定：

4.2.4.1 测量前，电容器应充分放电。放电电路的电阻与被试电容器的标称电容量的乘积应≥0.01s 或不小于详细规范中规定的其他值。

4.2.4.2 测量电压按 GB/T 2693—2001 中表 3 规定。

电压应以准确的数值通过电压源内阻直接加到电容器上。

电源内电阻与电容器的标称电容量的乘积应小于 1 s 或在详细规范中规定的其他数值。

绝缘电阻应符合表 8 要求。

表 8 绝缘电阻要求

测量点按 GB/T 2693—2001 表 3 中的规定	要　求		
	RC 乘积的最小值（R＝引出端间绝缘电阻）（C_R＝标称电容量）s	引出端间绝缘电阻的最小值 MΩ	引出端与外壳间绝缘电阻的最小值 MΩ
	$C_R > 0.1$ μF	$C_R \leqslant 0.1$ μF	—
1a)	10 000	100 000	—
1b)和 1c)	—	—	100 000
注：对于稳定性等级为 3 级的电容器，最小的绝缘电阻值为 30 000 MΩ 是允许的。			

对于测量电容器两个引出端间很高的绝缘电阻时，两引出端均与外壳绝缘，需要采用三端或屏蔽法测量。

当试验不是在温度 20 ℃下进行时，如有必要，可以将测量结果乘以适当的修正系数进行修正。在有争议时，以 20 ℃时的测量值为准。表 9 的修正系数可认为是金属箔式聚丙烯薄膜电容器的平均值。

表 9 修正系数

温度/℃	修正系数
15	0.75
20	1.00
23	1.25
27	1.50
30	1.75
35	2.00

4.2.5 随温度变化的特性(要求时)

按 GB/T 2693—2001 中 4.24.1 和下列规定。

4.2.5.1 测量条件

电容器应进行干燥(按 GB/T 2693—2001 中 4.3)。

循环次数:1 次。

4.2.5.2 温度循环期间和以后电容量的变化(温度系数和电容量的温度循环漂移)应在 2.2.4 表中有关稳定性等级上限类别温度下规定的极限范围内。

4.2.6 电感(要求时)

按 GB /T 2693—2001 中 4.11 和下列规定。

应测量电容器的电感,电感值的极限值应在详细规范中规定。

4.2.7 外箔引出端(要求时)

按 GB /T 2693—2001 中 4.12 和下列规定。

连接外金属箔引出端的正确标记,应使用一种不损伤电容器的方法来检查。

4.3 引出端强度

按 GB/T 2693—2001 中 4.13 和下列规定。

4.3.1 初始测量

电容量应按照 4.2.2 进行测量;

损耗角正切应按 4.2.3.1 进行测量。

4.4 耐焊接热

按 GB/T 2693—2001 中 4.14 和下列规定。

4.4.1 条件

不预先干燥。

4.4.2 最后检查、测量和要求

电容器应进行外观检查和测量,并应符合表 4 所规定的要求。

4.5 可焊性

按 GB/T 2693—2001 中 4.15 和下列规定。

4.5.1 试验条件:不老化

对球焊法的要求应在详细规范中规定。当既不适用焊槽法,也不适合球焊法时,应采用 A 号烙铁,用烙铁法进行试验。

4.5.2 要求

在表 4 中给出。

4.6 温度快速变化

按 GB/T 2693—2001 中 4.16 和下列规定。

4.6.1 初始测量

初始测量应按 4.3.1 规定进行。

4.6.2 循环次数:5 次

在极限温度下保持时间:30 min 或 3 h,在详细规范中规定。

电容器性能要求按表 4 规定。

4.7 振动

按 GB/T 2693—2001 中 4.17 和下列规定。

4.7.1 试验 F_C 的严酷等级

振幅 0.75 mm 或 100 m/s²,取较小者,选用下列的一个频率范围:10 Hz～55 Hz,10 Hz～500 Hz,10 Hz～2 000 Hz。总持续时间为 6 h。

详细规范中应规定频率范围,还应规定所采用的安装方法。对于具有轴向引线并仅靠引线安装的电容器,电容器本体与安装点之间的距离应为 6 mm±1 mm。

4.7.2 最后检查、测量和要求

见表 4。

4.8 碰撞

按 GB/T 2693—2001 中 4.18 和下列规定。

详细规范应规定采用碰撞试验或冲击试验。

4.8.1 初始测量

不要求。

4.8.2 详细规范应规定采用下列的哪一种严酷等级:

总碰撞次数:1 000 或 4 000

加速度: 400 m/s² ⎫ 或 ⎧100 m/s²
脉冲持续时间:6 ms ⎭ 或 ⎩16 ms

详细规范还应规定所采用的安装方法。对于具有轴向引线并仅靠引线安装的电容器,电容器本体与安装点之间距离应为 6 mm±1 mm。

4.8.3 最后检查、测量和要求

电容器应进行外观检查和测量,并应符合表 4 规定。

4.9 冲击

按 GB/T 2693—2001 中 4.19 和下列规定。

详细规范应规定采用碰撞试验或冲击试验。

4.9.1 初始测量

不要求。

4.9.2 详细规范应规定采用表 10 的哪一种优选严酷等级。

脉冲形状:半正弦波。

表 10 优选严酷等级

峰值加速度 m/s²	相应脉冲持续时间 ms
300	18
500	11
1 000	6

详细规范也应规定所采用的安装方法。对于具有轴向引线并仅靠引线安装的电容器,则电容器本体与安装点之间距离应为 6 mm±1 mm。

4.9.3 最后检查、测量和要求

电容器应进行外观检查和测量,并应符合表 4 规定。

4.10 气候顺序

按 GB/T 2693—2001 中 4.21 和下列规定。

4.10.1 初始测量

不要求,要求时按 4.4.2、4.8.3 或 4.9.3。

4.10.2 干热

按 GB/T 2693—2001 中 4.21.2。

4.10.3 循环湿热、试验 Db,第一次循环

按 GB/T 2693—2001 中 4.21.3。

4.10.4 寒冷

按 GB/T 2693—2001 中 4.21.4。

4.10.5 低气压

按 GB/T 2693—2001 中 4.21.5 和下列规定。

4.10.5.1 如果详细规范有要求,试验应在温度为 15 ℃~35 ℃,气压为 8 kPa 下进行。试验持续时间为 1 h。

4.10.5.2 当仍在规定的低气压,并在 1 h 周期的最后 5 min 时,应施加额定电压。提交做本试验的电容器样品应按需要划分成 2 个组或 3 个组,每组按 GB/T 2693—2001 中表 3 中规定做其中的一项试验。

4.10.5.3 最后检查、测量和要求

电容器应进行外观检查和测量,并应符合表 4 规定。

4.10.6 循环湿热,试验 Db,其余循环

按 GB/T 2693—2001 中 4.21.6 和下列规定。

4.10.6.1 湿热试验结束后 15 min 内,按 4.2.1 规定的试验电路条件,在试验点 A 上施加额定电压 1 min。

4.10.6.2 最后检查、测量和要求

恢复后，电容器应进行外观检查和测量，并应符合表4规定。

4.11 稳态湿热

按GB/T 2693—2001中4.22和下列规定。

4.11.1 初始测量

电容器应按4.3.1规定进行测量。

4.11.2 湿热试验结束后15 min内，应按4.2.1进行耐电压试验，但应施加额定电压。

当在详细规范中有规定时，应将电容器按2.1.2规定进行辅助干燥。经辅助干燥后的电容器应在试验用标准大气条件中恢复1 h～2 h。

4.11.3 最后检查、测量和要求

恢复后，电容器应进行外观检查和测量，并应符合表4规定。

4.12 耐久性

按GB/T 2693—2001中4.23和下列规定。

4.12.1 初始测量

初始测量应按4.3.1规定进行。

4.12.2 试验条件

除详细规范另有规定外，电容器应按表11规定试验1 000 h。

表11 试验条件

类别	—/085/—	—/100/—	
温度	85 ℃	100 ℃	85 ℃
直流电压	1.5 U_R	1.5 U_c	1.5 U_R
样品组	1组	2组	

4.12.3 试验电压分别通过一个电阻器加到每个电容器上，电阻器的阻值近似等于1 Ω/V，最大为1 200 Ω。

4.12.4 在试验周期结束后，允许电容器进行恢复，并按4.12.3规定放电。

4.12.5 最后检查、测量和要求

电容器应进行外观检查和测量，并应符合表4规定。

4.13 元件耐溶剂

按GB/T 2693—2001中4.31。

4.14 标志耐溶剂

按GB/T 2693—2001中4.32。

ICS 31.060.30
L 11

中华人民共和国国家标准

GB/T 10189—2013/IEC 60384-13-1:2006
代替 GB/T 10189—1988

电子设备用固定电容器 第13-1部分:空白详细规范 金属箔式聚丙烯膜介质直流固定电容器 评定水平E和EZ

**Fixed capacitors for use in electronic equipment—
Part 13-1:Blank detail specification—
Fixed polypropylene film dielectric metal foil d.c. capacitors—
Assessment level E and EZ**

(IEC 60384-13-1:2006,IDT)

2013-12-31 发布　　2014-08-15 实施

中华人民共和国国家质量监督检验检疫总局
中国国家标准化管理委员会　发布

前　言

《电子设备用固定电容器》系列国家标准分为如下若干部分：

——第1部分：总规范(GB/T 2693—2001/IEC 60384-1:1999)；

——第2部分：分规范　金属化聚乙烯对苯二甲酸酯膜介质直流固定电容器(GB/T 7332—2011/IEC 60384-2:2005)；

——第2-1部分：空白详细规范　金属化聚乙烯对苯二甲酸酯膜介质直流固定电容器　评定水平E和EZ(GB/T 7333—2012/IEC 60384-2-1:2005)；

——第3部分：分规范　表面安装 MnO_2 固体电解质钽固定电容器(IEC 60384-3:2007)；

——第3-1部分：空白详细规范　表面安装 MnO_2 固体电解质钽固定电容器　评定水平EZ(IEC 60384-3-1:2007)；

——第4部分：分规范　固体和非固体电解质铝电解电容器(GB/T 5993—2003/IEC 60384-4:1998,第1号修改单:2000)；

——第4-1部分：空白详细规范　非固体电解质铝电解电容器　评定水平EZ(GB/T 5994—2003/IEC 60384-4:2000)；

——第4-2部分：空白详细规范　固体(MnO_2)电解质的铝电解固定电容器　评定水平EZ(IEC 60384-4-2:2007)；

——第6部分：分规范　金属化聚碳酸酯膜介质直流固定电容器(IEC 60384-6:2005)；

——第7部分：分规范　金属箔式聚苯乙烯膜介质直流固定电容器(GB/T 10185—2012)；

——第7-1部分：空白详细规范　金属箔式聚苯乙烯膜介质直流固定电容器　评定水平E(GB/T 10186—2012)；

——第8部分：分规范　1类瓷介固定电容器(GB/T 5966—2011/IEC 60384-8:2005)；

——第8-1部分：空白详细规范　1类瓷介固定电容器　评定水平EZ(GB/T 5967—2011/IEC 60384-8-1:2005)；

——第9部分：分规范　2类瓷介固定电容器(GB/T 5968—2011/IEC 60384-9:2005)；

——第9-1部分：空白详细规范　2类瓷介固定电容器　评定水平EZ(GB/T 5969—2012/IEC 60384-9-1:2005)；

——第11部分：分规范　金属箔式聚乙烯对苯二甲酸乙二醇酯膜介质直流固定电容器(IEC 60384-11:2008)；

——第11-1部分：空白详细规范　金属箔式聚乙烯对苯二甲酸乙二醇酯膜介质直流固定电容器(IEC 60384-11-1:2008)；

——第13部分：分规范　金属箔式聚丙烯膜介质直流固定电容器(IEC 60384-13:2011)；

——第13-1部分：空白详细规范　金属箔式聚丙烯膜介质直流固定电容器　评定水平E和EZ(GB/T 10189—2013/IEC 60384-13-1:2006)；

——第14部分：分规范　抑制电源电磁干扰用固定电容器(GB/T 14472—1998/IEC 60384-14:2005)；

——第14-1部分：空白详细规范　抑制电源电磁干扰用固定电容器　评定水平D(GB/T 14473—1998/IEC 60384-14-1:2005)；

——第15部分：分规范　非固体或固体电解质钽固定电容器(GB/T 7213—2003/IEC 60384-15:1982,第1号修改单:1987,第2号修改单:1992)；

——第15-1部分:空白详细规范　固体电解质钽箔固定电容器　评定水平E(GB/T 12794—1991/IEC 60384-15-1:1984);

——第15-2部分:空白详细规范　固体电解质烧结钽固定电容器　评定水平E(GB/T 12795—1991/IEC 60384-15-2:1984);

——第15-3部分:空白详细规范　固体电解质和多孔阳极钽固定电容器　评定水平E(GB/T 7214—2003/IEC 60384-15-3:1984);

——第16部分:分规范　金属化聚丙烯薄膜介质直流固定电容器(GB/T 10190—2012/IEC 60384-16:2005);

——第16-1部分:空白详细规范　金属化聚丙烯薄膜介质直流固定电容器　评定水平E和EZ(GB/T 10191—2011/IEC 60384-16-1:2005);

——第17部分:分规范　金属化聚丙烯薄膜介质交流和脉冲固定电容器(GB/T 14579—2013/IEC 60384-17:2005);

——第17-1部分:空白详细规范　金属化聚丙烯薄膜介质交流和脉冲固定电容器　评定水平E和EZ(GB/T 14580—2013/IEC 60384-17-1:2005);

——第18部分:分规范　表面安装固体和非固体电解质铝电解固定电容器(GB/T 17206—1998/IEC 60384-18:1993,第1号修改单:1998);

——第18-1部分:空白详细规范　表面安装固体(MnO_2)电解质铝固定电容器　评定水平EZ(GB/T 17207—2012/IEC 60384-18-1:2007);

——第18-2部分:空白详细规范　非固体电解质片式铝电解质固定电容器　评定水平E(GB/T 17208—1998/IEC 60384-18-2:1993);

——第19部分:分规范　表面安装金属化聚乙烯对苯二甲酸酯膜介质直流固定电容器(GB/T 15448—2013/IEC 60384-19:2006);

——第19-1部分:空白详细规范　表面安装金属化聚乙烯对苯二甲酸酯膜介质直流固定电容器　评定水平EZ(GB/T 16467—2013/IEC 60384-19-1:2005);

——第21部分:分规范　表面安装1类多层瓷介固定电容器(GB/T 21041—2007/IEC 60384-21:2004);

——第21-1部分:空白详细规范　表面安装1类多层瓷介固定电容器(GB/T 21038—2007/IEC 60384-21-1:2004);

——第22部分:分规范　表面安装2类多层瓷介固定电容器(GB/T 21042—2007/IEC 60384-22:2004);

——第22-1部分:空白详细规范　表面安装2类多层瓷介固定电容器(GB/T 21040—2007/IEC 60384-22-1:2004)。

本部分为《电子设备用固定电容器》的第13-1部分。

本部分按照GB/T 1.1—2009给出的规则起草。

本部分代替GB/T 10189—1988《电子设备用固定电容器　第13-1部分:空白详细规范　金属箔式聚丙烯膜介质直流固定电容器　评定水平E和EZ》。本部分与GB/T 10189—1988.相比,主要变化如下:

——增加了评定水平EZ的要求;

——质量一致性检验试验一览表中增加了A0分组检验、B组检验由D改为ND,并增加标志耐溶剂试验、C1A分组增加元件耐溶剂试验;

——低气压试验气压由8.5 kPa改为8 kPa;

——A1分组IL由S-4改为S-3;

——A2分组IL由Ⅱ改为S-3;

——规范名称由“第13部分”改为“第13-1部分”。

本部分使用翻译法等同采用IEC 60384-13-1:2006《电子设备用固定电容器　第13-1部分:空白详细规范　金属箔式聚丙烯膜介质直流固定电容器　评定水平E和EZ》。

与本部分中规范性引用的国际文件有一致性对应关系的我国文件如下:

——GB/T 2693—2001　电子设备用固定电容器　第1部分:总规范(idt IEC 60384-1:1999);

——GB/T 10188—2013　电子设备用固定电容器　第13部分:分规范　金属箔式聚丙烯膜介质直流固定电容器(IEC 60384-13:2006,IDT)。

本部分进行了下列编辑性修改:

——IEC第2页注2改为注1;

——对IEC 60384-13-1:2005中编辑性错误进行勘误,在表4中的4.7.2最后测量,补充“损耗角正切”测量要求。

本部分由中华人民共和国工业和信息化部提出。

本部分由全国电子设备阻容元件标准化技术委员会(SAC/TC 165)归口。

本部分起草单位:成都宏明电子股份有限公司。

本部分主要起草人:安卫军、董小婕。

本部分所代替标准的历次版本发布情况为:

——GB/T 10189—1988。

电子设备用固定电容器 第13-1部分:空白详细规范 金属箔式聚丙烯膜介质直流固定电容器 评定水平E和EZ

引言

空白详细规范

空白详细规范是分规范的一种补充性文件,它包括对详细规范的格式、编排和最少内容的要求。不遵守这些要求的详细规范,认为是不符合电子元件质量评定体系要求的规范。在制定详细规范时,应考虑分规范1.4的内容。

详细规范和电容器的识别

详细规范首页括号中的数字表明在对应的位置应填写下列相应内容:

(1) 授权起草本详细规范的组织:IEC或国家标准机构。

(2) IEC或国家标准的详细规范编号、发布日期以及国家标准体系需要的其他内容。

(3) IEC或国家标准的总规范编号及其版本号。

(4) IEC或国家标准的空白详细规范编号。

电容器的识别

(5) 该型号电容器的简述。

(6) 典型结构的说明(适用时)。

注:当电容器不是设计用于印制电路板时,应在详细规范的这个位置明确地加以说明。

(7) 影响互换性的主要尺寸的外形图和(或)引用国家或国际的外形方面的文件。此外,也可以在详细规范附录中给出这种图。

(8) 涉及的应用或应用组别和(或)评定水平。

注:详细规范中采用的一个或几个评定水平,应从分规范3.5.4中选取。这意味着只要试验的分组不变,几个评定水平可以共用一个空白详细规范。

(9) 重要的特性参考数据,以便在各种不同类型电容器之间进行比较。

<table>
<tr><td>(1)</td><td>IEC 60384-13-1
QC 301801
(2)</td></tr>
<tr><td rowspan="2">电子元器件质量评定水平按：(3)</td><td>GB/T 10189—2013
IEC 60384-13-1:2006 (4)</td></tr>
<tr><td>金属箔式聚丙烯膜介质直流固定电容器 (5)</td></tr>
<tr><td rowspan="2">外形图(见表 1) (7)
(第...角示图)

(在给定的尺寸范围内允许用其他形状)</td><td>(6)</td></tr>
<tr><td>评定水平:E 和 EZ
稳定性等级：
(8)</td></tr>
</table>

(9)

按本详细规范鉴定合格的元件的有效数据在鉴定合格产品一览表中给出

1 一般数据

1.1 推荐的安装方法(接插方法)

见 IEC 60384-13:2006 中 1.4.2。

1.2 尺寸

见表 1。

表 1 外形尺寸代码和尺寸

外形代码	尺寸 mm						
	ϕ	L	H	d	…		

注：当没有外形尺寸代码时，表 1 可以省略，且尺寸应在表 2 中给出，并将表 2 改为表 1。
尺寸应给出最大尺寸或标称尺寸及其公差。

1.3 额定值和特性

电容量范围　　　　　　（见表 2）
标称电容量的允许偏差
额定电压　　　　　　　（见表 2）
类别电压（适用时）　　（见表 2）
气候类别
额定温度
最高交流电压（适用时）
损耗角正切
绝缘电阻

表 2　电容量和电压值与外形尺寸的关系

额定电压				
类别电压[a]				
标称电容量 pF,nF 或 μF	外形尺寸	外形尺寸	外形尺寸	外形尺寸

[a] 如与额定电压不同。

1.4 规范性引用文件

下列文件对于本文件的应用是必不可少的。凡是注日期的引用文件，仅注日期的版本适用于本文件。凡是不注日期的引用文件，其最新版本（包括所有的修改单）适用于本文件。

IEC 60384-1　电子设备用固定电容器　第 1 部分：总规范（Fixed capacitors for use in electronic equipment—Part 1:Generic specification）

IEC 60384-13:2006　电子设备用固定电容器　第 13 部分：分规范　金属箔式聚丙烯膜介质直流固定电容器（Fixed capacitors for use in electronic equipment—Part 13:Sectional specification:Fixed polypropylene film dielectric metal foil d.c.capacitors）

IEC 60410　计数检查抽样方案和程序（Sampling plans and procedures for Inspection by Attribute）

1.5 标志

电容器和包装的标志应符合 IEC 60384-13:2006 中 1.6 的要求。

注：电容器和包装上的标志细节，应在详细规范中完整地给出。

1.6 订货资料

本部分所包括的电容器的订单，应用文字或代号形式至少包括下列内容：

a) 标称电容量；
b) 标称电容量的允许偏差；
c) 额定直流电压；
d) 详细规范的编号及其版本号和型号规格。

1.7 放行批证明记录

要求或不要求。

1.8 附加内容(不作检验用)

1.9 补充或提高总规范和(或)分规范所规定的严酷等级或要求

注：仅当必要时,才规定增加或提高要求(见表3)。

表3 其他特性

此表用于对分规范特性的增加或严酷等级的提高。

2 检验要求

2.1 程序

2.1.1 鉴定批准程序应符合分规范IEC 60384-13:2006中3.4。

2.1.2 质量一致性检验试验一览表(表4)包括了抽样、周期、严酷等级和要求。检验批的构成按分规范IEC 60384-13:2006中3.5.1。

表4 质量一致性检验试验一览表

章条号和试验项目[a]	D或ND[c]	试验条件[a]	IL	E	EZ		性能要求[a]
				AQL	*n*	*c*	
					[c]		
A组检验 (逐批) **A0分组**	ND				100%[d]		
4.2.2 电容量							在允许偏差范围内
4.2.3 损耗角正切		频率:1 kHz(对于所有的电容值)					按4.2.3.2
4.2.1 耐电压(试验A)		方法:测试点1a					无击穿或飞弧,允许自愈
4.2.4 绝缘电阻(试验A)		方法:测试点1a					按4.2.4.3
A1分组 4.1 外观检查	ND		S-3	2.5%	[b]	0	按4.1 标志清晰,按本部分1.5的规定
4.1 尺寸(量规检查)							按本部分表1的规定

表 4(续)

章条号和试验项目[a]	D 或 ND[c]	试验条件[a]	IL	E	EZ		性能要求[a]
				AQL	n	c	
					[c]		
A2 分组	ND		S-3	1.0%	[b]	0	
4.2.1 耐电压(试验 A)		方法:......					无击穿或飞弧
4.2.2 电容量							在规定的偏差范围内
4.2.3 损耗角正切							按 4.2.3.2
4.2.4 绝缘电阻(试验 A)		方法:......					按 4.2.4.2
B 组检验 (逐批) **B1 分组**	ND		S-3	2.5%	[b]	0	
4.5 可焊性		不老化 方法:......					以湿润引出端的焊料自由流动或焊料在...s 内流合来说明镀锡良好,按适用
4.14 标志耐溶剂 (适用时)		溶剂:...... 溶剂温度: 方法 1 擦洗材料:脱脂棉 恢复时间:......					见详细规范

章条号和试验项目[a]	D 或 ND[c]	试验条件[a]	样品数和允许的不合格品数[c]						性能要求[a]
			E			EZ			
			p	n	c	p	n	c	
C 组检验 (周期)									
C1A 分组 **C1 分组样品的一部分**	D		6	9	1	6	5	0	
4.1 外形尺寸(详细的)									见详细规范
4.3.1 初始测量		电容量 损耗角正切							
4.3 引出端强度		外观检查							无可见损伤

表 4（续）

章条号和试验项目[a]	D或ND[c]	试验条件[a]	样品数和允许的不合格品数[c]						性能要求[a]
			E			EZ			
			p	n	c	p	n	c	
4.4 耐焊接热		方法：…… 恢复时间：1 h～2 h							
4.4.2 最后测量		外观检查 电容量							无可见损伤 标志清晰 与4.3.1测量值比较： $\Delta C/C$ 的数值在分规范2.2.4规定的上限类别温度下相关稳定性等级的极限范围之内
4.13 元件耐溶剂（适用时）		溶剂：…… 溶剂温度：…… 方法2 恢复时间：……							见详细规范
C1B分组 **C1分组的另一部分样品**	D		6	18	1	6	5	0	
4.6.1 初始测量		电容量 损耗角正切							
4.6 温度快速变化		T_A＝下限类别温度 T_B＝上限类别温度 5次循环 持续时间 t＝30 min 外观检查							无可见损伤
4.7 振动		安装方法：见本部分1.1 频率范围：…Hz～…Hz 振幅：0.75 mm或加速度100 m/s²（取严酷等级较低者） 总持续时间：6 h							
4.7.2 最后测量		外观检查 电容量 损耗角正切							无可见损伤 与4.6.1测量值比较： $\Delta C/C$ 的数值在分规范2.2.4规定的上限类别温度下相关稳定性等级的极限范围之内 按4.2.3.2

表 4（续）

章条号和试验项目[a]	D 或 ND[c]	试验条件[a]	样品数和允许的不合格品数[c] E p	E n	E c	EZ p	EZ n	EZ c	性能要求[a]
4.8 碰撞(或冲击,见 4.9)	D	安装方法:见本部分 1.1 碰撞次数:…… 加速度:……m/s^2 脉冲持续时间:……ms							
4.9 冲击(或碰撞,见 4.8)		安装方法:见本部分 1.1 加速度:……m/s^2 脉冲持续时间:……ms							
4.8.3 或 4.9.3 最后测量		外观检查							无可见损伤
		电容量							与 4.7.2 测量值比较: $\Delta C/C$ 的数值在分规范 2.2.4规定的上限类别温度下相关稳定性等级的极限范围之内
		损耗角正切							按 4.2.3.2
C1 分组 **C1A 和 C1B 分组的全部样品** 4.10 气候顺序	D		6	27	2	6	10	0	
4.10.2 干热		温度:上限类别温度 持续时间:16 h							
4.10.3 循环湿热,试验 Db, 第一次循环									
4.10.4 寒冷		温度:下限类别温度 持续时间:2 h							
4.10.5 低气压(要求时)		气压:8 kPa 持续时间:1 h							
4.10.5.3 中间测量		外观检查							无永久性击穿、飞弧或外壳的有害变形
4.10.6 循环湿热,试验 Db, 其余循环		恢复时间:1 h～2 h							

表 4（续）

章条号和试验项目[a]	D 或 ND[c]	试验条件[a]	样品数和允许的不合格品数[c] E p	E n	E c	EZ p	EZ n	EZ c	性能要求[a]
4.10.6.2　最后测量		外观检查 电容量 损耗角正切 绝缘电阻							无可见损伤 标志清晰 与适用的 4.4.2、4.8.3 或 4.9.3 测量值比较： ΔC/C 的数值在分规范 2.2.4 规定的 85 ℃下相关稳定性等级的极限范围之内 按适用，tanδ≤4.3.1 或 4.6.1 测量值的 1.4 倍 ≥4.2.4.2 规定值的 50%
C2 分组 4.11　稳态湿热 4.11.1　初始测量 4.11.3　最后测量	D	 电容量 损耗角正切 恢复时间：1 h～2 h 外观检查 电容量 损耗角正切 绝缘电阻	6	15	1	6	10	0	 无可见损伤 标志清晰 与 4.11.1 测量值比较： ΔC/C 的数值在分规范 2.2.4 规定的 85 ℃下相关稳定性等级的极限范围之内 tanδ≤4.11.1 测量值的 1.4 倍 ≥4.2.4.2 规定值的 50%
C3 分组 4.12　耐久性 4.12.1　初始测量 4.12.5　最后测量	D	 持续时间：...h 电容量 损耗角正切 外观检查 电容量 损耗角正切 绝缘电阻	3	21	1	6	10	0	 无可见损伤 标志清晰 与 4.12.1 测量值比较： ΔC/C 的数值在分规范 2.2.4 规定的上限类别温度下相关稳定性等级的极限范围之内 tanδ 按 4.2.3.2 或≤4.12.1 测量值的 1.4 倍，取较大者 ≥4.2.4.2 规定值的 50%

表 4（续）

章条号和试验项目[a]	D 或 ND[c]	试验条件[a]	样品数和允许的不合格品数[c]						性能要求[a]
			E			EZ			
			p	n	c	p	n	c	
C4 分组	D		12	9	1	6	10	0	
4.2.5 随温度变化的特性		电容量							按 4.2.5
4.2.6 电感(要求时)									$L \leqslant \ldots$mH
4.2.7 外箔引出端(要求时)									按 4.2.7

[a] 试验项目和性能要求的条款号引自分规范 IEC 60384-13:2006 和本部分的第 1 章。

[b] 检查水平(IL)和合格质量水平(AQL)选自 IEC 60410 计数检查抽样方案和程序。

[c] 本表中：p＝周期(月数)；
n＝样品数；
c＝允许的不合格品数；
D＝破坏性的；
ND＝非破坏性的；
IL＝检查水平；
AQL＝合格质量水平。 } 见 IEC 60410

[d] 100％试验后，为了用每百万分之几不合格品数(ppm)来检测产品出厂的质量水平，应进行抽样复检。抽样水平应由承制方决定。计算 ppm 数值时，任何参数值的不合格即判定一个不合格项。如果在批次中出现一只或多只不合格品，则该批应拒收。

ICS 17.240
F 87

中华人民共和国国家标准

GB/T 10255—2013
代替 GB/T 10255—1996

γ放射免疫计数器

Gamma radioimmunoassay counter

2013-02-07 发布 2013-07-01 实施

中华人民共和国国家质量监督检验检疫总局
中国国家标准化管理委员会 发布

前　言

本标准按照 GB/T 1.1—2009 给出的规则起草。

本标准代替 GB/T 10255—1996《γ 放射免疫计数器》，与 GB/T 10255—1996 相比主要技术变化如下：

——增加引言，将 γ 放射免疫计数器的基本组成纳入引言；

——第 2 章“规范性引用文件”，使用最新的文件和增加新的文件；

——“术语和定义”中将原“活度响应”改为“探测效率”，增加“探测效率的非线性”，“附加误差”修改为“影响量误差”(见第 3 章)；

——修改表 1 产品分级中Ⅰ级产品的指标(本底计数率≤50 min^{-1}，探测效率≥80%)(见 4.3.1)；

——删除“定时准确度”的要求及其试验方法(见 1996 版的 4.7)；

——将“计数精密度”改为“重复性”，并增加用标准偏差表示的试验方法，将其写入附录 A(资料性附录)(见 5.5)；

——“与影响量有关的技术特性”中，根据 GB/T 8993—1998《核仪器环境条件与试验方法》中 4.2.2 a)和 4.2.6 e)、c)的环境条件分组规定，按其表 1 和表 3.1 的要求修改了本标准表 3 中“温度”和“相对湿度”两个影响量的额定范围；将表 3 中贮存试验和包装运输试验后，“能正常工作”改为“探测效率等级不变”(见 4.10)；

——在“标准试验条件”中，根据 GB/T 8993—1998 表 8 的要求修改了本标准表 4 中“相对湿度”的标准试验条件和“环境辐射”的参考条件(见 5.1.1)；

——在“检验规则”中，根据 GB/T 10257—2001 中 5.1 的要求修改了本标准表 5 中的试验顺序及分组(见第 6 章)。

本标准由国防科技工业局提出。

本标准由全国核仪器仪表标准化技术委员会(SAC/TC 30)归口。

本标准起草单位：西安核仪器厂。

本标准主要起草人：孙力平、杨妮莹、任敏。

本标准所代替标准的历次版本发布情况如下：

——GB 10255—1988、GB/T 10255—1996。

引　言

γ放射免疫计数器是用于γ放射免疫测量，通常是由一个或多个 NaI(TI)闪烁探头、基本功能单元和数据处理系统组成的仪器；其基本组成如下：

——碘化钠(铊)晶体与光电倍增管等构成γ辐射探头(包括单探头和多探头两类)；

——由放大器、脉冲幅度分析器和定时计数器等电子学线路组成的计数装置(包括单通道和多通道)；

——数据处理系统；

——自动换样的产品还有样品自动传输机构。

γ放射免疫计数器

1 范围

本标准规定了γ放射免疫计数器(以下简称"γ计数器")的技术要求、试验方法、检验规则以及标志、包装、运输、贮存和随行文件等。

本标准适用各类γ放射免疫计数器。

2 规范性引用文件

下列文件对于本文件的应用是必不可少的。凡是注日期的引用文件,仅注日期的版本适用于本文件。凡是不注日期的引用文件,其最新版本(包括所有的修改单)适用于本文件。

GB/T 191—2008 包装储运图示标志

GB/T 4078—2008 放射性测量用样品托盘、瓶子和试管的尺寸

GB/T 8993—1998 核仪器环境条件与试验方法

GB 9706.1—2007 医用电气设备 第1部分:安全通用要求

GB/T 10257—2001 核仪器和核辐射探测器质量检验规则

3 术语和定义

下列术语和定义适用于本文件。

3.1

能量响应 energy response

脉冲幅度与核素辐射能量之间的关系。

3.2

探测效率 detection efficency

γ计数器的测量值与被测检查源活度之间的关系。

3.3

探测效率的非线性 non-linearity of detection efficency

γ计数器的探测效率与被测检查源的活度之间的关系。

3.4

影响量误差 influence quantity error

γ计数器在影响量变化条件下测得的数值与该装置在标准试验条件下测得的数值之间的相对偏差,以百分数表示。

4 技术要求

4.1 外观

各种标志应醒目、清晰和牢固;表面涂覆层应牢固、光滑,不应有锈蚀、裂纹、涂层剥落;紧固件不应有松动等现象。

4.2 机械特性

样品试管的尺寸应符合 GB/T 4078—2008 第 5 章的规定。

测量室应有防探测器污染的装置且易于更换(如尼龙保护套)。传动机构应灵活、到位准确,样品在测量室中应升降自如,不应有机械故障。

4.3 本底计数率、探测效率及多探头一致性、8 h 不稳定性

4.3.1 γ 计数器在标准试验条件下,测量 ^{125}I 放射性核素时,本底计数率、探测效率和 8 h 不稳定性的分级见表 1。表中的分级三项技术要求应同时满足。对于适用其他核素的计数器,应提供相应核素的活度响应的非线性。

表 1 γ 计数器的本底计数率、探测效率和 8 h 不稳定性

产品级别	本底计数率/min^{-1}	探测效率/%	8 h 不稳定性	
Ⅰ级	≤50	≥80	探测效率的变化不应大于 3%	本底计数率在等级要求范围内
Ⅱ级	≤60	≥75	探测效率的变化不应大于 4%	
Ⅲ级	≤80	≥70	探测效率的变化不应大于 5%	

4.3.2 凡配备两个或两个以上探头的多探头 γ 计数器,各探头的探测效率与其平均探测效率的相对偏差不应大于 2%。

4.4 重复性

γ 计数器的重复性采用 χ^2 双侧检验法,其 χ^2 检验值应在表 2 要求的范围内。

表 2 χ^2 检验值

测量次数 n	概率		测量次数 n	概率	
	0.95	0.05		0.95	0.05
10	3.325	16.919	21	10.851	31.410
11	3.940	18.307	22	11.591	32.671
12	4.565	19.675	23	12.338	33.924
13	5.226	21.026	24	13.091	35.172
14	5.892	22.362	25	13.848	36.415
15	6.571	23.685	26	14.911	37.652
16	7.261	24.996	27	15.379	38.885
17	7.962	26.296	28	16.151	40.113
18	8.682	27.587	29	16.928	41.337
19	9.390	28.869	30	17.708	42.557
20	10.117	30.144			

4.5 数据处理

γ 计数器应具备 ln-logit、四参数 logistic、3/2 次方程三种函数拟合数学模型。测量或键入一组放

射免疫和免疫放射标准曲线数据，计算机应能用各种函数拟合数学模型进行拟合计算并打印输出。

4.6 探测效率的非线性

在^{125}I能窗范围内，在5×10^3 Bq的活度范围内γ计数器探测效率的非线性不应大于8%。

4.7 能量分辨率

凡配备多道分析器的γ计数器，对^{129}I放射源的能量分辨率不应大于35%，或对^{137}Cs放射源的能量分辨率不应大于15%。凡配备多探头的γ计数器，每一个探头均应满足要求。

4.8 能量响应

凡配备多道分析器的γ计数器在1 MeV能量范围以内，其能量响应的非线性不应大于3%。

4.9 电气安全

4.9.1 概述

γ计数器应符合GB 9706.1—2007中的Ⅰ类B型设备的要求。

4.9.2 接地电阻

接地电阻要求如下：

a） 对于带有可拆卸电源软电缆的γ计数器，其电源输入插座中的保护接地点与为保护目的而同该接点相连的任何其他部分之间的阻抗不应大于0.1 Ω；

b） 对于带有不可拆卸电源软电缆的γ计数器，其电源输入插头中的保护接地点与为保护目的而同该接点相连的任何其他部分之间的阻抗不应大于0.2 Ω。

4.9.3 漏电流

漏电流要求如下：

a） 对地漏电流，在正常状态下不大于0.5 mA；单一故障状态下不大于1 mA。

b） 外壳漏电流，在正常状态下不大于0.1 mA；单一故障状态下不大于0.5 mA。

4.9.4 电介质强度

在网电源部分与设备机身之间加50 Hz、1 500 V的交流试验电压，历时1 min，不得发生闪络或击穿。

4.10 与影响量有关的技术特性

γ计数器环境条件的分组及环境参数分别按GB/T 8993—1998中4.2.2 a）和4.2.6 c）、e）的规定执行。

各影响量对γ计数器的影响量误差见表3。

表3 各影响量对γ计数器的影响量误差

影响量	额定值		允差	技术要求
温度	额定使用范围	10 ℃～35 ℃	高温±2 ℃ 低温±3 ℃	探测效率的影响量误差不应大于5%，本底在等级要求基础上允许增加5 min^{-1}
	贮存范围	−5 ℃～40 ℃		恢复正常温度后，探测效率等级不变

表 3（续）

影响量	额定值		允差	技术要求
相对湿度	最大相对湿度	75%(30 ℃)	$^{+2}_{-3}$%	探测效率的影响量误差不应大于 10%，本底在等级要求基础上允许增加 10 min^{-1}
电源电压	交流电压 220 V(频率 50 Hz)		$^{+10}_{-12}$%	探测效率影响量误差不应大于 2%，本底在等级要求范围内
包装运输	三级公路距离 200 km～250 km 运输车速 25 km/h～40 km/h			恢复正常温度后，探测效率等级不变

5 试验方法

5.1 一般要求

5.1.1 标准试验条件

γ 计数器通常在标准试验条件下进行试验，在不产生异议时，可在正常大气条件下进行试验；当进行与影响量有关的试验时，该影响量则需要变化。参考条件、标准试验条件和正常大气条件见表 4。

表 4 参考条件、标准试验条件和正常大气条件

影响量	参考条件	标准试验条件	正常大气条件
环境温度	20 ℃	18 ℃～22 ℃	15 ℃～35 ℃
相对湿度	65%	50%～75%	45%～75%
大气压力	101.3 kPa	86 kPa～106 kPa	86 kPa～106 kPa
电源电压	AC220 V	(1±1%)220 V	
电源频率	50 Hz	(1±1%)50 Hz	
电源波形	正弦波	总谐波畸变小于 5%	
环境 γ 辐射	空气中吸收剂量率为 0.1 μGy/h	空气中吸收剂量率小于 0.25 μGy/h	
外界电磁场	可忽略	小于引起干扰的最低值	
外界磁感应	可忽略	小于地磁场引起干扰的 2 倍	
放射性沾污	可忽略	可忽略	

5.1.2 试验要求

5.1.2.1 各项试验都应在制造厂指定的光电倍增管高压、放大器增益以及约定的阈值和窗宽条件下进行，试验过程中不得任意变动这些参数。

5.1.2.2 试验前 γ 计数器应预热 30 min。

5.1.2.3 凡属多探头的 γ 计数器，应按本标准的规定对每个探头与通道进行试验。

5.1.3 参考源

本标准采用的参考源为 ^{125}I 放射性核素，其活度的不确定度应优于 5%。

5.1.4 检查源

用于能量响应的非线性测量所使用的检查源推荐采用下列放射性核素：^{60}Co(1 173 keV)、^{137}Cs(662 keV)、^{131}I(364 keV)、^{51}Cr(320 keV)、^{226}Ra(186 keV)、^{99}Tc^{m}(140 keV)、^{57}Co(122 keV)、^{241}Am(60 keV)、^{129}I(39 keV，Te-x 27 keV)，其活度的不确定度不作要求。

5.2 外观

外观采用目测法或演示法进行检查。

5.3 机械特性

样品瓶的尺寸用卡尺测量，其他机械特性目测检查。

γ计数器若系多个样品自动连续换样的系统，则在其样品携载器上全部装上样品管，进行自动连续换样并测量一个循环。样品数量少于100的产品按100只试管检测。

5.4 本底计数率、探测效率及多探头一致性、8 h不稳定性

5.4.1 本底计数率

将无放射性的空样品管送入γ计数器的测量室内，测量3次、每次10 min，其平均值即本底计数率。

5.4.2 探测效率及多探头一致性

将校正后活度大于500 Bq的参考源送入γ计数器的测量室内，测量时间为60 s或选择适当测量时间使计数大于1×10^{4}，连续测量5次。在扣除本底计数后其平均值代入式(1)计算探测效率：

$$E=\frac{\overline{N}}{A}\times100\% \qquad \cdots\cdots(1)$$

式中：

E——探测效率，%；

$\overline{N}$——扣除本底后的计数平均值，单位为每秒(s^{-1})；

A——参考源活度，单位为贝可(Bq)。

凡配备两个或两个以上探头的多探头γ计数器，从各探头的探测效率值中挑出偏离平均探测效率值最大者按式(2)计算其一致性：

$$\delta=\frac{|E_{max}-\overline{E}|}{\overline{E}}\times100\% \qquad \cdots\cdots(2)$$

式中：

δ——相对偏差值，%；

E_{max}——偏离平均探测效率值最大者，%；

$\overline{E}$——平均探测效率值，%。

5.4.3 8 h不稳定性

γ计数器在标准试验条件下，连续工作8 h。利用一活度大于500 Bq的参考源，在本项测试开始时且以后每隔2 h测量一次，共测量五次，测量方法按5.4.2进行。以本项测试开始时的那次测量数据为基准，根据式(3)计算出γ计数器的8 h不稳定性IS。本项测试结束时再测试一次本底计数率，其结果应满足表1规定。

$$\mathrm{IS}=\frac{|\bar{N}_i-\bar{N}_0|_{\max}}{\bar{N}_0}\times 100\% \quad\cdots\cdots(3)$$

式中：

IS——8 h 不稳定性，%；

$\bar{N}_i$——γ 计数器第 i 次测量计数的平均值($i=1,2,3,4,5$)，单位为每秒(s^{-1})；

$\bar{N}_0$——γ 计数器初次测量计数的平均值，单位为每秒(s^{-1})。

5.5 重复性

本标准采用 χ^2 双侧检验法检查 γ 计数器的重复性。

将活度大于 500 Bq 的参考源送入 γ 计数器的测量室内，测量时间为 60 s 或选择适当测量时间，使计数大于 1×10^4，连续测量 10 次～30 次；本标准推荐测量 21 次，按式(4)计算 χ^2 检验值，其数值应在表 2 规定的范围内，即 $10.851\leqslant\chi^2\leqslant31.410$。

$$\chi^2=\frac{1}{\bar{N}}\sum_{i=1}^{n}(N_i-\bar{N})^2 \quad\cdots\cdots(4)$$

式中：

n ——测量次数；

N_i ——第 i 次测量的计数值($i=1,2,3\cdots n$)，单位为每秒(s^{-1})；

$\bar{N}$ ——n 次测量计数值的平均值，单位为每秒(s^{-1})；

另一种用标准偏差表示重复性的试验方法见附录 A。

测量或键入一组放射免疫和一组免疫放射标准曲线数据(5～8)点，用 4.5 中的三种函数拟合数学模型进行放射免疫标准曲线拟合计算并打印输出，用 4.5 中的三种函数拟合数学模型进行免疫放射标准曲线拟合计算并打印输出。

5.6 探测效率的非线性

探测效率的非线性采用放射源活度等级法进行测试。用 ^{129}I 或 ^{125}I 放射源制备五个活度等级的参考源，其活度按 1/2 递减。参考源最大活度不小于 5×10^3 Bq。

将五个参考源依次送入 γ 计数器的测量室内，测量时间应使最小活度参考源的计数大于 1×10^4 Bq，每个参考源连续测量 5 次，求其平均值。将五个计数平均值分别按式(1)计算出 γ 计数器对该五个参考源的探测效率并取其平均值。从五个探测效率值中挑出偏离平均探测效率值最大者按式(2)计算探测效率的非线性。

5.7 能量分辨率

分别将 ^{129}I 和 ^{137}Cs 检查源送入 γ 计数器的测量室内，调用 γ 计数器的能谱测量程序，选择适当测量时间，使峰值道的计数大于 3×10^3。能量分辨率 R 按式(5)计算：

$$R=\frac{\mathrm{FWHM}}{m_\mathrm{p}}\times100 \quad\cdots\cdots(5)$$

式中：

FWHM——单能粒子的能量分布曲线中峰的半高宽，单位为道(ch)；

m_p ——能量分布曲线中峰位所对应的道址，单位为道(ch)。

5.8 能量响应

能量响应推荐采用下列放射源进行测量：^{60}Co(1 173 keV)、^{137}Cs(662 keV)、^{131}I(364 keV)、^{51}Cr(320 keV)、^{226}Ra(186 keV)、$^{99}Tc^m$(140 keV)、^{57}Co(122 keV)、^{241}Am(60 keV)、^{129}I(39 keV，Te-x 27 keV)。

测量能量响应时，被测放射性核素应包括^{60}Co、^{137}Cs以及^{241}Am或^{129}I放射源。各放射源分别按5.8进行测量，并找出其峰位道址。在线性坐标纸上以X轴为核素辐射能量，Y轴为多道道址，用最小二乘回归出一条直线。在此关系曲线上，能量响应NL按式(6)计算：

$$NL = \frac{|m_{pi} - m_{0i}|_{max}}{m_{0i}} \times 100\% \quad \cdots\cdots(6)$$

式中：

NL ——能量响应，%；

m_{pi} ——实测峰位道的道址，单位为道(ch)；

m_{0i} ——m_{pi}所对应理论峰位道的道址，单位为道(ch)。

注：需要时，按GB/T 4833.1—2007的7.3进行零点校正。

5.9 电气安全

5.9.1 接地电阻测量，按GB 9706.1—2007中第18章f)的规定执行。

5.9.2 对地漏电流和外壳漏电流的测量，分别按GB 9706.1—2007中4.10以及19.4 f)、g)的规定执行。

5.9.3 电介质强度试验，按GB 9706.1—2007中4.10和20.4的规定执行。

5.10 影响量试验

5.10.1 影响量试验的项目及顺序见表5的B组及C组。环境试验中γ计数器的温度稳定(热平衡)时间选用1 h，实验样品温度达到稳定后，低温(或高温)条件所需持续时间选用4 h，降温(或升温)的平均速率不应超过10 ℃/h，恒定湿热试验的持续时间选用24 h。

5.11.2～5.11.5各项试验的具体测量按5.4.1和5.4.2的方法进行，其影响量误差e_a按式(7)计算：

$$e_a = \frac{|x_0 - x_i|_{max}}{x_0} \times 100\% \quad \cdots\cdots(7)$$

式中：

e_a ——影响量误差，%；

x_0——在参考条件或标准试验条件下测量的性能特性值；

x_i ——仅某个影响量在额定条件(包括最高和最低)下测量的性能特性值。

5.10.2 低温(包括额定使用和贮存)试验按GB/T 8993—1998中附录A的规定执行。

5.10.3 高温(括额定使用和贮存)试验按GB/T 8993—1998中附录B的规定执行。

5.10.4 恒定湿热试验按GB/T 8993—1998中附录D的规定执行。

5.10.5 交流供电电源电压变化试验：电源频率为额定值，电源电压在额定值的+10%～−12%内变化，其影响量误差小于等于2%。

5.10.6 包装运输试验按GB/T 8993—1998中附录H的规定执行，或在试验室内用颠振试验台进行。

6 检验规则

6.1 概述

γ计数器的质量检验分为型式检验和交收检验。各检验项目与顺序按表5规定进行。

表 5 γ 计数器检验项目一览表

<table>
<tr><th colspan="2">试验分组</th><th>项目序号</th><th>检验项目</th><th>型式检验</th><th>交收检验</th><th>技术要求章条号</th><th>试验方法章条号</th></tr>
<tr><td rowspan="11">A</td><td rowspan="8">A1</td><td>1</td><td>外观</td><td>●</td><td>●</td><td>4.1</td><td>5.2</td></tr>
<tr><td>2</td><td>机械特性</td><td>●</td><td>●</td><td>4.2</td><td>5.3</td></tr>
<tr><td>3</td><td>本底计数率</td><td>●</td><td>●</td><td>4.3</td><td>5.4.1</td></tr>
<tr><td>4</td><td>探测效率及多探头一致性</td><td>●</td><td>●</td><td>4.3</td><td>5.4.2</td></tr>
<tr><td>5</td><td>重复性</td><td>●</td><td>●</td><td>4.4</td><td>5.5</td></tr>
<tr><td>6</td><td>数据处理</td><td>●</td><td>●</td><td>4.5</td><td>5.6</td></tr>
<tr><td>7</td><td>能量分辨率</td><td>●</td><td>●</td><td>4.7</td><td>5.8</td></tr>
<tr><td>8</td><td>电气安全</td><td>●</td><td>●</td><td>4.9</td><td>5.10</td></tr>
<tr><td rowspan="3">A2</td><td>9</td><td>探测效率的非线性</td><td>●</td><td>●</td><td>4.6</td><td>5.7</td></tr>
<tr><td>10</td><td>能量响应</td><td>●</td><td>●</td><td>4.8</td><td>5.9</td></tr>
<tr><td>11</td><td>8 h 不稳定性</td><td>●</td><td>●</td><td>4.3</td><td>5.4.3</td></tr>
<tr><td colspan="2" rowspan="5">B</td><td>12</td><td>额定高温</td><td>●</td><td>●</td><td>4.10</td><td>5.11.3</td></tr>
<tr><td>13</td><td>贮存高温</td><td>●</td><td>○</td><td>4.10</td><td>5.11.3</td></tr>
<tr><td>14</td><td>恒定湿热</td><td>●</td><td>●</td><td>4.10</td><td>5.11.4</td></tr>
<tr><td>15</td><td>额定低温</td><td>●</td><td>○</td><td>4.10</td><td>5.11.2</td></tr>
<tr><td>16</td><td>贮存低温</td><td>●</td><td>●</td><td>4.10</td><td>5.11.2</td></tr>
<tr><td colspan="2">C</td><td>17</td><td>包装运输</td><td>●</td><td>●</td><td>4.10</td><td>5.11.6</td></tr>
<tr><td colspan="2">D</td><td>18</td><td>电源电压变化</td><td>●</td><td>●</td><td>4.10</td><td>5.11.5</td></tr>
<tr><td colspan="8">注：●——必做项目；○——选做项目。</td></tr>
</table>

6.2 型式检验

型式检验按表 5 以及 GB/T 10257—2001 中 4.2.1 和第 5 章的相关规定进行。

6.3 交收检验

6.3.1 交收检验按表 5 以及 GB/T 10257—2001 中 4.2.2 和第 5 章的相关规定进行。

A 组检验分为 A1 组和 A2 组检验，均在标准试验或正常条件下进行。

6.3.2 对 A1 组检验，有一个检验项目不合格，该台产品则判为不合格品。每百台不合格数不大于5 台则判定为合格批，合格批中的不合格品应修复为合格品后，整批接收，转入 A2 组检验。被判为不合格批退回生产单位返修后重新交检。

6.3.3 对 A2 组检验采用抽样检验，按 GB/T 10257—2001 的规定，其抽样方案如下：

a) 采用一次正常检查抽样方案；

b) 检查水平(IL)采用特殊检查水平 S-1；

c) 每项合格质量水平 AQL＝4.0。

合格品的判定和检验结果的处置按 GB/T 10257—2001 中 5.6.2 及 5.7.2 的有关规定实施。

6.3.4 B 组、C 组和 D 组为抽样检验，抽样方案同 6.3.3。合格品的判定和检验结果的处置按

GB/T 10257—2001 中 5.6.2 和 5.7.2 的有关规定实施。

7 标志、包装、运输、贮存和随行文件

7.1 标志

γ 计数器的外部应有产品型号、产品名称、商标、制造厂名、生产编号、出厂日期、设备安全分类等铭牌标志，标志应清楚易认。

γ 计数器供电连接处(市电输入插座)应标明电源类别和输入功率。

在 γ 计数器外面就能触及到的熔断器，其额定值应在熔断器旁标明。

γ 计数器的总电源开关应清楚地标明其“通”与“断”的位置。

γ 计数器外露的调节旋扭和开关的各个档位以及信号插座，应以数字、文字或其他直观方法标明。

包装箱上应有“精密仪器”、“小心轻放”、“禁止倒置”、“严禁雨淋”等标志，其图形应符合 GB/T 191—2008 中的规定。

7.2 包装

包装设计应保证在规定的运输和贮存条件下，有防震、防潮等措施。仪器的特殊部件允许单独包装，包括使用内包装和外包装。

7.3 运输

在包装条件下，允许以汽车、火车、轮船、飞机等方式运输。

7.4 贮存

仪器应在规定的温、湿度范围内，在无酸碱等有害气体侵蚀的条件下贮存。

7.5 随行文件

出厂产品应有装箱单、出厂检验合格证和产品使用说明书。

附　录　A
（规范性附录）
用标准偏差表示重复性的试验方法

若一组进行 n 次测量，其重复性以单次测量的标准偏差表示。按式(A.1)计算：

$$s = \frac{1}{\overline{N}} \sqrt{\frac{\sum_{i=1}^{n} (N_i - \overline{N})^2}{n-1}} \times 100\% \qquad \cdots\cdots\cdots\cdots\cdots\cdots\cdots\cdots\cdots\cdots (A.1)$$

式中：

s ——n 次测量的重复性，%；

N_i——第 i 次测量的读数值($i=1,2,3\cdots n$)；

$\overline{N}$ ——n 次测量的算术平均值。

将活度值为 500 Bq 左右的 ^{125}I 标准源或 ^{129}I 标准源在 γ 计数器上进行测量，每次测量时间为 60 s，连续测量 10 次，按式(A.1)计算单次测量值的标准偏差。

重复性用标准偏差表示时，其结果在表 1 的分级条件下应满足：Ⅰ级产品不应大于 2%、Ⅱ级产品不应大于 3%、Ⅲ级产品不应大于 5%。

参 考 文 献

[1] GB/T 20001.2—2001 标准编写规则 第2部分:符号
[2] GB/T 4833.1—2007 多道分析器 第1部分:主要技术要求与试验方法
[3] GB/T 4960.6—2008 核科学技术术语 第6部分:核仪器仪表
[4] GB/T 17857—1999 医用放射学术语(放射治疗、核医学和辐射剂量学设备)
[5] EJ/T 1050—2012 核仪器图形符号、文字代号和参数符号

ICS 17.240
F 87

中华人民共和国国家标准

GB/T 10256—2013
代替 GB/T 10256—1997

放射性活度计

Radioactivity meter

2013-02-07 发布　　　　2013-07-01 实施

中华人民共和国国家质量监督检验检疫总局
中国国家标准化管理委员会　发布

前　言

本标准按照 GB/T 1.1—2009 给出的规则起草。

本标准代替 GB/T 10256—1997《放射性活度计》，与 GB/T 10256—1997 相比主要变化如下：

——规范性引用文件中删除了已经废止的标准，更新了引用标准的版本，增加了 EJ/T 1059 等引用标准；

——额定使用条件中增加了直流电源的要求(见 5.1)；

——删除了 ^{113m}In 等核素，增加了 ^{18}F、^{11}C、^{13}N 等核素(见 4.2)；

——修订了相对固有误差要求等性能要求(见 4.2)；

——对影响量变化的表 3、表 4 及 4.6 合并为一个表格综合描述影响量的变化要求，仪器温度、湿度试验要求按 GB/T 8993—1998 中实验室内仪器标准规定的温度、湿度进行了修订(见 4.3)；

——规定了活度计测量范围的上限值评价依据的放射源及测量方法(见 5.8)；

——规定了采用直流电源供电的活度计的电气安全要求(见 4.4.1)；

——规定了能量范围测量所用核素量的要求(见 5.4)；

——监督源的要求移至第 7 章(见 7.6)；

——检验规则中交收检验的测量下限修改为选做项目，其他原不检项目修改为选做项目(见表 6)。

本标准由中国核工业集团公司提出。

本标准由全国核仪器仪表标准化技术委员会(SAC/TC 30)归口。

本标准起草单位：中核(北京)核仪器厂。

本标准主要起草人：杨彬华、杨素华、朱志虹、宁晓勇。

放射性活度计

1 范围

本标准规定了放射性活度计(以下简称活度计)的技术要求、试验方法、检验规则、标志、包装、运输、贮存、随行文件和日常检查的要求。

本标准适用于以井型充气电离室为探测器的活度计。

2 规范性引用文件

下列文件对于本文件的应用是必不可少的。凡是注日期的引用文件,仅注日期的版本适用于本文件。凡是不注日期的引用文件,其最新版本(包括所有的修改单)适用于本文件。

GB 4075—2009 密封放射源 一般要求和分级

GB/T 8993—1998 核仪器环境条件与试验方法

GB/T 10257—2001 核仪器和核辐射探测器质量检验规则

GB 11806—2004 放射性物质安全运输规程

GB/T 19661.1—2005 核仪器安全通用要求

EJ/T 1059—1998 核仪器产品包装通用技术要求

JJG 377—1998 放射性活度计

3 术语和定义

下列术语和定义适用于本文件。

3.1

放射性活度计 radioactivity meter

用于测量放射源活度并配备指示或记录仪器的装置。

3.2

井型电离室 well-type ionization chamber

用于在立体角接近 4 π 的范围内测量辐射体放射性活度的电离室。在电离室内有一中心圆柱形的井,被测源就放置于井中。

4 技术要求

4.1 外观和机械特性

活度计的外观和机械特性应该满足以下要求:

a) 活度计表面涂覆层应牢固光滑,不应有锈蚀、裂纹、剥落等缺陷;

b) 铭牌和面板上的字迹应清晰;

c) 控制机械应灵便、可靠,紧固部位应无松动。

4.2 性能特性

活度计按性能特性分为Ⅰ级和Ⅱ级,在参考条件下的性能特性详见表1。

表 1　活度计性能特性要求

性能特性		要求	
		Ⅰ级	Ⅱ级
光子能量范围		25 keV～3 MeV	
测量核素[a]		^{125}I、^{125}I粒子、^{99}Tc^{m}、^{131}I、^{137}Cs、^{60}Co、^{18}F、^{11}C、^{13}N、^{15}O、^{89}Sr、^{67}Ca、^{153}Sm、^{103}Pd、^{90}Y、^{226}Ra、^{24}Na、^{57}Co等	
测量范围	下限值	≤3.7×10^{5} Bq	
	上限值	≥3.7×10^{10} Bq	
相对固有误差		±3%	±5%
重复性		≤1%	≤2%
非线性		≤2%	≤5%
不稳定性		≤2%	≤3%

[a] 对可测β辐射核素的活度计应能测^{32}P。

4.3　环境适应性要求

4.3.1　影响量误差

影响量误差见表2。

表 2　影响量变化误差

影响量	影响量的变化范围	要求	
		Ⅰ级	Ⅱ级
电源电压	220 V±22 V	≤0.5%	≤1%
环境温度	高温　35 ℃ 低温　10 ℃	≤0.1%/℃	≤0.3%/℃
贮存温度	高温　+40 ℃ 低温　−5 ℃	恢复4 h后，相对固有误差等级不变	
最大相对湿度	≤75%(30 ℃)	≤2%	≤5%
包装运输	按GB/T 8993—1998中附录H规定的条件进行试验	试验后，相对固有误差等级不变	

4.4　电气安全

4.4.1　概述

对于采用交流电源供电的活度计按GB/T 19661.1—2005对防电击的规定，活度计属于Ⅰ类核仪器，应满足相应的电气安全要求；对于采用直流供电的活度计无电气安全要求。

4.4.2　保护接地电阻

当活度计的某些部位需要保护时，它们与电源输入插头(座)保护接地点之间的保护接地电阻应符合下述要求：

a) 当电源电缆可拆卸时，保护接地电阻不应大于 0.1 Ω。

b) 当电源电缆不可拆卸时，保护接地电阻不应大于 0.2 Ω。

4.4.3 绝缘电阻

在测试直流电压为 500 V 的条件下，活度计的未保护接地的部件相互之间及其与地之间的绝缘电阻不应小于 10 MΩ。

4.4.4 漏电流

活度计电源插头(插座)与机壳(可触及导电件)间的漏电流值不应大于 5.0 mA(非正弦或混合频率的峰值中的单一故障)。

4.4.5 电介质强度

活度计经过潮湿预处理后，在电源输入端与其外壳之间应能经受交流正弦波、频率为 50 Hz、电压峰值为 1 500 V、历时 1 min 的加压试验。试验期间不出现击穿或重复飞弧为合格，电晕效应和类似现象不予考虑。

5 试验方法

活度计试验的基准条件见 GB/T 8993—1998 中第 4 章。仪器预热时间不少于 30 min。

5.1 标准试验条件

活度计进行试验的参考条件和标准试验条件见表 3。

表 3 活度计试验的参考条件和标准试验条件

影响量	参考条件	标准试验条件
环境温度	20 ℃	18 ℃～22 ℃
相对湿度	65%	50%～75%
大气压强	101.3 kPa	86 kPa～106 kPa
电源电压[a]	AC220 V	(1±1%)220 V
电源频率	50 Hz	(1±1%)50 Hz
电源波形	正弦波	总谐波畸变小于 5%
环境 γ 辐射	空气吸收剂量率 0.1 μGy/h	空气吸收剂量率小于 0.25 μGy/h
外界电磁场	可忽略	小于引起干扰的最低值
外界磁感应	可忽略	小于引起干扰的最低值
放射性沾污	可忽略	可忽略

[a] 亦可采用直流电源，直流电源的电压不应超过 24 V，具体指标由制造商制定。

5.2 标定条件

活度计活度示值的标定应遵守国家质检部门的有关规定，按 JJG 377—1998 的技术要求，接受放射性活度单位贝可(Bq)量值的传递，以保证量值的统一、准确、可靠。

标定所用水溶液状态的标准源，其光子辐射核素的杂质含量不应大于0.1%。

5.3 外观和机械特性

以目力观察和手动试验检查外观和机械特性。

5.4 能量范围和测量核素

按5.5.1测量表4所列诸核素，以检查活度计的能量范围。

上述每种核素测量的相对固有误差均应符合表4的规定。

活度计进行首次定型型式试验及计量器具复核试验时应测量序号1～8全部八种核素。

表4 活度计能量范围测量核素表

序号	源的种类	核素	能量/keV	半衰期	活度值/10^6 Bq
1	γ	^{125}I	35	59.7 d	约200
2	γ	^{57}Co	122	270.9 d	约8
3	γ	^{131}I	364	8.05 d	约8
4	γ	^{137}Cs	662	30.17 a	约4
5	γ	^{226}Ra	870	1 600 a	约4
6	γ	^{60}Co	1 333	5.271 a	约2
7	γ	^{24}Na	2 750	15.00 h	约2
8	β	^{32}P	1 710	14.29 d	约8
注1：交收检验仅测量序号1、2、4、6四种核素。					

5.5 相对固有误差

5.5.1 测量核素

至少测量表4中序号为1、2、4、6的四种核素。

5.5.2 相对固有误差计算

对每种核素连续测量5～10次，取示值的平均值$\overline{A}$。

按式(1)计算相对固有误差E：

$$E=\frac{\overline{A}-C}{C}\times 100\% \quad\cdots\cdots(1)$$

式中：

E——固有误差，%；

$\overline{A}$——标准源5～10次测量示值的平均值，单位为贝可(Bq)；

C——标准源的活度值，单位为贝可(Bq)。

5.6 重复性

用活度约为4×10^6 Bq的^{137}Cs核素，连续测量n次，取平均值$\overline{A}$。重复性用相对标准偏差δ表示，按式(2)计算：

$$\delta=\frac{1}{\overline{A}}\sqrt{\frac{1}{n-1}\times\sum_{i=1}^{n}(A_i-\overline{A})^2}\times 100\% \quad \cdots\cdots(2)$$

式中：

δ ——相对标准偏差，%；

A_i ——第 i 次测量的示值，单位为贝可(Bq)；

$\overline{A}$ ——n 次测量示值的平均值，单位为贝可(Bq)；

n ——测量次数(取 $n\geqslant 10$)。

5.7 测量范围下限值

用测量^{125}I 核素活度值的相对基本误差检查测量范围下限值。

在测量^{125}I 的条件下，先测本底 10 次，取其平均值 $\overline{A}_b$。

用活度值不大于产品所规定的测量范围下限值的^{125}I，连续测量 10 次，取其平均值 $\overline{A}$。

^{125}I 核素活度下限值的相对基本误差 E_1 按式(3)计算：

$$E_1=\frac{\overline{A}-\overline{A}_b-C}{C}\times 100\% \quad \cdots\cdots(3)$$

式中：

E_1 ——下限值的相对基本误差，%；

$\overline{A}_b$ ——10 次测量本底的平均值，单位为贝可(Bq)；

$\overline{A}$ ——10 次测量示值的平均值，单位为贝可(Bq)；

C ——标准源的活度值，单位为贝可(Bq)。

5.8 测量范围的上限值

用测量^{60}Co 核素活度值的相对基本误差检查测量范围上限值。

在测量^{60}Co 的条件下，先测本底 10 次，取其平均值 $\overline{A}_b$。

用活度值不小于产品所规定的测量范围上限值的^{60}Co，连续测量 10 次，取其平均值 $\overline{A}$。

^{60}Co 核素活度上限值的相对基本误差按式(3)计算。

5.9 非线性

5.9.1 概述

采用放射源衰变法用半衰期较短的核素^{99}Tc^{m}($T_{1/2}=6.02$ h)测量活度计的非线性，其初始活度值大于或等于 3.7×10^{10} Bq 。

5.9.2 数据记录及处理

5.9.2.1 自初活度值衰变起，至少连续测量 6 个半衰期，在每个半衰期中测 2 次活度示值，在 3.7×10^{10} Bq 附近应多测几个点，同时记录下相应的测量时间。

5.9.2.2 将所测得的活度值与相应的测量时间拟合成一条直线(以测量时间为横坐标、以活度的对数值为纵坐标)，各测量数据点 A_x 与拟合后直线垂直相交的纵坐标记为 $A_{x,0}$。

5.9.2.3 分别计算活度测量值各数据点 A_x 与拟合后直线的最大偏差 ΔA_x。按式(4)计算非线性：

$$\theta_x = \frac{|\Delta A_x|_{\max}}{A_{x,0}} \times 100\% \qquad \cdots\cdots(4)$$

式中：

θ_x ——非线性，%；

$|\Delta A_x|_{\max}$ ——各数据点最大偏差，$|\Delta A_x|_{\max} = |A_x - A_{x,0}|_{\max}$；

A_x ——各数据点活度测量值，单位为贝可(Bq)；

$A_{x,0}$ ——与 A_x 对应拟合直线处的理论活度值，单位为贝可(Bq)。

5.10 不稳定性

5.10.1 试验采用长半衰期核素 ^{137}Cs，活度约为 4×10^6 Bq。

5.10.2 预热结束后，初测示值的平均值 $\overline{A}_0$，以后每隔 2 h 测量一次，连续试验 8 h，每次测量记 5 个读数，取平均值 $\overline{A}_i$。

按式(5)计算试验期间示值的不稳定性 I_s：

$$I_s = \frac{|\overline{A}_i - \overline{A}_0|_{\max}}{\overline{A}_0} \times 100\% \qquad \cdots\cdots(5)$$

式中：

I_s ——不稳定性，%；

$\overline{A}_0$——初测示值的平均值，单位为贝可(Bq)；

$\overline{A}_i$——第 i 次测量的平均值($i=1\sim4$)，单位为贝可(Bq)。

5.11 电源电压变化的附加误差

5.11.1 试验采用活度约为 4×10^6 Bq 的 ^{137}Cs 作为测量核素。

5.11.2 将交流电源电压自 220 V 分别调至 242 V 和 198 V，每次电源电压变化 3 min 后连续测量 5 个相应的活度示值，取平均值分别为 $\overline{A}_0$、$\overline{A}_1$、$\overline{A}_2$。

5.11.3 按式(6)计算电源电压变化引起的附加误差 E_V：

$$E_V = \frac{\Delta A_{\max}}{A_0} \times 100\% \qquad \cdots\cdots(6)$$

式中：

E_V ——附加误差，%；

$\Delta A_{\max}$ ——ΔA_1 和 ΔA_2 中较大的一个，单位为贝可(Bq)；

ΔA_1 —— $|\overline{A}_1 - \overline{A}_0|$，单位为贝可(Bq)；

ΔA_2 ——$|\overline{A}_2 - \overline{A}_0|$，单位为贝可(Bq)；

$\overline{A}_0$ ——交流电源电压 220 V 时活度示值的平均值，单位为贝可(Bq)；

$\overline{A}_1$ ——交流电源电压 242 V 时活度示值的平均值，单位为贝可(Bq)；

$\overline{A}_2$ ——交流电源电压 198 V 时活度示值的平均值，单位为贝可(Bq)。

5.12 温度试验

5.12.1 温度试验条件和顺序

温度试验按 GB/T 8993—1998 进行，试验条件和顺序见表 5。

表 5　温度试验条件和顺序表

顺序号	试验项目	试验温度/℃	活度计状态及保持时间
1	工作高温	35±2	通电状态下保持 4 h
2	贮存高温	40±2	断电状态下保持 4 h
3	工作低温	10±3	通电状态下保持 4 h
4	贮存低温	−5±3	断电状态下保持 4 h

5.12.2　工作温度试验方法

工作高温和工作低温下的试验用活度约为 4×10^{6} Bq 的 ^{137}Cs，每个温度下读数 5 次，取平均值，温度系数 a_T 按式(7)计算：

$$a_T=\left|\frac{\overline{A}_T-\overline{A}_0}{\overline{A}_0}\times\frac{1}{T-T_0}\right|\times100 \quad\cdots\cdots(7)$$

式中：

a_T ——温度系数，%/℃；

$\overline{A}_T$——工作高温或工作低温下示值平均值，单位为贝可(Bq)；

$\overline{A}_0$ ——参考条件下的示值平均值，单位为贝可(Bq)；

T ——工作高温或工作低温温度值，单位为贝可(Bq)；

T_0——基准条件下的温度值，单位为贝可(Bq)。

5.12.3　贮存温度试验

贮存高、低温试验按 GB/T 8993—1998 进行，样品不加包装，不通电放入试验箱内。以平均每分钟不超过 1 ℃的速率，把试验箱的温度升或降至贮存温度的上限值或下限值，经过规定的温度稳定时间使其达到温度稳定，并保持 4 h，时间终了时，将试验箱恢复到正常大气条件，恢复时间不少于 1 h，且不大于 2 h，然后按照 5.5 计算相对固有误差。

5.13　潮湿试验

潮湿试验按 GB/T 8993 进行，相对湿度为 75%(30 ℃)，样品不加包装，不通电放入试验箱内保持 48 h，时间终了时，将试验箱恢复到正常大气条件，恢复时间不少于 1 h，且不大于 2 h，然后用活度约 4×10^{6} Bq的 ^{137}Cs 作测量核素，每次测量连续取 5 个读数，取平均值。

按式(8)计算潮湿试验附加误差：

$$\Delta A_h=\left|(\overline{A}_h-\overline{A}_0)/\overline{A}_0\right|\times100\% \quad\cdots\cdots(8)$$

式中：

ΔA_h ——附加误差，%；

$\overline{A}_0$ ——基准条件下的初测示值平均值，单位为贝可(Bq)；

$\overline{A}_h$ ——经潮湿试验后的复测示值平均值，单位为贝可(Bq)。

5.14 电气安全试验

5.14.1 保护接地电阻

按 GB/T 19661.1—2005 的 5.4.3.4 规定进行试验。

5.14.2 绝缘电阻

按 GB/T 19661.1—2005 的 5.8 规定进行试验。

5.14.3 漏电流

按 GB/T 19661.1—2005 的 5.7.2～5.7.5 规定进行试验。

5.14.4 电介质强度

按 GB/T 19661.1—2005 的 5.6 规定进行试验。

5.15 包装运输试验

按 GB/T 8993—1998 附录 H 的规定进行试验。

6 检验规则

按 GB/T 10257—2001 核仪器和核辐射探测器质量检验规则的有关规定执行。如果系统外购的部件(如系统配备的计算机)是电气安全检验合格的产品,可不必重复做电气安全试验。

质量检验分型式检验和交收检验,其检验内容、要求和试验方法见表 6。

6.1 型式检验

型式检验按表 6 以及 GB/T 10257—2001 中 4.2.1 和第 5 章的相关规定进行。

6.2 交收检验

6.2.1 交收检验按表 6 以及 GB/T 10257—2001 中 4.2.2 和第 5 章的相关规定进行。

A 组检验分为 A1 组和 A2 组检验,均在标准试验或正常条件下进行。

6.2.2 对 A1 组检验,有一个检验项目不合格,该台产品则判为不合格品。每百台不合格数不大于 5 则判定为合格批,合格批中的不合格品应修复为合格品后,整批接收,转入 A2 组检验。被判为不合格批退回生产单位返修后重新交检。

6.2.3 对 A2 组检验采用抽样检验,按 GB/T 10257—2001 的规定,其抽样方案如下:

a) 采用一次正常检查抽样方案;
b) 检查水平(IL)采用特殊检查水平 S-1;
c) 每项合格质量水平 AQL＝4.0。

6.2.4 合格品的判定和检验结果的处置按 GB/T 10257—2001 中 5.6.2 及 5.7.2 的有关规定实施。

6.2.5 B 组、C 组和 D 组为抽样检验,抽样方案同 6.2.3。合格品的判定和检验结果的处置按

GB/T 10257—2001 中 5.6.2 和 5.7.2 的有关规定实施。

表 6　检验项目一览表

检验分组		项目序号	检验项目	型式检验	交收检验	要求	试验方法
A	A1	1	外观和机械性能	●	●	4.1	5.3
		2	相对固有误差	●	●	4.2	5.5
		3	重复性	●	●	4.2	5.6
		4	不稳定性	●	●	4.2	5.10
		5	电气安全	●	●	4.4	5.14
	A2	6	能量范围和测量核素	●	○	4.2	5.4
		7	测量范围下限值	●	○	4.2	5.7
		8	测量范围上限值	●	○	4.2	5.8
		9	非线性	●	○	4.2	5.9
B		10	工作高温	●	●	4.3	5.12
		11	贮存高温	●	○	4.3	5.12
		12	最大相对湿度	●	●	4.3	5.13
		13	工作低温	●	●	4.3	5.12
		14	贮存低温	●	○	4.3	5.12
C		15	包装运输	●	●	4.3	5.15
D		16	电源电压变化	●	○	4.3	5.11
注：●——必做项目；○——选做项目。							

7　标志、包装、运输、贮存、随行文件和日常检查

7.1　标志

产品应有下列标志：

——制造厂名称；

——商标；

——产品名称；

——产品型号；

——产品编号；

——制造日期；

——制造计量器具许可证标志和编号。

7.2　包装

活度计的外包装箱应有防雨、防潮、防震措施，仪器的特殊部件如探头等，允许另有单独包装箱；包装技术要求：按 EJ/T 1059—1998 执行。

7.3 运输

活度计在包装完妥的条件下，允许以汽车、火车、飞机、轮船等任意方式运输。

7.4 贮存

活度计应贮存在无强烈振动、冲击、电磁场、腐蚀性气体和通风良好的室内。

7.5 随行文件

出厂产品应有装箱单、出厂检验合格证和产品使用说明书。

7.6 日常检查

用户可根据需要配备半衰期长、活度适当的密封监督源用于日常仪器检查。有关监督源的要求见附录A(资料性附录)。

附 录 A
（资料性附录）
监督源的要求

A.1 质量

监督源的质量应符合 GB 4075—2009 的第 4 章、第 5 章、第 6 章有关质量的要求，密封监督源的外壳不得破损和污染，源不应有泄漏。

A.2 使用期限

监督源的使用期限不应少于 5 年，推荐使用约 4×10^6 Bq 的^{137}Cs 放射源。

A.3 包装

监督源的包装应符合 GB 11806—2004 第 7 章的要求，其包装表面和一定距离的最大剂量率以及表面污染不应超过允许规定。

A.4 标志

在源的外壳上应标明监督源的编号，并尽可能标明源的名称、标称活度值及监督源的生产日期。

在源的容器上应标明源的编号、名称及其标称活度值，同时应有 GB 11806—2004 中 6.12 规定的放射性符号和标志。

ICS 17.240
F 87

中华人民共和国国家标准

GB/T 10259—2013
代替 GB/T 10259—1998

液体闪烁计数器

Liquid-scintillation counting system

2013-02-07 发布 2013-07-01 实施

中华人民共和国国家质量监督检验检疫总局
中国国家标准化管理委员会 发布

前　言

本标准按GB/T 1.1—2009给出的规则起草。

本标准代替GB/T 10259—1998《液体闪烁计数系统》,与GB/T 10259—1998相比主要技术变化如下:

——将标准名称改为“液体闪烁计数器”,正文中所涉及的内容作相应修改;

——增加引言,简化第1章,将液体闪烁计数器的说明纳入引言;

——第2章“规范性引用文件”,使用最新文件并增加新的文件;

——术语和定义中“有机闪烁溶质”改为“闪烁物质”(见3.7);

——取消“额定使用条件”(见1998年版的4.3);

——修改了表1中Ⅱ、Ⅲ三级产品24 h不稳定性的指标要求(见4.3);

——“与影响量有关的技术特性”中,根据GB/T 8993—1998《核仪器环境条件与试验方法》中4.2.2 a)和4.2.6 e)、c)的环境条件分组规定,按其表1和表3.1的要求修改了本标准表3中“温度”和“相对湿度”两个影响量的额定范围;将“附加误差”改为“影响量误差”(见4.7);

——“标准试验条件”中,根据GB/T 8993—1998中表8的要求修改了本标准表4中“相对湿度”的标准试验条件和“环境辐射”的参考条件(见5.1.1);

——增加用标准偏差表示的重复性试验方法,将其写入附录A(资料性附录);

——增加仪器外表面的辐射安全要求和试验方法(见4.5.2及5.6.2);

——“检验规则”中,根据GB/T 10257—2001中5.1的要求修改了本标准表5中的试验顺序及分组(见第6章)。

本标准由国防科技工业局提出。

本标准由全国核仪器仪表标准化技术委员会(SAC/TC 30)归口。

本标准起草单位:西安核仪器厂。

本标准主要起草人:孙力平、杨妮莹、任敏。

本标准所代替标准的历次版本发布情况如下:

——GB 10259—1988、GB/T 10259—1998。

引　言

液体闪烁计数器是将待测放射性样品与闪烁溶液混合以测定该样品放射性活度的计数系统，其基本组成如下：

——由机械传动机构及其控制部分组成的样品传送机构；

——由样品测量室和光电倍增管等组成的辐射探测系统；

——由符合电路、放大器、脉冲幅度分析器和定时计数器等电子学线路组成的计数系统；

——数据处理系统。

液体闪烁计数器

1 范围

本标准规定了液体闪烁计数器的技术要求、试验方法、检验规则以及标志、包装、运输、贮存和随行文件。

本标准适用于液体闪烁计数器(以下简称为仪器)。

本标准不包括具有淬灭的未知样品的活度计算。

2 规范性引用文件

下列文件对于本文件的应用是必不可少的。凡是注日期的引用文件,仅注日期的版本适用于本文件。凡是不注日期的引用文件,其最新版本(包括所有的修改单)适用于本文件。

GB/T 191—2008 包装储运图示标志

GB/T 4078—2008 放射性测量用样品托盘、瓶子和试管的尺寸

GB/T 8993—1998 核仪器环境条件与试验方法

GB 9706.1—2007 医用电气设备 第1部分:安全通用要求

GB/T 10257—2001 核仪器和核辐射探测器质量检验规则

GB 11806—2004 放射性物质安全运输规程

GB 18871—2002 电离辐射防护与辐射源安全基本标准

GB/T 19661.2—2005 核仪器及系统安全要求 第2部分:放射性防护要求

3 术语和定义

下列术语和定义适用于本文件。

3.1

放射性检查样品 radioactivity check sample

经国家放射性计量部门认可的含特定放射性核素的液体闪烁溶液密封样品。

3.2

本底样品 background sample

不含放射性物质、无淬灭的液体闪烁溶液密封样品。

3.3

计数道 counting channel

由脉冲幅度分析器的上、下阈值所规定的脉冲幅度范围。

3.4

探测效率 detection efficency

仪器的测量值与被测检查源活度之间的关系。

3.5

本底计数率 background counting rate

测量本底样品时,仪器记录的计数率。

3.6

闪烁物质　scintillating material

在电离辐射作用下,能以闪烁方式发出光辐射的物质。

3.7

闪烁溶液　liquid-scintillation solution

由有机溶剂(或溶剂混合物)和一种或多种有机闪烁物质组成的溶液。

3.8

淬灭样品　quenched sample

带有减少光输出因素的样品。

3.9

无淬灭样品　unquenched sample

对光输出因素的影响可忽略的样品。

4　技术要求

4.1　外观

各种标志应醒目、清晰和牢固;表面涂覆层应牢固、光滑,不应有锈蚀、裂纹、涂层剥落;紧固件不应有松动等现象。

4.2　机械特性

样品瓶的尺寸应符合 GB/T 4078—2008 第 4 章的规定。

样品测量室应易于去污;样品传动机构运行应灵活、平稳,到位准确。

4.3　本底计数率、探测效率和 24 h 不稳定性

仪器在 5.1.1 规定的标准试验条件下,测量^{3}H放射性核素时,按本底计数率、探测效率和 24 h 不稳定性等技术要求可分Ⅰ、Ⅱ、Ⅲ三级,具体要求见表 1。

表 1　液体闪烁计数器的本底计数率、探测效率和 24 h 不稳定性

液体闪烁计数器的分级	项目及其要求		
	在^{3}H计数道的探测效率/%	在^{3}H计数道的本底/min^{-1}	24 h 不稳定性/%
Ⅰ级	≥60	≤20	≤3
Ⅱ级	≥50	≤30	≤4
Ⅲ级	≥40	≤50	≤5

注:对探测其他放射性核素的技术要求,由企业标准规定;为了减少死时间对测量的影响,所采用的放射性检查样品的活度不应大于 1×10^{4} Bq。

4.4　重复性

仪器测量值的重复性采用 χ^2 检验法,测量 10 次～21 次,其 χ^2 检验值应在表 2 相应的测量次数的 χ^2 值范围内。

表 2 χ^2 检验值

测量次数 n	概率		测量次数 n	概率	
	0.95	0.05		0.95	0.05
10	3.325	16.919	16	7.261	24.996
11	3.940	18.307	17	7.962	26.296
12	4.565	19.675	18	8.682	27.587
13	5.226	21.026	19	9.390	28.869
14	5.892	22.362	20	10.117	30.144
15	6.571	23.685	21	10.851	31.410

4.5 安全特性

4.5.1 电气安全

4.5.1.1 概述

仪器应符合 GB 9706.1—2007 中的Ⅰ类 B 型设备的要求。

4.5.1.2 接地电阻

接地电阻要求如下：

a) 对于带有可拆卸电源软电缆的液体闪烁计数系统，其电源输入插座中的保护接地点与为保护目的而同该接点相连的任何其他部分之间的阻抗不应大于 0.1 Ω；

b) 对于带有不可拆卸电源软电缆的液体闪烁计数系统，其电源输入插头中的保护接地点与为保护目的而同该接点相连的任何其他部分之间的阻抗不应大于 0.2 Ω。

4.5.1.3 漏电流

漏电流要求如下：

a) 对地漏电流，在正常状态下不大于 0.5 mA；单一故障状态下不大于 1 mA。

b) 外壳漏电流，在正常状态下不大于 0.1 mA；单一故障状态下不大于 0.5 mA。

4.5.1.4 电介质强度

在网电源部分与设备机身之间加 50 Hz、1 500 V 的交流试验电压，历时 1 min，不得发生闪络或击穿。

4.5.2 辐射安全

对带有淬灭校正用放射源或带有 γ 检查源的液体闪烁计数器要求如下：

a) 仪器外表面的周围剂量当量率不应超过 0.25 μSv/h；

b) 距源容器外表面 5 cm 处的周围剂量当量率不应超过 7.5 μSv/h。

4.6 与影响量有关的技术特性

仪器环境条件的分组及环境参数分别按 GB/T 8993—1998 中 4.2.2 a)和 4.2.6 c)、e)的规定执行。

液体闪烁计数器的影响量误差见表 3。在任何试验条件下，本底计数率应在等级要求范围内。

表 3 液体闪烁计数器的影响量误差

影响量	额定值		允差	技术要求
温度	额定使用范围	10 ℃～35 ℃	高温±2 ℃ 低温±3 ℃	对 3 H 探测效率的影响量误差小于或等于 2%
	贮存范围	−5 ℃～+40 ℃		恢复正常温度后，探测效率等级不变
相对湿度	最大相对湿度	75%(30 ℃)		对 3 H 探测效率的影响量误差小于或等于 2%
电源电压	交流电压 220 V(频率 50 Hz)		$^{+10}_{-12}\%$	对 3 H 探测效率的影响量误差小于或等于 2%，本底应在等级要求范围内
包装运输	三级公路 距离 200 km～250 km 运输车速 25 km/h～40 km/h			仪器包装不能有变形和损坏；仪器不能有紧固件松动与机械损坏；探测效率等级不变

5 试验方法

5.1 一般要求

5.1.1 标准试验条件

仪器通常在标准试验条件下进行试验，在不产生异议时，可在正常大气条件下进行试验；当进行与影响量有关的试验时，该影响量则需要变化；参考条件、标准试验条件和正常大气条件见表 4。

表 4 参考条件、标准试验条件和正常大气条件

影响量	参考条件	标准试验条件	正常大气条件
环境温度	20 ℃	18 ℃～22 ℃	15 ℃～35 ℃
相对湿度	65%	50%～75%	45%～75%
大气压力	101.3 kPa	86 kPa～106 kPa	86 kPa～106 kPa
电源电压	AC220 V	(1±1%)220 V	
电源频率	50 Hz	(1±1%)50 Hz	
电源波形	正弦波	总谐波畸变小于 5%	
环境 γ 辐射	空气中吸收剂量率为 0.1 μGy/h	空气中吸收剂量率小于 0.25 μGy/h	
外界电磁场	可忽略	小于引起干扰的最低值	
外界磁感应	可忽略	小于地磁场引起干扰的 2 倍	
放射性沾污	可忽略	可忽略	

5.1.2 预热时间

试验前仪器应预热 30 min。

5.1.3 放射性检查样品和本底样品的基本要求

5.1.3.1 放射性检查样品或本底样品的容器应密封良好，采用低本底的材料(如低钾玻璃材料)做成。

5.1.3.2 放射性检查样品的有效期除制造商另有规定外，不应超过 5 个半衰期或 5 年(取其较短时间)。

5.1.3.3 采用短寿命放射性核素检查样品(例如 ^{125}I 等)时为了便于比较，测量数据应按式(1)进行修正：

$$A = A_0 e^{-\lambda t} \tag{1}$$

式中：

A ——校正后的活度，单位为贝可(Bq)；

A_0 ——标定时的活度，单位为贝可(Bq)；

λ ——放射性衰变常数；

t ——测量时与标定时之间的时间间隔，单位与半衰期的单位一致。

5.1.3.4 当计数时间是被测放射性核素半衰期的一个可比较的部分时，测量开始时的计数率 $R_{t=0}$ 可根据测得的计数率 R_{obs} 按式(2)计算：

$$R_{t=0} = R_{obs} \frac{\lambda t_c}{(1 - e^{-\lambda t_c})} \tag{2}$$

式中：

t_c ——样品测量所用的时间，单位为秒(s)。

5.1.3.5 放射性检查样品和本底样品应存放于温度为 5 ℃～30 ℃且避光的地方。

5.1.3.6 被测样品，特别是本底样品应防止其他放射性物质的污染。

5.2 外观

外观采用目测法或演示法进行检查。

5.3 机械特性

样品瓶的尺寸用卡尺测量。其他机械特性用目测法检查。

如果是多个样品的自动连续换样系统，则应在其样品运载器上全部装上样品瓶，进行自动连续换样并测量一个循环。样品数量少于 50 个的系统，按 50 个样品瓶检测。

5.4 本底计数率、探测效率和 24 h 不稳定性

5.4.1 本底计数率

按制造商规定的 ^3H 道测量要求，测量本底样品三次，每次 10 min，算出平均计数率 B，即仪器 ^3H 计数道的本底计数率。

5.4.2 探测效率

按制造商规定的 ^3H 道测量要求，用一个已知 ^3H 放射性活度为 $A(1\times10^3$ Bq ～5×10^3 Bq)的放射性检查样品进行测量，测量时间使累积计数不少于 10^5，连续测量 5 次，减去本底，计算出样品净计数率的平均值 $\bar{R}$，计数器的探测效率 E 按式(3)中计算：

$$E = \frac{\bar{R}}{A} \times 100\% \tag{3}$$

式中：

E ——探测效率，%；

$\bar{R}$ ——测量放射性检查样品扣除本底后净计数率的平均值，单位为每秒(s^{-1})；

A ——放射性检查样品中放射性核素的活度，单位为贝可(Bq)。

5.4.3 24 h 不稳定性

仪器在标准试验条件下，连续工作 24 h。在本项测试开始时且以后每隔 6 h 测量一次，共测量五次，按 5.4.2 的方法，测量计数器在 ^3H 计数道的 ^3H 探测效率 E_i。计数器在连续工作 24 h 探测效率的不稳定性 IS 按公式(4)计算：

$$IS=\frac{|E_i-E_0|_{max}}{E_0}\times 100\% \quad \cdots\cdots(4)$$

式中：

IS ——24 h 不稳定性，%；

E_i ——第 i 次测量的探测效率，%，$i=1,2,3,\cdots n$；

E_0 ——初次测量的探测效率，%。

5.5 重复性

选择活度为 1×10^3 Bq～5×10^3 Bq 的放射性检查样品，按 5.4.2 的方法调整好计数系统，共测量 n 次，每次测量 1 min 得到计数 N_i，按式(5)计算 χ^2 检验值，其数值应在表 2 规定的范围之内。

$$\chi^2=\frac{1}{\bar{N}}\sum_{i=1}^{n}(N_i-\bar{N})^2 \quad \cdots\cdots(5)$$

式中：

n ——测量次数，$n=10\sim21$；

N_i——第 i 次测量的计数值，$i=1,2,3\cdots n$；

$\bar{N}$ ——n 次测量计数值的平均值。

另一种用标准偏差表示重复性的试验方法参见附录 A。

5.6 安全特性

5.6.1 电气安全检查

5.6.1.1 接地电阻测量，按 GB 9706.1—2007 中第 18 章 f)的规定执行。

5.6.1.2 对地漏电流和外壳漏电流的测量，分别按 GB 9706.1—2007 中 4.10 以及 19.4f)、g)的规定执行。

5.6.1.3 电介质强度试验，按 GB 9706.1—2007 中 4.10 和 20.4 的规定执行。

5.6.2 辐射安全检查

根据 GB/T 19661.2—2005 中第 8 章的规定，使用合适的剂量测量仪器，测量仪器外表面的周围剂量当量率不应超过 0.25 μSv/h；测量距源容器外表面 5 cm 处的周围剂量当量率，不应超过 7.5 μSv/h (7.5 μGy/h)。

5.7 影响量试验

5.7.1 影响量试验的项目及顺序见表 5 的 B 组、C 组及 D 组。环境试验中液体闪烁计数系统的温度稳定(热平衡)时间选用 2 h，实验样品温度达到稳定后，低温(或高温)条件所需持续时间选用 4 h，降温(或升温)的平均速率不应超过 1 ℃/min，恒定湿热试验的持续时间选用 24 h。

5.7.2～5.7.5 各项试验的具体测量按 5.4.1 和 5.4.2 的方法进行，其影响量误差 e_a 按式(6)计算：

$$e_a=\frac{|x_0-x_i|_{max}}{x_0}\times 100\% \quad \cdots\cdots(6)$$

式中：

e_a ——影响量误差，%；

x_0 ——在参考条件或标准试验条件下测量的性能特性值；

x_i ——仅某个影响量在额定条件(包括最高和最低)下测量的性能特性值。

5.7.2 低温(包括额定使用和贮存)试验按 GB/T 8993—1998 中附录 A 的规定执行。

5.7.3 高温(包括额定使用和贮存)试验按 GB/T 8993—1998 中附录 B 的规定执行。

5.7.4 恒定湿热试验按 GB/T 8993—1998 中附录 D 的规定执行。

5.7.5 交流供电电源电压变化试验:电源频率为额定值,电源电压在额定值的+10%~-12%内变化,其影响量误差小于或等于 2%。

5.7.6 包装运输试验按 GB/T 8993—1998 中附录 H 的规定执行,或在试验室内用颠振试验台进行。

6 检验规则

6.1 概述

仪器的质量检验分为型式检验和交收检验。各检验项目与顺序按表 5 规定进行。

表 5 液体闪烁计数器检验项目一览表

试验分组		项目序号	检验项目	型式检验	交收检验	技术要求章条号	试验方法章条号
A	A1	1	外观	●	●	4.1	5.2
		2	机械特性	●	●	4.2	5.3
		3	本底计数率	●	●	4.3	5.4.1
		4	探测效率	●	●	4.3	5.4.2
		5	电气安全	●	●	4.5.1	5.6.1
	A2	6	辐射安全	●	●	4.5.2	5.6.2
		7	重复性	●	●	4.4	5.5
		8	24 h 不稳定性	●	●	4.3	5.4.3
B		9	额定高温	●	●	4.6	5.7.3
		10	贮存高温	●	○	4.6	5.7.3
		11	恒定湿热	●	●	4.6	5.7.4
		12	额定低温	●	●	4.6	5.7.2
		13	贮存低温	●	○	4.6	5.7.2
C		14	包装运输	●	●	4.6	5.7.6
D		15	电源电压变化	●	●	4.6	5.7.5
注:●——必做项目;○——选做项目。							

6.2 型式检验

型式检验按表 5 以及 GB/T 10257—2001 中 4.2.1 和第 5 章的相关规定进行。

6.3 交收检验

6.3.1 交收检验按表 5 以及 GB/T 10257—2001 中 4.2.2 和第 5 章的相关规定进行。

A 组检验分为 A1 组和 A2 组检验,均在标准试验或正常条件下进行。

6.3.2 对 A1 组检验,有一个检验项目不合格,该台产品则判为不合格品。每百台不合格数不大于 5 则判定为合格批,合格批中的不合格品应修复为合格品后,整批接收,转入 A2 组检验。被判为不合格批退回生产单位返修后重新交检。

6.3.3 对A2组检验采用抽样检验，按GB/T 10257—2001的规定，其抽样方案如下：

a) 采用一次正常检查抽样方案；

b) 检查水平(IL)采用特殊检查水平S-1；

c) 每项合格质量水平AQL=4.0。

合格品的判定和检验结果的处置按GB/T 10257—2001中5.6.2及5.7.2的有关规定实施。

6.3.4 B组、C组和D组为抽样检验，抽样方案同6.3.3。合格品的判定和检验结果的处置按GB/T 10257—2001中5.6.2和5.7.2的有关规定实施。

7 标志、包装、运输、贮存和随行文件

7.1 标志

仪器的外部应有产品型号、产品名称、商标、制造厂名、生产编号、出厂日期、设备安全分类等铭牌标志，标志应清晰易认。

供电连接处(交流电源输入插座)应标明电源类别和输入功率。总电源开关应清楚地标明其“通”与“断”的位置。

外部能触及到的熔断器，应在熔断器旁标明额定电流。

外露的调节旋扭和开关的各个档位以及信号插座，应以数字、文字或其他直观方式标明其名称或功能。

包装箱上应有“精密仪器”、“小心轻放”、“禁止倒置”、“严禁雨淋”等标志，其图形应符合GB/T 191—2008中的规定。

7.2 包装

包装设计应保证在规定的运输和贮存条件下防震、防潮。仪器的特殊部件允许单独包装，包括使用内包装和外包装。仪器如带有非豁免放射性物质，其包装应遵守GB 11806—2004第7章的规定，放射性标志应符合GB 18871—2002附录F的规定。

7.3 运输

在包装条件下，允许以汽车、火车、轮船、飞机等方式运输。仪器如带有非豁免放射性物质，运输应遵守国家相关法规。

7.4 贮存

仪器应在规定的温、湿度范围内，在无酸碱等有害气体侵蚀的条件下贮存。

7.5 随行文件

随产品出厂的放射性检查样品应有技术参数和检定证书(复印件)。

出厂产品应有装箱单、出厂检验合格证和产品使用说明书。

附 录 A
（资料性附录）
标准偏差表示重复性的试验方法

若一组进行 n 次测量，其重复性以单次测量的标准偏差表示。按式(A.1)计算：

$$S=\frac{1}{\overline{N}}\frac{\sqrt{\sum_{i=1}^{n}(N_i-\overline{N})^2}}{n-1}\times 100\% \qquad \cdots\cdots(A.1)$$

式中：

S ——n 次测量的重复性，%；

N_i——第 i 次测量的读数值，$i=1,2,3\cdots n$；

$\overline{N}$ ——n 次测量的算术平均值。

用一个已知 ^3H 放射性活度为 $A(1\times10^3\ Bq\sim5\times10^3\ Bq)$ 的放射性检查样品进行测量，测量时间使累积计数不少于 10^5，连续测量 10 次，按式(A.1)计算单次测量值的标准偏差。

重复性用标准偏差表示时，其结果在表 1 的分级条件下应满足：Ⅰ级产品不应大于 2%、Ⅱ级产品不应大于 3%、Ⅲ级产品不应大于 5%。

参 考 文 献

[1] GB/T 20001.2—2001 标准编写规则 第2部分:符号
[2] GB/T 4960.6—2008 核科学技术术语 第6部分:核仪器仪表
[3] GB/T 17857—1999 医用放射学术语(放射治疗、核医学和辐射剂量学设备)
[4] EJ/T 1050—2012 核仪器图形符号、文字代号和参数符号

ICS 97.140
Y 80

中华人民共和国国家标准

GB/T 10357.1—2013
代替 GB/T 10357.1—1989

家具力学性能试验 第1部分:桌类强度和耐久性

Test of mechanical properties of furniture—Part 1:Strength and durabilty of tables

2013-10-10 发布　　2014-05-01 实施

中华人民共和国国家质量监督检验检疫总局
中国国家标准化管理委员会　发布

前　言

GB/T 10357《家具力学性能试验》分为八个部分：

——第1部分：桌类强度和耐久性；

——第2部分：椅凳类稳定性；

——第3部分：椅凳类强度和耐久性；

——第4部分：柜类稳定性；

——第5部分：柜类强度和耐久性；

——第6部分：单层床强度和耐久性；

——第7部分：桌类稳定性；

——第8部分：充分向后靠时具有倾斜和斜倚机械性能的椅子和摇椅稳定性。

本部分为GB/T 10357的第1部分。

本部分按GB/T 1.1—2009给出的规则起草。

本部分代替GB/T 10357.1—1989《家具力学性能试验　桌类强度和耐久性》。

本部分与GB/T 10357.1—1989相比，主要技术变化如下：

——修改了标准名称，使标准名称与标准编号保持一致性；

——修改了试验设备的要求，增加了试验设备加载时的要求；

——修改了加载垫的要求；

——增加了非试验的推拉构件加载要求；

——删除了推拉构件和门的强度和耐久性试验要求；

——修改了测量精度要求，增加了角度、加载垫位置精度要求；

——增加了桌面为不规则形状时的桌面水平静载荷试验方法；

——增加了桌面为不规则形状时的桌面水平耐久性试验方法。

请注意本文件的某些内容可能涉及专利。本文件的发布机构不承担识别这些专利的责任。

本部分由中国轻工业联合会提出。

本部分由全国家具标准化技术委员会(SAC/TC 480)归口。

本部分起草单位：上海市质量监督检验技术研究院(国家家具质量监督检验中心)、广东联邦家私集团有限公司、国家家具及室内环境质量监督检验中心、浙江省家具与五金研究所、江西金虎保险设备集团有限公司。

本部分主要起草人：高建卫、张磊、汪进、许俊、周山林、罗炘、范红伟、熊波林。

本部分所代替标准的历次版本发布情况为：

——GB/T 10357.1—1989。

家具力学性能试验
第1部分：桌类强度和耐久性

1 范围

GB/T 10357的本部分规定了桌类强度和耐久性试验方法。

本部分适用于家庭、宾馆、饭店等场合使用的各种桌类家具。

2 规范性引用文件

下列文件对于本文件的应用是必不可少的。凡是注日期的引用文件，仅注日期的版本适用于本文件。凡是不注日期的引用文件，其最新版本(包括所有的修改单)适用于本文件。

GB/T 10357.5—2011 家具力学性能试验 第5部分：柜类强度和耐久性

3 一般试验条件

3.1 试件

试件应为完整组装的出厂成品，并符合产品设计图纸的要求。

拆装式家具应按图纸要求完整组装；组合式家具如有数种组合方式，则应按最不利于强度试验和耐久性试验的方式组装。

如果厂家未提供家具的安装或是装配说明，检测时装配的方式需被记录在检测报告中。

所有五金连接件在试验前应安装牢固。试验过程中不能再次紧固，除非生产商有特殊要求。

采用胶连接方法制成的试件，从制成后到试验前，应至少在室内环境下连续存放7 d后才能进行检测。

3.2 试验环境

标准试验环境的温度为15 ℃～25 ℃，相对湿度为40%～70%。

3.3 加载要求

静载强度试验时，加载速度应尽量缓慢，确保附加动载荷小到可忽略不计的程度；耐久性试验时，加载速度应缓慢，确保试件无动态发热。

3.4 非试验推拉构件载荷要求

如无特别说明，试件所有非试验的推拉构件在试验时均需要均匀加载，加载要求按照GB/T 10357.5—2011的表1进行。

3.5 试验过程要求

试件应按本部分规定的试验步骤进行有关各项试验，耐久性试验可分别在不同的试件上进行；强度试验应在同一试件上进行。

如因试件结构特殊不符合试验步骤，则试验尽可能按本部分规定的试验步骤进行，有关差异应记录在试验报告中。

如要测定产品的使用寿命，试验应逐级通过各试验水平，直至试件破坏为止。

如要检查产品的力学性能指标是否符合规定要求，则试验可直接按相应等级的试验水平进行。

3.6 精度

如无其他规定，小于 1 m 的尺寸测量偏差为±0.5 mm，大于等于 1 m 的尺寸测量应精确到±1 mm；力的测量应精确到±5%；质量的测量应精确到±1%；角度的测量精确到±2°；加载垫的位置误差在±5 mm。

4 试验设施

4.1 加载设备

4.1.1 试验所用的加载设备应能保证对试件正确加载。

4.1.2 加载设备是可以提供垂直或水平的加载力，该力可以是给定的，也可以是逐渐增加的。该设备不应阻碍试件的移动。水平加载设备产生的力应可以在需要时与水平线成角度倾斜。

4.2 加载垫

直径为 100 mm 的刚性扁平圆形物体，其加载面周边倒圆半径为 12 mm。加载时加载垫的质量应计算在内。

4.3 载荷

标准砝码或经校准的金属块。如使用内装铅丸的织物布袋，应将铅丸布袋分割成小块，避免试验期间铅丸移动。如果使用金属块，前排金属块应与试件表面前部边缘平齐。

4.4 挡块

用来防止试件移动，但不能限制试件倾翻的装置，其高度不大于 12 mm。如因试件结构特殊，允许使用较高的尺寸，但其最大高度应以刚好能防止试件移动为宜。当挡块高度大于 12 mm 时，挡块的实际高度需被记录到报告中。

4.5 冲击器

冲击器由圆柱体、螺旋压缩弹簧组件和冲击头三部分组成。

圆柱体的直径为 200 mm，它通过螺旋压缩弹簧组件与冲击头相连接，并能沿着冲击头（中心区域）轴线作相对运动。

圆柱体加上有关附件（不计弹簧）的质量为（17±0.1）kg；整个冲击器的质量（包括螺旋压缩弹簧组件和冲击头）为（25±0.1）kg。

螺旋压缩弹簧组件的额定弹性系数应为（6.9±1）N/mm，可相对运动部分总的摩擦力应为 0.25 N～0.45 N。螺旋压缩弹簧组件的预压缩力为（1 040±0.45）N，其可再压缩量不应小于 60 mm。

冲击头加载面覆以皮革材料，内装干燥细砂，外形扁平（见图 1）。

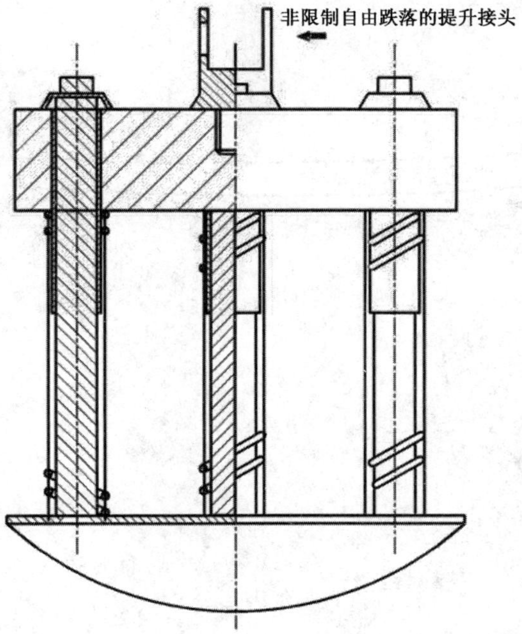

图 1　冲击器

4.6　试验位置地面要求

试验地面应水平、平整,表面覆以层积塑料板或类似材料。

5　试验步骤

5.1　强度试验

5.1.1　垂直静载荷试验

5.1.1.1　主桌面垂直静载荷试验

高度可调的试件应将其调至最高的位置。

试验前在桌面易于发生破坏的位置,按表中所规定的力,通过加载垫,垂直向下重复施加 10 次(见图 2),每次加力至少应保持 10 s。

如果桌面有几个易于发生破坏的位置,则应在每个位置上加力 10 次,但最多只能选 3 个位置加力。

如果易于发生破坏的位置不明显,则最多选择 4 个任意位置加载。

试验结束后,测量经过加载的桌子整体结构的最大挠度值,并按第 6 章规定评定缺陷。

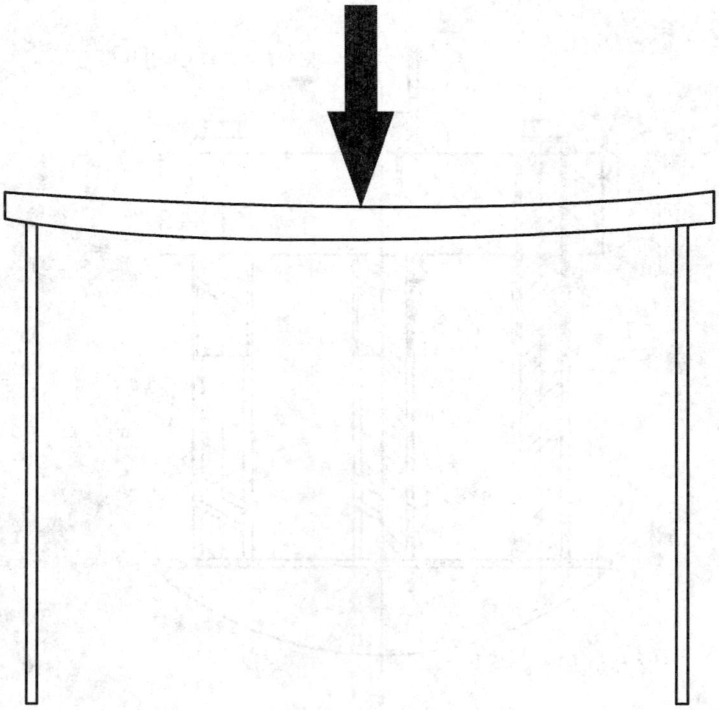

图 2 主桌面垂直静载荷试验

5.1.1.2 副桌面垂直静载荷试验

副桌面指桌类家具上可向外伸展的延伸桌面部分。不需要时,此部分可收折起来。

按表 1 中规定的力,通过加载垫,按 5.1.1.1 的方法试验副桌面(见图 3)。如果试验时桌子可能发生倾翻,则适当加载主桌面,使桌子保持平衡。

试验结束后,测量经加载的副桌面和桌子整体结构的最大挠度值,并按第 6 章规定评定缺陷。

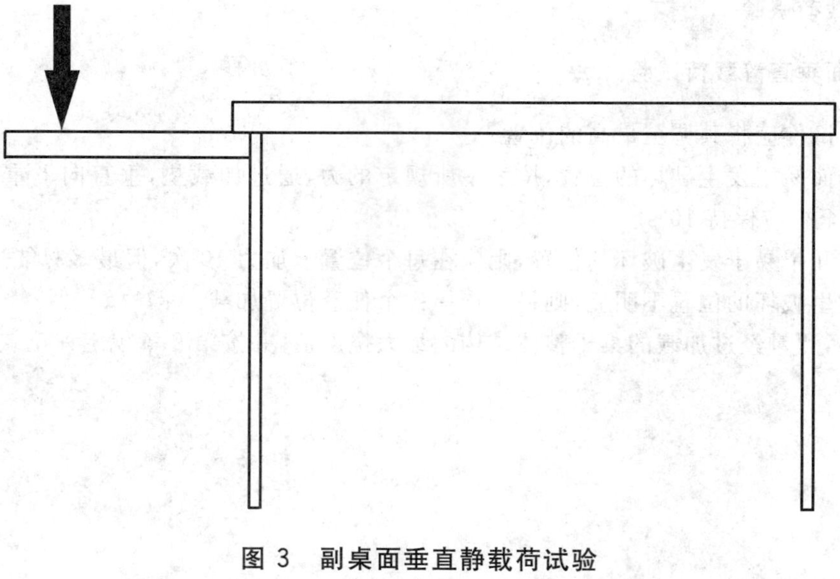

图 3 副桌面垂直静载荷试验

5.1.1.3 桌面持续垂直静载荷试验

按表 1 中规定的力在桌面均布加载 7 d。

在加载前和加载 7 d 后尚未卸载荷时，测量桌面的挠度，并按二支承间跨距的百分比记录挠度值。挠度值精确到 0.1。

试验结束后，检查桌子的整体结构，并按第 6 章规定评定缺陷。

5.1.2 水平静载荷试验

高度可调的试件应将其调至最高的位置。

用挡块围住施加水平力一侧的桌腿，如果桌子装有脚轮，应用挡块限制脚轮活动。把平衡载荷均布加载在桌面上，载荷质量应以刚好能防止桌子在试验时倾翻为宜，但最重不能超过 100 kg。然后把表 1 中规定的力，施加在一侧桌腿连线的中垂线上。

当桌面为矩形时，如图 4a)，用挡块围住腿 1 和腿 2，水平载荷施加方向为 a，水平加力 10 次，每次加力应该至少保持 10 s。如果桌面均布载荷达 100 kg，试验时桌子仍会倾翻，则应把所加的力减小到刚好不致使桌子倾翻的程度，并记录实际所加的力。在第一次和最后一次加载及卸载时，分别测量加载点的位移值 e，见图 4c)。挡块不动，在部位 b 加力 10 次，并测量位移值 e。用挡块围住腿 2 和腿 3，重复上述试验步骤，分别试验和测量加载部位 c 和 d。在试验前和试验后，分别检查桌子的损坏程度，并按第 6 章规定评定缺陷。

当桌面为不规则形状时，如图 4b)，择取桌子的四条腿为施加水平力的位置和方向的依据，择取桌腿时应选择最不利于桌类强度的情况，按照矩形桌面的试验过程，分别试验和测量加载部位 a、b、c、d，如图 4b)，在试验前和试验后，分别检查桌子的损坏程度，并按第 6 章规定评定缺陷。

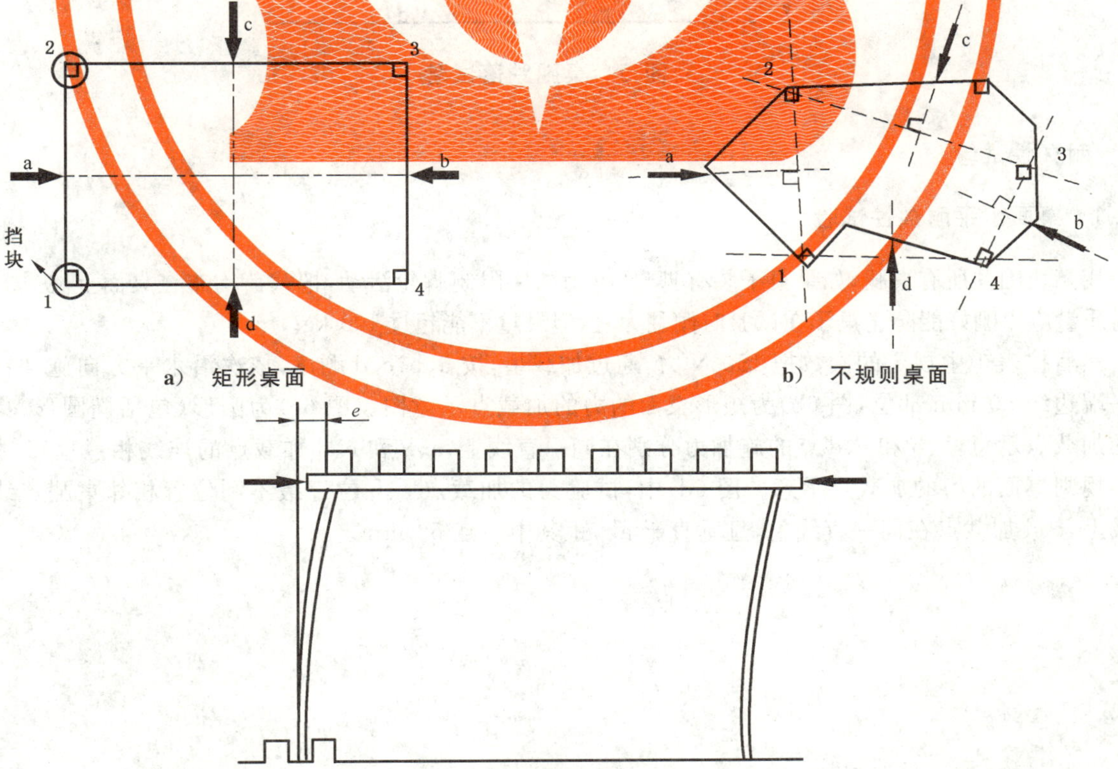

a) 矩形桌面　　b) 不规则桌面

c) 桌面水平位移量测量

图 4 水平静载荷试验

5.1.3 桌面垂直冲击试验

按表1中规定的高度，即冲击器底面距被试桌面的垂直高度，使冲击器(见图1)自由跌落，分别冲击支承桌面部位和桌面跨距中心部位各一次。

试验结束后，检查桌子的整体结构，并按第6章规定评定缺陷。

5.1.4 桌腿跌落试验

将任意一腿端部或长方形桌子窄向的一腿端部提升到表1中规定的高度 f，自由跌落10次(见图5)。层叠式桌子仅对一腿做跌落试验，受试一腿端部与对角一腿端部的连线同地面夹角为20°。

试验结束后，检查桌子的整体结构，并按第6章规定评定缺陷。

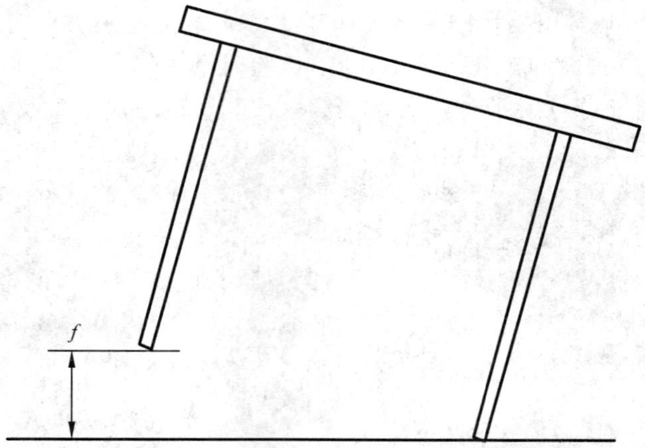

图5 桌腿跌落试验

5.2 耐久性试验

5.2.1 桌面水平耐久性试验

用挡块围住所有桌腿，如果桌子装有脚轮，应用挡块限制脚轮活动，把载荷均布在桌面上[见图6a)]，载荷质量应以刚好能防止桌子在试验时倾翻为宜，但最重不能超过100 kg。

然后按表1中规定的次数把150 N力，通过加载垫，按a、b、c、d顺序，依次沿水平方向施加在桌面距一端边缘50 mm部位，图6b)为矩形桌面的力的加载点示意图。图6c)为圆形(包括椭圆形)桌面的力的加载点示意，a、b和c、d点的施加力分别在同一直线上，a、b和c、d加载点的连线相互垂直；图6d)为不规则桌面的力的加载点示意。图6d)中，试验力的加载点a、b位于最不利位置相邻桌腿连线的中垂线上，c、d加载点在同一直线上，且垂直于ab，距其中一点50 mm。

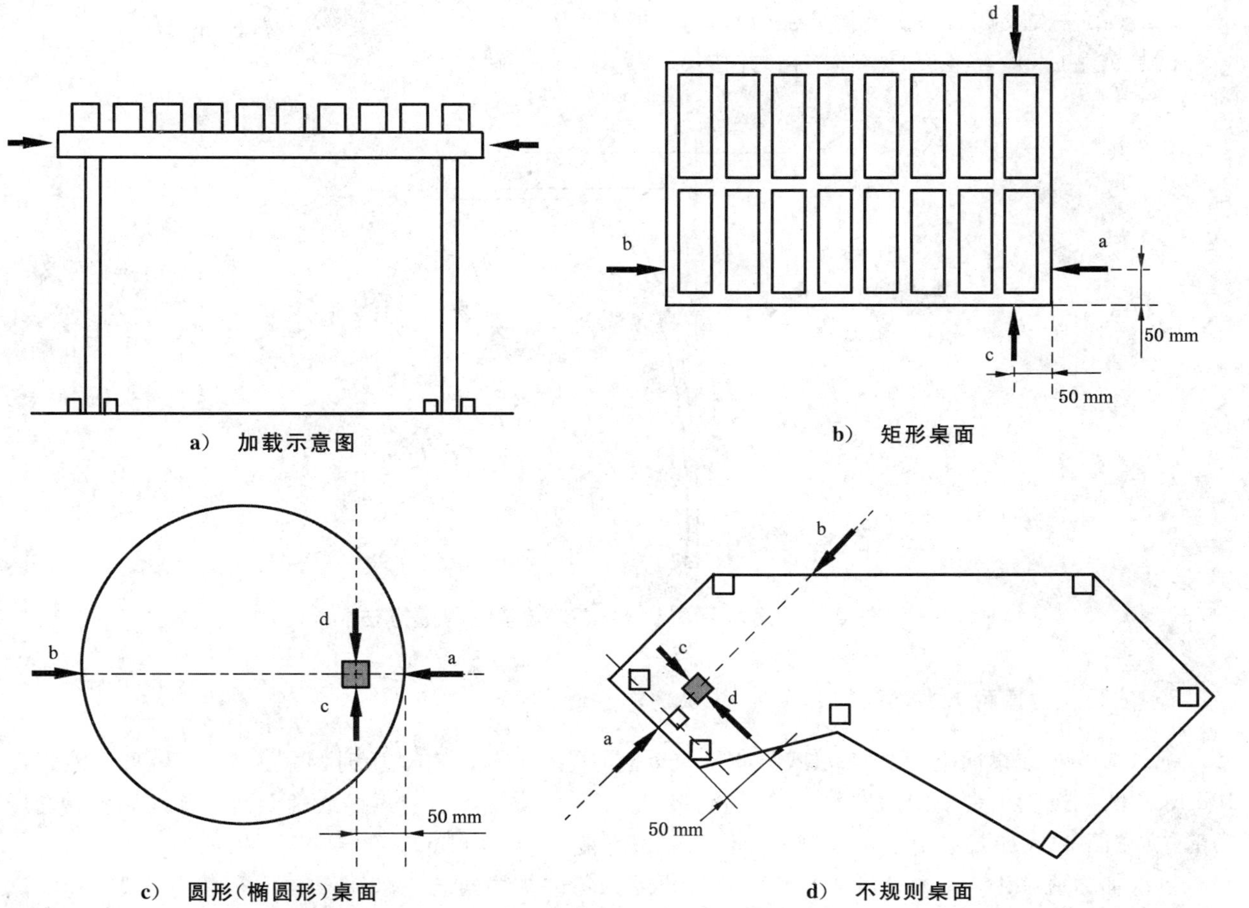

图 6 桌面水平耐久性试验

每次加力应在不小于 1 s 的时间内完成从零到 150 N 再返回到零的加载过程。每次循环(a—b—c—d)的累计延续时间至少为 2 s。为便于在加载期间测量试件结构的位移值,每个力保载的最长持续时间应为 1 min。如果桌面均布载荷达 100 kg,试验时桌子仍会倾翻,则应把所加载荷减少到刚好不致使桌子倾翻的程度,并记录实际所加的载荷。如果主桌面一端附有一个副桌面,在主、副桌面上均布的平衡载荷总计质量不能超过 100 kg(见图 7)。

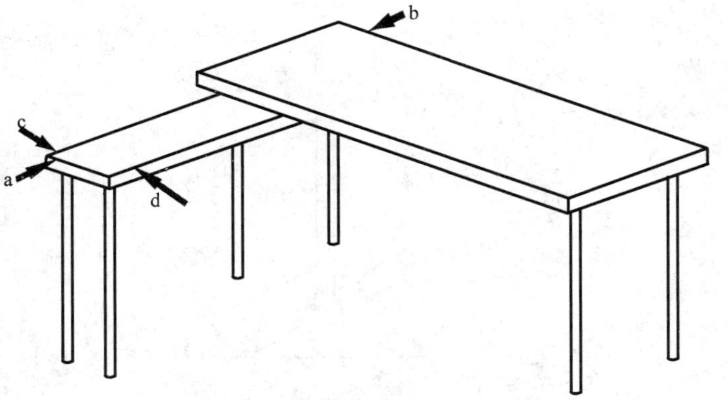

图 7 副桌面水平耐久性试验

在第一次循环及最后一次循环加载和卸载时,分别测量加载部位的位移值 e(见图 8),e 值的精度为

0.1 mm。第一次及最后一次的循环加力和卸力的时间为 10 s。

试验结束后，检查桌子的整体结构，并按第 6 章规定评定缺陷。

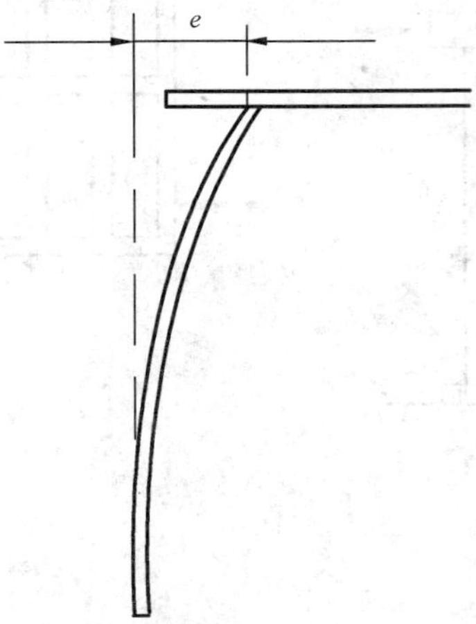

图 8　桌面水平耐久性试验位移值测量方法

5.2.2　独腿桌垂直耐久性试验

把载荷均布在桌面上(见图 9)，载荷质量应以刚好能防止桌子在试验时倾翻为宜，但最重不能超过 100 kg。然后按表 1 中规定的次数，通过加载垫，把 150 N 力施加在主桌面或副桌面上预计最容易变形的部位(见图 9)。加载垫中心位置离桌面任何一边不能小于 50 mm。

每次加力应在约 1 s 内完成从零到 150 N 再返回零的加力过程。如果桌面均布载荷达 100 kg，试验时桌子仍会倾翻，应把力减小到刚好不致使桌子翻倒的程度，然后按减小的力进行试验，并记录实际所加的力。

在第一次和最后一次加力时，测量桌面偏离水平线的挠度值 e(见图 9)。第一次和最后一次加力至少保载 10 s。

试验结束后，检查桌子的整体结构，并按第 6 章规定评定缺陷。

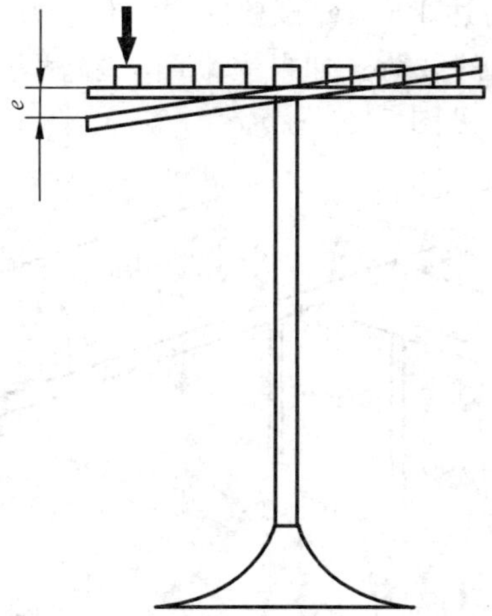

图 9　独脚桌垂直耐久性试验

表 1 试验项目水平说明汇总表

试验项目			要求	试验水平				
				1	2	3	4	5
5.1 强度试验	5.1.1 垂直静载荷试验	5.1.1.1 主桌面垂直静载荷试验	力/N 10 次	500	750	1 000	1 250	2×900[a]
		5.1.1.2 副桌面垂直静载荷试验	力/N 10 次	125	250	350	500	750
		5.1.1.3 桌面持续垂直静载荷试验	载荷/(kg/dm^2) 7 d	1.0	1.0	1.5	2.0	2.5
	5.1.2 水平静载荷试验（最大平衡载荷为 100 kg）		力/N 10 次	175	300	450	600	900
	5.1.3 桌面垂直冲击试验		跌落高度/mm 2 次	—	80	140	180	240
	5.1.4 桌腿跌落试验		跌落高度/mm 10 次	100	150	200	300	600
5.2 耐久性试验	5.2.1 桌面水平耐久性试验（最大平衡载荷为 100 kg）		循环次数/次 力/150 N	5 000	10 000	15 000	30 000	60 000
	5.2.2 独腿桌垂直耐久性试验（最大平衡载荷为 100 kg）		循环次数/次 力/150 N	500	2 500	10 000	30 000	60 000
注：试验水平选择参见附录 A。								
[a] 这两个力的加力中心应间隔 500 mm。								

6 试验结果评定

试验开始前，应实测试件的外形尺寸，仔细检查试件的质量，记录零、部件和结合部件缺陷（主要用来区别试件经试后产生的缺陷）。

试验结束后，重新测量试件的外形尺寸，检查试件的质量，并按下列要求评定试验结果：

a) 零、部件是否断裂或豁裂；

b) 用手揿压某些应为牢固的部件是否出现永久性松动；

c) 零、部件是否出现严重影响使用功能的磨损或变形；

d) 五金连接件是否出现松动；

e) 活动部件（包括门夹装置）的开关是否灵便；

f) 挠度值、位移值按照相应产品标准判定。

附 录 A
（资料性附录）
试验水平选择表

试验水平的选择参见表 A.1。

表 A.1 试验水平选择

试验水平	家具预定的使用条件
1	不经常使用、小心使用、不可能出现误用的家具，如供陈设古玩、小摆件等的架类家具
2	轻载使用、误用可能性很小的家具，如高级旅馆家具、高级办公室家具等
3	中载使用、比较频繁使用、比较易于出现误用的家具，如一般卧房家具、一般办公家具、旅馆家具等
4	重载使用、频繁使用、经常出现误用的家具，如旅馆门厅家具、饭厅家具和某些公共场所家具等
5	使用极频繁、经常超载使用和误用的家具及候车室、影剧院家具等

参 考 文 献

[1] ISO 21016:2007 Office furniture tables and desks test methods for the determination of stability, strength and durability

[2] BS EN 527-2: 2002 Office furniture—Work tables and desks—Part 2: Mechanical safety requirements

[3] BS EN 527-3:2003 Office furniture—Work tables and desks—Part 3: Methods of test for the determination of the stability and the mechanical strength of the structure

ICS 97.140
Y 80

中华人民共和国国家标准

GB/T 10357.2—2013
代替 GB/T 10357.2—1989

家具力学性能试验 第2部分：椅凳类稳定性

Test of mechanical properties of furniture—
Part 2:Stability of chairs and stools

2013-10-10 发布 2014-05-01 实施

中华人民共和国国家质量监督检验检疫总局
中国国家标准化管理委员会 发布

前言

GB/T 10357《家具力学性能试验》分为八个部分:

——第1部分:桌类强度和耐久性;

——第2部分:椅凳类稳定性;

——第3部分:椅凳类强度和耐久性;

——第4部分:柜类稳定性;

——第5部分:柜类强度和耐久性;

——第6部分:单层床强度和耐久性;

——第7部分:桌类稳定性;

——第8部分:充分向后靠时具有倾斜和斜倚机械性能的椅子和摇椅稳定性。

本部分为GB/T 10357的第2部分。

本部分按照GB/T 1.1—2009给出的规则起草。

本部分代替GB/T 10357.2—1989《家具力学性能试验　椅凳类稳定性》。

本部分与GB/T 10357.2—1989相比,主要技术变化如下:

——修改了标准名称,使标准名称与标准编号保持一致性;

——修改了试验加载点,座面加载点由原来的在座面中心线离前沿和边沿50 mm改成60 mm部位,扶手加载点由离扶手外侧边沿37.5 mm改成40 mm;

——增加了试验载荷的停留时间;

——修改了试验椅背角度可调节的椅子时背斜角的要求,将背斜角调整到100°~110°改成把椅子的靠背调整到最竖直位置;

——将附录A的图表直接转化为计算公式,删除了附录A。

请注意本文件的某些内容可能涉及专利。本文件的发布机构不承担识别这些专利的责任。

本部分由中国轻工业联合会提出。

本部分由全国家具标准化技术委员会(SAC/TC 480)归口。

本部分主要起草单位:国家家具产品质量监督检验中心(广东)、东莞光润家具股份有限公司。

本部分参加起草单位:中山市中泰龙办公用品有限公司、中山市华盛家具制造有限公司、中山四海家具制造有限公司、潮州市阳光科技发展有限公司、中山市派格家具有限公司、上海市质量监督检验技术研究院、深圳市计量质量检测研究院、国家家具及室内环境质量监督检验中心、浙江省家具与五金研究所、中山市国景家具有限公司。

本部分主要起草人:海凌超、邓燕平、王红强、梁德沛、罗菊芬、杨建华、廖桂福、何健华、李衍春、许俊、陈东恩、张淑艳、罗炘、梁米加、高汉光、陈秋桂、梁锡坤、徐飞、吴燕娇、何志雄、陈维鹏。

本部分所代替标准的历次版本发布情况为:

——GB/T 10357.2—1989。

家具力学性能试验
第2部分:椅凳类稳定性

1 范围

GB/T 10357的本部分规定了直背椅、凳类家具的两种稳定性试验方法:试验法和计算法。这两种试验方法所规定的加力方法和加力部位是相同的,所得出的试验结果是等效的。

本部分适用于家庭、宾馆、饭店等场合使用的各种直背椅、凳类家具,以及调节成直背状态的躺椅和靠背可倾式座椅。

本部分不适用于多位排椅及其他多用椅,以及调节成可躺卧状态的躺椅和靠背可倾式座椅。

2 一般试验条件

2.1 试件

试样应是组装完整可交付使用的成品。当有几种组装方式,则应按最不利于稳定性的方式组装和试验,并记录在检验报告中。当没有特殊说明时,不应在试验期间再次紧固连接件。

2.2 精度

除另有规定,采用以下测量精度:

——加载力:额定值的±5%;

——质量:额定值的±1%;

——尺寸:±1 mm;

——加载垫的位置精度:±5 mm。

注:所施加的力可用质量代替,换算关系10 N=1 kg。

2.3 试验放置要求

试验前,应用挡块限制试件的脚,以防试件移动,但不应阻止其倾翻。

对于装有旋转基座的椅子,应将其基座转到相对座面最易倾翻的位置。

对于高度可调的椅子,应将座高调到最易倾翻的位置。

对于装有圆形基座的椅子或凳子,应把挡块紧靠沿水平加力方向一侧的边沿。

对于三星式脚或五星式脚的椅子或凳子,应把挡块紧靠沿水平加力方向一侧的二脚外侧。

3 试验设施

3.1 试验装置一般要求

除非另有规定,可采用任何适用的试验装置进行试验。因为试验结果仅取决于所施加的力是否正确而不决定于装置本身。

试验装置应不妨碍试件的变形,结构应不阻碍试件的自由移动,即试验期间试验装置应能随试件的运动而运动,确保载荷总能在规定的位置和方向上。

加载设备应可按规定值或渐增值对试件进行加力，如果所加的力是固定不变的，可使用金属块加载。

加载垫应能相对于加力方向转动，铰接点应尽可能接近加载表面。

3.2 加载垫

直径为 200 mm 的刚性圆形物体，其加载表面为球面，球面的曲率半径为 300 mm，其边沿倒圆半径为 12 mm（见图 1）。加载垫施加在试件的加力部位时，不应限制试件的自由倾翻。

单位为毫米

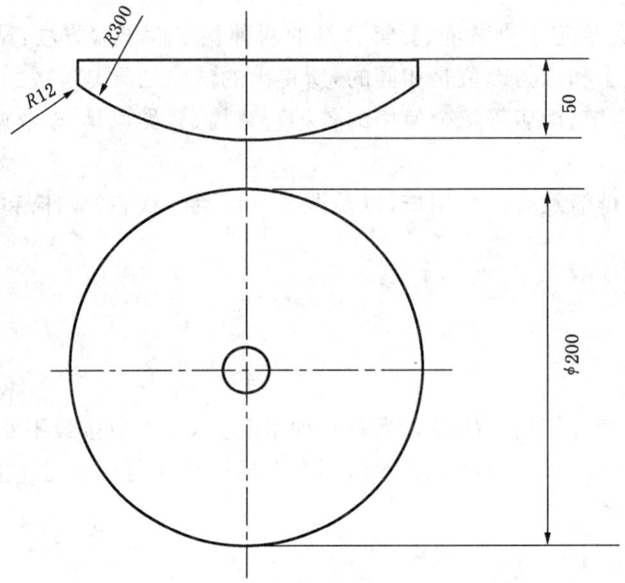

图 1 加载垫

3.3 挡块

用来防止试件移动但不限制试件倾翻的装置，其高度不大于 12 mm。如因试件结构特殊，允许使用较高的尺寸，但其最大高度应以刚好能防止试件移动为宜。

3.4 试验位置地面要求

试验位置地面应水平、平整。

4 试验步骤

4.1 试验法

4.1.1 椅子向前倾翻试验

把挡块靠在椅子腿的前侧（具体位置见图 2），通过加载垫，在座面中心线离前沿 60 mm 部位垂直施加 600 N 力，然后从加载垫接触座面的部位沿水平方向向外施加 20 N 的外力并停留至少 5 s（见图 2）。记录椅子是否倾翻和实际施加的力。

试验椅背角度可调节的椅子时，把椅子的靠背调整到最竖直位置；试验椅背可自由转动的椅子时，水平施力方向应通过椅背回转轴线。

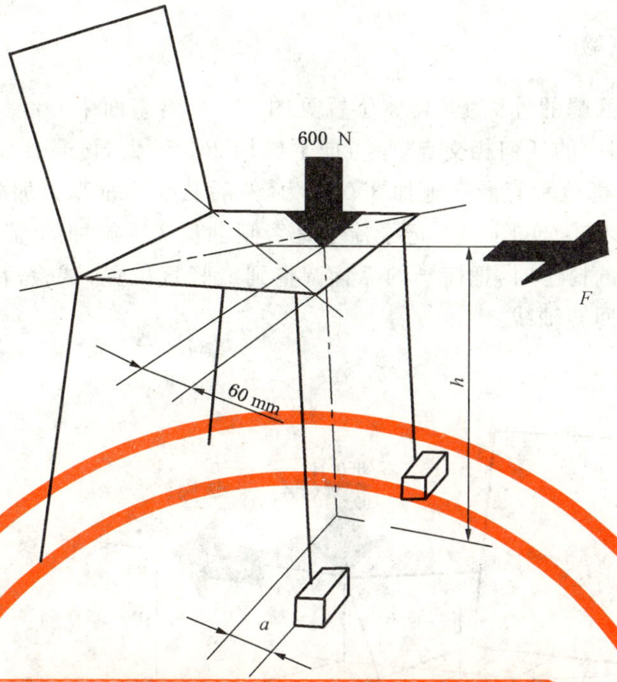

图 2　椅子向前倾翻试验

4.1.2　无扶手椅侧向倾翻试验

把挡块靠在椅子同侧两腿的外侧上(具体位置见图 3)，通过加载垫，在座面中心线离边沿60 mm部位垂直施加 600 N 力然后从加载垫接触座面的部位沿水平方向向外施加 20 N 的外力并停留至少 5 s (见图 3)。记录椅子是否倾翻和实际施加的力。

试验椅背角度可调节的椅子时，把椅子的靠背调整到最竖直位置；试验椅背可自由转动的椅子时，水平施力方向应通过椅背回转轴线。

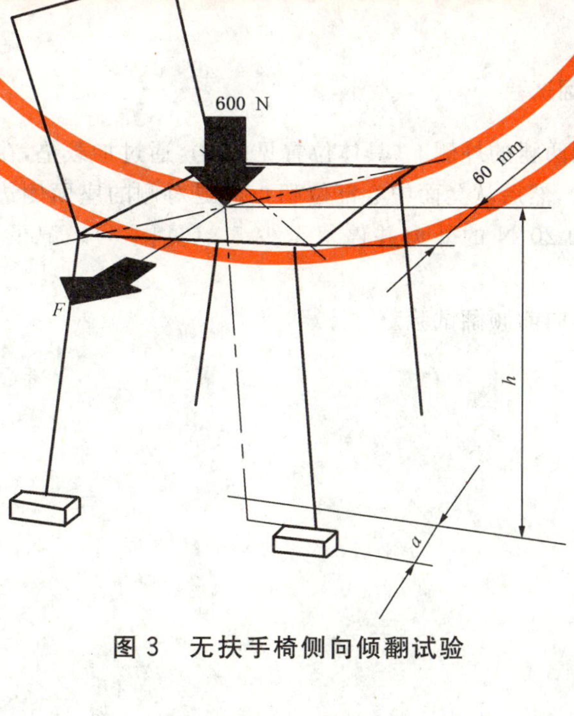

图 3　无扶手椅侧向倾翻试验

4.1.3 扶手椅侧向倾翻试验

把挡块靠在椅子同侧两腿的外侧上(具体位置见图4),在离座面中心线一侧100 mm与离座面后沿175 mm～250 mm范围内的任何相交点,垂直向下施加250 N力,再通过加载垫,在离扶手外侧边沿40 mm扶手上最不稳定的部位垂直向下施加350 N力,然后从扶手垂直力加载部位沿水平方向向外施加20 N的外力并停留至少5 s(见图4)。记录椅子是否倾翻和实际施加的力。

试验椅背角度可调节的椅子时,把椅子的靠背调整到最竖直位置;试验椅背可自由转动的椅子时,水平施力方向应通过椅背回转轴线。

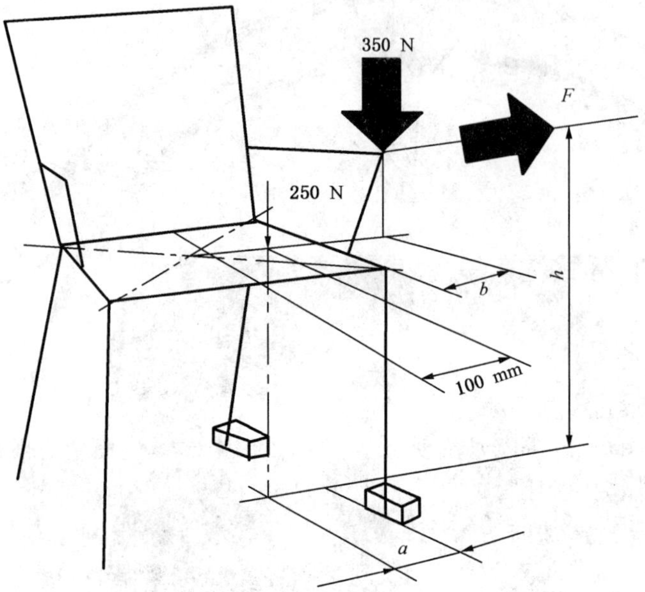

图4　扶手椅侧向倾翻试验

4.1.4 凳子任意方向的倾翻试验

把挡块靠在凳子的一侧两腿的外侧上(具体位置见图5),通过加载垫,在凳面中心线离边沿60 mm部位垂直向下施加600 N力,然后从凳面中心部位朝止滑腿对侧的座面侧边中间部位由外向里沿水平方向垂直于轴线的地方施加20 N的外力并停留至少5 s(见图5)。记录凳子是否倾翻及实际施加的力。

凳子需测试各个方向的向前倾翻试验。

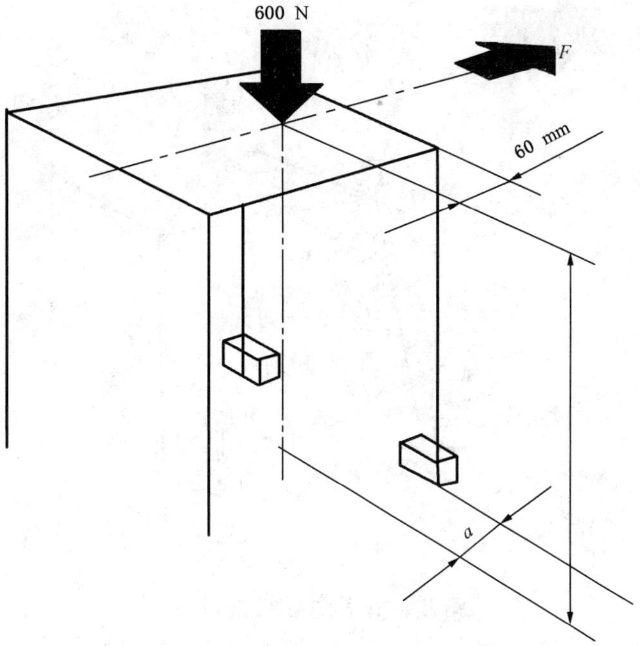

图5 凳子任意方向的倾翻试验

4.1.5 椅子向后倾翻试验

把挡块靠在椅子后腿的外侧上(具体位置见图6)。通过加载垫,在座面中心线上离该线与椅背中心线相交点175 mm处垂直向下施加600 N力,然后把规定的外力 F 沿水平方向向后施加在椅背中心线上离该线与座面中心相交点300 mm处。如果椅背高度低于300 mm,则把力施加在椅背顶端边沿并至少停留5 s(见图6)。记录椅子是否倾翻和实际施加的力。

外力 F 由带载座面和测试地面之间的距离(H)确定:

当 $H \geqslant 720$ mm时,F 取80 N;

当 $H < 720$ mm时,根据式(1)计算 F 值:

$$F = 0.285\,7(1\,000 - H) \qquad \cdots\cdots(1)$$

式中:

F——加载力,单位为牛顿(N);

H——加载座面高度,单位为毫米(mm)。

试验椅背角度可调节的椅子时,把椅子的靠背调整到最竖直位置;试验椅背可自由转动的椅子时,水平施力方向应通过椅背回转轴线。

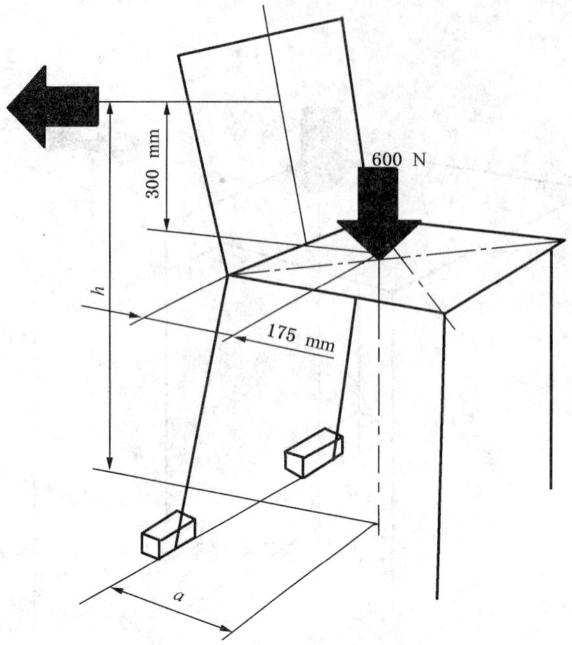

图 6　椅子向后倾翻试验

4.2　计算法

4.2.1　概述

计算法不需使用座面加载垫对座面加载，而是根据绕受约束腿的正反方向力距相等的原理，在实测椅子空载稳定性的基础上计算出当座面加载使稳定性增加后所需施加的倾翻力。因此，在试验时，需测量 a、b 和 h 三个距离以及加载座面高度：

a ——按试验法规定的座面载荷 W 加载点的垂直投影线与约束腿的约束支点间的水平距离，单位为毫米（mm）；

b ——扶手加载点与约束腿的约束支点间的水平距离，单位为毫米（mm）；

h ——外加水平倾翻作用力与放置椅子的水平面间的垂直距离，单位为毫米（mm）；

H——加载座面高度，单位为毫米（mm）。

本部分规定的计算法适用于某些移动不便的椅类，不适用于扶手软椅、多人长靠背椅以及无恒定弹性系数的弹簧软包坐具和受载时改变形状的椅子，如折椅和某些用金属材料、塑料制成的椅子，以及产品受载时变形大于 2.5 mm 的椅子。

对于试验法和计算法均适用的产品，在仲裁试验时，应采用计算法来确定产品的稳定性。

4.2.2　椅子向前倾翻试验和无扶手椅的侧向倾翻试验

先后将挡块靠在椅子前腿的前侧和一侧两腿的外侧上，然后先后沿椅座面与椅背交线的中点向前和沿椅座面与椅背面交线朝侧向受约束腿方向水平施加一个递增力 F_0，直至与受约束腿相反方向的椅腿刚好翘离地面为止，记录此时的空载倾翻力 F_0，并测量 h 和 a 的距离。

按式(2)计算出假定座面加载量 W 为 600 N 时倾翻椅子所需的力 F_c：

$$F_c = F_0 + 600a/h \quad \cdots\cdots(2)$$

F_c 应不小于 20 N。

4.2.3　扶手椅侧向倾翻试验

将挡块靠在椅子一侧二腿的外侧，然后把一个逐渐增大的力 F_0 沿水平方向由内向外施加在止滑一侧扶手上最易倾翻的部位。试验时，力与倾翻轴线应垂直。当非止滑一侧二腿刚好翘离地面时，记录实际施加的力 F_0，并测量 a、b 和 h 的距离。

根据式(3)计算出假定座面加载量 W 为 600 N 时倾翻椅子所需的力 F_c：

$$F_c = F_0 + (250a/b \pm 350b/h) \qquad (3)$$

F_c 应不小于 20 N。

注：当扶手加载点垂直投影在椅腿约束支点外侧时，括号内两项间取减号；当扶手加载点在椅腿约束支点内侧时，括号内两项间取加号。

4.2.4 椅子向后倾翻试验

将挡块靠在椅子后腿后侧上，然后把一个逐渐增大的力 F_0，以水平向后方向施加在椅背中心线上离未加载座面上方 300 mm 处，直到椅子前腿刚好翘离地面为止。如果椅背的高度不足 300 mm，应把力施加在椅背上沿。

按 4.2.2 规定的公式计算出假定座面加载量 W 为 600 N 时倾翻椅子所需的力 F_c。

当 $H \geqslant 720$ mm 时，F_c 应不小于 80 N；

当 $H < 720$ mm 时，F_c 应不小于 $0.285\ 7(1\ 000 - H)$。

4.2.5 凳子任意方向的倾翻试验

试验方法同 4.2.2。F_c 应不小于 20 N。

ICS 97.140
Y 80

中华人民共和国国家标准

GB/T 10357.3—2013
代替 GB/T 10357.3—1989

家具力学性能试验
第3部分:椅凳类强度和耐久性

Test of mechanical properties of furniture—
Part 3:Strength and durability of chairs and stools

2013-10-10 发布 2014-05-01 实施

中华人民共和国国家质量监督检验检疫总局
中国国家标准化管理委员会 发布

前　言

GB/T 10357《家具力学性能试验》分为八个部分：

——第1部分：桌类强度和耐久性；

——第2部分：椅凳类稳定性；

——第3部分：椅凳类强度和耐久性；

——第4部分：柜类稳定性；

——第5部分：柜类强度和耐久性；

——第6部分：单层床强度和耐久性；

——第7部分：桌类稳定性；

——第8部分：充分向后靠时具有倾斜和斜倚机械性能的椅子和摇椅稳定性。

本部分为 GB/T 10357 的第3部分。

本部分按照 GB/T 1.1—2009 给出的规则起草。

本部分代替 GB/T 10357.3—1989《家具力学性能试验　椅凳类强度和耐久性》。

本部分与 GB/T 10357.3—1989 相比，主要技术变化如下：

——修改了本部分的适用范围；

——删除了原理和试验分类；

——修改了规定加载模板的条款位置；

——增加了扶手耐久性试验及其装置；

——修改了精度要求，增加了角度的规定；

——修改了座面静载荷试验和椅背静载荷试验方法，增加了座面前沿静载荷试验；

——增加了脚部横档/支托、腿部支托的静载荷试验；

——增加了扶手耐久性试验；

——修改了试验结果评定内容；

——修改了试验项目汇总表，改为规范性附录；

——修改了试验水平选择表，改为资料性附录。

请注意本文件的某些内容可能涉及专利。本文件的发布机构不承担识别这些专利的责任。

本部分由中国轻工业联合会提出。

本部分由全国家具标准化技术委员会(SAC/TC 480)归口。

本部分起草单位：杭州炬日家具工业有限公司、浙江亚厦产业园发展有限公司、温州职业技术学院、上海市质量监督检验技术研究院、浙江农林大学、浙江罗丹尼家具有限公司。

本部分主要起草人：李光耀、周关松、徐挺、罗菊芬、董彩虹、戴钟、李松、刘敏。

本部分代替标准的历次版本发布情况为：

——GB/T 10357.3—1989。

家具力学性能试验
第3部分:椅凳类强度和耐久性

1 范围

GB/T 10357的本部分规定了各类椅、凳的强度和耐久性的试验方法。

本部分适用于家庭、宾馆、饭店等场合使用的各种椅、凳类家具。

本部分不适用于转椅、儿童用椅和陶瓷、藤柳等材料制作的椅凳类家具。

2 一般试验条件

2.1 试件

若试件是以木材或类似材料胶合而成,从制成后到试验前,应至少在一般室内环境下连续存放7 d。

试件应为成品,如果试件是拆装式的,应按照产品的装配说明书对产品进行组装;若试件可按不同方式装配或组合的,则试验时,应按最不利于强度和耐久性试验的方式对试件进行装配或组合。试验前,拆装式产品的连接件应紧固,组装部件应安装牢固,没有制造商的特殊要求,不能额外加固。

2.2 加载要求

强度试验时,加载速度应足够缓慢,以确保附加动载荷小到忽略不计的程度。耐久性试验时,加载速度应缓慢,确保试件无动态发热。除非另有说明,强度试验负荷应维持(10±2)s,耐久性试验负荷应维持(2±1)s。

2.3 载荷

根据产品在预定使用条件下的正常使用频数、可能出现的误用程度,按加载大小与加载次数多少,把试验分为五级试验水平,试验水平的确定参见附录A。

2.4 试验条件

除规定的试验设备外,任何适当的设备都适用于本部分。座面用的加载设备在运行时,不应限制试件的自由倾翻,也不应阻碍椅子在进行椅背试验时的水平移动。所有载荷垫应向应用力方向旋转,且旋转中心应尽可能靠近承载面。

各项试验应按本部分规定的试验步骤在同一试件上进行,如因试件结构特殊不符合规定的试验步骤,有关差异应记录在试验报告中。

除了座面冲击试验,泡沫塑料衬垫可以定位在加载垫和试验设备之间。

2.5 精度要求

除另有规定,采用以下测量精度:

——加载力:额定值的±5%;

——质量：额定值的±1%；

——尺寸：±1 mm；

——角度：±2°；

——加载垫位置精度：±5 mm。

3 试验设施

3.1 加载定位模板

加载定位模板(见图1、图2)由两个成型件组成，在成型件一端用轴销联接，模板表面分别标有加载点记号A、B、C。在座面载荷点位置的总载荷为20 kg。

座面加载点A相当于座面与椅背交点向前175 mm部位。椅背加载点B相当于座面和椅背交点向上300 mm的部位。凳面加载点C为凳面离边缘175 mm的部位。

单位为毫米

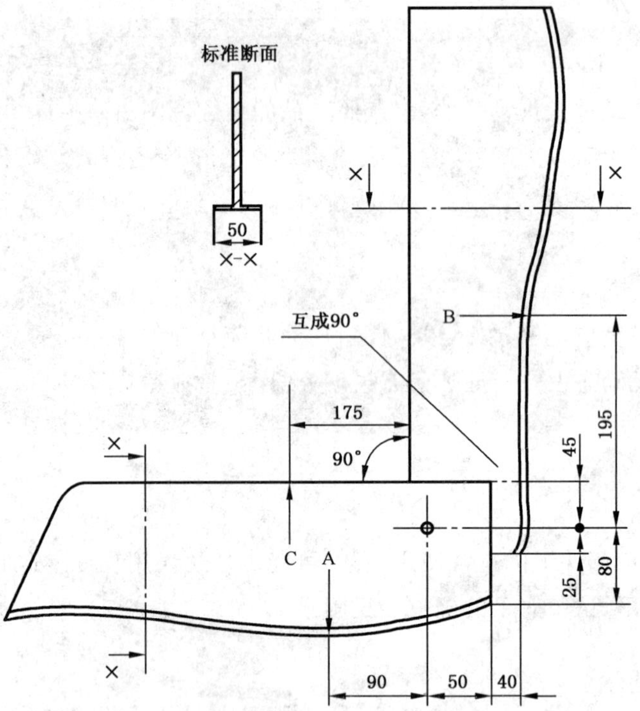

说明：

A——座面载荷(椅类)；

B——椅背载荷(椅类)；

C——座面载荷(凳子)。

图1 座椅加载定位模板

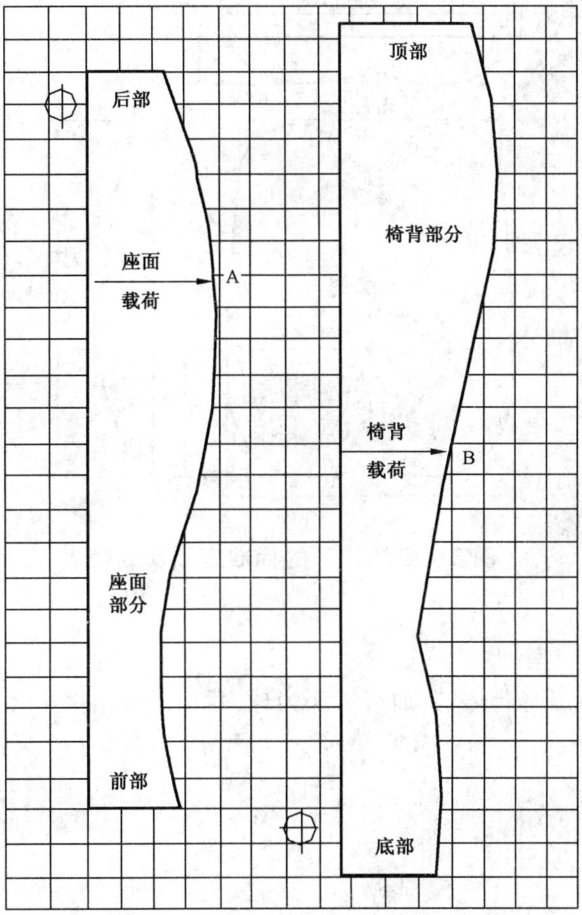

比例:1 格=20 mm

图 2 模板座面、椅背载荷点的装载表面曲线

3.2 试验位置地面

试验位置地面应水平、平整。在跌落测试中,应在水泥地面铺以厚 2 mm、硬度为(85±5)IRHD 的橡胶垫。

3.3 挡块

用于防止试件移动、但不能限制试件倾翻的装置,一般不高于 12 mm。如因试件结构特殊,允许使用较高的尺寸,但其最大高度应以刚好能防止试件移动为宜。

3.4 局部加载垫

直径为 100 mm 的刚性扁平圆形物体,其加载面周边倒圆半径为 12 mm。

3.5 泡沫塑料衬垫

厚度为 25 mm 的泡沫塑料,其硬度为(1 100±100)N。

3.6 座面加载垫

外形为自然凹凸形状的刚性物体(见图 3)。

单位为毫米

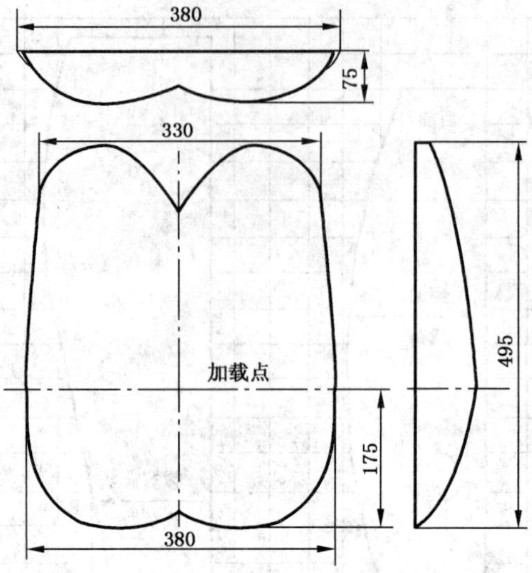

图3　自然成形的标准座面加载垫

3.7　小型座面加载垫

直径为200 mm的刚性圆形物体，其加载表面为球面，球面的曲率半径为300 mm，其周边倒圆半径为12 mm(见图4)。

单位为毫米

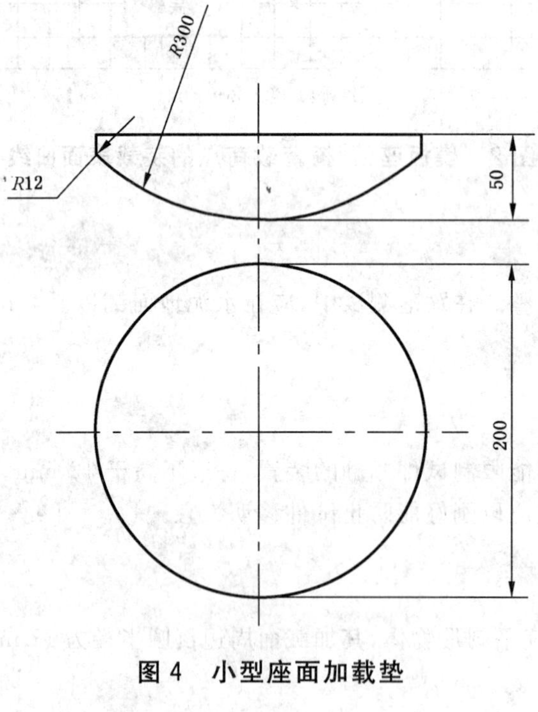

图4　小型座面加载垫

3.8　椅背加载垫

椅背加载垫为长250 mm、宽200 mm的刚性矩形物体，其加载表面为圆柱面，圆柱面的曲率半径为450 mm，其四周边沿倒圆半径为12 mm(见图5)。

单位为毫米

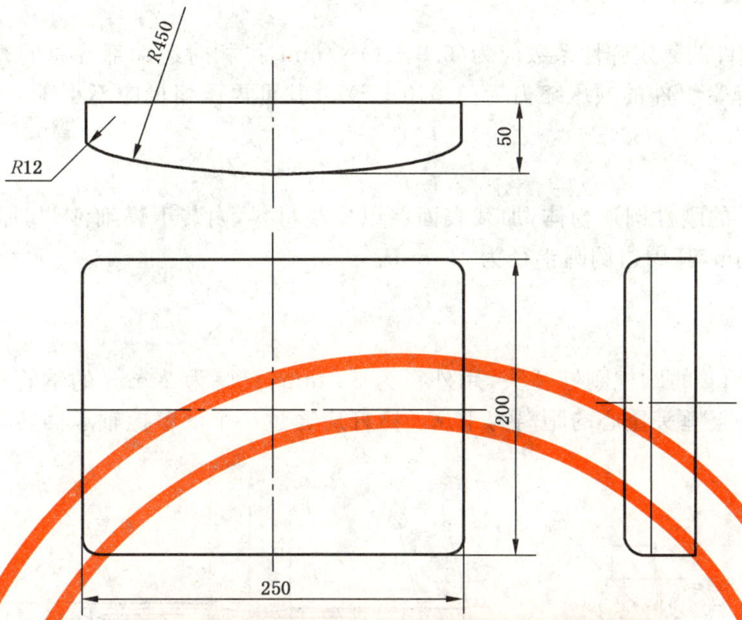

图5 椅背加载垫

3.9 座面冲击器

座面冲击器由圆柱体、螺旋压缩弹簧组件和冲击头组成(见图6)。

图6 座面冲击器

3.9.1 圆柱体

圆柱体的直径为200 mm,它通过螺旋压缩弹簧组件与冲击头相连接,并能沿着冲击头(中心区域)轴线作相对运动。圆柱体加上有关附件(不计弹簧)的质量为(17±0.1)kg,整个座面冲击器的质量(包括螺旋压缩弹簧组件和冲击头)为(25±0.1)kg。

3.9.2 螺旋压缩弹簧组件

螺旋压缩弹簧组件的额定弹性系数应为(6.9±1)N/mm,可相对运动部分总的摩擦力应为0.25 N～0.45 N。螺旋压缩弹簧组件的预压缩力为(1 040±5)N,其可再压缩量应不小于60 mm。

3.9.3 冲击头

直径为200 mm的刚性圆形物体,加载表面覆以皮革材料,内装干燥细沙,其加载表面为球面,球面的曲率半径为300 mm,其周边倒圆半径为12 mm。

3.10 冲击摆锤

一个质量为6.5 kg的圆柱刚性锤头,用外径为38 mm、壁厚为2 mm的钢管作为摆杆连接在回转轴上。摆锤回转中心至锤头重心的距离为1 m。锤杆应通过一个低摩擦轴承回转(见图7)。

单位为毫米

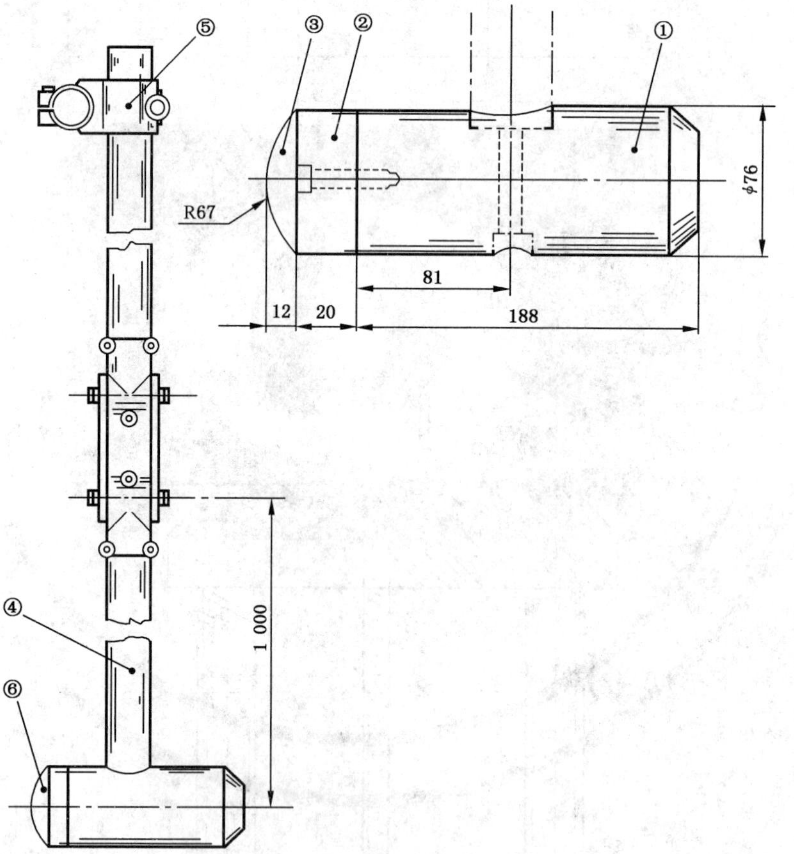

说明:

①——摆锤头,钢质,质量为6.4 kg;

②——硬质实木;

③——橡胶,50IRHD;

④——锤杆,长950 mm,直径为38 mm,壁厚为2 mm,高强度钢管,质量(2±0.2)kg;

⑤——高度调节装置;

⑥——摆锤头(详见右侧大图)。

①+②+③的质量=(6.5±0.07)kg

注意:图中摆锤头从工作位置旋转了90°。

图7 冲击摆锤

3.11 扶手疲劳测试装置

扶手疲劳测试加载装置见图 8。

单位为毫米

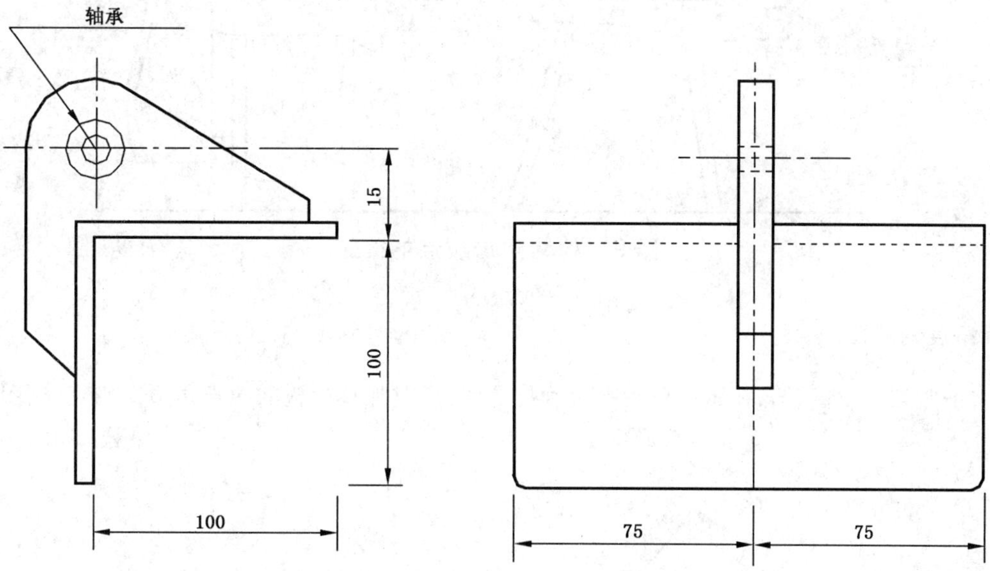

图 8 扶手加载装置

4 试验项目及步骤

4.1 座面与椅背载荷点的确定

4.1.1 椅类

用模板紧靠椅子，把 20 kg 的砝码加在座面中心线上的加载点上，然后调整模板，直至与椅子形状相吻合为止（见图 9）。再按模板上的记号标出所需加载点位置。在试件可以固定在多个位置的情况下，应选用座面与椅背成最小角的位置。

4.1.2 凳类

将模板按 90°定位，按图 9 所示放在凳面上，标记所需加载点的位置。

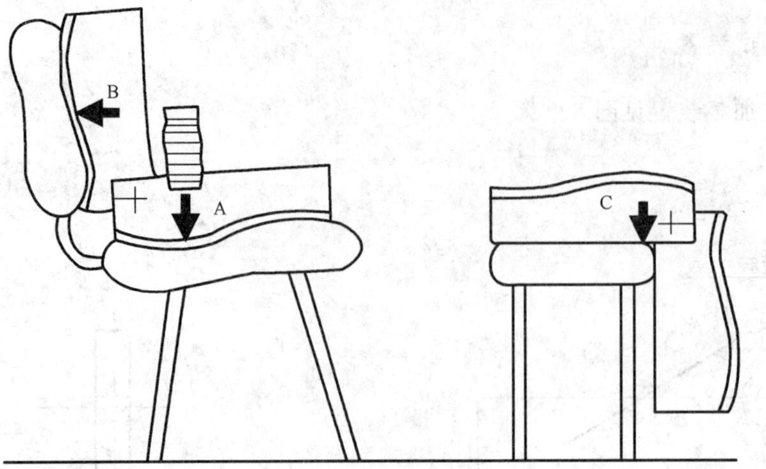

图 9　椅凳类加载点的确定

4.2　椅背角度的测定

椅背水平倾斜的角度(ϕ)，在试件放置在正确位置时，通过加载模板的两直角边来确定(见图 10)。

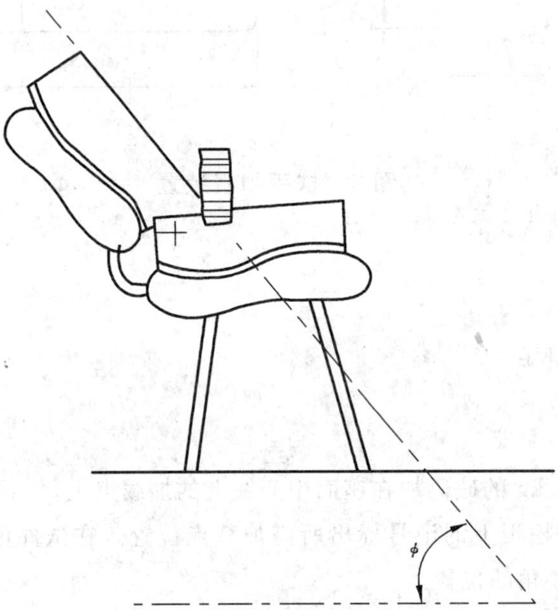

图 10　椅背角度的测定(ϕ)

4.3　座面和椅背静载荷试验

4.3.1　座面静载荷试验

选择产品相应的试验水平(参见附录 A)，将附录 B 中规定的载荷通过加载垫，先后在下列两个位置垂直向下施加各 10 次：

——加载模板确定的座面加载点；

——座面中心线上离座面前沿 100 mm 处最不利的位置。

对于有两个或三个座位的试件，其加载位置如下：

——两个座位的试件，同时在两个座面模板确定的加载点和前沿加载点各加载 10 次；

——三个座位的试件，同时在任意一侧座面和中间座面模板确定的加载点和前沿加载点各加载10次。

每次加载力至少保持10 s。

凳子试验时，可通过小型座面加载垫，把力施加在模板确定的加载点上。试验结束，检查试样整体结构，并记录、评定。

4.3.2 椅背静载荷试验

如图11，用挡块靠在椅或凳的脚侧。选择产品相应的试验水平，将附录B中规定的载荷通过椅背加载垫垂直于椅背方向加载10次，加载时，座面上的平衡载荷应加载到加载模板确定的座面加载点上，平衡力大小一般为750 N(75 kg)，如有倾翻趋势，则增加平衡力，直到刚好阻止椅子倾翻，并记录平衡力大小。加载位置在以下两个位置中的一个较低的位置：

——通过加载模板确定的椅背加载点；

——在椅背纵向轴线上，椅背顶部向下100 mm处。

对于有两个或三个椅背的试件，按上述规定，加载如下：

——两个椅背的试件，同时在两个椅背加载点加载10次；

——三个椅背的试件，同时在任意一侧和中间的椅背加载10次。

每次加载力至少保持10 s。

椅背静载荷应不小于410 N。

试件脚架为矩形的凳子，不论座面形状如何，应依次把力施加在与矩形脚架相邻的每一边中点相对应的座面前沿各5次。试件脚架为三角形的凳子，则依次把力沿任意两边中心线方向加载各5次。

试验结束，先移去作用在椅背的力，再移去作用在座面的力。检查试样整体结构，并记录、评定。

椅背、座面可做联合静载荷试验，也可单独做静载荷试验。

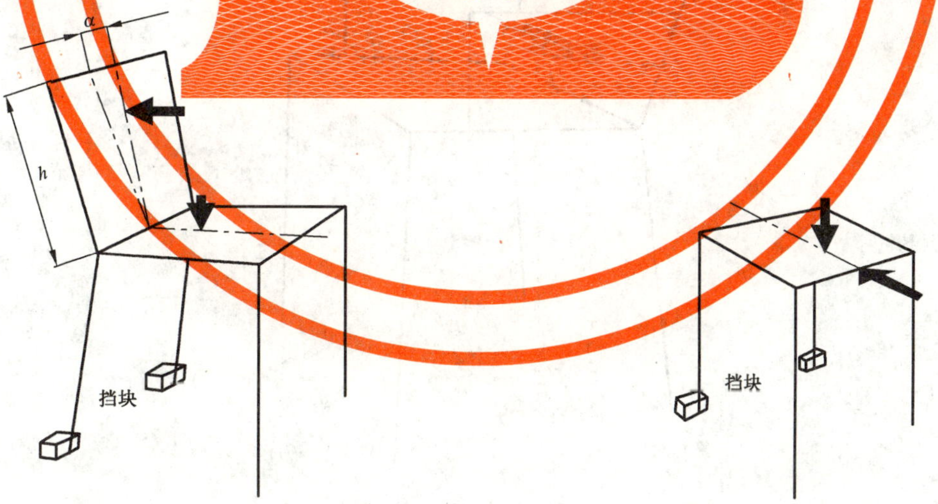

a) 椅类　　　　b) 凳类

说明：

h——椅背长度；

α——椅背倾斜角度。

图11 座面和椅背静载荷试验

4.3.3 座面前沿静载荷试验

当仅施加座面静载荷时，则在该座面前沿中线向后 80 mm 的点上或与座面边缘不超过 80 mm 的最不利的地方施加附录 A 表中规定的适当试验水平的垂直向下的载荷 10 次。每次加载力至少保持 10 s。

试验结束，检查试样整体结构，并记录、评定。

注：椅背、座面可单独做静载荷试验，也可做联合静载荷试验。

4.4 脚部横档/脚部支托、腿部支托的静载荷测试

使用小型座面加载垫，在从脚部支托、腿部支托或脚部横档的中心线向上 80 mm 的外围上的最易损坏的部位施加特定的加载力。总共施力 10 次。

当试件趋于倾翻时，减小加载力，该力减小到刚好阻止试件倾翻。并记录实际所加的力。

试验结束，检查试样整体结构，并记录、评定。

4.5 扶手和枕靠侧向静载荷试验

把表 B.1 中规定的一对力，通过小型座面加载垫，在两扶手上面最容易损坏的部位，向外施加10 次（见图 12）。每次加载至少应在加载部位上保持 10 s。如果椅子装有枕靠（即在扶手椅上部供坐者头部休息用的两块侧向部件），还应把表 B.1 中规定的力施加在两枕靠上。

试验结束，检查试样整体结构，并记录、评定。

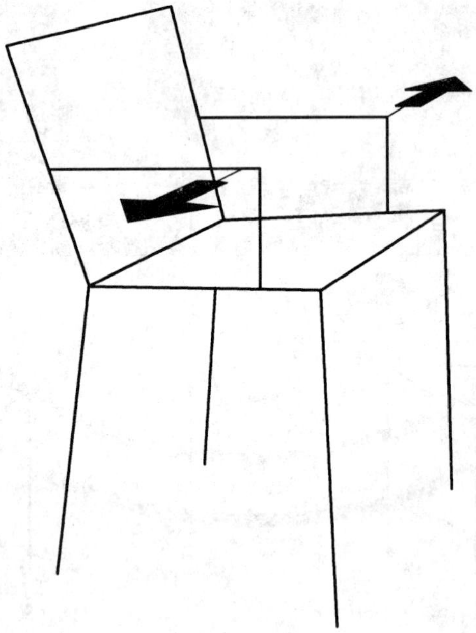

图 12 扶手和枕靠侧向静载荷试验

4.6 扶手垂直向下静载荷试验

把表 B.1 中规定的力，通过小型座面加载垫，在扶手上最易损坏的部位施加垂直向下的力 10 次（见图 13）。每次加载至少应在加载部位上保持 10 s。如果加载时，椅子发生倾翻，应在不加载的扶手一侧座面上，放置适量平衡载荷，以防止椅子倾翻。

试验结束，检查试样整体结构，并记录、评定。

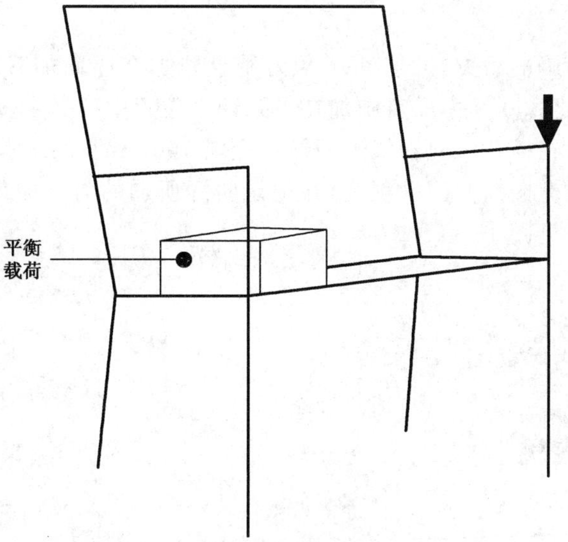

图 13 扶手垂直向下静载荷试验

注：水平载荷与垂直载荷斜的合力，可以用来将扶手侧向静载荷试验与垂直向下静载荷试验合并为一个试验进行。

4.7 座面耐久性试验

通过座面加载垫，把 950 N 的力垂直向下重复施加在座面加载点上，座面加载点由模板确定。加载次数按表 B.1 中的规定，加载频率每分钟不超过 40 次(见图 14)。

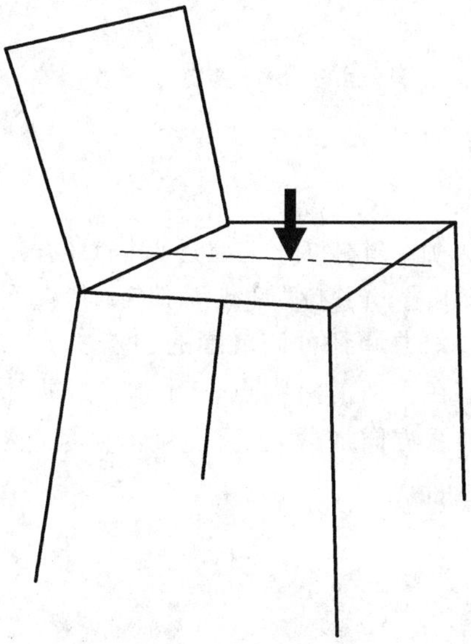

a） 椅类

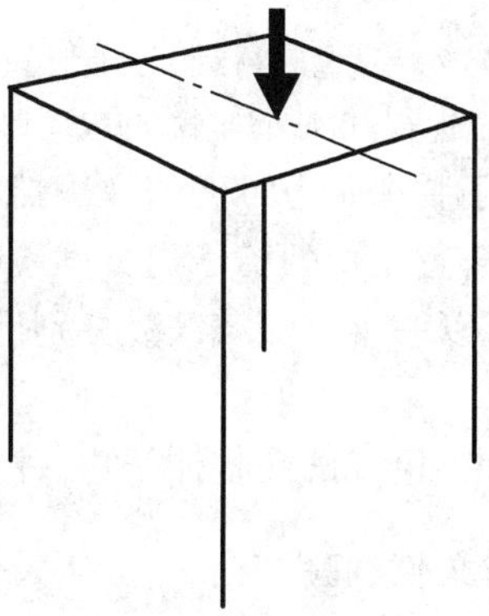

b） 凳类

图 14 座面耐久性试验

在第一次和最后一次加载时，分别测量加载垫最低处至地面的距离，所得二数之差为试验座面位移。

试验结束，检查试样整体结构，并记录、评定。

4.8 椅背耐久性试验

把挡块靠在椅或凳两后脚的后方，再把 950 N 力垂直施加在座面加载点上，座面加载点由模板确定。然后通过椅背加载垫，把 330 N 力反复施加在下列两个位置中的一个较低位置上的一个部位上：由模板确定的椅背加载点或者在椅背纵向轴线上距椅背上沿 100 mm 处，试验时如果椅子倾翻，应把所加的力减小到刚好不致使椅或凳向前倾翻的程度，并记录实际所加的力。加载次数按表 B.1 中规定。加载频率每分钟不超过 40 次(见图 15)。

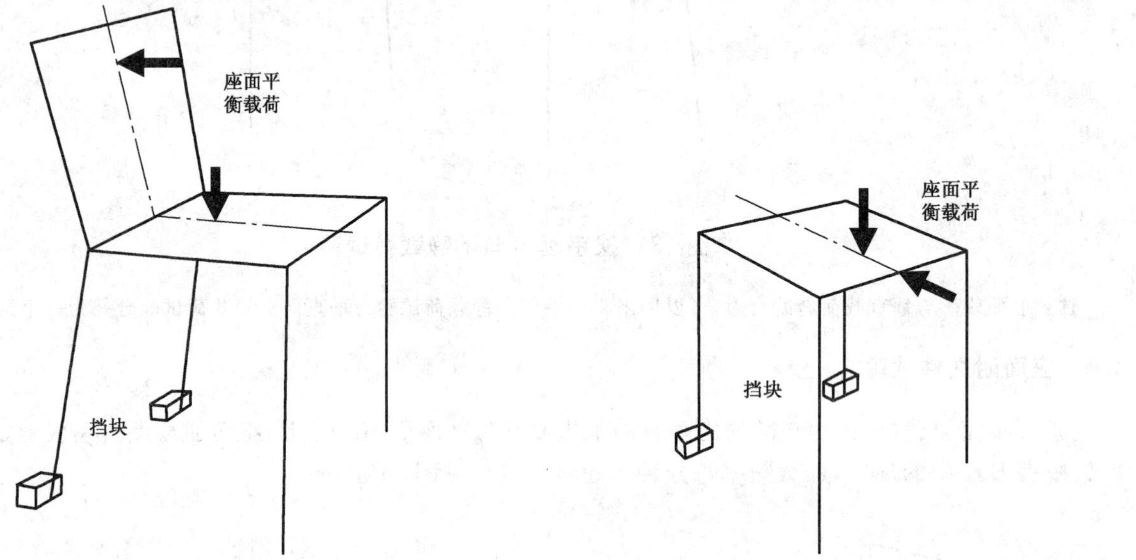

a） 椅类　　　　b） 凳类

图 15 椅背耐久性试验

注：座面耐久性试验和椅背耐久性试验的座面载荷的加载位置以及加载周期相同，可将这两个试验合并为一个试验联合进行，在每个加载/卸载周期中，均应先加载座面，后加载椅背；先使椅背卸载，后使座面卸载。

如果椅子装有张力可调的弹簧摇动基座，试验时应把弹簧张力调到可调范围的中点。

凳子或椅背很低的椅子进行试验时，应把力水平向后施加在座面前沿中点。对于座面纵、横向不对称的四脚凳，以一半的加载次数分别沿座面的纵横两条对称轴线方向加载，三脚凳则沿两条主要对称轴线方向加载。

试验结束，检查试样整体结构，并记录、评定。

4.9 扶手耐久性试验

将椅子放在试验地面上，在其椅腿、脚轮或滑轨的外侧放置挡块。挡块不能阻止椅腿在扶手加载时向内偏移。在扶手前沿向后 100 mm 处取两点同时施力。用 3.11 设备装置施加 10 N 载荷。载荷与垂直面成 10°±1°角，摩擦回转轴与扶手加载装置的水平面距离为(600±10)mm(见图 16)。

当 $P=10$ N，$\beta=10°\pm1°$，$d=(600\pm10)$mm。

图 16 扶手耐久性试验

试验结束，检查试样整体结构，并记录、评定。

4.10 椅腿前向静载荷试验

把挡块靠在椅或凳的前腿上防止试件移动。把表 B.1 中规定的座面平衡载荷加在由定位模板确定的座面加载部位，再把表 B.1 中规定的力，通过局部加载垫在座面后沿中间部位水平向前施加[见图 17a)]10 次，每次加载至少应保持 10 s。

如果加载时试件发生倾翻，应把所加的力减小到刚好不使试件向前倾翻的程度，并记录实际所加的力。

试验结束，检查试样整体结构，并记录、评定。

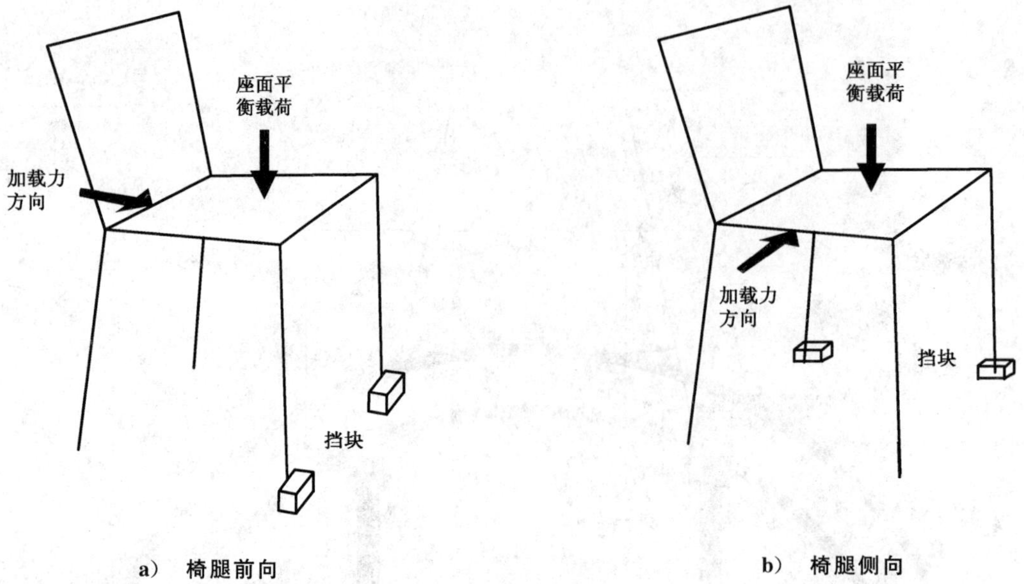

图 17 椅腿静载荷试验

4.11 椅腿侧向静载荷试验

把挡块靠在椅或凳一侧的前腿和后腿使其不发生侧向移动[见图 17b)]，当凳子只有三条腿时，则把挡块靠在凳子中心线上的腿和相邻一腿外侧。然后把表 B.1 中规定的平衡载荷垂直施加在座面适当部位，但座面平衡载荷不能施加在离座面边沿 150 mm 距离范围内，再把表 B.1 中规定的力，在止滑腿对侧的座面侧边中间部位由外向里沿水平方向加载 10 次，每次加载至少应在加载部位保持 10 s。

如果加载时，即使把座面平衡载荷放在座面允许加载区域内最靠近加载一侧边时，椅子依然发生倾翻，则应把所加的力减小到刚好不致使椅子倾翻的程度，并记录实际所加的力。

试验结束，检查试样整体结构，并记录、评定。

注：该试验不适用于没有明显前后区分的凳子。

4.12 座面冲击试验

将泡沫塑料衬垫放在座面上。然后把座面冲击器置于表 B.1 中规定的高度，使其自由跌落，冲击下列两个部位各 10 次(见图 18)：

——由定位模板确定的座面冲击部位；

——座面最易损坏的部位。

如果椅、凳为软座面时，应通过小型座面加载垫对座面施加 20 N 载荷，并以因加载下陷后的表面作为调节冲击高度的起点，然后按上述步骤试验。

对于单座和双座试件，每个座位均应进行上述试验，含三个座位的试件应对任意一侧和中间的座位进行上述试验。

试验结束，检查试样整体结构，并记录、评定。

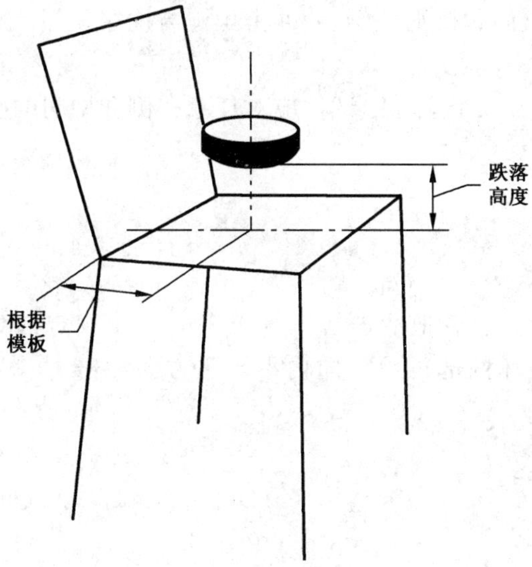

a） 椅类

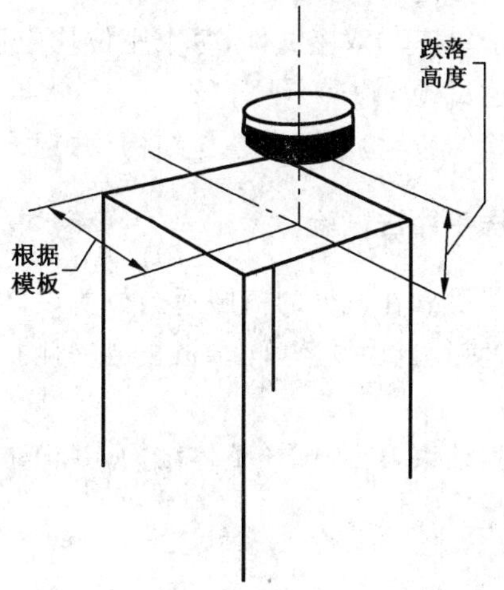

b） 凳类

图 18 座面冲击试验

4.13 椅背冲击试验

把挡块靠在试件的前腿适当位置防止向前移动(见图 19)。将冲击摆锤置于附录 A 表中规定的高度或角度,使其绕回转轴线自由跌落,朝椅背顶沿外侧中间部位由外向里水平冲击 10 次[见图 19a)]。试验凳子时,则冲击座面后沿中间部位[见图 19b)]。

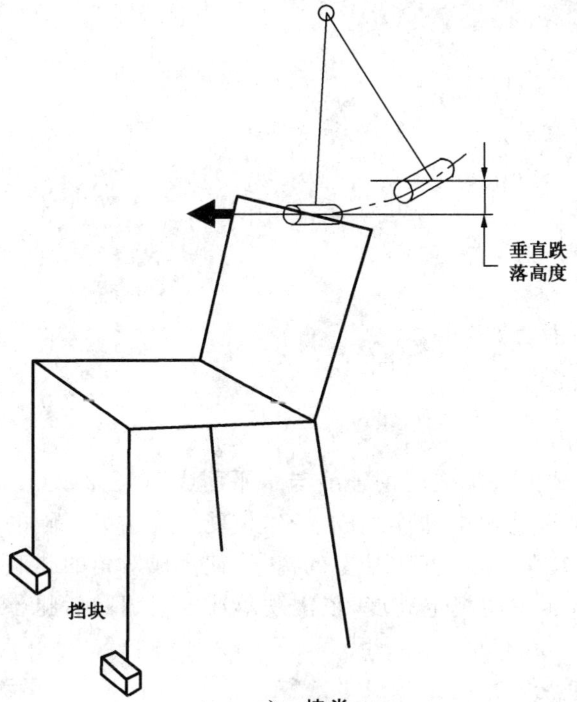

a） 椅类

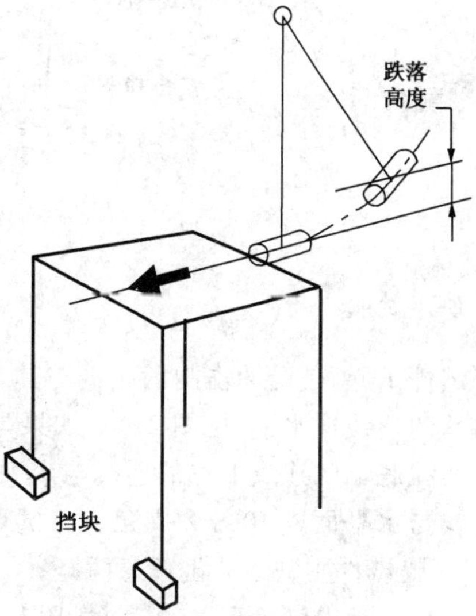

b） 凳类

图 19 椅背冲击试验

试验无明确座面后沿的凳子时，冲击力应沿着最易造成凳子倾翻的方向施加[见图 19b)]。

如果椅子装有枕靠，把挡块靠在受冲击枕靠的相对方向的椅腿外侧，使冲击摆锤与枕靠顶部外侧表面呈直角方向，冲击最易损坏的部位。

对于单座和双座试件，每个座位均应进行上述试验，含三个座位的试件应对任意一侧和中间的座位进行上述试验。

试验结束，检查试样整体结构，并记录、评定。

4.14 扶手冲击试验

将挡块靠在试件的椅腿适当位置以防止向一侧移动。然后把冲击摆锤置于表 B.1 中规定的高度或角度，使其自由跌落，向未被止滑一侧扶手表面最易损坏的部位由外向内沿水平方向冲击 10 次(见图 20)。

试验结束，检查试样整体结构，并记录、评定。

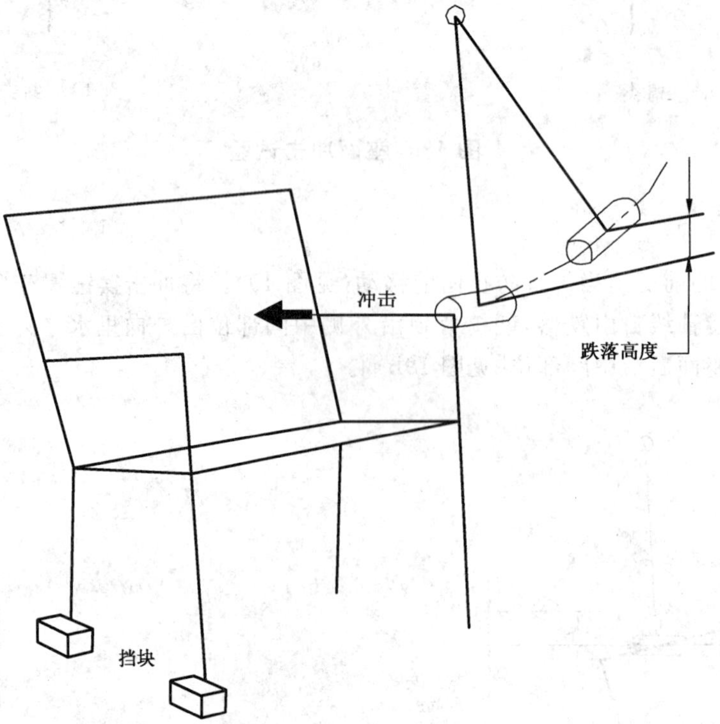

图 20 扶手冲击试验

4.15 跌落试验

将试件吊起，使受冲击腿的底端与其对角线相对一腿的底端之间的连线与水平面成 10°±2°夹角，其余两腿的连线成水平(见图 21)。如果是三腿凳，则使两腿底端的连线成水平，使受冲击的另一腿的底端到两腿底端的连线中点的连线与水平面成 10°±2°夹角，对于五角基座的椅子，使用成对角的腿底端的连线与水平面成 10°±2°夹角。将试件提高到表 B.1 中的规定高度，依次跌落冲击前腿和后腿各 10 次。三腿试件则跌落冲击任意两腿。

叠放椅和凳的试验高度，按照表 B.1 中规定的数值。

试验结束，检查试样整体结构，并记录、评定。

注 1：本试验仅适用于单座椅凳的跌落试验。

注 2：可将试件用三根绳子吊起，绳子的长度应保证试件停留在与水平成 10°夹角的平面方向。

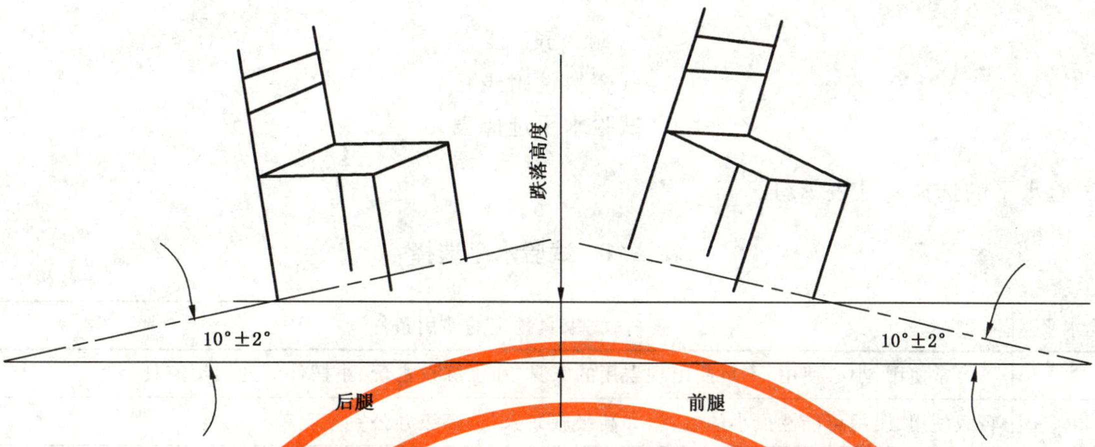

图 21 跌落试验

5 试验结果评定

试验开始前，应实测试件尺寸，仔细检查试件的质量。记录零、部件和结合部位的缺陷，用来区分试验后的缺陷。

试验结束后，重新测量试件尺寸，仔细检查试件质量。记录并按下列项目进行评价：

a) 零、部件是否断裂或豁裂；

b) 用手撳压某些应为牢固的部件时是否出现永久性松动；

c) 椅背、扶手、脚或其他部件的位移变化是否大于试验前实测的尺寸；

d) 是否有严重影响产品外观质量的零、部件的变形或豁裂；

e) 任何机械部分操作是否造成损伤(包括在座面高度试验中座面高度的重要变化)；

f) 试验期间是否发出清晰可辨的噪声。

附 录 A
（资料性附录）
试验水平选择表

试验水平的选择参见表 A.1。

表 A.1 试验水平选择

试验水平	家具预定的使用条件
1	不经常使用、小心使用、不可能出现误用的家具，如供陈设古玩、小摆件等的架类家具
2	轻载使用、误用可能性很小的家具，如高级旅馆家具、高级办公室家具等
3	中载使用、比较频繁使用、比较易于出现误用的家具，如一般卧房家具、一般办公家具、旅馆家具等
4	重载使用、频繁使用、经常出现误用的家具，如旅馆门厅家具、饭厅家具和某些公共场所家具等
5	使用极频繁、经常超载使用和误用的家具及候车室、影剧院家具等

附 录 B
(规范性附录)
试验项目汇总表

试验项目汇总见表 B.1。

表 B.1 试验项目汇总表

条款号	试验项目		要求	试验水平 1	试验水平 2	试验水平 3	试验水平 4	试验水平 5
4.3	座面静载荷	可单独也可联合试验	加载力(N),10 次	—	1 200	1 300	1 600	2 000
4.3	椅背静载荷	可单独也可联合试验	加载力(N),10 次	—	410	450	550	700
4.4	脚部横档/支托、腿部支托静载荷		加载力(N),10 次	—	700	1 000	1 250	1 500
4.5	扶手侧向静载荷		加载力(N),10 次	200	300	400	600	900
4.5	枕靠侧向静载荷		加载力(N),10 次	100	200	300	400	500
4.6	扶手垂直向下静载荷		加载力(N),10 次	300	700	800	900	1 000
4.7	座面耐久性	可单独也可联合试验,座面平衡载荷 950 N	循环次数 座面载荷为 950 N	12 500	25 000	50 000	100 000	200 000
4.8	椅背耐久性	可单独也可联合试验,座面平衡载荷 950 N	循环次数 椅背载荷为 330 N	12 500	25 000	50 000	100 000	200 000
4.9	扶手耐久性试验		循环次数 载荷 10 N,角度 10° 距离为 600 mm	—	25 000	50 000	100 000	200 000
4.10	椅腿前向静载荷		加载力(N),10 次	300	375	500	620	760
4.10	座面平衡载荷		加载力(N)	780	780	1 000	1 250	1 800
4.11	椅腿侧向静载荷		加载力(N),10 次	250	300	390	490	760
4.11	座面平衡载荷		加载力(N)	780	780	1 000	1 250	1 800
4.12	座面冲击试验		跌落高度(mm) 10 次	—	140	180	240	300
4.13	椅背冲击试验		高度(mm) 角度(°) 10 次	70 20	120 28	210 38	330 48	620 68
4.14	扶手冲击试验		高度(mm) 角度(°) 10 次	70 20	120 28	210 38	330 48	620 68
4.15	跌落试验	腿或基座大于 200 mm 可叠放椅子	跌落高度(mm)	150	300	450	600	900
4.15	跌落试验	腿或基座大于 200 mm 非叠放转椅	角度 10°±2°	—	150	200	300	450
4.15	跌落试验	腿或基座短于 200 mm 的椅、凳	跌落 10 次	—	75	100	150	250

ICS 97.140
Y 80

中华人民共和国国家标准

GB/T 10357.4—2013
代替 GB/T 10357.4—1989

家具力学性能试验 第4部分:柜类稳定性

Test of mechanical properties of furniture—
Part 4:Stability of storage units

2013-10-10 发布 2014-05-01 实施

中华人民共和国国家质量监督检验检疫总局
中国国家标准化管理委员会 发布

前　言

GB/T 10357《家具力学性能试验》分为八个部分：

——第1部分：桌类强度和耐久性；

——第2部分：椅凳类稳定性；

——第3部分：椅凳类强度和耐久性；

——第4部分：柜类稳定性；

——第5部分：柜类强度和耐久性；

——第6部分：单层床强度和耐久性；

——第7部分：桌类稳定性；

——第8部分：充分向后靠时具有倾斜和斜倚机械性能的椅子和摇椅稳定性。

本部分为GB/T 10357的第4部分。

本部分按照GB/T 1.1—2009给出的规则起草。

本部分代替GB/T 10357.4—1989《家具力学性能试验　柜类稳定性》。

本部分与GB/T 10357.4—1989相比，主要技术变化如下：

——增加了稳定性试验一般原则（见4.1）；

——增加了重心的确定（见4.2）；

——修改了搁板稳定性试验（见4.3，1989年版的5.3）；

——增加了非固定柜活动部件关闭时的空载稳定性（见4.4.1）；

——增加了非固定柜活动部件关闭时加载稳定性（见4.5.1）；

——修改了非固定柜活动部件打开时加载稳定性（见4.5.2，1989年版的5.2）；

——增加了固定柜稳定性（见4.6）；

——删除了检验报告（见1989年版的第6章）。

请注意本文件的某些内容可能涉及专利。本文件的发布机构不承担识别这些专利的责任。

本部分由中国轻工业联合会提出。

本部分由全国家具标准化技术委员会（SAC/TC 480）归口。

本部分起草单位：上海市质量监督检验技术研究院（国家家具质量监督检验中心）、广东联邦家私集团有限公司、江西金虎保险设备集团有限公司、成都市明珠家具（集团）有限公司、深圳市计量质量检测研究院、国家家具产品质量监督检验中心（广东）、浙江省家具与五金研究所、中国家具协会。

本部分主要起草人：许俊、罗菊芬、杨磊、姜艳、周山林、熊波林、余凯、张淑艳、海凌超、范红伟、王红强。

本部分代替标准的历次版本发布情况为：

——GB/T 10357.4—1989。

家具力学性能试验
第4部分：柜类稳定性

1 范围

GB/T 10357的本部分规定了柜类稳定性的试验方法。

本部分适用于各种单件柜类家具的出厂成品，其他柜类家具也可参照执行。

2 一般试验条件

2.1 试件

试件应为完整组装的出厂成品，并应符合产品设计图纸的要求。

所有五金连接件在试验前应安装牢固。

2.2 精度

如无其他规定，小于1 m的尺寸测量应精确到±0.5 mm，大于等于1 m的尺寸测量应精确到±1 mm；力的测量应精确到±5%；质量的测量应精确到±1%。

3 试验设施

3.1 加载装置

可按规定值或渐增值对试件进行垂直加力或水平加力的设备，其结构应不阻碍受力试件的自由倾翻。

3.2 挡块

用来防止试件移动，但不能限制试件倾翻的装置，其高度不大于12 mm。如因试件结构特殊，允许使用较高的尺寸，则其最大高度应以刚好能防止试件移动为宜。

3.3 试验位置地面要求

试验位置地面应水平、平整。

4 试验项目及步骤

4.1 一般原则

当柜类高度大于600 mm，且重心的离地高度(单位为m)和总质量(单位为kg)相乘大于6时，做稳定性试验(搁板稳定性试验除外)。

4.2 重心的确定

柜子的重心一般认为是它的几何中心。当按照生产商说明安装柜子时，应将可调节的柜脚设定到中间位置来测量其离地重心高度，并将高度可调节的其他部件设定到最高位置。

4.3 搁板稳定性

4.3.1 搁板水平加载稳定性

用挡块靠在试件前脚或底座外侧，在空载搁板前沿中间施加一搁板自重50%的水平力(见图1)。试验时，关闭其他的门、抽屉等活动部件，其他搁板不应加载。依次对各层空载搁板进行试验。

记录空载搁板是否脱落。

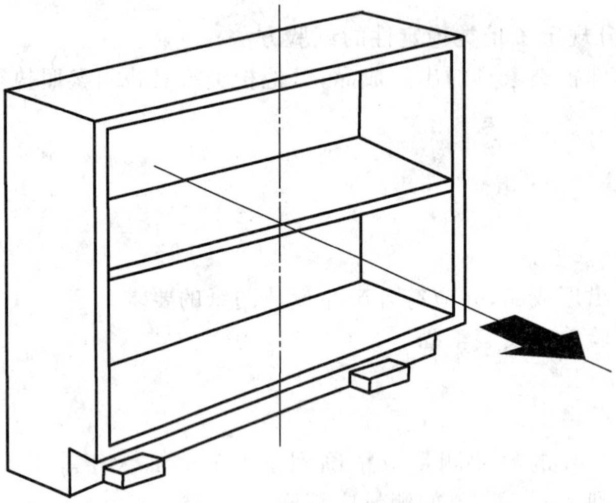

图1　搁板水平加载稳定性

4.3.2 搁板垂直加载稳定性

用挡块靠在试件前脚或底座外侧，在距离最易引起试件倾翻的空载搁板前沿25 mm的任一点，向下施加100 N的垂直力(见图2)。试验时，关闭其他的门、抽屉等活动部件，其他搁板不应加载。

记录空载搁板是否倾翻。

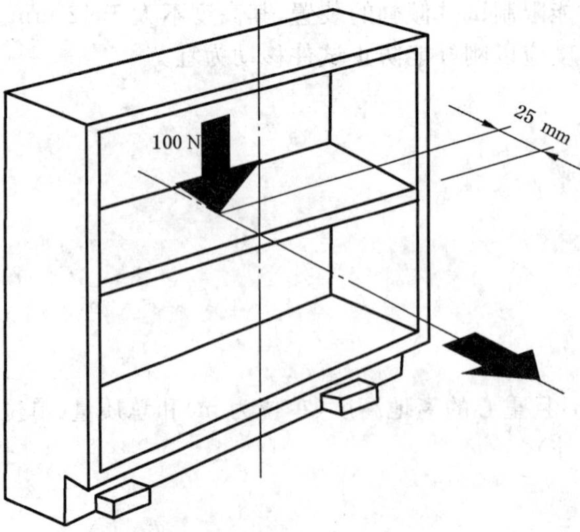

图2　搁板垂直加载稳定性

4.4 非固定柜空载稳定性

4.4.1 活动部件关闭时的空载稳定性

用挡块靠在试件前脚或底座外侧，关闭试件上所有的门、翻门或类似折板、抽屉等活动部件。当柜高≤1 000 mm 时，在柜子顶部最易引起倾翻的部位离柜外边沿 50 mm 处，垂直施加 750 N 的力；当柜高＞1 000 mm 时，在柜子顶部最易引起倾翻的部位离柜外边沿 50 mm 处，垂直施加 350 N 的力和 40 N·m 的瞬时力矩。

记录试件是否倾翻。

4.4.2 活动部件打开时的空载稳定性

用挡块靠在试件前脚或底座外侧，把所有拉门开到 90°，抽屉等推拉件拉出三分之二，翻门或折板开到水平或接近水平状态。

记录试件是否倾翻。

4.5 非固定柜加载稳定性

4.5.1 活动部件关闭时的加载稳定性

用挡块靠在试件前脚或底座外侧，所有贮存区域按表 1 的规定均布加载。

表 1 贮存区域载荷

部 件	载荷要求
所有水平贮存区域，如搁板、折板、底板等	0.325 kg/dm^2
净高（*H*，见图 3）≤100 mm 的拉篮、抽屉等推拉构件	0.2 kg/dm^3
100 mm＜净高＜250 mm 的拉篮、抽屉等推拉构件	(0.266 7－0.066 7*H*) kg/dm^3 （*H* 用分米表示）
净高≥250 mm 的拉篮、抽屉等推拉构件	0.1 kg/dm^3
吊杆或挂衣棍	2 kg/dm
吊挂的文件袋	1.25 kg/dm[a]
[a] 测量文件袋口平面的垂直高度。	

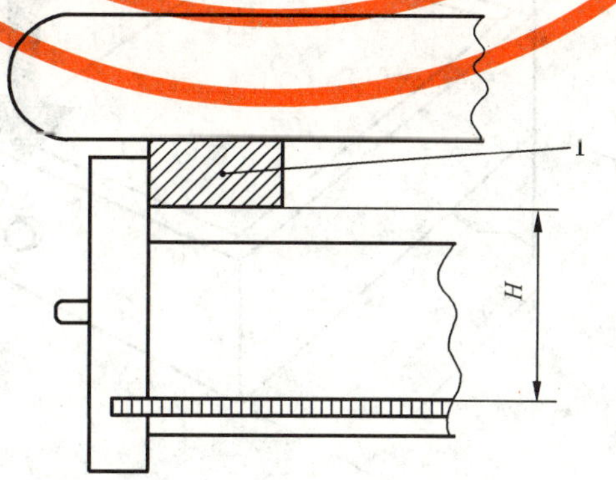

1——结构单元；

H——净高。

图 3 净高

锁住锁定装置(当需要对柜子内部的推拉构件或翻/折板进行稳定性试验时,其外面的门或翻/折板可打开)。

沿着活动部件开启方向,通过拉手、旋钮等中心位置,对锁住的门、推拉构件或翻/折板向外施加100 N·m的瞬时力矩。

记录试件是否倾翻。

4.5.2 活动部件打开时的加载稳定性

用挡块靠在试件前脚或底座外侧,所有贮存区域按表1的规定加载。

把所有拉门开到90°,抽屉等推拉件拉出三分之二,翻门或折板开到水平或接近水平状态,但在柜子宽度方向的推拉构件和翻/折板应全部打开,在同一垂线上的推拉构件仅打开使柜子最易倾翻的一个。

在打开的抽屉前沿中心或门、翻/折板的离外沿50 mm最易倾翻的位置,垂直向下依次施加活动部件总质量的20%的力[见图4a)、图4b)、图4c)]。

注:活动部件总质量=活动部件自重+活动部件支撑或贮存的质量,活动部件支撑或贮存的质量可由产品制造商提供,或根据表2计算。

表2 活动部件支撑或贮存的载荷

活动部件	最大支撑或贮存载荷
所有水平贮存区域,如搁板、折板、底板等	0.65 kg/dm^2
拉篮、抽屉等推拉构件	0.2 kg/dm^3
吊杆或挂衣棍	4 kg/dm
悬吊的文件袋	2.5 kg/dm[a]
[a] 测量文件袋口平面的垂直高度。	

记录试件是否倾翻。

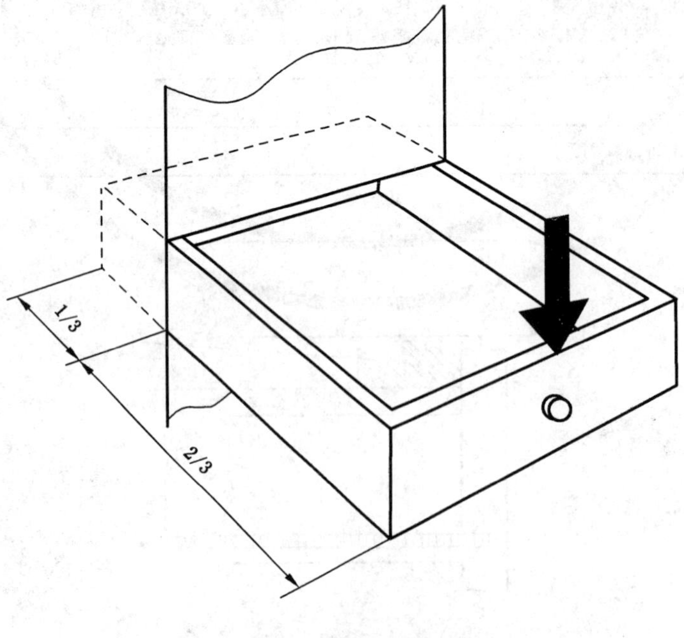

a) 抽屉加载稳定性

图4 活动部件加载稳定性

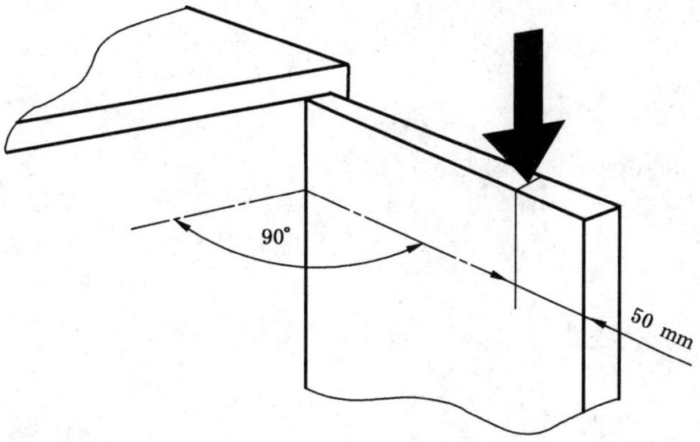

b) 拉门加载稳定性

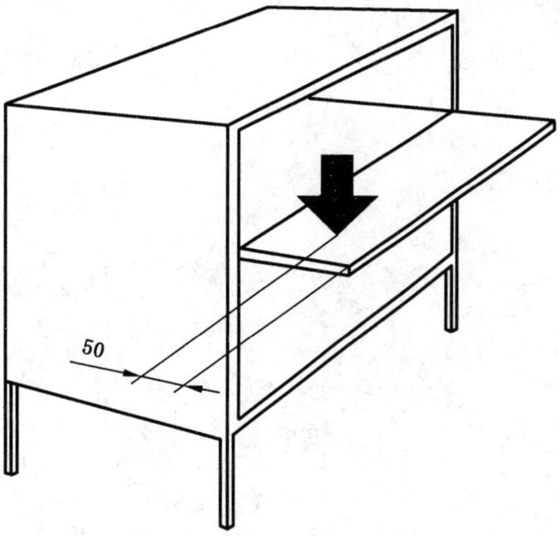

c) 翻/折板加载稳定性

图 4（续）

4.6 固定柜稳定性

按照产品生产商规定的安装说明，安装好产品。在试件顶面前沿的中点，施加 200 N 水平向外的力，保持 10 s～15 s。

记录试件是否倾翻，连接件是否松动和损坏。

ICS 97.140
Y 80

中华人民共和国国家标准

GB/T 10357.6—2013
代替 GB/T 10357.6—1992

家具力学性能试验　第6部分：单层床强度和耐久性

Test of mechanical properties of furniture—
Part 6: Strength and durability of beds

2013-10-10 发布　　2014-05-01 实施

中华人民共和国国家质量监督检验检疫总局
中国国家标准化管理委员会　发布

前　言

GB/T 10357《家具力学性能试验》分为八个部分：

——第1部分：桌类强度和耐久性；

——第2部分：椅凳类稳定性；

——第3部分：椅凳类强度和耐久性；

——第4部分：柜类稳定性；

——第5部分：柜类强度和耐久性；

——第6部分：单层床强度和耐久性；

——第7部分：桌类稳定性；

——第8部分：充分向后靠时具有倾斜和斜倚机械性能的椅子和摇椅稳定性。

本部分为GB/T 10357的第6部分。

本部分按GB/T 1.1—2009给出的规则起草。

本部分代替GB/T 10357.6—1992《家具力学性能试验　单层床强度和耐久性》。

本部分与GB/T 10357.6—1992相比，主要技术变化如下：

——增加了预处理；

——增加了加载要求；

——增加了精度；

——增加了试验设备要求；

——增加了试验程序；

——修改了床屏水平静载荷的加载垫大小。

请注意本文件的某些内容可能涉及专利。本文件的发布机构不承担识别这些专利的责任。

本部分由中国轻工业联合会提出。

本部分由全国家具标准化技术委员会(SAC/TC 480)归口。

本部分起草单位：广东联邦家私集团有限公司、上海市质量监督检验技术研究院(国家家具质量监督检验中心)、湖南星港家居发展有限公司、浙江省家具与五金研究所。

本部分主要起草人：汪进、周山林、张莺红、陈华祥、古鸣、张荣、屠中、范红伟、徐建民、肖其新。

本部分代替标准的历次版本发布情况为：

——GB/T 10357.6—1992。

家具力学性能试验　第6部分：单层床强度和耐久性

1　范围

GB/T 10357 的本部分规定了单层床强度和耐久性试验方法。

本部分适用于家庭、旅馆等场合供成人使用的硬铺面单层床。其他类型的床，根据其使用功能，亦可参照执行。

2　一般试验条件

2.1　试件

试件应是组装完整可交付使用的成品。组装应按制造商随产品提供的说明书进行。当有几种组装方式时，应按最不利于力学性能检验的方式组装和试验，并记录在检验报告中。如没有提供组装结构，组装方法应记录在检验报告中，试验前应紧固连接件。当制造商的说明书中没有特殊要求时，不应在试验期间再次紧固连接件。

采用胶接方法制成的试件，从制成或组装到试验前至少应在正常的室内环境中存放 7 d。

试验前应彻底检查试件，应注意各部件及辅配件的缺陷以区别因试验产生的缺陷，测量所有部件的尺寸并做好记录以确定试验所产生的永久变形。

试验应尽可能按本部分规定的步骤进行，且所有试验应在同一试件上完成。偏离本部分规定的试验程序应记录在试验报告中。

2.2　试验环境

除另有规定，试验环境的温度为 15 ℃～25 ℃，相对湿度为 40%～70%。

2.3　加载要求

在静载荷试验中，加力速度应尽量缓慢，以保证附加动载荷小到可忽略不计的程度。除另有规定，规定施加的每个载荷应保持 10 s～30 s。冲击试验时冲击体应能自由下落。

在耐久性试验中，加载速度应保证不会发生动态加热。除另有规定，试验中每个载荷应保持(2±1)s，如需要暂停，应关闭加载力。

应在保证试件自动关闭装置和阻尼器正常运行状态下加载。

所施加的力可用质量代替，换算关系是 10 N＝1 kg。

2.4　精度

除另有规定，采用以下测量精度：

——加载力：额定值的±5%；

——质量：额定值的±1%；

——尺寸：加载垫定位尺寸的允许误差±10 mm，试件变形量测量允许误差±1 mm；

——角度：±2°；

——加载垫的位置精度：±5 mm。

3 试验设施

3.1 试验装置一般要求

除另有规定,可采用任何适用的试验装置进行试验,因为试验结果仅取决于所施加的力是否正确而不决定于装置本身。

试验装置不应妨碍试件的变形,即试验期间试验装置应能随试件的运动而运动,确保载荷总能在规定的位置和方向上。

加载垫应能相对于加力方向转动,铰接点应尽可能接近加载表面。

3.2 加载垫

3.2.1 50 mm 加载垫

直径为 50 mm 的刚性圆柱体,底面平整光滑,其边沿倒圆半径为 12 mm(见图 1)。

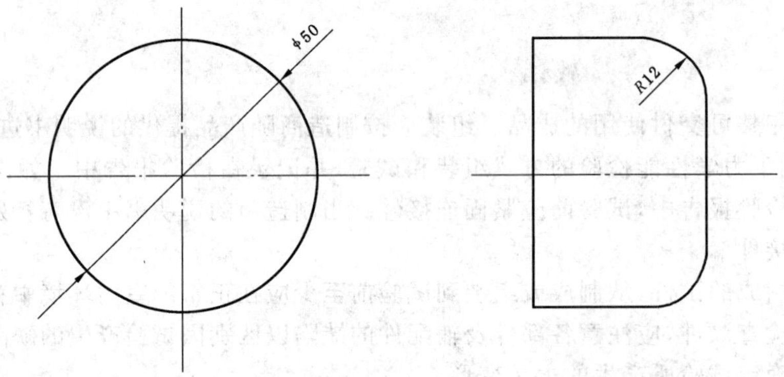

图 1 50 mm 加载垫

3.2.2 200 mm 加载垫

边长为 200 mm×200 mm 扁方形刚性物体,底面平整光滑,底面边沿及侧棱倒圆半径为 12 mm(见图 2)。

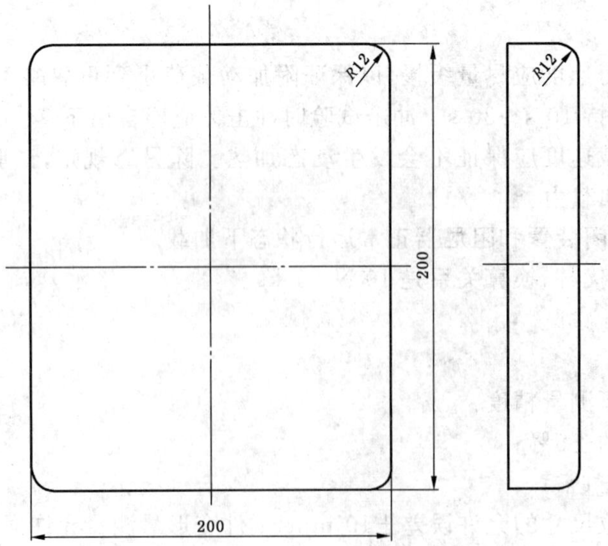

图 2 200 mm 加载垫

3.2.3 250 mm 加载垫

长 250 mm 宽 200 mm 的刚性矩形物体,底面是半径为 450 mm 表面光滑的外凸圆柱面,底面边沿及侧棱倒圆半径为 12 mm(见图 3)。加载时,其背面应始终能与床屏保持平行。

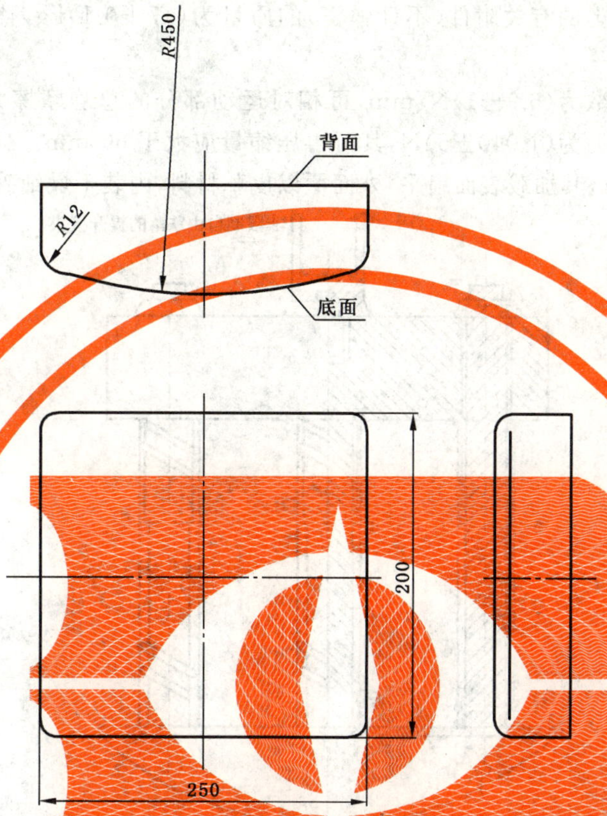

图 3 250 mm 加载垫

3.2.4 350 mm 加载垫

直径为 350 mm 的扁圆形刚性物体,底面平整光滑,其边沿倒圆半径为 12 mm(参见图 4)。加载时加载垫的重量应包括在内。

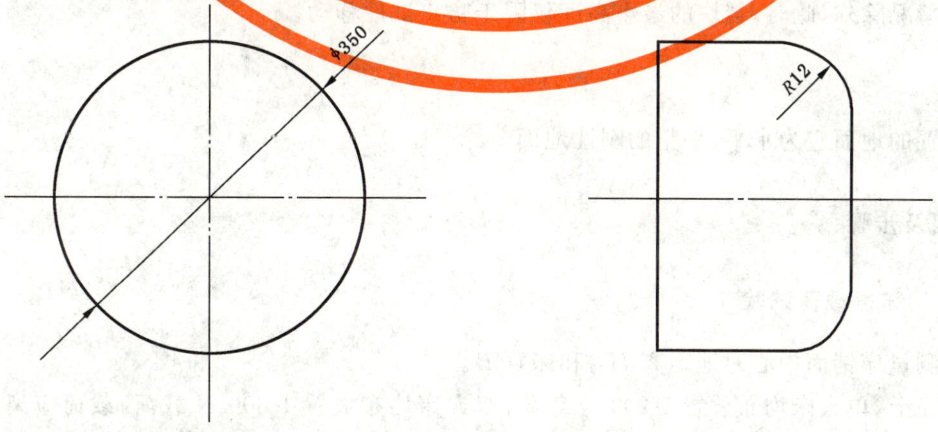

图 4 350 mm 加载垫

3.2.5 冲击器

冲击器由圆柱体、螺旋压缩弹簧和冲击头三部分组成。

圆柱体和冲击头之间放置压缩弹簧，三者连接后，圆柱体和冲击头之间应能沿着轴线作相对运动。圆柱体加上固定在圆柱体上的有关附件（不计弹簧）的质量为(17±0.1)kg，整个冲击器的质量为(25±0.1)kg。

冲击器的整体弹性系数为(6.9±1)N/mm，可相对运动部分的总静摩擦力为 0.25 N～0.45 N。全部螺旋压缩弹簧的预压缩力为(1 040±5)N，其可再压缩量应大于 60 mm。

冲击头直径为 200 mm，其加载表面扁平，外面覆以皮革材料，内装干燥细砂，外形略呈弧形（见图 5）。

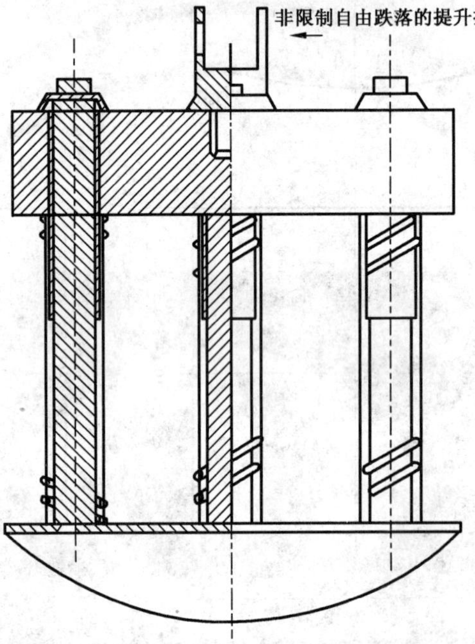

图 5 冲击器

3.3 挡块

用于防止试件滑移但是不能限制试件倾翻的装置。其高度应不大于 12 mm，产品设计上需要使用较高挡块的情况除外，此时，挡块的最小高度仅限于防止试件移动。

3.4 地面

试验位置的地面应为水平、平整的刚性地面。

4 试验项目及步骤

4.1 床铺面均布静载荷试验

试验前测量床铺面中心对地距离 H_{10} 和床宽 B。

在床铺面上，单人床均布放置 1 200 N 载荷；双人床均布放置 1 800 N 载荷，载荷应离床铺面边沿 50 mm，加载 7 d（见图 6）。

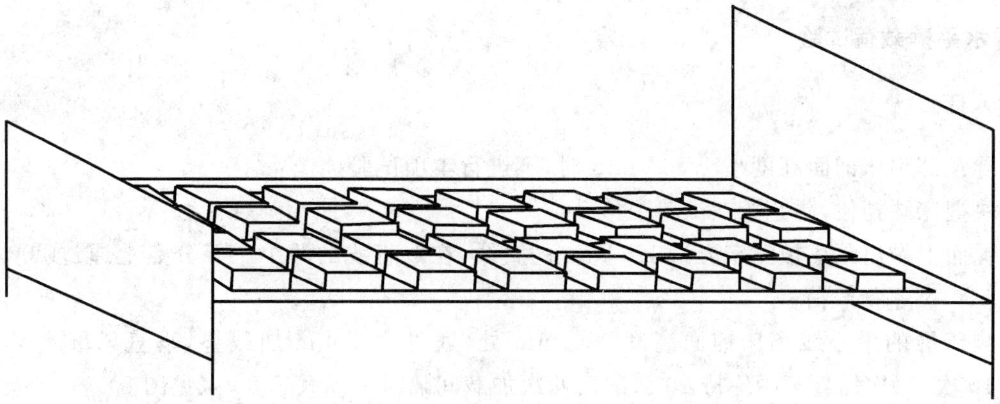

图 6　床铺面均布静载荷

卸载后即测床铺面中心对地距离 H_1，并计算床铺面中心剩余变形量 Δ_1 和相对挠度 P_1：

$$\Delta_1 = H_{10} - H_1 \qquad \cdots\cdots(1)$$

式中：

Δ_1 ——床铺面中心剩余变形量，单位为毫米(mm)；

H_{10}——试验前床铺面中心对地距离，单位为毫米(mm)；

H_1——卸载后床铺面中心对地距离，单位为毫米(mm)。

$$P_1 = \frac{\Delta_1}{B} \qquad \cdots\cdots(2)$$

式中：

P_1——相对挠度；

Δ_1 ——床铺面中心剩余变形量，单位为毫米(mm)；

B ——床宽，单位为毫米(mm)。

4.2　床铺面集中静载荷试验

试验前测量床铺面中心对地距离 H_{20} 和床宽 B。

在床铺面中心通过 200 mm 加载垫垂直向下施加 1 100 N 力 10 次，每次加载至少保持 10 s，前后两次加载间隔时间不大于 30 s(见图 7)。最后一次卸载后即测床铺面中心对地距离 H_2，并计算床铺面中心剩余变形量 Δ_2 和相对挠度 P_2，计算方法和 4.1 相同。在床铺面强度最弱处做同样的试验。

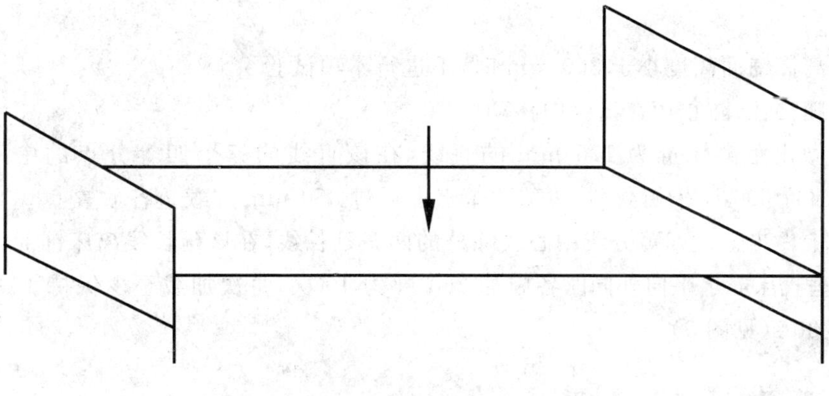

图 7　床铺面集中静载荷

4.3 床屏水平静载荷试验

4.3.1 单人床

如床屏顶部离床铺面高度小于 300 mm 时,不进行本项试验。

用挡块把床腿挡住,防止床在试验中移动。

在床铺面上做出距离被测床屏为 175 mm 的直线,在该直线的两个三等分点上通过 200 mm 加载垫各放置 500 N 平衡载荷。

在被测床屏的中心线离床铺面高度 300 mm 处,通过 250 mm 加载垫,垂直床屏水平向外施加 250 N 力 10 次,每次加载至少保持 10 s,前后两次加载间隔时间不大于 30 s(见图 8)。

单位为毫米

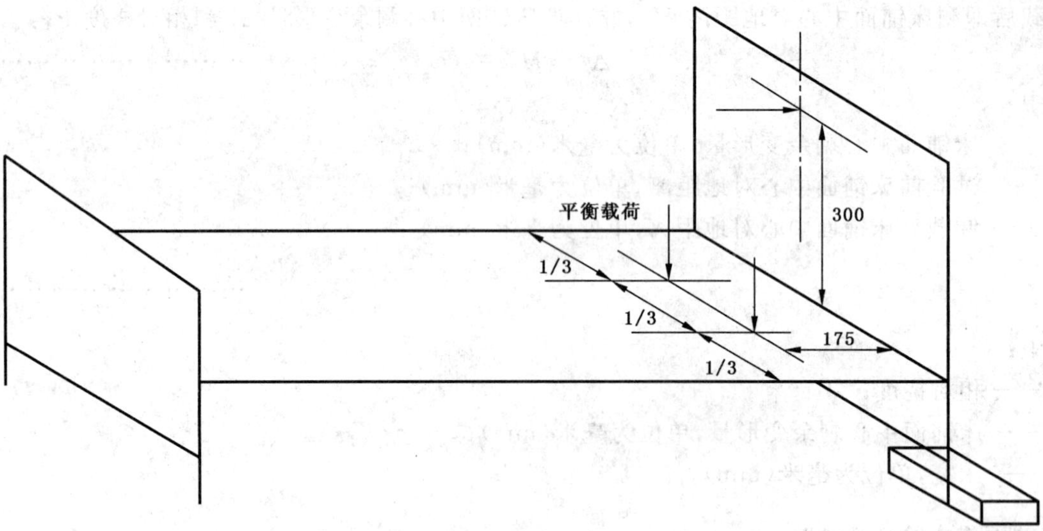

图 8　床屏水平静载荷试验(单人床)

如加载垫中心放置在床屏离床铺面高度 300 mm 处时加载垫的上沿超出床屏顶部,则应降低加载点的高度,使得加载垫上沿与床屏顶部相平。

在另一床屏做同样试验。

4.3.2 双人床

如床屏顶部离床铺面高度小于 300 mm 时,不进行本项试验。

用挡块把床腿挡住,防止床在试验中移动。

在床铺面上做出距离床屏为 175 mm 的直线,在该直线的三个四等分点的中间那个点上通过 200 mm 加载垫放置 600 N 平衡载荷,边部两个点上通过 350 mm 加载垫各放置 600 N 平衡载荷。

在被测床屏上做出上述四等分线中心线除外的两条延长线,在该延长线离床铺面 300 mm 处,通过 250 mm 加载垫垂直床屏水平向外同时各施加 250 N 力 10 次,每次加载至少保持 10 s,前后两次加载间隔时间不大于 30 s(见图 9)。

单位为毫米

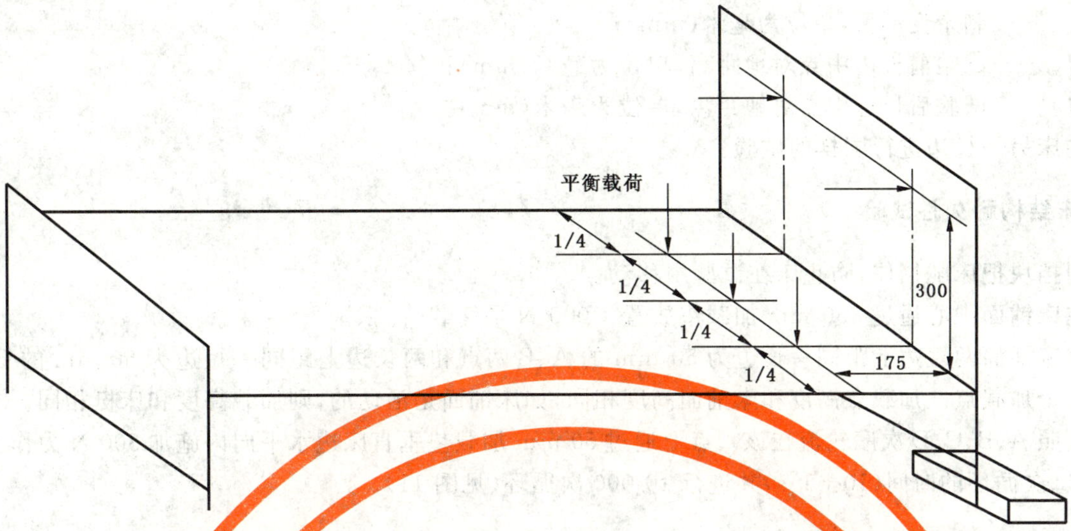

图 9　床屏水平静载荷试验(双人床)

如加载垫中心放置在床屏离床铺面高度 300 mm 处时加载垫的上沿超出床屏顶部,则应降低加载点的高度,使得加载垫上沿与床屏顶部相平。

与另一床屏做同样试验。

4.4　床长边静载荷试验

试验前测量床的一长边中点对地距离 H_{30}。如床长边中点有支承,则测量床长边四分之一处的对地距离。把该长边均分成三等分,在每个等分点距边沿 20 mm 处,通过 50 mm 加载垫,同时垂直向下各施加 1 500 N 力 10 次,每次加载至少保持 10 s,前后两次加载间隔时间不大于 30 s(见图 10)。

单位为毫米

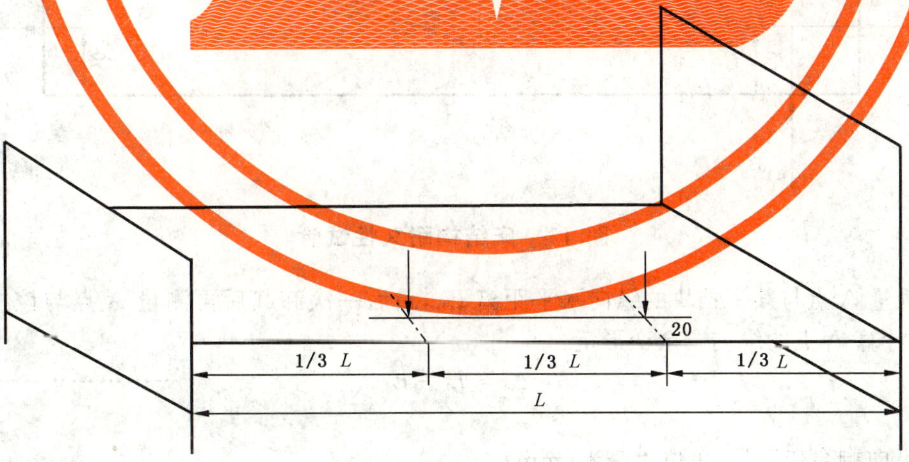

说明:

L——床铺面净长。

图 10　床长边静载荷试验

最后一次卸载后,即测该长边中点对地距离 H_3,如床长边中点有支承,则测量床长边四分之一处对地距离,并计算剩余变形量:

$$\Delta_3 = H_{30} - H_3 \quad \cdots\cdots(3)$$

式中：

Δ_3 ——剩余变形量，单位为毫米(mm)；

H_{30}——试验前长边中点对地距离，单位为毫米(mm)；

H_3 ——试验后长边中点对地距离，单位为毫米(mm)。

在床另一长边进行同样的试验。

4.5 床结构耐久性试验

用挡块把床腿挡住，防止床在试验中移动。

在床铺面中心通过 350 mm 加载垫放置 1 000 N 平衡载荷。

取床铺面两短边上距同一长边为 50 mm 的 A、B 两点和两长边上距同一短边为 50 mm 的 C、D 两点共 4 个加载点。加载点高度和床铺面高度相同，如床铺面是活动的，则加载高度和床梃相同。

按照 A、B、C、D 次序轮流在该 4 点上通过 50 mm 加载垫垂直床边水平向内施加 300 N 力作为一个循环，每次循环的时间(10±1)s，共进行 10 000 次循环(见图 11)。

单位为毫米

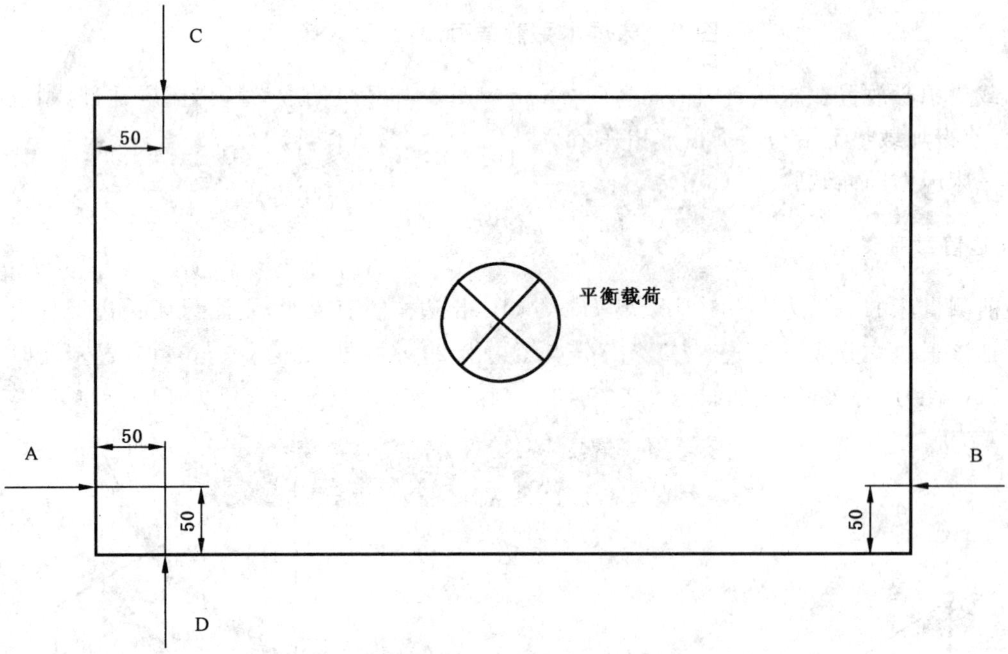

图 11 床结构耐久性试验

试验前测量 A 点与某一挡块的纵向水平距离 E_0，最后一次卸载后再测量 A 点与该挡块的纵向水平距离 E，并计算 A 点的纵向剩余变形量：

$$\Delta_4 = E - E_0 \qquad (4)$$

式中：

Δ_4——纵向剩余变形量，单位为毫米(mm)；

E ——试验前测量 A 点与某一挡块的纵向水平距离，单位为毫米(mm)；

E_0——卸载后测量 A 点与某一挡块的纵向水平距离，单位为毫米(mm)。

4.6 床铺面冲击载荷试验

床铺面上应无床垫和任何覆盖物。用冲击体在床铺面上方以 140 mm 冲击高度(指冲击体底面至被测床铺面的垂直距离)，在床铺面中心和床铺面的最弱点各冲击 10 次，前后两次冲击间隔时间不大于 30 s。

5 试验结果评定

试验结果仅对试件有效，当试件在同类产品中有代表性时，试验结果可代表该类型号的产品性能。每一项试验后进行检查，记录所有产生的变化。每项试验时和试验后试件应符合下面的要求：

a） 所有部件或连接件不应断裂损坏；

b） 通过手触压证实，用于紧固的部件不应松动；

c） 所有零部件不应因磨损或变形，使其使用功能削弱；

d） 五金连接件不应松动；

e） 活动部件的活动应灵活；

f） 剩余变形量应符合相应产品标准要求。

ICS 97.140
Y 80

中华人民共和国国家标准

GB/T 10357.7—2013
代替 GB/T 10357.7—1995

家具力学性能试验　第7部分:桌类稳定性

Test of mechanical properties of furniture—Part 7:Stability of tables

2013-10-10 发布　　　　2014-05-01 实施

中华人民共和国国家质量监督检验检疫总局
中国国家标准化管理委员会　发布

前　言

GB/T 10357《家具力学性能试验》分为8个部分：

——第1部分：桌类强度和耐久性；

——第2部分：椅凳类稳定性；

——第3部分：椅凳类强度和耐久性；

——第4部分：柜类稳定性；

——第5部分：柜类强度和耐久性；

——第6部分：单层床强度和耐久性；

——第7部分：桌类稳定性；

——第8部分：充分向后靠时具有倾斜和斜倚机械性能的椅子和摇椅稳定性。

本部分为GB/T 10357的第7部分。

本部分按照GB/T 1.1—2009给出的规则起草。

本部分代替GB/T 10357.7—1995《家具力学性能试验　桌类稳定性》。

本部分与GB/T 10357.7—1995相比，主要技术变化如下：

——修改了适用范围；

——将本标准修改为本部分；

——增加了加载设备的要求；

——修改了试验允许误差；

——增加了桌子带抽屉时的试验要求；

——删除了试验报告一章；

——将标准的附录修改为规范性附录。

请注意本文件的某些内容可能涉及专利。本文件的发布机构不承担识别这些专利的责任。

本部分由中国轻工业联合会提出。

本部分由全国家具标准化技术委员会(SAC/TC 480)归口。

本部分起草单位：杭州炬日家具工业有限公司、浙江亚厦产业园发展有限公司、浙江罗丹尼家具有限公司、上海市质量监督检验技术研究院(国家家具质量监督检验中心)、浙江农林大学、温州职业技术学院。

本部分主要起草人：李光耀、周关松、徐挺、罗菊芬、董彩虹、戴钟、李松、刘敏。

本部分代替标准的历次版本发布情况为：

——GB/T 10357.7—1995。

家具力学性能试验　第7部分:桌类稳定性

1　范围

GB/T 10357的本部分规定了桌类家具加载稳定性的试验方法。

本部分适用于与地面、建筑物、家具等没有固定连接的桌类家具。

2　一般试验条件

2.1　试件

试件应为成品,所有连接件和紧固件在试验前应按使用状态安装牢固。

试件应在最不稳定的桌边进行试验,如该桌边不明确,则应通过试验来确定。

试件带有活动桌板,应选择最不稳定的使用状态进行试验。当活动桌板有多种连接方式时,应选用最不稳定的方式连接。如果桌子安装了抽屉,在测试的时候抽屉应关闭并不应载重。

2.2　试验允许误差

除有其他规定外,所有加载力的测量误差为±5%;所有尺寸的测量误差为±1 mm;承载点位置的误差应控制在±2 mm。

3　试验设施

3.1　加载设备

凡能保证按本部分规定方法正确加载的设备均能使用。加载设备可提供垂直或水平的加载力,该力可为固定的,也可为逐渐增加的。加载设备不应阻碍试件的移动。其中,水平加载设备产生力的方向应可以在水平面上成不同角度,垂直加载设备在加载时产生的水平摩擦力应尽量小。

3.2　加载垫

加载垫是直径为100 mm的刚性扁平圆形物体,其加载面周边倒圆半径为12 mm。加载时加载垫的重量应计算在内。

3.3　挡块

挡块是用来防止试件移动,但不能阻碍试件倾覆。其高度不大于12 mm,如因试件结构特殊,允许使用较高的挡块,但其高度应以刚好能防止试件移动为宜。

3.4　试验位置地面要求

放置试件的基面应水平、平整,并具有刚性。

4　试验步骤

4.1　垂直加载稳定性试验

把试件放在试验基面上,用挡块抵住试件最不稳定边的桌腿,防止试件在试验时移动。

通过加载垫在试件最不稳定桌边中心离边沿向内 50 mm 桌面处，垂直向下逐渐加力（见图 1）至表 A.1的规定值或者直至试件至少有一个桌腿离开地为止。

记录最大载荷(N)，取整数。

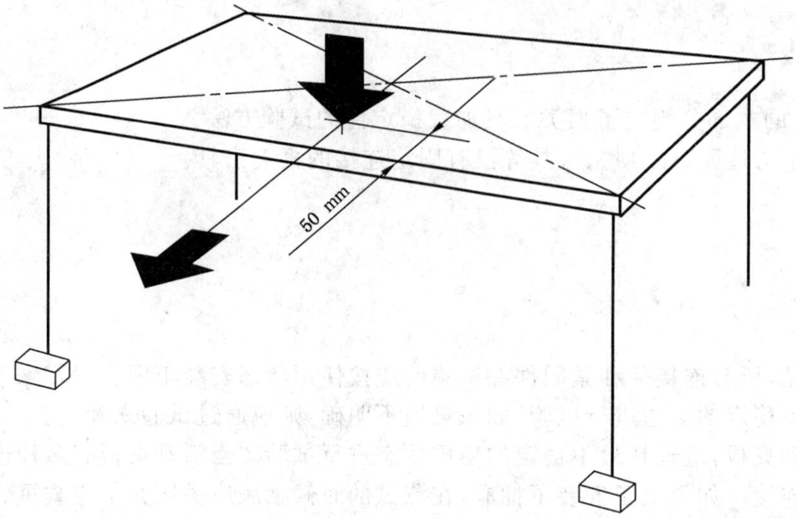

图 1 桌类稳定性加载试验

4.2 垂直和水平加载稳定性试验

把试件放在试验基面上。用挡块挡住试件最不稳定边的桌腿，防止试件在试验时移动。

在该边中心离边沿向内 50 mm 桌面处通过加载垫垂直向下施加 100 N 力，同时在该边中点桌面上向外施加一个水平力(见图 1)，逐渐增加该力至表 A.1 的规定值，或者直至试件至少有一个桌腿离地为止。

记录最大载荷(N)，取整数。

附 录 A
（规范性附录）
典型桌类稳定性最小加载力

典型桌类稳定性最小加载力按表 A.1 的规定。

表 A.1 典型桌类稳定性最小加载力

典型桌类	垂直加载稳定性 N	垂直和水平加载稳定性 N
四脚桌	600	40
写字桌	600	40
独脚桌	200	30
课桌	600	20
折桌	200	30
注：独脚桌指其支承点连线所成的面积与桌面面积之比小于 65％的桌子。		